冶金职业技能培训丛书

轧钢生产基础知识问答

（第3版）

刘　文　王兴珍　编著
许宏安　杜忠泽　修订

北　京
冶　金　工　业　出　版　社
2021

内容简介

本书全面介绍了轧钢生产的基本知识，综述了与各类钢材生产有关的基础知识，是线材、带钢、钢管生产知识问答等各册的序篇，可为学习各册奠定基础。

全书共9章，分别为钢材品种及其生产系统，轧钢生产基础知识，轧钢生产工艺过程，原料准备，钢的加热，钢的轧制，钢材的精整及检验，轧钢机技术经济指标，安全、环保与节能。全书共有672个问答，近300幅图，内容丰富实用。

本书适合轧钢车间各工种的初、中、高级工及质量检验、冶金生产管理人员，钢铁产品供销人员自学之用，可作为轧钢工人技术培训教材，也可供大学、高职等院校的相关专业师生参考。

图书在版编目(CIP)数据

轧钢生产基础知识问答/刘文，王兴珍编著．—3版．—北京：冶金工业出版社，2012.2（2021.8重印）
（冶金职业技能培训丛书）
ISBN 978-7-5024-5452-4

Ⅰ.①轧…　Ⅱ.①刘…　②王…　Ⅲ.①轧钢学—问题解答　Ⅳ.①TG33-44

中国版本图书馆CIP数据核字(2011)第048287号

出版人　苏长永
地　　址　北京市东城区嵩祝院北巷39号　邮编　100009　电话　(010)64027926
网　　址　www.cnmip.com.cn　电子信箱　yjcbs@cnmip.com.cn
责任编辑　卢　敏　李培禄　美术编辑　彭子赫　版式设计　孙跃红
责任校对　卿文春　责任印制　禹　蕊
ISBN 978-7-5024-5452-4
冶金工业出版社出版发行；各地新华书店经销；北京虎彩文化传播有限公司印刷
1983年5月第1版，1994年9月第2版，
2012年2月第3版，2021年8月第3次印刷
850mm×1168mm　1/32；19印张；508千字；569页
49.00元

冶金工业出版社　投稿电话　(010)64027932　投稿信箱　tougao@cnmip.com.cn
冶金工业出版社营销中心　电话　(010)64044283　传真　(010)64027893
冶金工业出版社天猫旗舰店　yjgycbs.tmall.com
（本书如有印装质量问题，本社营销中心负责退换）

序

新的世纪刚刚开始，中国冶金工业就在高速发展。2002年中国已是钢铁生产的“超级”大国，其钢产总量不仅连续7年居世界之冠，而且比居第二位和第三位的美、日两国钢产量总和还高。这是国民经济高速发展对钢材需求旺盛的结果，也是冶金工业从20世纪90年代加速结构调整，特别是工艺、产品、技术、装备调整的结果。

在这良好发展势态下，我们深深地感觉到我们的人员素质还不能完全适应这一持续走强形势的要求。当前不仅需要运筹帷幄的管理决策人员，需要不断开发创新的科技人员，也需要适应这新变化的大量技术工人和技师。没有适应新流程、新装备、新产品生产的熟练技师和技工，我们即使有国际先进水平的装备，也不能规模地生产出国际先进水平的产品。为此，提高技工知识水平和操作水平需要开展系列的技能培训。

冶金工业出版社根据这一客观需要，为了配合职业技能培训，组织国内有实践经验的专家、技术人员和院校老师编写了《冶金职业技能培训丛书》，以支持各钢铁企业、中国金属学会各相关组织普及和培训工作的需要。这套丛书按照不同工种分类编辑成册，各册根据不同工种的特点，从基础知识、操作技能技巧到事故防范，采用一问一答形式分章讲解，语言简练，易读易懂易记，适合于技术工人阅读。冶金工业出版社的这一努力是希望为更好地发展冶金工业而做出的贡献。感谢编著者和出版社的辛勤劳动。

借此机会，向工作在冶金工业战线上的技术工人同志们致意，感谢你们为冶金行业发展做出的无私奉献，希望不断学习，以适应时代变化的要求。

原冶金工业部副部长
中国金属学会理事长

2003 年 6 月 18 日

第3版前言

近年来我国钢铁工业快速发展，粗钢产量从2003年的2.2亿吨增长到2009年的5.678亿吨。我国占世界钢产量的比重从2003年的22.8%增长到2009年的46.6%。但随着2008年全球经济危机的出现，我国钢铁工业面临着前所未有的挑战。国际需求的下降，出口钢材的锐减，产能过剩、产品结构性矛盾、产业体制性矛盾凸显。资源、环境对人类社会日趋严重的制约开启了钢铁企业融入社会的大趋势。钢铁工业自身发展必须实现与环境友好，技术创新必将是钢铁企业应对金融危机，实现产业振兴的重要手段。随着科学技术的飞速发展，轧钢技术也发生着日新月异的变化，大型化、高速化、节能化是发展方向。

轧钢技术的快速发展迫切需要广大从事轧钢工作的技术人员、工人等进一步提高理论水平和实际操作能力。在此背景下，就《轧钢生产基础知识问答》(第2版）一书进行了新一轮的修订。原书1983年初出版，并于1994年修订再版，共计印刷了13次，深受广大读者的欢迎，现在仍然常有读者索购。但近十几年钢铁工业迅猛发展，轧钢新技术层出不穷，新的钢铁产品国家标准大量修订，书中的部分内容已经过时，鉴于此再次对该书进行修订。

为了适应培训轧钢职工队伍，普及新标准的需要，本次修订工作是在现行钢铁产品国家标准和现行的《冶金生产工人技术等级标准》的基础上，在基本保持原书结构体系的前提下进行的。鉴于本书的读者对象、编写要求及内容与《冶金职业技能培训丛书》相符，本次修订将其纳入该丛书之中。

修订后，本书由原来的543问增至672问。根据我国轧钢生产技术情况和钢铁产品标准的变化情况，主要在以下几方面做了补充和修改：1. 近年来新发展的轧制理论与技术；2. 生产过程中实践性强的有关知识；3. 特殊轧制技术；4. 过程连续化生产技术；5. 安全、环保与节能技术。对原书中过时的技术进行了适当删除，共删除18条，修改41条，新增加147条。修订后全书共分为九章，内容更加丰富实用。

本书适合轧钢车间各工种的初、中、高级工及质量检验，冶金生产管理人员，钢铁产品供销人员自学之用，可作为轧钢工人技术培训教材，也可供大学、高职等院校的相关专业师生参考。

此次修订工作经与李曼云教授等商议由许宏安高工、杜忠泽教授负责。许宏安高工负责修订第一、四、六、七、八章；杜忠泽教授负责修订第二、三、五、九章。全书由李曼云教授审阅。

在此特别感谢李俊新教授级高工对本次修订工作的指导，修订工作还得到了冶金工业出版社和西安建筑科技大学冶金工程学院的大力支持，在此一并致谢。

由于作者的水平有限，书中不当之处恳请读者批评指正。

许宏安　杜忠泽

2010年10月

第2版出版说明

本书是轧钢工人应知应会丛书之一。这套丛书是为配合轧钢企业考工和职工技术培训组织编写的，内容包括轧钢生产基础知识、加热炉、热轧型钢、线材、钢管、热轧带钢、冷轧带钢、钢丝及钢丝绳生产等，以介绍实用技术为主，侧重总结现场操作经验。各册均以问答形式，按生产工艺过程编写。现已出版的除本书外，还有《加热炉问答》、《线材生产知识问答》、《冷轧带钢生产问答》、《热轧钢管生产问答》、《焊接钢管生产知识问答》、《热轧带钢生产知识问答》，其余分册将陆续组织出版。

本书第1版于1983年出版，受到广大读者的欢迎，截至1993年5月已印刷5次，累计印数达46000册，现在仍常有读者索购。

1983年以来，在改革开放大潮中，钢铁工业建设迅速发展，特别是轧钢生产企业引进了许多新的生产线，轧钢新技术、新工艺、新装备、新产品不断涌现。这期间国家颁布了《工人考核条例》、《法定计量单位制》，修订了《钢铁产品国家标准》，特别是首次制定了钢分类国家标准（GB/T 13304—91）和钢产品分类国家标准（已报批，待发布）。新标准是参照国际标准ISO制定的，有的新标准与旧标准有较大不同，如钢分类中取消了甲、乙类钢（详见第82问）。

改革开放促进了轧钢生产的发展和技术的进步，也要求技术、经济管理向国际化、标准化靠拢。鉴于此，本书第1版中的部分内容已经过时，修订再版势在必行。

为了适应培训轧钢职工队伍、普及新标准的需要，本书修订工作是以20世纪80年代变动过的和1988年以来新制定1992年12月批准的现行《钢铁产品国家标准》和现行的《冶金生产工人技术等级标准》为依据，在保持原书结构体系的前提下进行的。

修订后，本书由原来的478问增至543问。根据我国轧钢生产技术进步情况和钢铁产品标准变化情况，重点增加了连铸坯、盐酸酸洗、常见加热设备、短应力线轧机、切分轧制、控制轧制、控制冷却、形变热处理、加热和轧制过程的计算机控制等方面的基础知识，重新改写了轧钢生产系统、钢的分类、轧钢产品种类等方面的知识。修订后全书仍为八章，共有图226幅，表67个，各种化学反应式和计算公式213个，内容更加丰富实用。

本书适合轧钢车间原料清理、加热、轧制、酸洗、热处理、精整等各工种的初、中、高级工及质量检验、冶金生产管理人员，钢铁产品供销人员自学，可作为轧钢工人技术培训教材，也可供大、专院校有关专业师生参考。

修订工作由袁康教授全面负责，参加修订工作的还有李曼云教授、滕长岭高级工程师（教授级待遇）和黄东工程师。他们的分工是：袁康、李曼云修订第一、三、四、五、六、八章及与轧钢工艺、装备、技术经济参数有关的内容；滕长岭、黄东修订第二、七章及与计量单位、钢铁产品标准等有关的内容。

修订工作得到了冶金工业部人事教育司工资处、北京科技大学压力加工系、冶金部信息标准研究院钢铁标准室以及东北大学赵志业教授、鞍山冶金管理干部学院李芳春副教授的关心与帮助，在此一并致谢。

冶金工业出版社
1994年3月

目　录

第一章　钢材品种及其生产系统

第三章　轧钢生产工艺过程

第四章　原料准备

第五章　钢的加热

第六章 钢的轧制

第七章　钢材的精整及检验

第八章　轧钢机技术经济指标

第九章　安全、环保与节能

第一章　钢材品种及其生产系统

一、钢材的压力加工方法

1. 钢材有哪些压力加工方法?

在钢铁工业生产中，绝大多数钢材是经过压力加工制成的。所谓压力加工，就是用不同的工具，对金属施加压力，使之产生塑性变形，制成具有一定形状的产品的加工方法。

压力加工方法很多，除轧制外还有锻造、冲压、挤压、拉拔、热弯、冷弯、热扩、爆炸成形、爆炸复合等。用压力加工方法生产的钢材90%左右是用轧制方法成形的。

2. 什么叫轧钢，怎样分类?

在旋转的轧辊间改变钢锭、钢坯形状同时控制其组织状态和性能的压力加工过程叫轧钢。轧钢的目的与其他压力加工一样，一方面是为了得到需要的形状，例如钢板、钢管、带钢、线材以及各种型钢等；另一方面是为了改善钢的内部质量，提高钢的力学性能。

轧钢方法按轧制温度不同可分为热轧、温轧与冷轧；按轧制时轧件与轧辊的相对运动关系不同可分为纵轧、横轧和斜轧；按轧制产品的成形特点还可分为一般轧制和特殊轧制。周期轧制、旋压轧制、弯曲成形等都属于特殊轧制方法。由此出现了众多独立或联合的生产车间。

此外，由于轧制产品种类繁多、规格不一，有些产品是经过多次轧制才生产出来的，所以轧钢生产通常分为半成品生产和成品生产两类。

3. 什么叫热轧、温轧和冷轧？

钢锭或钢坯在常温下很难变形，不易加工，一般情况下都需要加热到950～1250℃进行轧制，这种轧制工艺称为热轧。大部分钢材都用热轧方法生产。但是，因为在高温下钢的表面容易生成氧化铁皮，使热轧钢材表面粗糙，尺寸波动大，所以要求表面光洁、尺寸精确、力学性能好的钢材，需要以热轧半成品或成品为原料再用冷轧方法生产。这两种加工方法在钢材内部结构中也有区别。

在金属组织发生回复的温度以上，再结晶的温度以下的温度范围内进行的轧制过程叫温轧。温轧适用于加工一些在常温条件下塑性低、屈服强度高、变形抗力大、不适合采用冷轧的金属和合金。也用来加工那些虽能冷轧，但生产效率低、轧程多、能耗大的金属和合金，如轧制钛铝合金，不锈钢钢板等。

金属塑性变形的温度低于回复温度的轧制过程叫冷轧（在常温下的轧制一般处于回复温度以下，理解为冷轧），冷轧与热处理工艺相结合可以提高产品的综合性能，所以冷轧常常与热处理工艺相结合。

4. 什么叫纵轧、横轧与斜轧？

纵轧是纵向轧制的简称，是被轧物体——轧件，通过两个相反方向转动的轧辊得到加工（见图1-1）的轧制方法。

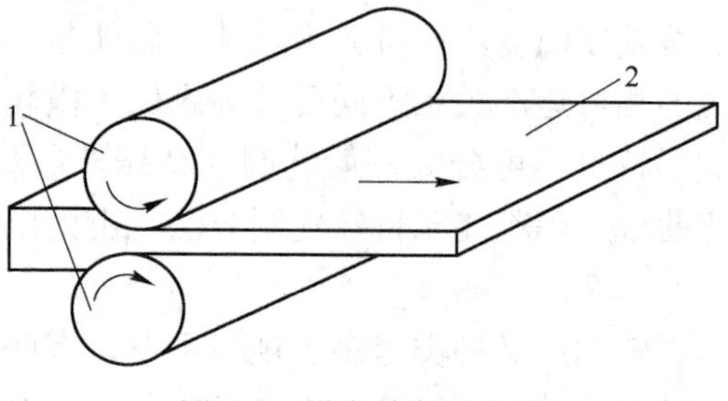

图1-1 纵向轧制示意图

1—轧辊；2—轧件

轧制时轧件通过辊面间缝隙（或孔型）向前运动，其运动方向与轧辊轴线垂直。纵轧是轧钢生产中最常见的一种轧制方法。

横轧是轧件（回转体）在两个旋转方向相同的轧辊间，作平行于轧辊轴线并与轧辊转动方向相反的旋转运动，回转体只在径向受到压力加工的一种轧制方法。横轧可以生产各种形状的轴类产品。横轧成形有两类：一类靠改变轧辊间距离；一类靠轧辊孔型沿轴向逐渐变宽，形成一个楔子（故又称后者为楔横轧）。图 1-2 为横轧示意图。

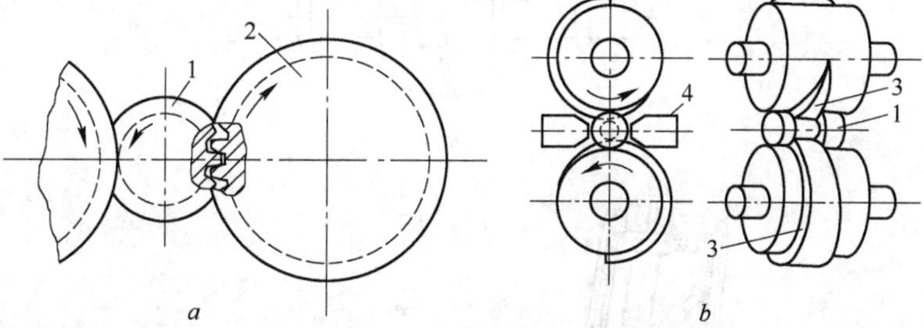

图 1-2　横向轧制示意图

a—横轧齿轮示意图；*b*—楔横轧示意图

1—轧件；2—齿形轧辊；3—带楔形横的轧辊；4—导板

斜轧是轧件在两个或三个旋转方向相同、轴线成一定角度的轧辊间得到加工的轧制方法。轧件在轧制过程中作旋转前进运动（故又称斜轧为螺旋轧制或横螺旋轧制）。斜轧用于生产无缝钢管（穿孔）及钢球等产品。图 1-3 为用斜轧方法生产无缝钢管和周期断面轴的示意图。

5. 什么叫半成品生产？什么叫成品生产？

少数情况（如厚板轧机、周期式轧管机、车轮轮箍轧机的生产等）除外，在轧钢生产过程中，钢锭，特别是大型钢锭，

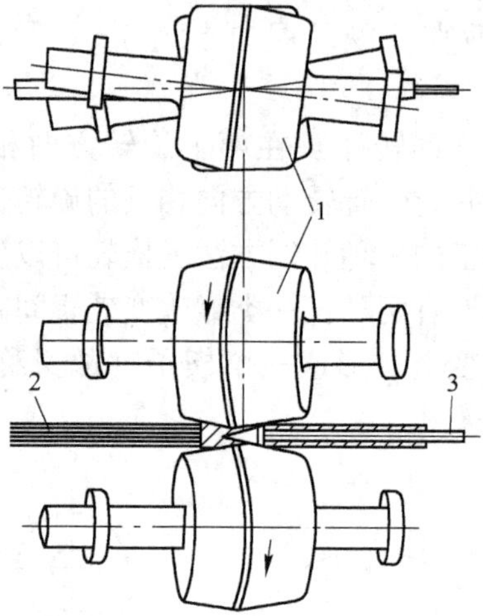

a

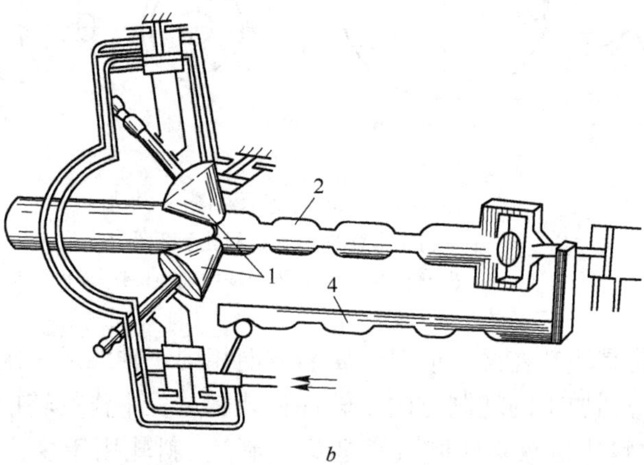

b

图 1-3 斜向轧制示意图

a—斜轧无缝钢管示意图；*b*—斜轧周期断面轴示意图

1—轧辊；2—轧件；3—芯棒；4—仿形板

通常不是直接轧制成材的，而是先轧成钢坯，然后经二次加热再将钢坯轧制成钢材的。这种将钢锭轧成各种形状和尺寸的钢坯的生产过程叫半成品生产，也叫开坯生产。重1t以上的大钢锭一般都在各类初轧机上开坯，而小钢锭可以在三辊开坯轧机（如650轧机、500轧机）上开坯。

将钢锭或钢坯轧制成钢材的生产过程叫成品生产。如型钢生产、钢管生产、钢板生产等都是成品生产。在成品生产过程中，通常有两个轧制阶段：一是粗轧阶段，采取高温大压下量将钢坯迅速轧成接近成品的毛坯；二是精轧阶段，以小变形量将毛坯轧成各种成品，从而得到良好的表面和精确的尺寸。但是目前钢锭大多已为连铸坯所代替。

6. 轧制型钢的主要方法有哪些?

目前，轧制各种型钢的主要方法有三种：

（1）纵向轧制。经初轧机、钢坯连轧机等各种开坯轧机生产的初轧钢坯、小方钢坯、圆管坯、各种异形钢坯，再由各种型钢轧机生产的许多简单断面和复杂断面型钢，都是通过不同形状的孔型纵向轧制成的。

（2）周期轧制。按轧件与轧辊的相对位置分类，周期轧制有以下三种方法：

1）纵向周期轧制是在一般型钢轧机上采用圆周形状不同的轧辊进行的轧制，也就是说，同一个轧槽内的轧辊半径是变化的。纵向周期轧制又分为单面周期（即轧件一面有周期性变化）和双面周期（轧件两面都有周期性变化）两种轧制方法。图1-4为单面周期轧制示意图。

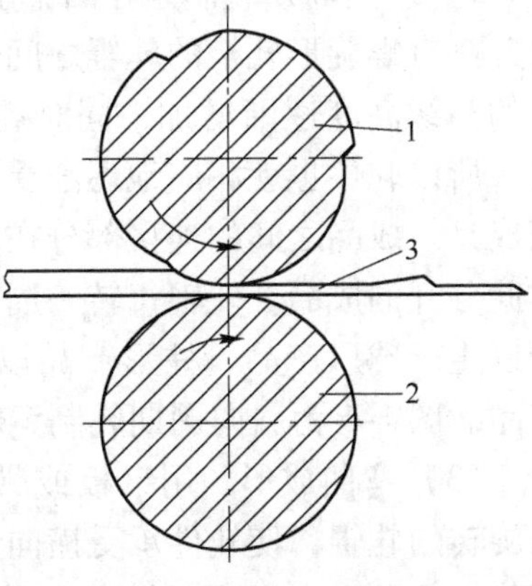

图1-4　单面周期轧制示意图

1—圆周形状不同的上轧辊；

2—下轧辊；3—轧件

2）横向周期轧制是在横向周期轧机（见图 1-5）这种特殊设备上进行的轧制。按轧辊形状可把横向周期轧机分为盘式和菌式两种。

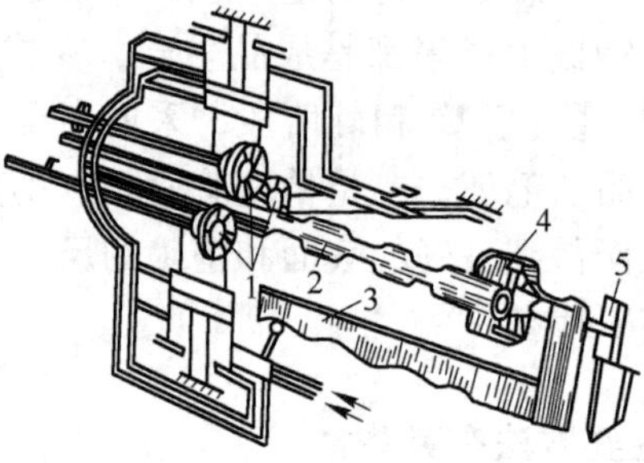

图 1-5 横向周期轧制示意图

1—轧辊；2—轧件；3—样板；4—夹钳；5—液压缸

在轧制过程中轧辊之间距离的调整是靠调整机构来完成的。横轧周期断面钢材的形状是圆柱形、锥形和圆球形的组合，可以是实心的，也可以是空心的。

3）斜向周期轧制是在两个旋转方向相同、互相倾斜 0°～7°角并刻有螺旋形轧槽的轧辊之间进行的轧制。由于沿螺旋前进方向的凸缘高度逐渐增加，同时孔型的形状越来越接近成品的形状，所以轧件也就相应地逐渐受到压缩，直到获得一定形状的轧制成品。成品之间的连接部分在轧制过程中被拉断或切断而成为彼此分开的成品。轧辊每转一周就轧出一个成品。斜向周期轧制可以生产球形产品、柱形产品以及特殊形状（例如子弹头）的产品。图 1-6 为斜向周期轧制钢球的示意图。

（3）弯曲成形。用钢板或带钢，通过多架具有不同形状而又旋转的轧辊，使轧件承受横向弯曲变形而获得所需断面形状的钢材，这种生产方法叫做弯曲成形（如图 1-7 所示）。弯曲成形有冷弯和热弯之分，它可以生产用热轧方法不能生产的复杂断面型钢及薄壁型钢。焊管也是弯曲成形后焊成的。

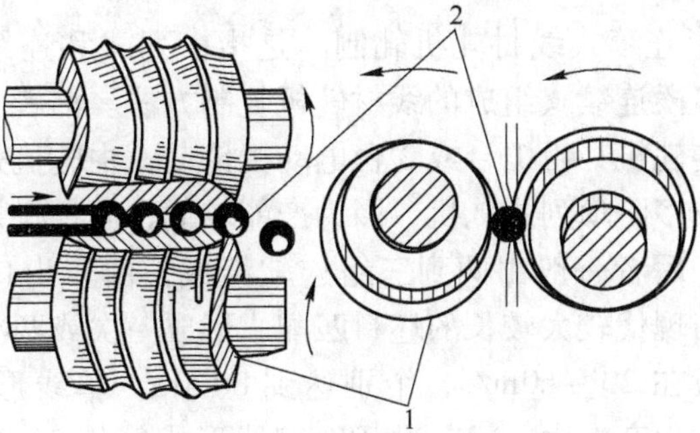

图 1-6　斜向周期轧制钢球示意图

1—轧辊；2—轧件

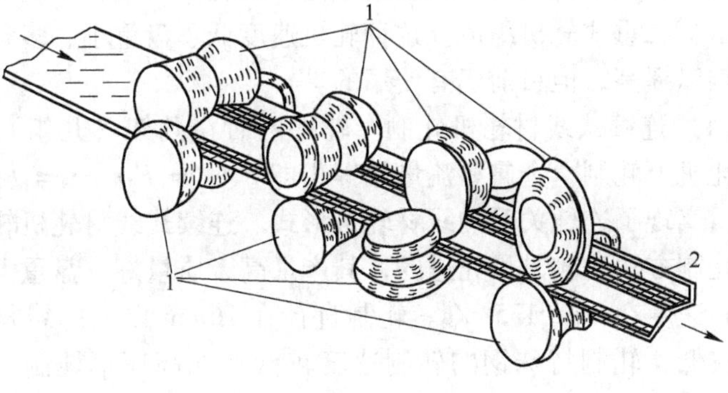

图 1-7　弯曲型钢生产示意图

1—轧辊；2—轧件

7. 轧制线材的主要方法有哪些？

轧制线材的主要方法有以下几种：

（1）横列式线材轧机轧制。由多列轧机组成，每列由一个电机传动。同一机列各架转速相同，各机架间用人工或围盘送钢进行活套轧制。横列式线材轧机轧制，因为存在速度不能调整的致命弱点，难以解决产量低、质量差、盘重小的根本问题，因此现已被淘汰。

（2）半连续式线材轧机轧制。是指横列式和连续式混合组成的或者多段连续式组成的线材轧机轧制方法。前者一般粗轧机列为水平连轧机，由1台或2台电动机传动，中轧机列及精轧机列为单阶或多阶横列式轧机，因为产能较低、质量较差，因此现已被淘汰。后者一般由两到三组连轧组成，由于出口速度不够高，无法与现代较大较长的坯料匹配，形成一次或两次脱头，终轧速度一般在20～60m/s，个别达到80m/s，单线形成每年30万吨左右的生产能力，粗轧共用，双线形成每年70万吨左右的生产能力，现还有使用的。

（3）复二重式线材轧机轧制。是第一种半连续式的变化形式，其粗轧机由横列式、跟踪式或连续式轧机组成，中轧机精轧一般由复二重式轧机组成。这种轧机速度低、盘重小、多条轧制质量难以提高，但目前仍有使用的。

（4）连续式线材轧机轧制。轧件同时在几架（几组）或在全部轧机上轧制，金属秒流量相等，即 $F_1v_1 = F_2v_1\cdots = F_nv_n =$ 常数，实现了连轧关系的线材轧机形式。连续式线材轧机轧制与以上轧制方法比较是最先进的，其产量高、质量好，盘重大。一般轧制速度在70～135m/s。轧制直径在16mm以上的线材轧制速度较低，轧制特殊钢的轧制速度较低（如高速钢轧制，采用快速锻打成小坯料，经连续式线材轧机轧制）。

（5）高速无扭线材轧机轧制。它是连续式线材轧机轧制的一种高端形式，是指轧制时轧件不扭转，经平、立交替布置的轧辊全线无扭转轧制的形式。高速无扭线材轧机轧制和计算机数模控制冷却技术的应用，使高速无扭线材轧制达到一个新的高度。高速无扭线材轧机轧制线材是国内线材轧制的主要方法，其成品的出口速度一般在60m/s以上。成组配置的线材轧机，一般选择25～28架轧机，设计速度为115～135m/s，较高要求时选择32架轧机，在28架的基础上增加了定减径机组共4架，采用6+6+6+10+2+2布置形式。

8. 轧制钢板、钢带的方法有哪些?

目前，生产各种钢板、钢带的主要方法有三种。

（1）热轧薄钢板、钢带生产。热轧薄钢板生产按轧制工艺特点又可分为：

1）叠轧薄板生产。在单辊传动的二辊不可逆式轧机上，将板坯先轧至一定厚度，然后几片重叠或折叠成多层继续轧制到要求厚度的产品（见图1-8）。用这种方法生产的产品最小厚度一般为0.35～0.40mm。这是一种很老的生产方法，目前一般不再建这种轧机。

2）炉卷轧机生产。在四辊可逆式宽带钢轧机上，配有如图1-9所示的卷取机及保温炉，可以在保持足够高的而且均匀的轧制温度下进行轧制，从而提高钢带的精确度。常用这种设备轧制具有特殊要求的钢带，如高硅钢、高碳钢、不锈钢等。炉卷轧机只承担精轧任务，它常配有开坯和预轧用的二辊或四辊万能轧机。产品厚度一般为1.5～6.0mm。

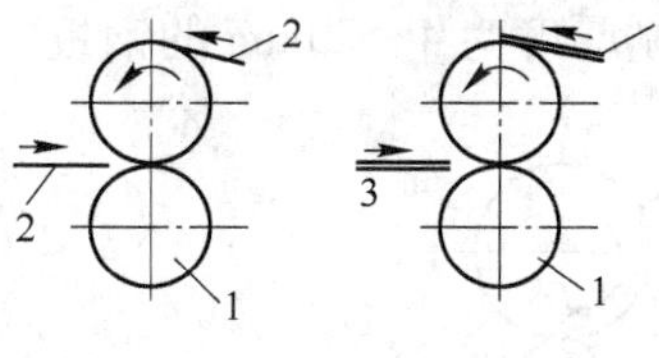

图1-8 叠轧薄板生产示意图
1—轧辊；2—单张轧件；3—叠轧轧件

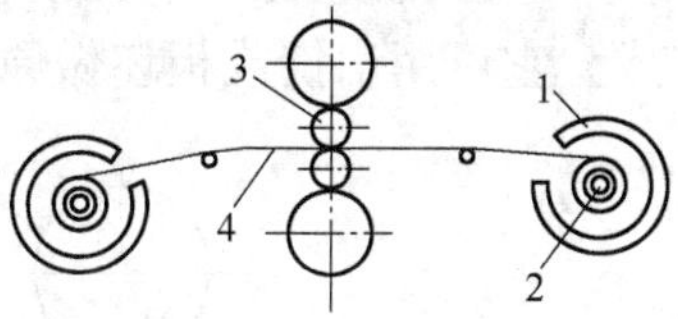

图1-9 炉卷轧机轧制钢带示意图
1—保温炉；2—炉内卷取机；3—轧辊；4—轧件

3）半连续轧机及连续轧机生产。轧机生产线一般由粗轧机组及精轧机组组成。粗轧机组的任务是把板坯轧成符合精轧要求的荒料。粗轧时坯料厚、温度高，应尽可能进行大压下，以减少精轧机的负担。半连续式轧机的粗轧机一般由两架可逆式轧机（二辊可逆及四辊可逆）组成，精轧机一般由5～7架四辊轧机组成。钢板、钢带同时在几架轧机上轧制，形成连轧。在粗轧机列可出厚板成品，在精轧机列出薄板、钢带成品。半连轧窄带车间，在粗轧机列可以出翼缘板等。

连续式轧机的粗轧机组由4～6架不可逆式轧机组成，如果轧件比较短，各机架之间并不一定形成连轧关系。其他还有行星轧机也可以生产热轧钢带。

（2）热轧厚板生产。热轧厚板主要用二辊可逆式轧机、三辊劳特式轧机、四辊轧机和万能轧机生产。按轧机布置形式不同又有单机座轧制、双机座轧制、半连续轧制和连续轧制之分。现分别介绍如下：

1）二辊可逆式轧机生产钢板是一种老式方法。在这种单机座轧机上借轧辊可逆运转，将原料轧成成品。这种生产方法产量较低，产品质量较差。目前这种轧机用作双机座布置的粗轧机组。

2）三辊劳特式轧机生产钢板也是一种老式方法，目前已基本被淘汰。劳特式轧机的上下轧辊直径大、中辊直径小（见图1-10），其轧制过程在单机座轧机上靠上下辊传动及中辊升降来完成。它可用扁锭或板坯做原料轧制厚度为4～20mm的钢板。

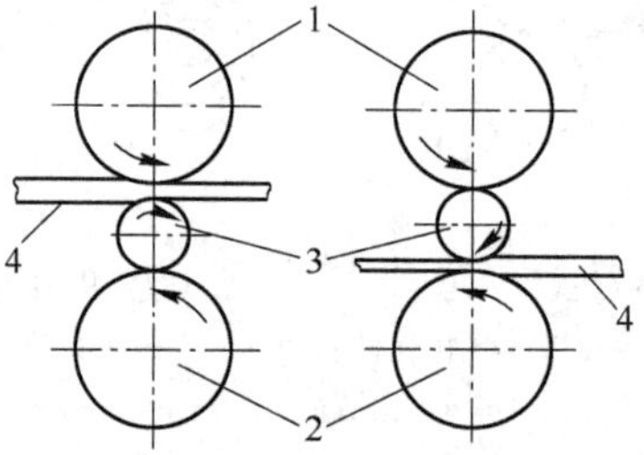

图1-10　三辊劳特式轧机生产示意图

1—上辊；2—下辊；3—中辊；4—轧件

3）四辊可逆式轧机生产钢板，尺寸精确而且规格范围较宽。图1-11为四辊钢板轧机生产示意图。轧机由两个支撑辊和两个工作辊组成，支撑辊辊径大，工作辊辊径小。一般工作辊传动，支撑辊靠摩擦力带动。也有支撑辊传动，工作辊靠摩擦力带动的。这种轧机常用作双机座布置的精轧机组。

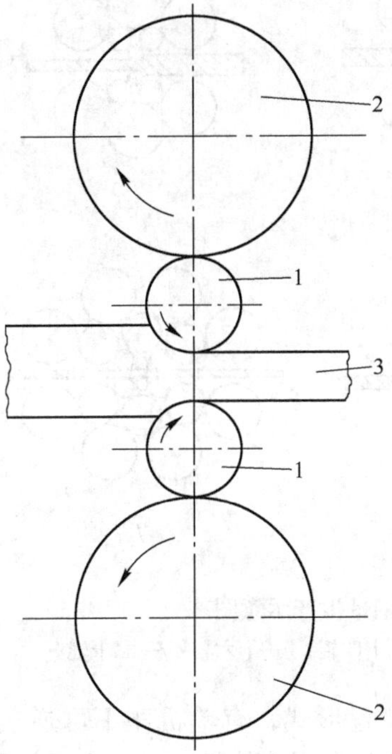

图 1-11　四辊轧机生产示意图

1—工作辊；2—支撑辊；3—轧件

4）万能轧机生产的钢板不用剪切侧边。它靠轧机前后的立辊直接轧出齐边钢板。万能轧机有单机架三辊或二辊可逆式和四辊可逆式几种，在轧机的一边或两边有成对的立辊（图 1-12）。

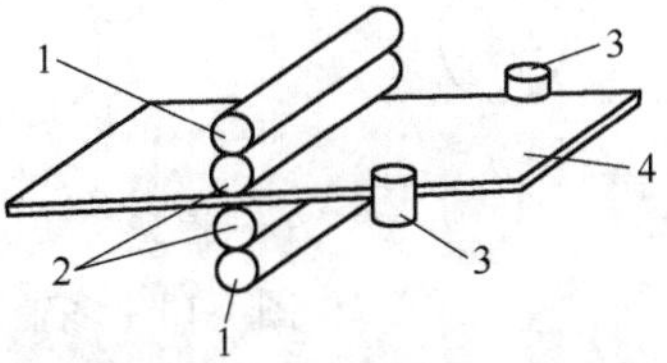

图 1-12　四辊万能轧机轧制示意图

1—支撑辊；2—工作辊；3—立辊；4—轧件

目前，除 60mm 以上厚板轧机外，很少采用单机座布置，大多采用双机座布置。

（3）冷轧薄板和钢带生产。冷轧薄板和钢带是在二辊、四辊或多辊轧机上生产的。轧辊数目等于或多于六个的轧机，统称为多辊轧机（如图 1-13 所示）。

多辊轧机的工作辊只有两个，其余都是支撑辊。一般轧辊数目越多，生产的产品越薄、尺寸越精确。通常冷轧钢板、冷轧钢带的厚度为 0. 05 ~ 3. 0mm。

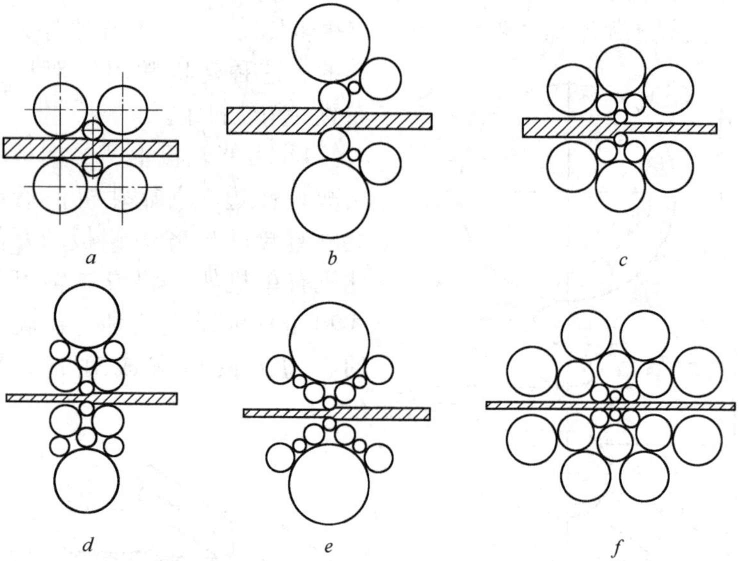

图 1-13 多辊冷轧钢带生产示意图

a—六辊；*b*—八辊；*c*—十二辊；*d*—十四辊；*e*—十六辊；*f*—二十辊

生产冷轧薄板及钢带的轧机布置形式，有单机座不可逆式、单机座可逆式和连续式。目前还出现多层冷轧板，如：不锈钢钢板与纤维组织双层复合板，镍铜双层板，镍铜镍三层板等。

9. 生产钢管的方法有哪些？

目前，生产各种钢管的主要方法有：

（1）用自动轧管机组生产无缝钢管，其生产工艺过程如图1-14 所示。

管坯在斜轧穿孔机上穿成毛管，然后在自动轧管机上减壁，再经过均整、定径（减径）、矫直、精整出成品。$\phi75\sim\phi1000$机组的热轧管直径一般为 51 ~ 1000mm，壁厚为 2 ~ 100mm。其中小口径钢管经减径机生产，大口径钢管经二次穿孔机和扩径机生产。

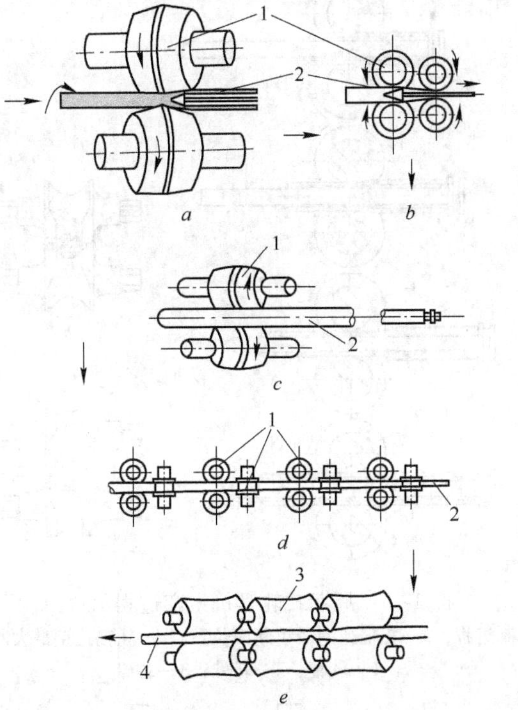

图 1-14　自动轧管机组生产钢管示意图

a—斜轧穿孔；*b*—自动轧管；*c*—均整；*d*—定径；*e*—矫直

1—轧辊；2—轧件；3—矫直辊；4—成品无缝管

（2）用周期式轧管机组生产无缝钢管，先将圆钢锭或圆钢坯在水压机上穿孔，然后在周期式轧管机上轧出成品钢管。其生产过程见图 1-15。其产品直径为 200 ~ 1000mm，壁厚为 5.6 ~ 100mm。

（3）用连续式轧管机组生产无缝钢管，将毛管在连续式轧管机上减径减壁，轧成无缝钢管。连续式轧管机有两种形式：一种是轧辊平立交错布置（图 1-16*a*）；另一种是轧辊按不同角度布置（图 1-16*b*）。产品直径为 60 ~ 426mm，壁厚为 2.0 ~ 60mm。

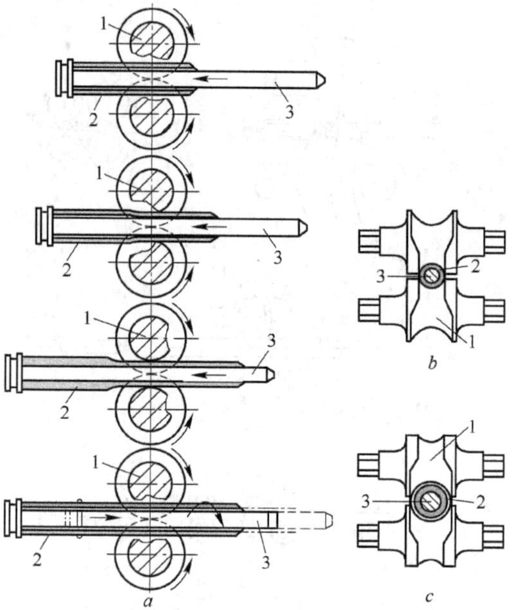

图 1-15 周期式轧管机生产过程示意图

a—轧制过程；*b*—轧辊孔型最小断面位置；*c*—轧辊孔型最大断面位置

1—轧辊；2—轧件；3—芯棒

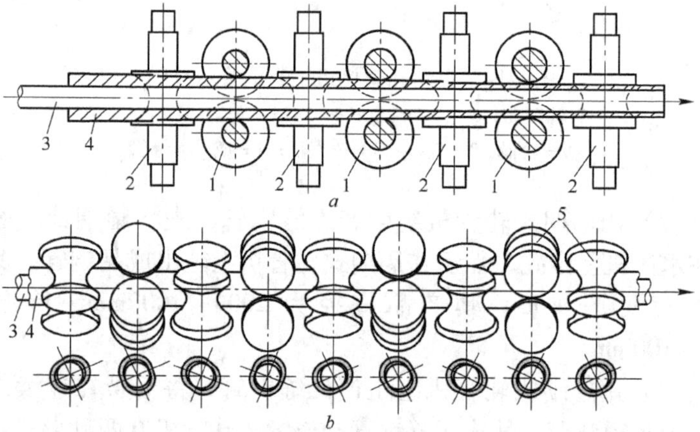

图 1-16 连续轧管示意图

a—轧辊平立交错布置的连续轧制；*b*—轧辊按不同交角布置的连续轧制

1—水平轧辊；2—垂直轧辊；3—芯棒；4—轧件；5—按不同角度布置的轧辊

（4）用顶管机组生产无缝钢管，先将钢锭或钢坯用水压机冲挤成杯状毛坯，然后在热状态下进行扩径减壁，其生产过程见图 1-17。其产品的最大直径在国外已达 1000mm，国内为 650mm。

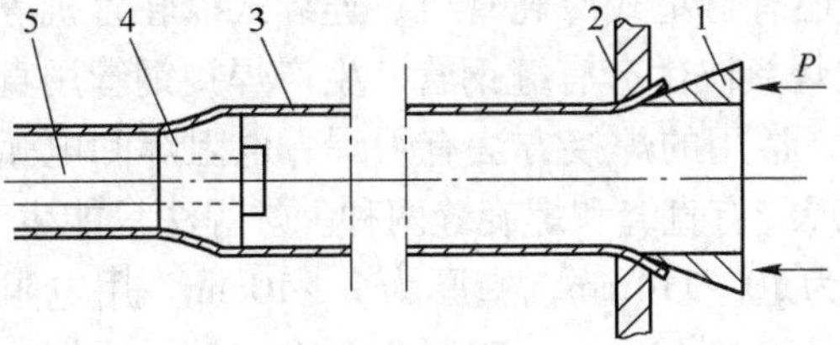

图 1-17　热扩无缝钢管生产过程示意图

1—内卡环；2—支架；3—钢管；4—顶头；5—拉杆

P—内卡环推力

（5）用冷拔机生产钢管，以热轧无缝钢管或焊接钢管为坯料，生产壁厚变化不大的钢管和小直径钢管。冷拔工艺过程如图 1-18 所示。钢管经冷拔可制成圆形、矩形、三角形以及其他断

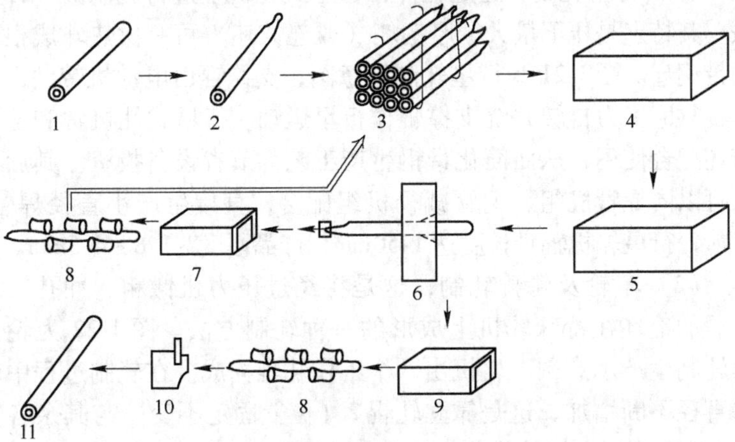

图 1-18　冷拔钢管生产过程示意图

1—毛管（坯料）；2—锤头；3—打捆；4—酸洗；5—润滑；6—冷拔；7—中间热处理；8—矫直；9—成品热处理；10—切管；11—冷拔成品钢管

面形状。通常产品直径为6～65mm，壁厚为1～5mm。

（6）用冷轧管机生产无缝钢管。以热轧钢管作坯料，在冷轧管机上轧制钢管。

常见的冷轧管机有两种，即二辊周期式轧管机和多辊式轧管机。此外，还有行星式冷轧管机、连续式冷轧管机等。

（7）用焊接法生产有缝钢管，生产焊接钢管用直条或成卷的带钢做原料，常用的焊接方法有炉焊、电阻焊和电弧焊等。生产出的钢管其焊缝有直缝和螺旋缝两种。炉焊法只能生产直缝焊管，其产品直径为10～114mm，壁厚为2～10mm。用电阻焊法生产的直缝焊管直径可达620mm、壁厚为0.4～20mm；螺旋焊缝钢管直径可达3660mm。电弧焊接方法适用于优质钢和合金钢，常用来生产直径为1000mm以上的螺旋焊管。电阻直缝焊接钢管生产方法如图1-19所示。电弧螺旋焊接钢管生产方法如图1-20所示。

10. 有哪些特殊轧制方法？

我国目前采用的特殊轧制方法有：

（1）行星轧制，这是轧件在行星式轧机上进行轧制的一种方法。其特点是压下量大，厚钢坯（或连铸坯）可一次热轧成很薄的带钢卷。图1-21为行星轧制示意图，支撑辊由电动机带动，工作辊靠摩擦力自转并绕支撑辊作行星运动。行星式轧机常和连续铸坯配合使用，从而简化带钢生产工艺，节省设备投资。其后面又可以同焊管机组、钢管减径机组配合，直接生产小直径焊管。目前，行星轧机辊身长度达1450mm，产品厚度为1.8～4.5mm。

（2）车轮及轮箍轧制，这是将经过压力机镦粗、冲孔、毛轧后的毛坯在特殊轧机上成形的一种轧制方法。图1-22为轮箍的轧制生产示意图。轧机由八个工作轧辊构成。在轧制过程中轧件直径不断增加，这是靠立轧辊2（位置固定不变）与其余各辊（皆可移动）之间的作用实现的。

轮箍在轧制后形状不够规整，为了使它成圆并使直径尺寸准确，一般还要在压力机上进行扩展，最后经热处理成为成品。

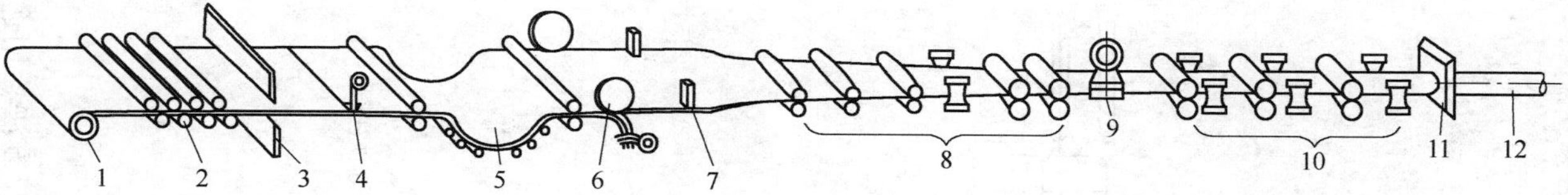

图 1-19　电阻直缝焊接钢管生产示意图

1—带钢松卷；2—矫直；3—剪切头尾；4—焊接带钢卷；5—活套；6—剪切侧边；7—清理侧边；8—连续辊式成形机；9—高频电阻焊接；10—钢管定径；11—切断钢管；12—直缝焊管成品

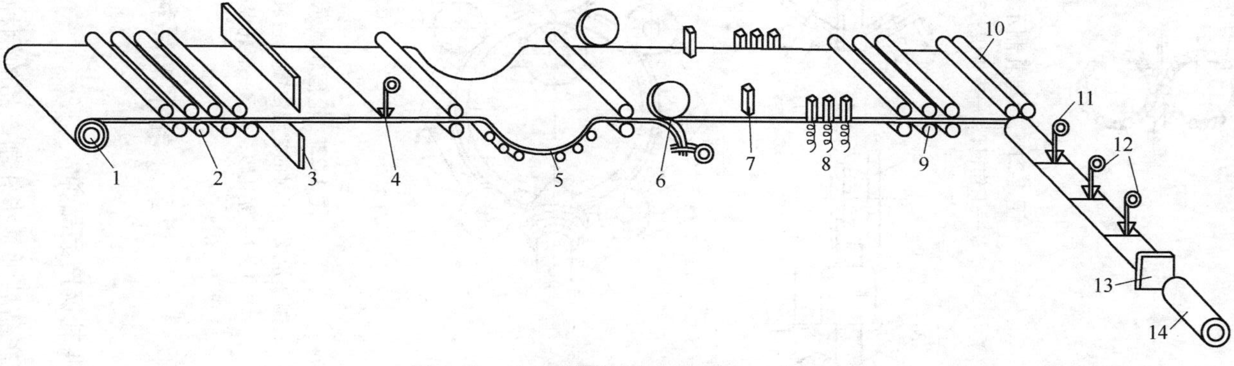

图 1-20　电弧螺旋焊接钢管生产示意图

1—带钢松卷；2—矫直；3—剪切头尾；4—焊接带钢卷；5—活套；6—剪切侧边；7—清理侧边；8—加工坡口；9—传送带钢；10—钢管成形；11—焊接内表面；12—焊接外表面；13—切断钢管；14—螺旋缝焊管成品

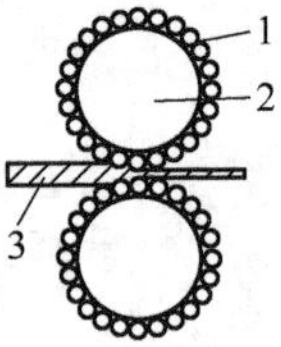

图 1-21　行星轧制示意图
1—工作辊；2—支撑辊；3—轧件

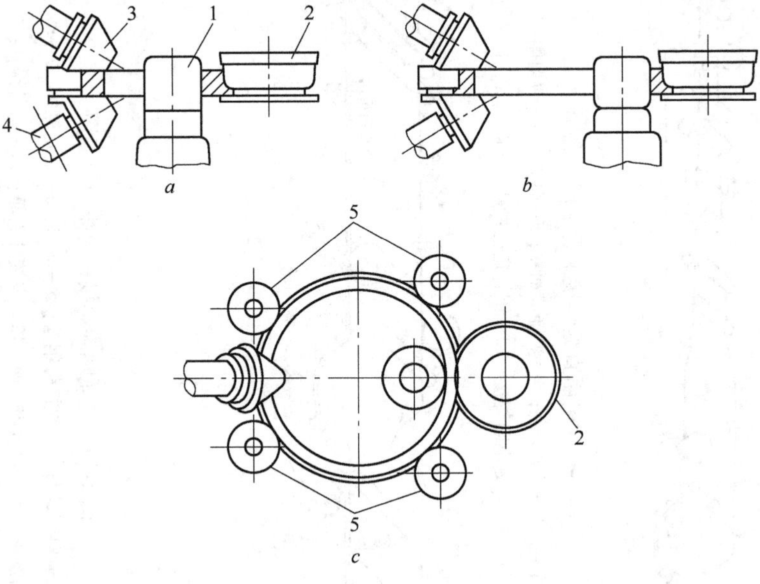

图 1-22　轮箍轧制示意图
a，*b*—轧制开始及终了时的轧辊位置；*c*—轧制终了时轧辊位置顶视图
1，2—立轧辊；3，4—斜轧辊；5—导向辊

二、轧钢产品种类

11. 什么叫轧钢产品品种？

轧钢产品品种是指轧制产品的钢种、形状、生产方法、用途

和规格的总和。当规格（形状、尺寸）相同钢种不同时，轧制工艺的难易程度是不同的；钢种相同而规格不同，轧制工艺过程也不一样。因此，轧制品种的多少是衡量轧钢生产技术水平的一个重要标志。

数以万计的轧钢产品，有的仅作为原料供再加工使用，如钢坯；有的既可作为成品也可供再加工使用，如钢板、钢管、线材、带钢、型钢（包括异形断面和周期断面）等。

12. 什么叫板管比？

按照轧制产品的断面形状特征和用途，通常热轧钢材可以分为板材、管材和型线材等数类。在热轧钢材总量中板材和管材产量所占的百分比称为板管比。

一个国家的钢材品种结构与那个国家工业发展的水平有一定的联系。随着汽车、造船、石油、食品和国防等工业的发展，对钢板、钢管的需要量日益增多，一些工业发达国家的板管比已达80%以上。因此，板管比的大小在一定程度上反映了一个国家的钢铁工业发展水平。

经过几十年的努力，我国目前板管比已达到50.78%，如图1-23所示。2007年为50.43%，2008年为52.45%，同比提高2.02

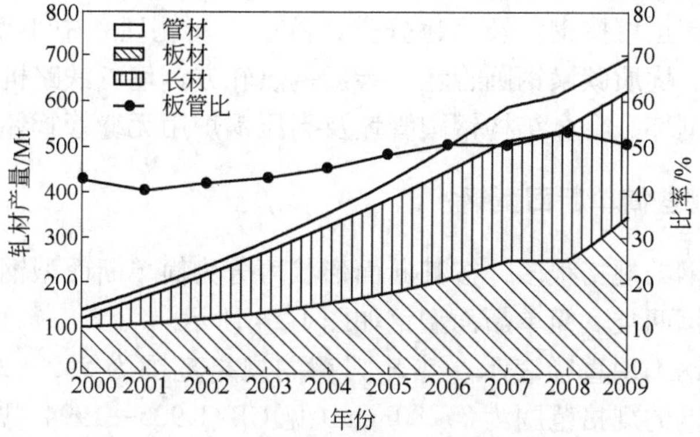

图 1-23　近十年内轧材产品的变化

注：本图引自中国钢铁协会编的《中国钢铁工业年鉴2009》。

个百分点，随着国民经济的发展和钢铁工业生产技术的进步，我国钢板、钢管产量将会逐步增加，板管比还会进一步提高。

13. 热轧钢坯有哪些品种？

各种技术标准中规定的钢坯有近400个钢号，数千个规格。钢坯按生产方法可分为：

（1）初轧钢坯，用方坯初轧机、方—板坯轧机生产；除一些特殊钢种使用外，已逐步淘汰；

（2）中小型钢坯，用钢坯连轧机、三辊开坯轧机生产；

（3）锻压钢坯，用水压机、锻压机生产；

（4）连铸坯，用连铸机生产。

按断面形状可分为：

（1）方坯、矩形坯，边长40～450mm；

（2）厚板坯，厚100～300mm，宽450～1600mm（见YB/T 002—1991规定）；

薄板坯，厚6～20mm，宽100～300mm；

（3）各种带钢坯；

（4）圆管坯，直径50～160mm；

（5）各种异形坯。

钢坯也可按钢种及用途分类，例如：初轧坯和中小型钢坯、薄板坯、优质碳素钢圆管坯、碳素钢热轧方钢坯、铁路机车车辆用车轴钢坯、合金结构钢圆管坯及高压锅炉用无缝管管坯等。

14. 有哪些简单断面型钢？

型钢的规格很多，按其断面形状可分为简单断面型钢和复杂断面型钢两类。简单断面型钢如图1-24所示。

圆钢　用直径表示，热轧圆钢的规格范围为5.5～250mm，冷拉圆钢的规格范围为3～80mm（见GB/T 905—1994规定）。

线材　用直径表示，常用规格范围为5～16mm。

方钢　用边长表示，常用规格范围热轧为5～250mm，冷轧

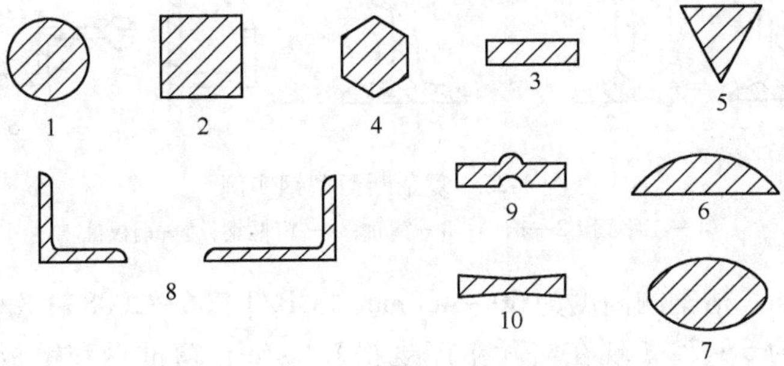

图 1-24　简单断面的型钢

1—圆钢；2—方钢；3—扁钢；4—六角钢；5—三角钢；6—弓形钢；7—椭圆钢；8—角钢；9—带槽弹簧扁钢；10—汽车拖拉机用弹簧扁钢

为 3 ~ 100mm。

扁钢　用厚度 × 宽度表示，常用规格范围为厚 4 ~ 60mm × 宽 12 ~ 300mm。

六角钢和八角钢　用对边距离表示，常用规格范围为 7 ~ 80mm。

三角钢　用边长表示，经常生产的规格范围为 25 ~ 250mm 的等边三角形。

弓形钢　用其宽度和厚度表示，常用的弓形钢宽为 15 ~ 20mm，厚为 5 ~ 12mm。

椭圆钢　表示方法与弓形钢相同，其宽为 10 ~ 26mm，厚为 4 ~ 10mm。

角钢　有等边角钢和不等边角钢两种，以边长表示角钢的规格。等边角钢的边长由 25mm 到 250mm，不等边角钢的边长由 25mm × 16mm 到 200mm × 125mm。（GB/T 706—2008）

15. 有哪些复杂断面型钢？

常用复杂断面型钢如图 1-25 所示。工字钢高度为 100 ~

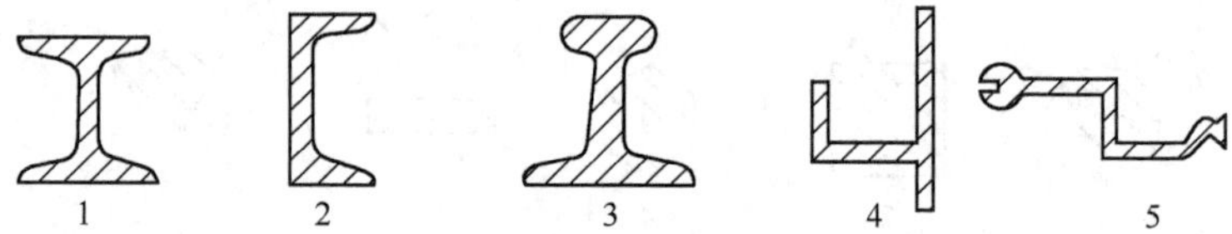

图 1-25 复杂断面型钢实例

1—工字钢；2—槽钢；3—钢轨；4—窗框钢；5—钢板桩

630mm；槽钢的高度为 50 ~ 400mm（GB/T 706—2008）；钢轨的单重为 6 ~ 75（现在实际生产规格）kg/m；窗框钢和钢板桩都有许多规格。

农机用异形断面型钢如图 1-26 所示，其中机引五铧犁犁刃 3

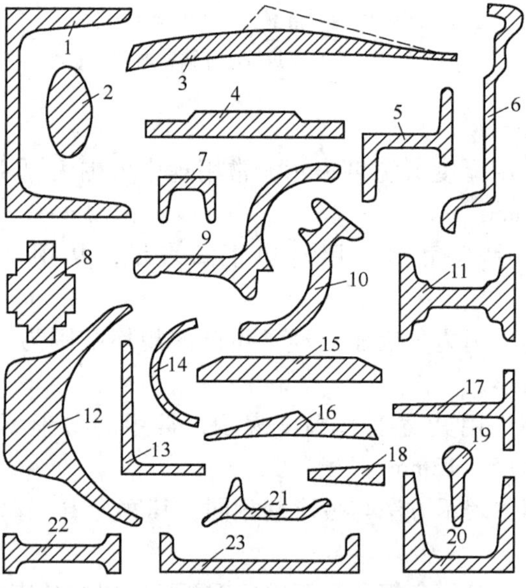

图 1-26 农机用异形断面型钢

1—东方红-54 型拖拉机用深腿槽钢；2—万能拖拉机耘刺；3—机引五铧犁犁刃；4—中凸扁钢；5—偏乙型钢；6—胶轮车轮辋；7—小槽钢；8—机引五铧犁副梁；9—拖拉机挡圈；10—胶轮车挡圈；11—五铧犁主梁；12—磁极用钢；13—薄壁角钢；14—弧形钢；15—拱面扁钢；16—犁铧钢；17—长腿丁字钢；18—楔形钢；19—锤杆钢；20—辕槽钢；21—拖拉机履带板；22—端部加厚扁钢；23—浅槽钢

是周期断面产品。

机械工业、纺织工业、仪表工业、电机制造工业以及建筑结构常用的各种小型异形断面型钢，如图1-27所示。

16. 钢板有哪些品种?

钢板是应用最广泛的钢材之一，常称它为通用钢材。各种钢板规格用厚×宽表示。我国生产的钢板品种规格达4000多种。按国家标准GB/T 709—2006（这是参照国际标准制定的与国际标准接轨的新标准）分类如下：

钢板按厚度可分为：

薄板　0.2~3mm（GB 700规定为4mm）；

厚板　>3~400mm。

钢板按生产方法可分为：

热轧钢板　厚度为0.35~200mm；

冷轧钢板　厚度为0.2~5mm。

按表面特征分有：

镀锌板、镀锡板、镀铝板、镀铜板、镀铝-锡板、有机涂层钢板、复合钢板等。

按用途分有：

桥梁钢板、锅炉钢板、造船钢板、装甲钢板、汽车钢板、屋面板、结构板、电工钢板（硅钢片）等。

钢板可切成一定长度的单张供应；也可以成卷供应，即以带钢卷供应；还可以根据需要纵剪成窄带钢供应。

17. 钢管有哪些品种?

钢管的规格用外形尺寸(如外径或边长)和内径及壁厚表示,其尺寸范围很广,从直径很小的毛细管直到直径达数米的大钢管。

钢管按生产方法可分为：

(1) 无缝钢管（直径0.3~650mm，壁厚0.05~75mm），如热轧管、冷轧管、冷拔管、挤压管等；

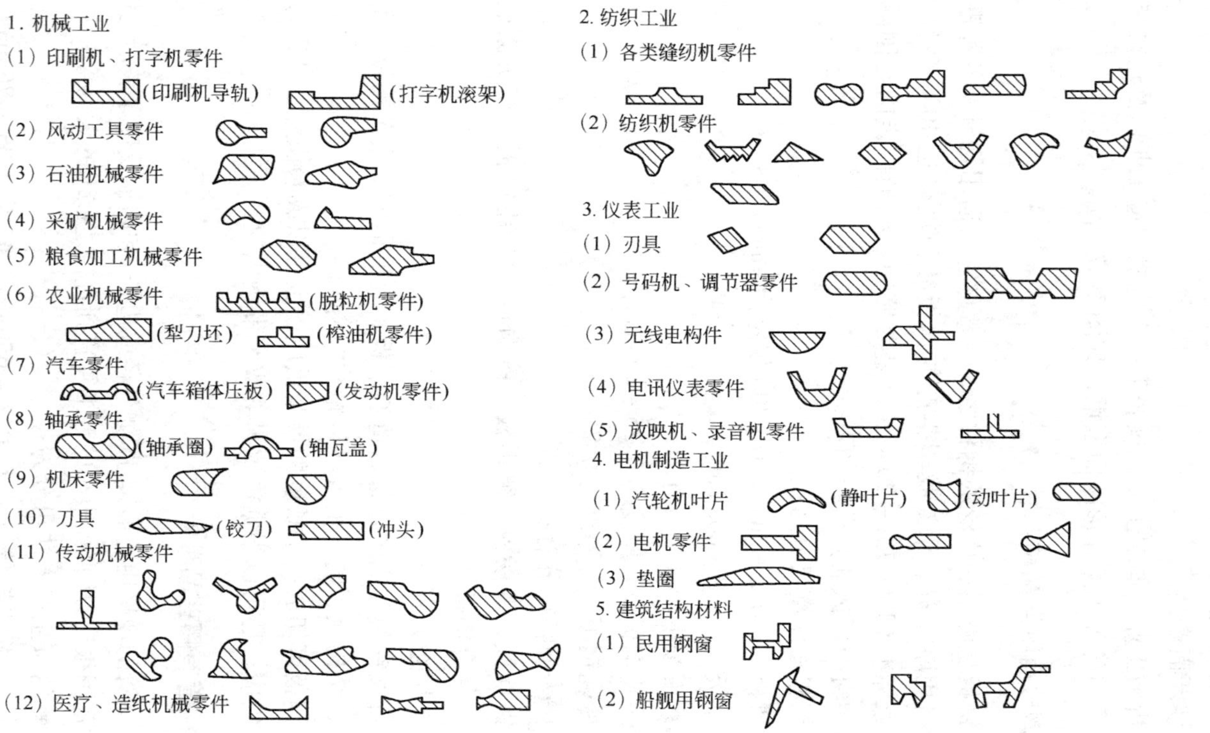

图 1-27　小型异形断面型钢

（2）焊接钢管（直径 5 ~ 4200mm，壁厚 0.5 ~ 25mm），按焊缝分有直缝焊接钢管和螺旋缝焊接钢管两种。按生产方法分有炉焊管、电阻焊管、电弧焊管等。

钢管按用途可分为：

（1）管道用钢管，如输送水、气、石油等流体用的钢管；

（2）热工设备用钢管，如锅炉管、高温高压过热器用钢管；

（3）机械工业用管，如航空结构用管、汽车结构用管、轴承钢管；

（4）石油、地质钻探用管，如石油钻探管、石油套管、地质钻探管、地质套管等；

（5）容器钢管，如一般容器钢管、高压气瓶用钢管等；

（6）化学工业用管，如石油裂化管、化工设备结构及管道用管；

（7）特殊用途钢管，如不锈钢管及耐热钢管、注射器针管等。

钢管按断面形状可分为：

（1）简单断面钢管，如圆形、方形、椭圆形、三角形、六角形、菱形、八角形、半圆形钢管等；

（2）复杂断面钢管，如不等边六角形、五瓣梅花形、双凸形、双凹形、瓜子形、圆锥形钢管，波纹钢管，表壳钢管等。

18. 什么叫周期断面产品？

断面尺寸呈周期性变化的钢材称为周期断面钢材。用热轧法生产的各种周期断面产品（见图 1-28），不但可以免除许多复杂的机械与模锻加工程序，节约劳动力，而且还可以节约金属和燃料。各种汽车轴、胶轮车轴、拖拉机履带节、垫板以及农用犁铧钢、刨刀坯、泥锹坯等产品都可用周期轧制生产。

19. 什么是车轮与轮箍？

用轧制法生产的机车车轮与轮箍如图 1-29 所示（详见

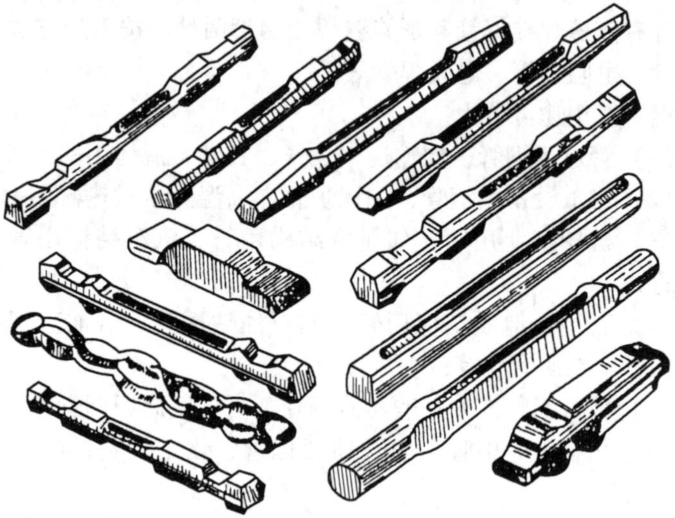

图 1-28　部分周期断面产品

TB/T2995—2000）。铁路车辆使用的车轮有组合车轮和整体车轮两种。组合车轮由铸造或轧制成的轮心和轮箍组成；整体车轮中又有铸铁车轮、铸钢车轮及轧制车轮。

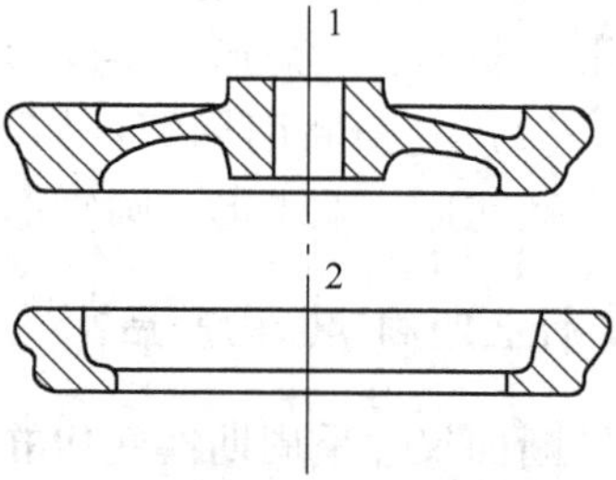

图 1-29　车轮及轮箍
1—车轮；2—轮箍

车轮与轮箍是用优质碳素结构钢或低合金钢制造的。轧制的车轮直径有 840mm、915mm、950mm，轮箍的最大直径达 1756mm。

20. 什么叫弯曲型钢？

弯曲型钢是用钢板或带钢弯曲成的，有热弯型钢和冷弯型钢之分。弯曲型钢的品种规格有数千种。图 1-30 所示为部分弯曲型钢。

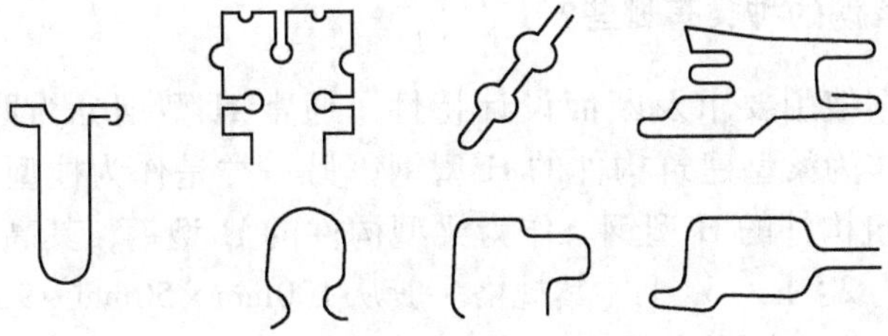

图 1-30 弯曲型钢

用弯曲成形的方法可以生产用热轧方法不能生产的复杂断面型钢、薄壁型钢以及中空型钢。用弯曲型钢代替普通热轧型钢可以减轻结构重量，减少制造工作量并能节省大量金属。

弯曲型钢广泛应用于汽车、车辆、造船、农具、家具、航空、自行车等制造部门。

21. 钢筋分几类，有哪些级别?

钢筋是指建筑行业钢筋混凝土结构配筋用的专用钢材品种，属于轧制中小型钢，表面设计呈光面、月牙肋或等高肋的螺旋状花纹。钢筋包括钢筋混凝土用热轧带肋钢筋、高强度精轧螺纹钢筋、余热处理钢筋、冷拉低碳钢丝及预应力混凝土用光圆钢筋等几大类。国家标准中以热轧带肋钢筋为主体，列入了屈服强度为235MPa及300MPa的Ⅰ级光圆钢筋、屈服强度为335MPa的Ⅱ级钢筋、屈服强度为400MPa的Ⅲ级钢筋、屈服强度为500MPa的Ⅳ级钢筋。其中，Ⅲ级钢筋含有屈服强度为400MPa的普通级、440MPa的余热处理级和440～540MPa的较高质量级三个级别，Ⅲ级热轧带肋钢筋在2007版标准中分为含有屈服强度为400MPa的普通类、400MPa的细晶粒类和有较高要求的400～520MPa抗震钢筋（Ⅱ级钢筋、Ⅳ级钢筋分法相似）。

22. H 型钢的种类有哪些？

根据使用要求及断面设计特性，通常 H 型钢分为两大类：一类是作为梁型建筑构件的 H 型钢；另一类是作为柱型（或桩型）建筑构件的 H 型钢。作为梁型构件的 H 型钢，其高度与腿宽之比为 2∶1 ～ 3∶1，其规格一般从 100mm × 50mm ～ 900mm × 300mm。作为柱形构件的 H 型钢，其高度与腿宽之比为 1∶1，其规格一般从 100mm × 100mm ～ 400mm × 400mm。H 型钢高度为 80 ～ 1100mm，腿宽为 46 ～ 454mm，腰厚为 2.9 ～ 78mm，单重为 6 ～ 1086kg/m。

23. 钢轨有哪些种类？高速铁路用钢轨有什么要求？

根据用途的不同，现代钢轨可以分为三类：（1）供矿山铁路用的轻轨，中国主要有 9kg/m、12kg/m、15kg/m、22kg/m、30kg/m 五种，日本主要有 6kg/m、9kg/m、10kg/m、12kg/m、15kg/m、22kg/m 六种。（2）供客货运铁路用的重轨，中国铁路使用的重轨主要有 38kg/m、43kg/m、50kg/m、60kg/m、75kg/m 五种规格，日本使用的重轨主要有 30kg/m、37kg/m、40kg/m、50kg/m、60kg/m 五种规格。另外还有道岔轨，中国主要有 50kg/m 和 60kg/m 两种规格，日本有 51.7kg/m、69.5kg/m、99.8kg/m 三种规格。（3）供工厂吊车用的吊车轨，中国主要有 70kg/m、80kg/m、100kg/m、120kg/m 四种规格。

根据钢种的不同，钢轨又可以分为碳素轨、合金轨和热处理轨三种。碳素轨主要以碳、锰两元素来提高强度、改善韧性。合金轨则是以碳素轨为基础，添加适量合金元素如钒、钛、铬、钼等，从而提高钢轨的强度和韧性。热处理钢轨主要是将碳素钢轨通过加热和控制冷却，来改善其金相结构，通过热处理细化晶粒，形成细珠光体组织，从而获得高强度和高韧性。

按钢轨的力学性能，通常钢轨分为三类：第一类普通轨，它是指抗拉强度不小于 800MPa 的钢轨；第二类高强轨，它是指抗拉强度不小于900MPa的钢轨；第三类为耐磨轨，它是指抗拉强度不小于1100MPa的钢轨。

高速铁路的线路采用小坡度，一般为0.8%~3.5%；线路曲线采用大半径，一般为2500~8000m。通常，人们把速度为200km/h的高速铁路定为第一代高速铁路，把速度为300km/h的高速铁路定为第二代高速铁路，把速度为350km/h的高速铁路定为第三代高速铁路。

高速客运铁路对钢轨的要求主要是：（1）对断面要求，多数国家选择50kg/m或60kg/m平底轨，其长度为25m、36m、50m、100m或焊接长轨。（2）对钢种要求，一般采用碳素钢，其强度要求在900MPa以上。（3）对平直度要求，轨端平直度垂直上翘不大于0.2mm/m，垂直下弯不大于0.1mm/m，水平弯曲不大于0.25mm/m；全长平直度：垂直上翘最大为5mm，垂直方向不大于0.1mm/m，水平方向不大于0.3mm/m，水平方向旁弯的弯曲半径不小于1000m。（4）对于焊接轨要求，焊缝处轨高尺寸公差要控制在0.1~0.2mm。（5）其他要求，为保证在高速下行车平稳，轮、轨接触带宽不应超过12~14mm，而且这个接触带上不应存在任何表面缺陷；对于轴重大于20t的线路，则应采用耐磨级钢轨。

三、轧钢生产系统

24. 什么叫轧钢生产系统，有哪些轧钢生产系统？

在钢铁联合企业中，为生产特定钢材和达到一定生产规模而建立起来的相互之间有一定联系的多套轧机的组合谓之轧钢生产系统。按照轧制产品的种类，轧钢生产系统可以分为型钢生产系统、钢管生产系统、钢板生产系统以及由它们组成的混合生产系统。此外，还有合金钢生产系统。

按照生产规模的大小，轧钢生产系统有年产100万吨以上的大型生产系统，年产在 10 万 ~ 100 万吨之间的中型生产系统和年产在 10 万吨以下的小型生产系统。

在轧钢生产中，除上述几种常见的生产系统外，还有一些轧机（如车轮轮箍轧机）直接用钢锭经一次加热轧制成成品，由于这类轧机具有独特的生产条件，通常不和其他轧机有紧密的联系，它们不构成相应的生产系统。

近来，世界各国的连续铸钢技术正在迅速发展，不但可以连续浇铸成各种规格的方形、矩形和异形坯直接供给钢板、型钢轧机做原料，而且还可以采用连续离心浇铸法制成各种圆形无缝管坯，直接供自动轧管机组做原料。此外，冶金生产过程中电炉（包括炉外精炼）、连铸、连轧的短流程生产工艺亦日益广泛应用。连铸坯的发展和短流程生产工艺的应用为简化轧钢生产系统，改进轧钢生产过程提供了有利条件。

25. 型钢生产系统的特点是什么？

生产各种型钢产品的轧钢生产系统叫型钢生产系统，一般型钢生产系统的年产量都不超过 1000 万吨，但由于许多国家的型钢在热轧钢材总量中占有较大的比例（一般占 30% ~ 35%，有的占到 50%），故这是常见的一种单一化的轧钢生产系统。

组成型钢生产系统的基本轧机是方坯初轧机、中小型钢坯连轧机和各类成品型钢轧机。其所用坯料除由系统内的初轧机、中小型钢坯连轧机供应外，各种规格的方形或矩形连铸坯已成为各类型钢成品轧机的坯料来源。

钢铁企业生产规模的大小以及对型钢品种和规格的要求，是选择和决定型钢生产系统轧机组成的基本依据，这类生产系统如图 1-31 所示。

26. 钢板生产系统的特点是什么？

生产各类钢板、带钢的轧钢生产系统叫钢板生产系统。工业发达国家中因板带钢产量较大能见到这种生产系统。在我国因板

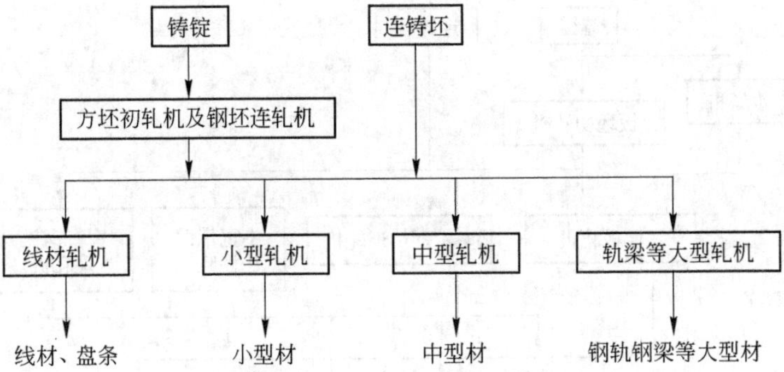

图 1-31　型钢生产系统图示

带钢产量在热轧钢材总量中所占比例大幅度上升，再加上各地区对钢材又有多品种的要求，故这种单一生产系统已相当多。

板带钢生产广泛采用先进的连续轧制方法，使这种生产系统具有很大的生产规模。例如一套现代化的宽带钢热连轧机年产量可达 500 万吨以上；一套宽厚板轧机年产量可达 200 万吨；一套宽带钢冷连轧机年产量超过 100 万吨，有的已达到 200 万吨。

组成钢板生产系统的主要轧机是板坯初轧机和各种成品钢板轧机。所用坯料除由板坯初轧机供应一部分外，各种规格的连铸板坯日益成为坯料的主要来源。而冷连轧机则以热轧板卷为原料。

确定这类轧钢生产系统轧机组成的依据是对产品产量、品种和规格的要求。这类生产系统如图 1-32 所示。

27. 钢管生产系统的特点是什么？

生产各类无缝钢管的轧钢生产系统叫钢管生产系统。虽然无缝钢管在热轧钢材总量中所占比例不大，但是无缝钢管具有广泛的用途，对管坯的质量要求不断提高，故这种单一型的钢管生产系统已逐步成为钢管生产的发展方向，并且正在朝着冶炼、铸造（或连铸）、轧制、管加工一体化的方向发展。

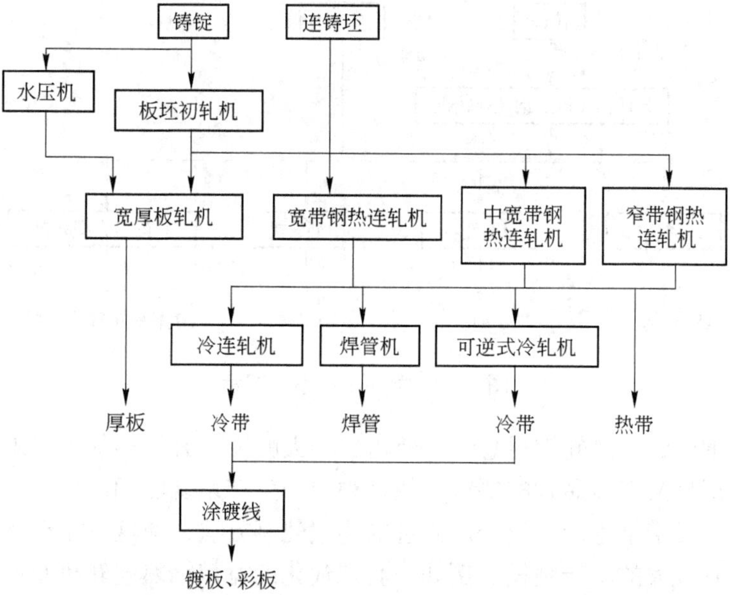

图 1-32　钢板生产系统图示

除了一些特殊轧机（如热轧皮尔格轧机）用钢锭直接轧成钢管外，组成钢管生产系统的基本轧机是各种类型的管坯轧机（有时也用初轧机、型钢轧机供坯）、水压机、推轧机等和各种成品钢管轧机。近年来，由于连铸技术的迅速发展和连铸技术水平的不断提高，由连铸机供应的管坯日益增多。

企业对钢管产量的大小、产品品种规格的多少以及对钢管产品质量要求的高低，是选择和确定钢管生产系统中各类轧机的大小及其技术特性的主要依据。这类生产系统的轧机组成如图 1-33 所示。

28. 混合轧钢生产系统的特点是什么？

生产型钢、板带钢和钢管或其中任何两类轧制产品的轧钢生

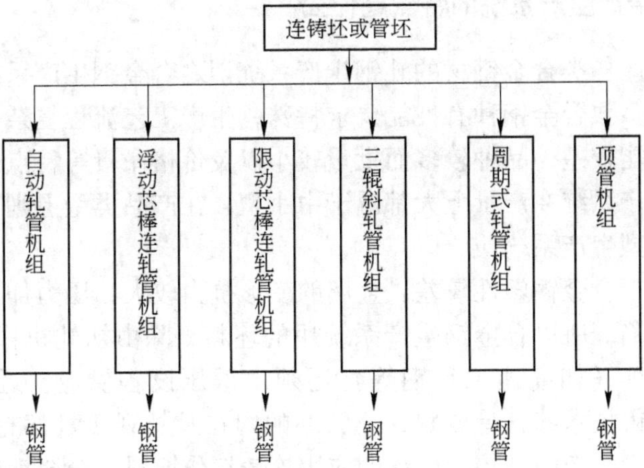

图 1-33　钢管生产系统图示

产系统谓之混合轧钢生产系统。由于这种轧钢生产系统产品范围广泛，具有较大的灵活性和适应性，不仅能满足地区对钢材多品种的需求，而且生产规模可大可小，因此，这种生产系统得到广泛的应用。在我国现有的大型钢铁联合企业中，轧钢生产系统多数属于混合系统，如图 1-34 所示。

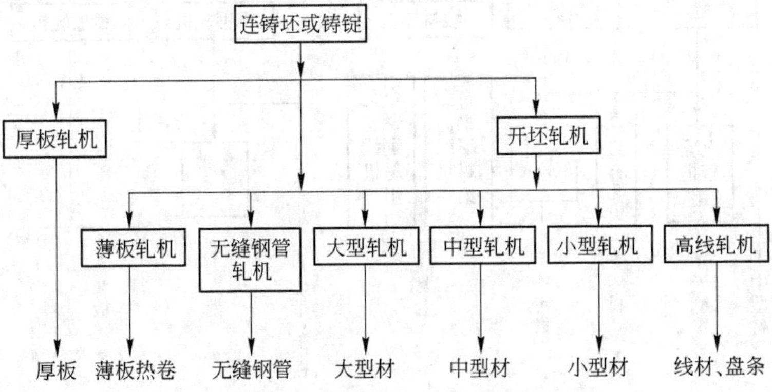

图 1-34　混合轧钢系统图示

29. 合金钢生产系统的特点是什么？

生产各类合金钢材的轧钢生产系统谓之合金钢生产系统。由于绝大多数合金钢种有性能要求特殊，生产工艺流程复杂，塑性加工性能较差，品种较多而批量较小以及价格昂贵等特点，所以这种生产系统在产量上大都属于中小型，在产品类型上则大都属于混合型生产系统。

由于合金钢塑性较差，金属的变形抗力较大，压力加工时易产生缺陷，所以合金钢生产系统用的坯料，除由初轧机供应外，一些钢种（如高速工具钢等）还须由锻压设备供应。近几年，由于连铸技术的日趋成熟，连铸坯的内在及外观质量都有提高。在合金钢生产中已较为广泛的应用连铸坯作原料。合金钢生产系统如图 1-35 所示。

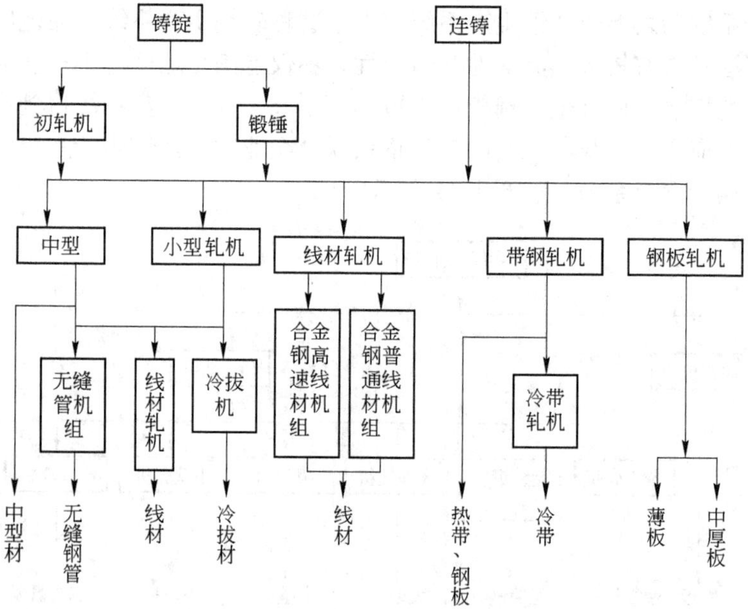

图 1-35 合金钢生产系统图示

30. 机械零件轧制的优点是什么?

传统机械零件大多用普通轧制方法轧制出的型材作原料，经机械加工成零件。为了提高性能并节约材料，大多经锻造成型，然后再经切削、磨削等精加工方法成形最终形状的零件。机械零件轧制与锻造成形都属于塑性成形。但成形方式不同，锻造（模锻）为连续整体成形，机械零件轧制为连续局部塑性成形。由于成形方式不同，两者相比，机械零件轧制具有以下突出优点：（1）载荷大幅度下降。由于将整体成形改为局部成形，模具与工件的接触面积大幅度减小，故工作载荷随之大幅度下降，一般只有模锻的几十分之一到十几分之一。结果是设备体积大幅度减小，模具寿命大幅度增高。（2）生产效率显著提高。由于将往复断续成形改为回转连续成形，生产效率显著提高，一般高出3~10倍。（3）生产环境显著改善。由于锻造为整体断续打击成形，并且要经多个工步模腔成形零件，工人多在噪声大于100dB条件中工作，环境恶劣。机械零件轧制是在局部连续滚压中成形零件，进出料都能自动完成，工人在噪声小于60dB条件中工作，与锻造相比生产环境显著改善。（4）节约材料显著。由于轧制的零件比锻造零件尺寸精度高，又没有模锻时的飞边等，材料利用率平均可以提高20%左右，节约材料显著。

轧制机械零件与锻造零件比较，也存在缺点，如通用性差，需要专门的设备与模具，并且多数模具的设计、制造与生产工艺调整比较复杂等。

综上所述，机械零件轧制特别适合大批量零件的生产，如汽车、轴承等的零件，以及难以用锻造方法生产的特大型零件，如压力容器上的封头等。这些零件用轧制方法生产，具有既大幅度降低成本，又显著提高零件的质量与精度等优点。

31. 连铸连轧生产特点是什么?

连铸连轧是一项钢铁工业发展的重大技术进步，它是将传统的炼钢厂和热轧厂紧凑地压缩并流畅地结合成一体。随着在大工业生产中的不断完善、不断发展，连铸连轧的特点得到了充分体现，最突出特点就是流程短（紧凑）、能耗低（节能）、高效率、生产周期短。由于连铸坯的断面确定在一个合理的临界区间内，能在保证最终产品高质量的前提下，最大限度地节能并达到相当高的生产效率，以使企业获得尽可能高的经济效益。

连铸连轧在国内已相当普遍，随着连铸连轧的发展国内已有多家应用了连续铸轧，连续铸轧是金属溶液在连铸凝固的同时进行轧制变形的过程，也叫液芯轧制。两者都是当代冶金技术的主要发展方向。

32. 近终形连铸生产的特点是什么？

近终形连铸是指连续铸造所得钢坯产品尽可能接近最终产品的形状和厚度，以缩短生产流程，节约金属和电力消耗，减少投资，降低成本，提高劳动生产率。近终形连铸主要分为薄板坯连铸、带钢连铸、异形坯连铸等。

目前，我国已建成多条近终形连铸生产线（含薄板坯连铸连轧、H 型钢、工字钢等），在薄带连铸连轧、异形坯连铸、连铸微细组织和均质化控制等方面也取得了重大突破。近期产业化的重点是：在近终形连铸连轧攻关和方、板坯高效连铸技术成果的基础上，提高洁净钢、纯净钢生产技术水平，结合利用低过热度浇铸、电磁冶金等控制微细凝固组织和均质化等技术，实现薄板坯连铸高效化（拉速提高到 6～8m/min）、微细均质薄带连铸连轧和异形坯连铸连轧产业化。

薄板坯连铸连轧的特点：

（1）板坯厚度薄，一般要求厚度范围为 40～70mm。

（2）生产过程连续，薄板坯连铸只能采用连铸连轧工艺，这就使得整个过程连续进行。

（3）金属学特点：一是从钢水到凝固的冷却速度快，可使凝固组织细化、合金元素固溶量增大、细小析出物增多；二是铸坯薄，不能在后续轧制工序施加大压下率，这使浇铸组织的残余组织粗大化，造成轧制退火后的力学性能和表面质量恶化。这些特点要求确立工序之间互为补充和制约且能生产最佳产品的综合技术，要使金属学的要求积极反映在浇铸和轧制上。

（4）薄板坯凝固速度快。

（5）薄板坯的比面积大。

（6）薄板坯连铸冶金长度短，一般为5～6m左右。

带钢连铸的特点：

用连铸机直接浇铸厚度为1～10mm的近终形带钢的生产工艺称为带钢连铸或直接带钢连铸。

（1）此项技术可以省去带钢的热连轧工序。

（2）经铸轧机生产出的产品可直接当热轧带钢使用，也可以进入冷轧机轧成厚度小于1mm的冷轧带钢。

（3）带钢连铸可使带钢设备投资节省40%～50%，生产成本降低10%～20%，吨钢节能0.628GJ。

另外带钢连铸的自动控制有以下特点：

（1）由于带钢的厚度很薄，拉坯速度很高，对液面高度控制精度高，必须控制在±2mm。

（2）带钢连铸二冷区一般不进行自动喷水冷却，有的为保证卷曲温度，在卷取机前有喷水冷却。

（3）带钢连铸的结晶器是移动式的而不需要有振动装置，带钢连铸机铸出的带钢厚度容易波动，因此对带钢沿长度方向的厚度控制是一个重要的控制内容，即辊缝和铸轧力必须严格控制，如同轧机的厚度自动控制。

异形坯连铸的特点：

（1）异形坯表面积大，散热条件好，在二冷区内就能完全凝固，冶金长度短，所以矫直为固相矫直，矫直许用应变较大，对矫直有利。

（2）异形坯矫直后形状变化大，主要影响因素是翼板尺寸H。

（3）异形坯断面形状复杂，断面上各点的散热条件差别很大。

33. 什么叫冶金生产过程的短流程？它有什么优点？

冶金生产已有数百年的历史，形成大规模的工业生产也有百年以上。纵观大工业冶金生产技术发展的历史，冶金生产过程大体上可以分为三个阶段。第一阶段大致到20世纪40年代，冶金生产工艺过程的基本模式是：

炼焦→烧结→高炉冶炼→平炉冶炼→铸锭→初轧开坯→成品轧制

这种工艺流程的特点是轧钢生产有两个阶段，即半成品生产和成品生产，形成了不同类型的轧钢生产系统。

进入20世纪50年代，奥地利发明了纯氧顶吹转炉炼钢法，在此前后，前苏联、瑞士又发明了连续铸钢法。纯氧顶吹转炉炼钢法的应用，大大提高了炼钢效率，缩短了钢的冶炼时间，而连续铸钢技术的发展，省去了铸锭、均热、初轧开坯等工序，使冶金生产过程的能耗降低到一个新水平，并使钢的收得率提高了8%～10%；与此同时，轧钢生产向连续化方向发展，各类连续式轧机相继出现，这时冶金生产工艺过程的基本模式是：

炼焦→烧结→高炉冶炼→转炉冶炼→连铸→各类成品轧机轧制

这种工艺流程的特点是：平炉炼钢逐步被转炉炼钢代替；连铸坯作为轧钢生产的原料得到广泛采用和连轧技术在更为广泛的范围内得到推广和应用，初轧开坯的作用逐步降低。这种新工艺流程，简化了轧钢生产系统，使冶金企业取得了明显的经济效益。

进入20世纪80年代，冶金生产过程又发生了新的变化，出现了冶金生产工艺过程的新模式：

电炉（炉外精炼）→连铸→成品连轧

这种新的流程即被称为短流程。

建设冶金生产工艺过程的短流程必须具备两个条件，即要有足够的废钢和电力供应。

冶金生产工艺过程短流程的建设成功，使冶金生产过程大为缩短，轧钢生产系统更为简化，企业获得更为明显的经济效益。因为短流程与传统的冶金生产工艺流程（即所谓的长流程）相比具有如下优点：

（1）吨钢投资少。据美国测算，长流程吨钢投资为1100～1150美元，短流程吨钢投资只需500～550美元。

（2）经营成本低。美国生产数字表明，长流程平均钢材成本为484美元/吨，短流程棒材成本只有295美元/吨。

（3）环境容易得到保护，也是冶金行业推广低碳经济的一个重方向。

（4）钢质容易控制。正因为短流程具有上述明显优点，在国外工业化进程已完成的国家该技术已得到广泛应用，一些国家短流程比例已超过长流程，在国内1993年开始大力推广短流程，但因我国工业化进程尚未完成，废钢资源短缺，未能得到较大发展，加之，国内年钢产量迅速发展到6亿吨以上，短流程虽得到了大力发展，但相对比例反而下降。随着我国工业化的完成，短流程将会得到更大的发展。

四、轧钢技术进步

34. 我国轧钢技术的主要发展方向是什么？

钢铁工业是我国国民经济重要支柱之一，其发展必须符合新型工业化的战略要求，必须实现科学发展。我国轧钢生产技术必将围绕先进生产流程的建立，节能技术与清洁化生产技术，新产品开发及深加工技术等方向展开。

（1）轧制产品的发展。我国轧制产品方面一直存在中、低档产品多，高档产品少的矛盾，2006年进口钢材2000万吨左右，2007年和2008年每年进口量都在1500万吨以上，每吨进口钢价格比出口钢材的平均价格约高400美元以上。这表明进口产品的档次高，而出口产品为中、低档产品。因此在未来，应优先开发以下产品：

1）高强度、高韧性钢材。主要品种有高强度、高韧性船板；高强度、低屈强比抗震钢板；高强度管线钢板；汽车轻量化用高强度钢板；抗层状撕裂Z向中厚板；高性能压力容器、锅炉用钢板；高强度石油套管及高硫套管；超高压天然气输送管道钢管；高质量预应力钢丝、绞线、钢棒。

2）耐火、耐候、抗震钢材。主要品种有：耐火、耐候钢板；建筑用高性能钢板与H型钢系列化品种；桥梁与隧道用的高强度耐候钢材。

3）环保、节能新型钢材。主要品种有：可重复使用、易于回收与拆卸的建筑节能钢材；超深冲、高强度、薄壁彩色涂层钢板；超轻型汽车和家电用多层复合钢板，高抗腐蚀性、高成形性、抗噪声新型钢板；薄带坯连铸连轧硅钢、不锈钢、碳工钢、低碳钢；高精度厚壁热加工用钢管等。

4）耐腐蚀及特殊性能钢材和高纯净材料。主要品种有：先进高强度钢板（DP、TRIP）；汽车、家电及建筑用涂镀钢板新产品（高成形性、抗菌、耐污染、耐腐蚀、自润滑、耐紫外线照射与环保性）；超低碳铁素体冷轧不锈钢板、压花与电化学着色板；双相及含银高强、抗蚀、抗菌不锈钢板；铬系不锈钢的开发与推广应用；连续柔性油井管及特殊扣套管；冲压用润滑钢板；高性能电工钢板；高饱和磁感纯铁型取向钢；高性能无取向电工钢；高效电机用钢；具有特殊功能的复合智能钢材（如光电表面和温度指示，防止土壤腐蚀等）；大口径耐腐蚀输送用钢管；超临界、超超临界锅炉及电站钢管；大口径厚壁建筑用钢；深海管线钢管；超长寿命光纤传送系统用管；高速铁路用钢轨与新一代铁路用钢材；高档汽车用弹簧、冷镦钢材等。

（2）轧制工艺与装备的发展有以下几个方面：

1）TMCP技术。TMCP技术是通过控制轧制温度轧制规程和轧后冷却速度、冷却的开始温度和终止温度，来控制钢材高温的奥氏体组织形态以及控制相变过程，最终控制钢材的组织类型、形态和分布，提高钢材力学性能。TMCP 工艺可以替代正火处理，利用钢材余热可进行在线淬火-回火（离线）处理，取代离线淬火-回火处理，改善钢材的力学性能，大幅度减少热处理能耗。

2）高精度轧制技术。为了提高轧钢产品表面质量和尺寸精度，除了采用各种检测装置、计算机人工智能预报和控制系统外，还开发和应用了许多提高轧材形状和尺寸精度的新技术和新装备。如板形控制轧机和技术、高精度轧管机、型钢、线材高精度轧制技术（RSM 技术、TMB 技术）。

3）板带轧制技术。热轧板坯的在线调宽，采用重型立辊、定宽压力机实现大侧压，重型立辊每道次宽度压下量一般为 150mm，定宽压力机每道次宽度压下量可达 350mm 以上；宽度自动控制（AWC）系统，宽度精度可达 5mm 以下；液压厚度自动控制（AGC）带钢全长上的厚度精度已达到 ±30μm；板形控制，HC、CVC、PC 等许多机型和板形仪的使用与开发；全液压卷取机，助卷辊、液压伸缩采用踏步控制，卷筒多级涨缩，以便更好地控制卷形。

4）型钢轧制技术。型钢生产中采用的柔性轧制技术、切分轧制技术和紧公差精密轧制技术，实现 H 型钢自由尺寸轧制、延伸道次无孔型轧制、多辊万能孔型轧制；其产品公差范围可控制在标准的 1/4 ~1/10。

5）棒、线材轧制技术。棒、线材轧制广泛采用摩根第六代 V 字形精轧轧辊箱结构组成的微型模块式轧机，可扩大产品规格范围，提高生产能力，其结构紧凑、换辊方便、利用率高。最高设计速度达到 140m/s，生产率提高 15% 以上，轧机利用率提高 5% ~10%，产品精度高，公差可达 ±0. 1mm，椭圆度 0. 1，可实现自由尺寸轧制，自由定径范围 ±0. 3mm，还可通过机前水冷提高机械性能。

6）无缝管轧制技术。在无缝管轧制生产中，直接采用

ϕ80～560mm 的连铸管坯，使其内部质量和尺寸公差都优于轧制管坯，金属收得率可提高 10%～15%，节能 40%～50%，管坯成本降低 20%～50%。

（3）节能与清洁化生产的开发。我国在节能与清洁化生产方面与先进国家相比，仍有一定的差距，主要表现在劳动生产率偏低；能耗、环境负荷高的问题显著；缺乏原创的技术及自主研究开发的核心技术，板带材冷、热轧的先进装备及控制技术仍然主要依靠从国外引进，具有自主知识产权的热轧、冷轧、中厚板装备与技术的推广应用速度仍然缓慢。重点应在以下几方面加强改进与提高：

1）连铸坯热装热送比的提高；

2）蓄热式加热与汽化冷却等节能技术与装备推广应用；

3）低氧化燃烧技术和低成本氢的应用；

4）冷加工原料的无酸除鳞。

35. 现代轧制理论研究的主要内容有哪些？

（1）轧制变形区的各种分布量的求解，为板厚、板形控制和孔型设计等提供理论基础；

（2）轧制过程中工具及工件的温度与变形的综合研究，为钢材的高精度轧制及轧机的高精度控制服务；

（3）轧件的不均匀变形的理论研究，为提高成材率与优化轧制规程服务；

（4）轧制过程参数精确解析解的研究，不断改进控制各种类型轧机的数学模型；

（5）轧制过程热力学及冶金学过程参数的一体化研究，通过对各类轧制过程中温度、变形、金属的微观组织及产品的最终性能的综合模拟，实现根据产品的使用要求进行钢材成分和轧制规程的预设计。

第二章　轧钢生产基础知识

一、钢的分类

36. 什么叫金属？什么叫合金？

金属元素是广泛存在于自然界中的化学元素，在目前发现的107种元素中，金属元素占四分之三以上。

金属是一种不透明的结晶材料，通常具有高强度和优良的导电性、导热性、延展性和反射性。一般经铸造、压力加工、焊接等工序可制成各种形状的零件或金属材料。金属的种类很多，通常把金属分成黑色金属、有色金属两大类。铁、锰、铬属于黑色金属。各种金属具有不同的物理及化学性质。两种或两种以上的金属元素或金属与非金属元素按一定配比构成的合金，改变了原来单一金属的物理及化学性质，但一般仍具有金属的一些通性，所以合金的使用更为广泛。

金属及其合金广泛用于工业、农业和国防等各个领域。

37. 什么叫生铁、球墨铸铁、可锻铸铁？

通常把含碳在2.0%以上的铁碳合金叫做生铁。生铁的基本组成元素有铁、碳（含量为2.0%～4.5%）和较多的共生杂质：硅、锰、硫、磷。

生铁的性质硬而脆，韧性很差。生铁按用途可分为炼钢生铁（含硅较低也叫白铸铁）、铸造生铁（含硅较高也叫灰铸铁）和特殊生铁。

球墨铸铁是一种具有优良力学性能的灰铸铁，即在熔融状态加入易于产生球状石墨的元素（如镁）经过中间合金处理的铸铁。一般是在浇铸前，在灰铸铁水中加少量球化剂（镁、稀土镁或含铈的稀土合金）和孕育剂（硅铁），使铸铁在凝固时形成球状石墨。球墨铸铁的强度和韧性比其他铸铁高并且耐磨性好，有时可用来代替铸钢和锻钢，亦称韧性铸铁。

可锻铸铁是用热处理方法将白铸铁在850℃退火使之脱碳（白心可锻铸铁生产法），或使其渗碳体转变为菊花状石墨（黑心可锻铸铁生产法）而得到的铸铁，俗称“玛钢”。它与灰铸铁和白铸铁的不同在于，拉伸时具有一些延伸和断面收缩。

38. 什么叫钢？

钢是以铁为主要元素、含碳量一般在2.0%以下并含有其他元素的铁碳合金。为了保证钢具有一定的韧性和塑性，一般钢的含碳量不超过1.7%，也有个别钢种含碳量大于2.0%，例如高碳铬钢含碳量高达2.0%～2.3%。但含碳量2.0%通常是钢和铸铁的分界线。钢可以用压力加工方法或铸造方法制成各种产品。

39. 钢是怎样分类的？

我国参照国际标准ISO 4948/1和ISO 4948/2首次制定了自己的钢分类国家标准（GB/T 13304—91），该标准已于1991年12月批准发布，它是按化学成分、主要质量等级、主要性能及使用特性对钢进行分类的。此外，钢的分类方法很多，现将常见的分类方法介绍如下：

（1）按化学成分分
- 非合金钢
- 低合金钢
- 合金钢

（2）按主要质量等级分
- 普通质量钢
  - 普通质量非合金钢
  - 普通质量低合金钢
- 优质钢
  - 优质非合金钢
  - 优质低合金钢
  - 优质合金钢
- 特殊质量钢
  - 特殊质量非合金钢
  - 特殊质量低合金钢
  - 特殊质量合金钢

- (3) 按主要性能及使用特性分
  - 非合金钢
    - 以规定最高强度(或硬度)为主要特性的非合金钢
    - 以规定最低强度为主要特性的非合金钢
    - 以限制碳含量为主要特性的非合金钢
    - 非合金易切削钢
    - 非合金工具钢
    - 具有专门规定磁性或电性能的非合金钢
    - 其他非合金钢
  - 低合金钢
    - 可焊接的低合金高强度结构钢
    - 低合金耐候钢
    - 低合金钢筋钢
    - 铁道用低合金钢
    - 矿用低合金钢
    - 其他低合金钢
  - 合金钢
    - 工程结构用合金钢
    - 机器结构用合金钢
    - 不锈、耐蚀和耐热钢
    - 合金工具钢和高速工具钢
    - 滚珠轴承钢
    - 特殊物理性能钢
    - 其他合金钢
- (4) 按冶炼方法分
  - 平炉钢
  - 转炉钢
  - 电炉钢
  - 炉外精炼钢
- (5) 按脱氧程度分
  - 沸腾钢
  - 镇静钢
  - 半镇静钢

(6) 按金相组织分
- 退火后组织
  - 亚共析钢(铁素体 + 珠光体钢)
  - 共析钢(珠光体钢)
  - 过共析钢(珠光体 + 渗碳体钢)
  - 莱氏体钢
- 正火后组织
  - 珠光体钢
  - 贝氏体钢
  - 马氏体钢
  - 奥氏体钢
- 无相变或发生相变后的组织
  - 铁素体钢
  - 奥氏体钢
  - 奥氏体 - 铁素体钢

40. 什么叫非合金钢？什么叫碳素钢？

在标准 GB/T 13304—2008 或技术文件中，对钢规定的任一元素的规定含量都符合表 2-1 所列非合金钢相应元素的界限值范围，称这些钢为非合金钢。

表 2-1 非合金钢、低合金钢和合金钢合金元素规定含量界限值

合金元素	合金元素规定含量界限值/%		
	非合金钢	低合金钢	合金钢
Al	<0.10	—	≥0.10
B	<0.0005	—	≥0.0005
Bi	<0.10	—	≥0.10
Cr	<0.30	0.30 ~ <0.50	≥0.50
Co	<0.10	—	≥0.10
Cu	<0.10	0.10 ~ <0.50	≥0.50
Mn	<1.00	1.00 ~ <1.40	≥1.40
Mo	<0.05	0.05 ~ <0.10	≥0.10

续表 2-1

合金元素	合金元素规定含量界限值/%		
	非合金钢	低合金钢	合金钢
Ni	<0.30	0.30 ~ <0.50	≥0.50
Nb	<0.02	0.02 ~ <0.06	≥0.06
Pb	<0.40	—	≥0.40
Se	<0.10	—	≥0.10
Si	<0.50	0.50 ~ <0.90	≥0.90
Te	<0.10	—	≥0.10
Ti	<0.05	0.05 ~ <0.13	≥0.13
W	<0.10	—	≥0.10
V	<0.04	0.04 ~ <0.12	≥0.12
Zr	<0.05	0.05 ~ <0.12	≥0.12
La 系（每一种元素）	<0.02	0.02 ~ <0.05	≥0.05
其他规定元素（S、P、C、N 除外）	<0.05	—	≥0.05

注：La 系元素含量，也可为混合稀土含量总量。

表 2-1 所列各元素的界限值，一般不是指钢实际成分的界限值，而是指“规定含量”的界限值，即标准、技术条件或订货单对钢的熔炼化学成分规定的最低值。

非合金钢是国际标准和我国标准对钢类划分的通用的概括性术语。通常包括碳素钢（普通碳素结构钢、优质碳素结构钢、碳素工具钢、碳素弹簧钢、易切削碳素结构钢）；纯铁（电工用纯铁、原料纯铁）及其他具有特殊性能的专用的非合金钢。

碳素钢为铁与碳的合金，碳含量通常为 0.02% ~2.0%。通常钢中还含有少量的硅、锰、磷、硫等元素。根据钢中含碳量的高低，碳素钢又常分为低碳钢、中碳钢、高碳钢三类。

低碳钢：含碳量一般低于0.25%；

中碳钢：含碳量一般为0.25%～0.55%；

高碳钢：含碳量一般高于0.55%。

41. 什么叫低合金钢？

在标准或技术文件中，对钢规定的任一元素的规定含量，至少有一种元素符合表2-1中低合金钢相应元素的界限值范围，并且没有一个元素进入合金钢界限值范围，称这些钢为低合金钢。

低合金钢通常包括可焊接的低合金高强度结构钢（如16Mn等）、低合金钢筋钢、低合金耐候钢及铁道、矿井等专用低合金钢。

42. 什么叫合金钢？

在标准或技术文件中，对钢规定的合金元素规定含量至少有一种元素符合表2-1中合金钢相应元素的界限值范围，称这些钢为合金钢。

合金钢通常包括合金结构钢、合金弹簧钢、合金工具钢、高速工具钢、不锈钢、耐热钢、轴承钢、无磁钢、电工用硅钢等。

根据国际和国内情况，通常把合金元素总含量大于10%的合金钢称为高合金钢。常见的高合金钢有不锈钢、耐热钢、高速工具钢、铬不锈轴承钢、无磁钢等。

43. 什么叫普通质量钢？

普通质量钢是指不规定生产过程中需要特别控制质量要求的供作一般用途的钢，通常包括普通质量非合金钢和普通质量低合金钢两类。

（1）普通质量非合金钢，应同时满足下列条件：

1）钢为非合金化的（合金元素含量界限值符合GB/T

13304.1—2008 对非合金钢的规定）；

2）不规定热处理（但退火、正火、消除应力及软化处理不作为热处理对待）；

3）如产品标准或技术条件中有规定，其特性值应符合下列条件：

碳含量最高值 ≥0.10%；
硫或磷含量最高值 ≥0.040%；
氮含量最高值 ≥0.007%；
抗拉强度最低值 ≤690MPa；
屈服点或屈服强度最低值 ≤360MPa；
伸长率最低值（$L_0 = 5.65\sqrt{S_0}$） ≤33%；
弯心直径最低值 ≥0.5×试件厚度；
冲击功最低值(20℃,V形,纵向标准试样)≤27J；
洛氏硬度最高值（HRB） ≥60。

以上力学性能的规定值指用厚度为3～16mm钢料做的纵向或横向试样测定的性能。

4）未规定其他质量要求。

（2）普通质量低合金钢，应同时满足下列条件：

1）合金含量较低（合金元素含量界限值符合GB/T 13304.1—2008 对低合金钢的规定）；

2）不规定热处理（但退火、正火、消除应力及软化处理不作为热处理对待）；

3）如产品标准或技术条件中有规定，其特性值应符合下列条件：

硫或磷含量最高值 ≥0.040%；
抗拉强度最低值 ≤690MPa；
屈服点或屈服强度最低值 ≤360MPa；
伸长率最低值 ≤26%；
弯心直径最低值 ≥2×试件厚度；
冲击功最低值(20℃,V形,纵向标准试样)≤27J。

注1：力学性能的规定值指用公称厚度为3～16mm钢材做的纵向或横向试样测定的性能。

注2：规定的抗拉强度、屈服强度或屈服强度特性值只适用于可焊接的低合金高强度结构钢。

4）未规定其他质量要求。

普通质量非合金钢主要包括：普通碳素结构钢（如GB 700规定的A、B级钢）；碳素钢筋钢（如GB/T 1499.1—2008规定的Q235钢）；铁道用一般碳素钢（如GB 11264、GB 11265、GB 2826规定的轻轨和垫板用碳素钢）；一般钢板桩型钢。

普通质量低合金钢主要包括：一般用途低合金结构钢（如GB 1591规定的屈服强度不大于360MPa的低合金钢）；低合金钢筋钢（如GB/T 1499.1—2008和GB/T 1499.2—2008规定的20MnSi等低合金钢）；铁道用一般低合金钢（如GB 11264规定的低合金轻轨钢）；矿用一般低合金钢（如GB 3414规定的低合金钢）。

44. 什么叫优质钢？

优质钢是指除普通质量钢和特殊质量钢以外的钢，在生产过程中需要特别控制质量，使钢满足特殊的质量要求，但其生产控制又不如特殊质量钢严格。通常包括优质非合金钢、优质低合金钢和优质合金钢。

（1）优质非合金钢，主要包括：

1）机械结构用优质碳素钢，如GB 699规定的优质碳素钢；

2）工程结构用碳素钢，如GB 700规定的质量等级为C、D级的钢；

3）冲压薄板的低碳结构钢，如GB 5213、GB 3276规定的生产薄钢板用的优质碳素钢；

4）镀层板、带用的碳素钢，如GB 2518、GB 2520、GB 4174、GB 5065、GB 5066等规定的生产镀锡、镀锌、镀铝板带和厚板用的碳素钢；

5）锅炉和压力容器用碳素钢，如GB 713、GB 3087、GB

6653、GB 6654 规定的生产碳素钢板、钢带和钢管用的碳素钢；

6）造船用碳素钢，如 GB 712、GB 5312、GB 9945 规定的生产碳素钢板、钢管和型钢用的碳素钢；

7）铁道用优质碳素钢，如 GB 2585 规定的生产重轨用碳素钢；

8）焊条用非合金钢，如 GB 1300 规定的非合金焊条钢；

9）用于冷锻、冷挤压、冷冲击、冷拔的对表面质量有特殊要求的非合金钢棒材和线材，如 GB 715、GB 5955、GB 6478、GB 5953 规定的非合金钢；

10）非合金易切削结构钢，如 GB 8731 规定的易切削钢；

11）电工用非合金钢板、带用碳素钢，如 GB 2521 规定的生产无硅钢板、带用钢；

12）优质铸造碳素钢，如 GB 11352、GB 7659 规定的铸造碳素钢。

（2）优质低合金钢，主要包括：

1）可焊接的低合金高强度结构钢，其规定屈服强度大于 360MPa，小于 420MPa；

2）锅炉和压力容器用低合金钢，如 GB 713、GB 6653、GB 6654、GB 6655 等规定的低合金钢；

3）造船用低合金钢，如 GB 712 规定的低合金钢；

4）汽车用低合金钢，如 GB 3273 规定的低合金钢；

5）桥梁用低合金钢，如 YB 169 等规定的低合金钢；

6）自行车用低合金钢，如 GB 3646、GB 3647 规定的低合金钢；

7）低合金耐候钢，如 GB 4171、GB 4172 规定的低合金钢；

8）铁道用低合金钢，如 GB 2585、GB 8603、GB 8604 等规定的低合金钢轨钢、异型钢；

9）矿用低合金钢（普通质量钢除外）；

10）输油、输气管线用低合金钢。

（3）优质合金钢，主要包括：

1）一般工程结构用合金钢；

2）合金钢筋钢，如 GB 1499 规定的 40Si2MnV 等合金钢；

3）电工用硅（铝）钢（无磁导率要求），如 GB 2521，GB 5212 等规定的生产硅（铝）钢带（片）用钢；

4）铁道用低合金钢；

5）地质、石油钻探用合金钢，如 YB 235、YB 528 规定的生产地质、石油钻探用钢管的合金钢；

6）硫、磷含量大于 0.035% 的耐磨钢和硅锰弹簧钢。

45. 什么叫特殊质量钢？

特殊质量钢是指在生产过程中需要特别严格控制质量和性能（特别是严格控制硫、磷等杂质含量和纯洁度）的钢，通常包括特殊质量非合金钢、特殊质量低合金钢、特殊质量合金钢三类。

（1）特殊质量非合金钢，应符合下列条件：

1）钢材要经热处理并至少具有下列一种特殊要求的非合金钢（包括易切削钢和工具钢）：

①要求淬火和回火或模拟表面硬化状态下的冲击性能；

②要求淬火或淬火和回火后的淬硬层深度或表面硬度；

③要求限制表面缺陷，比对冷镦和冷挤压用钢的规定更严格；

④要求限制非金属夹杂物含量和（或）要求内部材质均匀性。

2）钢材不进行热处理并至少应具有下述一种特殊要求的非合金钢：

①要求限制非金属夹杂物含量和（或）内部材质均匀性，例如钢板抗层状撕裂性能；

②要求限制磷含量和（或）硫含量最高值，其熔炼分析值应不大于 0.020%；成品分析值应不大于 0.025%。

③要求对残余元素的含量同时作如下限制：

Cu 熔炼分析最高含量	≤0.10%

Co 熔炼分析最高含量　　　　　　≤0.05%

V 熔炼分析最高含量　　　　　　≤0.05%

④表面质量要求比冷镦和冷挤压用钢的规定更严格。

3）钢材具有规定的电导性能（不小于 9S/m）或具有规定的磁性能（只规定最大磁损和最小磁感应而不规定磁导率的磁性薄钢板和钢带除外）的钢。

（2）特殊质量非合金钢主要包括：

1）保证淬透性的非合金钢，如 GB 5216 规定的碳素钢；

2）保证厚度方向性能的非合金钢，如 GB 5313 规定的非合金钢；

3）铁道用特殊非合金钢，如 GB 5068、GB 8601、GB 8602 规定的车轴坯、车轮、轮箍钢；

4）航空、兵器等专用非合金结构钢；

5）核能用非合金钢；

6）特殊焊条用非合金钢，如 GB 1300 规定的成品分析 S、P 含量不大于 0.025% 的非合金钢；

7）碳素弹簧钢，如 GB 1222 规定的非合金钢及 GB 699 中规定的 70 钢 ~85 钢、65Mn、70Mn 钢；

8）特殊盘条钢及钢丝用钢，如 GB 4355、GB 4358 规定的琴钢丝用盘条及琴钢丝用钢；

9）特殊易切削钢；

10）碳素工具钢和中空钢用钢，如 GB 1298、GB 1301 规定的碳素工具钢和中空钢用钢；

11）电磁纯铁，如 GB 6983、GB 6984、GB 6985 规定的具有规定的电磁性能的纯铁；

12）原料纯铁，如 GB 9971 规定的成品分析 S、P 含量极低的纯铁。

（3）特殊质量低合金钢至少符合下列一种条件：

1）规定限制非金属夹杂物含量和（或）内部材质均匀性，例如钢板抗层状撕裂性能；

2）规定严格限制磷含量和（或）硫含量最高值，并符合下列规定：

熔炼分析值 ≤0.020%

成品分析值 ≤0.025%

3）规定对残余元素含量作如下限制：

Cu 熔炼分析最高含量 ≤0.10%

Co 熔炼分析最高含量 ≤0.05%

V 熔炼分析最高含量 ≤0.05%

4）规定低温（低于 -40℃）冲击性能；

5）规定可焊接高强度结构钢的屈服强度最低值不低于 420MPa。

（4）特殊质量低合金钢主要包括：

1）核能用低合金钢；

2）保证厚度方向性能的低合金钢，如 GB 5313 规定的低合金钢；

3）铁道用特殊低合金钢，如 GB 8601 规定的车轮用低合金钢；

4）低温用低合金钢；

5）舰船、兵器等专用特殊低合金钢。

（5）特殊质量合金钢是指除优质合金钢以外的所有其他合金钢，主要包括：

1）压力容器用合金钢，如 GB 713、GB 3531、GB 6654 规定的在合金钢含量范围内的钢；

2）经热处理的合金钢筋用钢，如 GB 4463 规定的合金钢；

3）经热处理的地质石油钻探用合金钢；

4）合金结构钢，如 GB 3077 等规定的合金钢；

5）合金弹簧钢，如 GB 1222 规定的合金钢；

6）不锈钢，如 GB 1220 规定的全部牌号钢；

7）耐热钢，如 GB 1221 规定的全部牌号钢；

8）合金工具钢，如 GB 1299 规定的全部牌号钢；

9）高速工具钢，如 GB 9943 规定的全部牌号钢；

10）轴承钢，如 GB 3086、GB 3203、YB 9 等规定的高碳铬轴承钢、高碳铬不锈轴承钢、渗碳轴承钢、高温轴承钢、无磁轴承钢等；

11）无磁钢，如铬镍奥氏体型钢和高锰铝奥氏体型钢；

12）永磁钢，如变形永磁钢、铸造永磁钢及粉末烧结永磁钢；

13）高电阻电热钢和合金，如 GB 1234 所规定的合金钢和合金。

46. 什么叫以规定最高强度（或硬度）为主要特性的非合金钢？

这类钢是参照国际标准规定的，是指冷成形用非合金钢。要求深冲、挤压等冷成形性能好，并限制最高抗拉强度、最高屈服强度、最高硬度或最大弯心直径，以满足冷成形的使用要求。常见的冷成形用非合金钢有 GB 912、GB 2517 规定的低碳钢板和钢带用钢，GB 5213 中的 08Al 钢，GB 3276 中的 08、10 钢，GB 2518、GB 2520、GB 4174、GB 5065、GB 5066 等标准中规定的低碳的镀锡、镀锌、镀铅等镀层板、带和原板，不经热处理的冷顶锻和冷挤压用钢等。

47. 什么叫以规定最低强度为主要特性的非合金钢？

这类钢是参照国际标准规定的，是指需要保证钢的最低强度要求的结构用非合金钢。它要求限制钢的最低抗拉强度、最低屈服强度，使钢具有一定的综合力学性能，保证材料设计和使用中结构部件的最低安全要求。常见的这类结构用非合金钢有 GB 700、GB 3274、GB 716、GB 3524、YB 170 等标准中的一般工程结构用钢板、钢带、型钢，GB 699、GB 710、GB 711、GB 3526、GB 3274、GB 3275、GB 8749 等标准中的机械结构用型钢、钢板、钢带，GB 713 等标准中的锅炉和压力容器用非合金钢板、钢管、型钢，GB 712、GB 5312、GB 9945 标准中的造船用非合金钢板、钢管、型钢，GB 2585、GB 8601、GB 8602、GB 11264 等标准中的铁道用非合金钢重轨、轻轨、车轮等的用钢，YB 168 等标准中的桥梁用非合金钢，GB 13013 标准中的非合金钢筋钢，GB 11352、GB 7659 标准中的工程结构用铸造碳素钢，以及输油、输气管线用钢管，航空、兵器等专用的非合金钢棒、钢板、钢管等的用钢。

48. 什么叫以限制碳含量为主要特性的非合金钢？

这类钢是参照国际标准规定的，是指调质钢、线材用钢等以控制碳含量为基本特性的非合金钢。这类钢在生产、使用过程中，碳含量对钢的基本性能有重要影响。调质钢需要进行淬火回火处理，碳含量是影响非合金钢淬透性的关键因素，也是影响非合金调质钢性能的基本因素。线材以及加工成钢丝的性能也与碳含量有密切关系。所以“限制碳含量”就成为这类钢的基本特性。常见的这类非合金钢有 GB 1222 等标准中的碳素弹簧钢扁钢、钢板、钢带、钢丝用钢，GB 1300、GB 3429 标准中的非合金焊条钢、焊丝用钢，GB 4354、GB 4355 等标准中的非合金盘条钢，GB 715、GB 5953、GB 5955、GB 6478 等标准中的非合金冷镦和冷挤压钢，以及非合金调质钢、非合金表面硬化钢等。

49. 什么叫低合金高强度结构钢？

低合金高强度结构钢是具有较高屈服强度的细晶粒的结构用低合金钢。它虽然含合金元素较低（在低合金钢合金元素规定含量范围内），但强度，特别是屈服强度却比含碳量相同的碳素钢高得多，具有良好的综合力学性能。一般规定的屈服强度值在 300MPa 以上，460MPa 以下。可用通常的方法进行焊接，生产工艺较简便。钢中含碳量一般不大于 0.20%。锰为主要强化合金元素，一般不大于 1.80%。钢中多含有微量 V、Ti、Nb、Zr 等细化晶粒的合金元素。这类钢为镇静钢，主要用平炉、转炉和电弧炉生产。这类钢是低合金钢的主要组成部分，常见的有 GB

1591、GB 912、GB 8164、GB 11253 等规定的09MnV、09MnNb、12MnV、16Mn、14MnNb、15MnV、15MnTi、16MnNb、14MnVTiRE、15MnVN 等（用于生产低合金高强度钢板、钢带和型钢），GB 713、GB 5681、GB 6653、GB 6654、GB 6655 等规定的16Mng、12Mng、15MnVg、16MnR、15MnVR、15MnVNR、12MnHP、16MnHP、12MnCrVHP、10MnNbHP 等（用于生产锅炉和压力容器用的低合金钢板、钢带），GB 712 规定的 AH36、DH36、EH36（用于生产船体用的低合金结构钢板），GB 3273 规定的09MnREL、06TiL、08TiL、10TiL、09SiVL、16MnL、16MnREL等（用于生产汽车大梁用的低合金钢板），YB 168、YB(T)10规定的 12Mnq、12MnVq、16Mnq、16MnCuq、15MnVq、15MnVNq 等桥梁用低合金结构钢，GB 3643、GB 3645、GB 3646、GB 3647 等规定的12Mn、16Mn、20MnSi、Z21Mn 等（用于生产自行车用的低合金钢带等）。

50. 什么叫工程结构用钢？

工程结构用钢就是适用于建造锅炉、压力容器、船舶、桥梁、厂房，进行地质石油钻探，铺设输油输气管线等工程的结构钢，包括适用于工程结构的非合金钢、低合金钢和合金钢。这类钢通常大多要经焊接施工，所以一般是含碳量不超过0.25%的低碳钢，并且多在热轧或正火状态下使用，只有部分合金钢要经热处理后使用。常用的工程结构钢材有一般工程用碳素结构钢板、钢带、钢管、型钢，锅炉和压力容器用非合金钢、低合金钢和合金钢钢板、钢带、钢管，钢筋混凝土用非合金钢型钢、线材和低合金钢、螺纹钢，桥梁用低合金钢钢板、型钢，造船用非合金钢、低合金钢和合金钢钢板、钢管等。

51. 什么叫机械结构用钢？

机械结构用钢就是适用于制造机器和机械零件的钢。这类钢通常需要经过热处理（如调质处理、表面硬化处理）后使用，主要包括调质结构钢，表面硬化结构钢（如渗碳钢、渗氮钢、感应加热表面淬火用钢），冷塑性成型用钢（如冷冲压、冷镦、冷挤压用钢），弹簧钢，轴承钢，总之包括所有机械结构用的非合金钢和合金钢。由于轴承钢的特殊使用特性，通常把轴承钢另分成一大类。常用的机械结构用钢材有碳素结构钢钢棒、钢板、钢带、钢管，合金结构钢钢棒、钢板、钢管、钢丝，非合金和合金弹簧钢钢棒、钢板、钢带、钢丝，冷镦和冷顶锻用钢棒、钢丝，以及航空、航天、兵器、汽车等专用的机械结构用钢材。

52. 什么叫合金结构钢？

合金结构钢是指用于制造机器和机械结构零件的合金钢，是在优质碳素结构钢基础上，适当地加入一种或数种合金元素而成的，这些合金元素主要用来提高钢的强度、韧性和淬透性。合金结构钢的含碳量一般为 0.08% ~0.55%，常加入的合金元素有锰、硅、铬、钒、钛、硼、镍、钼、钨、铝等。按化学成分基本组成系列可分为 Mn 系钢、SiMn 系钢、Cr 系钢、CrMo 系钢、CrNiMo 系钢、Ni 系钢、B 系钢等。合金结构钢按使用时的热处理工艺和用途的不同，可分为调质钢、表面硬化钢（渗碳钢、氮化钢、表面高频淬火钢等）、冷塑性成形钢（冷顶锻用钢、冷挤压用钢等）。

调质钢的含碳量一般在 0.25% 以上，制成的零件须经淬火并高温回火（500 ~650℃）调质处理。热处理后可以得到适当的高强度与良好的塑性和韧性，即得到较好的综合力学性能。这类钢多用于制作承受一定负荷的结构件、紧固件等。

渗碳钢是含碳量一般不大于 0.25% 的低碳结构钢。用这类钢制成的零件，表面需要经过化学热处理（渗碳或氰化），淬火并低温回火（200℃左右），得到表面较硬（一般 HRC 在 60 以上）而心部较韧，具有既耐磨又能承受较高的交变负荷或冲击负荷的性能，多用来做齿轮、轴等。

氮化钢是含铝的中碳合金结构钢。制成的零件需先经过调质处理或表面火焰淬火、高频淬火处理，获得所需要的力学性能，并经过最终切削精加工，然后进行氮化处理，以进一步改善其表面的耐磨性能。通常铝与氮化合成氮化铝（在高温下也比较稳定），增加表面硬度和耐磨性。因此，在合金结构钢中凡含铝的钢，如38CrMoAl、38CrAl等均属氮化钢。

合金结构钢的钢材品种较全，除轧（锻）成圆、方、扁、六角等钢棒以外，还有钢板、钢管、钢丝、钢带等。这类钢广泛用于制造汽车、拖拉机、飞机、汽轮机、船舶、重型机械、兵器、锅炉及压力容器等的各种结构件、传动件和紧固件。对这类钢的化学成分、力学性能以及低倍、高倍组织等的要求都很严格。常用的合金结构钢材有 GB 3077、GB 3078、GB 3079、GB 5067、GB 5216、GB 8162、GB 11251 等规定的合金结构钢钢棒、钢板、钢管、钢丝等。另外，还有专用的合金结构钢材，如 GB 6478、GB 5954 等规定的冷镦和冷顶锻用合金结构钢钢棒、钢丝，YB 540、YB 674、YB 676 等规定的航空用合金结构钢钢棒、钢板、钢管，YB 481、YB 475 等规定的兵器专用合金结构钢钢棒、钢管、锻件、钢板等。

53. 什么叫非合金工具钢？

非合金工具钢，即碳素工具钢，是高碳过共析或亚共析钢。这类钢主要用于制造一般切削速度的、加工硬度和强度不太高的材料的工具，如车刀、锉刀、刨刀、锯条等，以及形状简单、精度要求较低的量具、刃具等。这类钢要求具有较高的硬度和耐磨性。其硬度主要用碳元素含量的高低来调整。这类钢的最低含碳量为0.65%，最高含碳量达1.35%。为了提高其力学性能和延长使用寿命，必须降低钢中硫、磷等杂质的含量。为了提高钢的淬透性，有的在钢中加入0.40%～0.60%的锰。为了保证制成的工具经热处理后有很高的硬度和耐磨性，对成品钢材的表面脱碳层深度有比较严格的要求。常用的非合金工具钢钢材有 GB 1298、GB 3278、GB 3525、GB 3528、GB 3529、GB 8712 等标准中规定的碳素工具钢棒、钢板、钢带、钢丝，GB 1301 标准中规定的 ZKT8 凿岩钎杆用非合金中空钢。

54. 什么叫合金工具钢?

不仅具有较高的含碳量而且含有较高的铬、钨、钼、钒和镍等合金元素的工具钢称作合金工具钢。按用途和性能不同分为量具刃具用钢、耐冲击工具钢、冷作模具钢、热作模具钢、塑料模具钢和无磁模具钢等。这类钢大多加工成圆、方、扁钢、模块，少部分制成钢板、钢带和钢丝。主要用于制造锻造、冲压等冷、热变形用的各种模具，以及制造各种量具（量块、量规、卡尺等）和刃具等。由于这类钢工作条件苛刻，化学成分又较复杂，所以在生产过程中对其内部质量和表面质量要求都较严格。交货状态要检验断口组织或酸浸低倍组织。退火状态交货的钢材，要检验珠光体组织、网状碳化物、共晶碳化物不均匀度、脱碳层等。常用的合金工具钢钢材有 GB 1299 规定的条钢等。

55. 什么叫高速工具钢?

由较高含碳量和很高的钨、钼、铬、钒、钴等合金元素含量所组成的高合金化的用作高速切削工具的合金钢称作高速工具钢。按基本组成的合金系列可以分为钨钼系钢、钨系钢和钴系钢三类。按用途可以分为：通用型高速钢（主要用于加工一般硬度不太高的金属件）；超硬型高速钢（主要用于加工硬度高的高合金钢、超高强度钢、钛合金和高温合金等）。高速工具钢具有较好的“红硬性”，主要用于制造切削速度高、耐磨性好并且在高温下能保持其切削性能的工具，如铣刀、刨刀、滚刀、拉刀、丝锥、铰刀等，也可以用于制作冷作模具，还可制作高温轴承、高温弹簧。为了保证工具具有足够的韧性，提高其寿命，标准规定应进行酸浸低倍组织和断口组织检验，并检验共晶碳化物不均匀度。为了保证这类钢有很高的硬度和耐磨性，所有高速工具钢钢材都要进行表面脱碳层检验。这类钢为高碳的高合金化的莱氏体型钢，冶炼、加工都较困难。主要制成棒材、扁钢、模块以及钢板、钢带、钢丝。常用的高速工具钢钢材有 GB 9941、GB 9942、GB 9943 标准规定的高速工具钢棒、钢板。另外，GBn 224 还规定了粉末冶金高速工具钢。

56. 什么叫滚珠轴承钢？

滚珠轴承钢是用于制造各类滚动轴承套圈和滚动体的合金钢的总称，常简称为轴承钢。根据其主要成分和用途的不同，可分为高碳铬轴承钢、渗碳轴承钢、不锈轴承钢、高温轴承钢和无磁轴承钢五类。在轴承制造工业中应用面广、使用量大的是高碳铬轴承钢。轴承转动时除要求能承受很高的抗压强度、接触疲劳强度和耐磨外，还要求有一定的韧性、耐蚀性、良好的尺寸稳定性和工艺性。因而要求这类钢有高而均匀的硬度和耐磨性，钢质要有高的纯洁度和良好的组织均匀性。在生产过程中应对质量控制特别严格，如对冶炼方法、化学成分、硬度、低倍组织、高倍组织等都作了严格规定。

高碳铬轴承钢，如 GCr15、GCr15SiMn 等，要求钢中 P、S 含量（熔炼分析）不大于 0.025%，并限制 Ni、Cu、Mo 等残余元素含量；规定进行酸浸低倍组织检验，根据要求，进行淬火断口检验；规定进行非金属夹杂物、显微孔隙、显微组织、碳化物不均匀性（包括碳化物网状、碳化物带状、碳化物液析）、脱碳层检验；供镦锻和冲压用钢，还要求进行顶锻试验。这类钢要用电炉冶炼，还要求进行真空脱气处理或其他精炼方法冶炼。高碳铬轴承钢适用于制造通用的轴承套圈和滚动体。常用的高碳铬轴承钢材有 YB9、YB(T)1 标准规定的高碳铬轴承钢棒。

渗碳轴承钢，如 G20CrMo、G20CrNiMo 等，对冶炼方法、化学成分、力学性能、低倍组织（酸浸低倍、塔形）、高倍组织（非金属夹杂物、晶粒度、显微组织）有严格的要求，并对部分钢规定逐支进行超声波探伤检查，进行末端淬透性检验。渗碳轴承钢适用于制作通过渗碳进行表面硬化处理的大型轴承套圈和滚动体。常用的渗碳轴承钢材有 GB 3203 标准规定的渗碳轴承钢棒。

不锈轴承钢，如 9Cr18、9Cr18Mo 等，为高碳高铬的马氏体型钢，对化学成分、硬度、低倍组织和高倍组织都作出了严格规定，要求采用电炉冶炼并经电渣重熔工艺生产。不锈轴承钢适用于制造要求耐腐蚀工作条件的轴承套圈和滚动体。常用的不锈轴承钢材有 GB 3086 标准规定的高碳铬不锈轴承钢棒。

高温轴承钢，如 Cr4Mo4V、Cr14Mo4 等，规定采用非真空感应炉或真空感应炉冶炼并经电渣重熔方法生产，严格规定化学成分，特别是严格限制 P、S 含量及残余元素含量，严格检验低倍组织（酸浸低倍组织、断口组织），检验高倍组织（退火组织、非金属夹杂物、碳化物不均匀度），检验脱碳层等，高温轴承钢适用于制造在较高温度下工作的轴承（如航空发动机轴承）。常用的高温轴承钢材有 YB 688、YB 1205 标准规定的高温轴承钢棒。

57. 什么叫不锈钢?

不锈钢是在大气、水、酸、碱和盐溶液或其他腐蚀性介质中具有高度化学稳定性的合金钢的总称。在酸、碱、盐等浸蚀性较强的介质中能抵抗腐蚀作用的钢又称耐蚀钢，或称耐酸钢。在空气中不易生锈的钢不一定耐酸、耐蚀，而耐酸、耐蚀的钢一般都有良好的不锈性。不锈钢按其金相组织分为五类，即奥氏体型不锈钢、奥氏体—铁素体型不锈钢、铁素体型不锈钢、马氏体型不锈钢、沉淀硬化型不锈钢。不锈钢除具有不锈、耐蚀性外，有些钢还分别兼有耐热性、耐磨性、耐低温性、无磁性或高强度等特性。不锈钢是使用范围十分广泛的材料，在航空、航天、核能、石油、化工、海洋开发、纺织、医疗器械、食品等工业以及厨房、餐具、房屋建筑等各个领域都有重要用途。常用的不锈钢材有 GB 1220、GB 3280、GB 4226、GB 4228、GB 4330、GB 4231、GB 4237、GB 4239、GB 4240、GB 4356 等标准中规定的通用不锈钢棒、锻坯、钢板、钢带、钢丝、钢管、盘条等；另外，还有各类专用的不锈钢材，如 GB 4241、GB 4242、GB 4233 标准中规定的焊接用不锈钢盘条、焊接用不锈钢棒和钢丝，还有航空、航天、兵器、弹簧、手表、汽轮机叶片、外科植入物等专用的不锈钢材。

58. 什么叫耐热钢?

耐热钢是在高温下具有较高的强度和良好的化学稳定性的一类合金钢的总称。按钢的主要特性可分为抗氧化钢（或称高温不起皮钢）和热强钢两类。抗氧化钢一般要求高温下具有较好的化学稳定性，但承受的载荷较低。热强钢则要求有较高的高温强度和合适的抗氧化性。耐热钢按钢的金相组织分为五类，即珠光体型耐热钢、马氏体型耐热钢、铁素体型耐热钢、奥氏体型耐热钢、沉淀硬化型耐热钢。耐热钢适用于制造锅炉、汽轮机、动力机械、工业炉、航天、航空、石油、化工等工业中在高温下工作的零部件。常用的耐热钢材有 GB 1221、GB 4238、GB 4239 等标准中规定的通用耐热钢棒、钢板、钢带。另外，还有一些专用的耐热钢材，如航空航天用耐热钢棒、钢板、钢管，内燃机气阀用耐热钢棒，高压锅炉用耐热钢管，石油、化工用耐热钢管等。

59. 什么叫耐候钢?

耐候钢，即耐大气腐蚀钢。在钢中加入少量的合金元素，如 Cu、P、Cr、Ni 以及 Mo、Nb、Ti、Zr、V 等，能在金属基体上形成保护层，以显著提高钢材的耐候性能，并能细化晶粒，提高焊接性能。常见的耐候钢材有 GB 4171、GB 4172 标准中规定的 09CuPCrNi、09CuP、16CuCr、12MnCuCr、15MnCuCr 等低合金耐候钢板和型钢。这类钢适于制造车辆、桥梁、建筑物、塔架和其他结构用的要求耐候性能好的螺栓连接、铆接和焊接结构件。

60. 什么叫特殊物理性能钢？

特殊物理性能钢是指在钢的定义范围内具有特殊磁性、电性、弹性、膨胀性等物理特性的钢，它包括软磁钢、永磁钢、无磁钢以及特殊弹性钢、特殊膨胀钢、高电阻钢和合金等。

软磁钢，从广义讲，包括两部分：一部分是指一般电工用硅钢、纯铁；另一部分是指除一般电工用硅钢、纯铁以外的要求磁导率特性的特殊合金钢，如含6%～16% Al的铁铝系软磁合金，这些产品国内按“精密合金”（软磁合金）管理。

永磁钢，指具有永久磁性的钢，包括变形永磁钢、铸造永磁钢和粉末烧结永磁钢等。变形永磁钢国内按“精密合金”（变形永磁合金）管理。

无磁钢，也称低磁钢，指在常温状态下不具有磁性（实际是磁导率和剩磁很低）的稳定的奥氏体型合金钢。常见的有铬镍奥氏体型钢（如0Cr16Ni14）、高锰铝奥氏体型钢（如45Mn17Al3）等。

特殊弹性钢，指在钢的定义范围内具有特殊弹性的合金钢，但不包括一般常用的碳素弹簧钢和合金弹簧钢。特殊弹性钢，如2Cr19Ni9Mo（3J09），相当国外常用牌号19-9Mo，与18-8型铬镍不锈钢成分相近，但具有较高弹性，国内按“精密合金”（弹性合金）管理。

特殊膨胀钢，指在钢的定义范围内具有特殊膨胀性能的合金钢。如含铬约28%的特殊膨胀性能钢（4J28），化学成分与不锈钢中的1Cr28基本一致，在一定温度范围内具有和软玻璃相近的平均线膨胀系数，用于与相应的软玻璃进行匹配封接。特殊膨胀钢国内按“精密合金”（膨胀合金）管理。

高电阻钢或合金，指在钢的定义范围内具有较高电阻值的合金钢或合金。主要是铁铬铝系高电阻电热合金钢，如1Cr13Al4、0Cr25Al5等。这部分钢与镍铬系高电阻电热合金等组成高电阻电热钢和合金的完整体系，一般按“特殊合金”管理。

61. 什么叫电工用硅钢？什么叫电工用纯铁？

电工用硅钢是指用于制造电机、变电器、磁放大器等电工及电讯装备和仪表的含硅的软磁钢。对这类钢的主要要求是低的铁芯损失和高的磁感强度，不规定磁导率。为了制造电器时满足冲剪加工的需要，还要求一定的塑性。为了提高磁感性能，降低磁滞损耗，要求其有害杂质含量越低越好，并要求板形平整，表面质量好。

电工用硅钢一般都轧成薄钢板或钢带，俗称硅钢片。按用途可以分为电机用硅钢片和变压器用硅钢片。按生产基本工艺可分为热轧硅钢片和冷轧硅钢片两类。按基本特性可分为晶粒取向硅钢片和晶粒无取向硅钢片两种。热轧硅钢片主要是生产0.5mm和0.35mm厚度的薄钢板。冷轧硅钢片主要是用于生产0.65mm、0.50mm、0.35mm、0.30mm、0.27mm、0.20mm、0.15mm、0.10mm、0.08mm、0.05mm、0.03mm等厚度的钢带（片）。厚度为0.20mm以下的钢带，主要在电讯工业中使用，如制作脉冲变压器等。常用的电工用硅钢片，如GB 5212规定的热轧硅钢薄钢板，ZBH46002规定的热轧硅钢薄钢带，GB 2521规定的冷轧无取向硅钢带和冷轧取向硅钢带，GB 11255规定的电讯用冷轧取向硅钢薄钢带等。

电工用纯铁是指用于电器、电讯工业的杂质元素很低的非合金化的铁基软磁材料。具有磁感高、矫顽力低、磁导率高等特性，并有易加工、价格便宜等优点。它在电器及电讯工业中得到广泛应用。这类材料对化学成分要求很严，硫、磷含量很低（S或P含量不大于0.020%），并规定矫顽力、矫顽力时效增值、最大磁导率、磁感应强度等电磁性能要求。纯铁大多轧成板材和带材，少部分制成棒材和管材。常用的电工用纯铁材有GB 6983、GB 6984、GB 6985等规定的具有一定电磁性能的纯铁薄板、带材、棒材和管材等。主要牌号有DT3、DT3A、DT4、DT4A、DT4E、DT4C等。

62. 什么叫非合金易切削钢？

在非合金钢中加入硫及铅、铋、碲、硒、磷等易切削元素，使钢的切削加工性能大大提高，这类钢称为非合金易切削钢。其中硫含量最低值（熔炼分析）不低于0.070%。这类钢主要用于制作要求外形和尺寸精度高的机械零件，例如螺丝、螺母等。常见的非合金易切削钢材有GB 8731标准中的Y12、Y12Pb、Y15、Y15Pb、Y20、Y30、Y35、Y45Ca等非合金易切削钢棒，GB 8711标准中的Y12非合金易切削六角钢丝，YB 467标准中的Y75手表用非合金易切削银亮钢棒，YB 685标准中的YB 75非合金易切削银亮钢丝。

63. 什么叫钢筋钢？

钢筋钢，即钢筋混凝土建筑结构件用钢。这类钢以Mn、Si为主要强化合金元素，并含有Ti、V、Nb等常用的合金元素，可以达到规定的不同强度等级，具有一定的冷弯性能，有一定的强屈比（抗拉强度与屈服强度的比值）。一般表面带有纵肋或横肋，也有表面为光圆的钢棒（盘条）和钢丝。常见的钢筋钢材料有GB 1499规定的钢筋混凝土用钢（热轧带肋钢筋、热轧光圆钢筋），GB 13014规定的余热处理钢筋，GB 13788规定的冷轧带肋钢筋，GB 4463等规定的预应力混凝土用热处理钢筋和钢丝等。这类钢广泛用作建筑工程结构件，一般含碳量不大于0.25%，具有较好的焊接性能。

64. 什么叫弹簧钢？

弹簧钢是指专门用来制造弹簧的钢。它广泛用在飞机、汽车、铁路车辆、拖拉机等运输机械以及仪器仪表、家用电器等工业产品上。弹簧主要是在冲击、振动或承受长期均匀的周期性交变应力的条件下工作。因此要求钢的弹性极限高、疲劳强度高、冲击韧性和塑性好。用于制造电器仪表、精密仪器的弹簧，还要求具有较高的电导性、耐高温和耐腐蚀性等。

弹簧钢按其主要化学成分分为碳素弹簧钢、合金弹簧钢和不锈弹簧钢。碳素弹簧钢一般含碳量为0.60%～0.90%，其他成分与优质碳素结构钢的基本相同。合金弹簧钢的含碳量一般为0.40%～0.70%，此外还含有硅、锰、铬、钒、钨、钼、硼等元素，基本组成系列有锰钢、铬钒钢、硅锰钒硼钢、硅锰钼钒钢等。不锈弹簧钢主要用于制作在腐蚀介质中工作的弹簧，但这类钢通常按不锈钢管理，如4Cr13、1Cr18Ni9Ti、0Cr17Ni7Al等。

弹簧钢多制成扁钢、圆钢、梯形钢、盘条、钢丝、钢板、钢带等。供使用单位再加工制成扁形、螺旋形及其他形状的弹簧并经热处理后使用。弹簧钢对化学成分、力学性能和表面脱碳层要求都很严格。常用的弹簧钢材有GB 1222、GB 3279、GB 3525、GB 3530、GB 5218等规定的通用弹簧钢钢棒、钢板、钢带、钢丝等。另外，还有一些专用的合金弹簧钢材，如YB 484、YB 682等规定的武器用合金弹簧钢钢棒、梯形钢等。

65. 什么叫焊接用钢?

焊接用钢是指专门供电弧焊、气焊、埋弧自动焊、电渣焊和气体保护焊等用的焊丝和盘条以及钢带。焊接用钢按化学成分可分为非合金钢、低合金钢、合金钢三类；按所焊材质的不同特性可分为结构钢和不锈钢等类。非合金钢、低合金钢按其硫、磷含量不同，可分为优质钢、特殊质量钢两类。特殊质量钢硫、磷含量（成品化学成分）均不大于0.025%。焊接用钢对化学成分和表面质量、尺寸精度要求严格，一般不规定力学性能，但某些自动焊对焊丝的力学性能有特殊要求，以适合自动焊工艺操作。常用的焊接用钢有GB 1300、GB/T 3429规定的焊接用钢丝和盘条，GB 4241、GB 4242规定的焊接用不锈钢丝和盘条，GB 4233规定的惰性气体保护焊接用不锈钢棒和钢丝。

66. 什么叫锅炉钢？

锅炉钢是指制造锅炉过热器、主蒸汽管和锅炉火室等用的钢。按用途，锅炉可分为工业锅炉和电站锅炉两大类。工业锅炉用的钢为碳素钢和低合金结构钢，如 20g、22g、16Mng、15MnVg 等。电站锅炉比工业锅炉大得多，属大中型锅炉，要求钢材热强性好、组织稳定性好，有良好的抗氧化性、耐腐蚀性及工艺性能，使用的钢类主要有优质碳素结构钢、低碳铬钼钢及铬镍耐热钢。常用的钢号有 20G、18MnMoNb、12Cr1MoV、12CrMo、15CrMo、12CrMoVWBSiRE 及 1Cr19Ni11Nb、1Cr19Ni9 等。锅炉钢多轧成钢管、钢板和型钢。锅炉钢管要求检验力学性能、压扁试验、显微组织、晶粒度，对表面质量要求严格，要求逐根进行水压试验和超声波探伤。锅炉钢板要求检验力学性能和冷弯试验等。常用的锅炉钢有 GB 713 规定的锅炉用碳素钢和低合金钢钢板，GB 5310、GB 5311 规定的高压锅炉用无缝钢管等。

67. 什么叫压力容器用钢？

压力容器用钢是指制造压力容器壳体、封头等部件用的钢，主要为优质碳素钢、优质低合金钢和合金钢。这类钢对化学成分和质量控制要求严格，要保证最低强度和足够的韧性，适合焊接，必要时，必须满足高温和低温的特殊性能要求。常用的压力容器用钢有 GB 6654 规定的压力容器用碳素钢和低合金钢钢板，GB 6655 规定的多层压力容器用低合金钢钢板，GB 6653 规定的焊接气瓶用钢板，GB 3531 规定的低温压力容器用低合金钢和合金钢厚钢板等。另外，某些特殊装置（例如化工、石油、航天、航空、舰艇等）需要的高压容器，还使用特殊质量的高强度钢和超高强度钢。

68. 什么叫钢轨钢？什么叫铁道用钢？

钢轨钢是指专门用来制作重轨、轻轨、起重机轨和接触轨的钢。

重轨按其每米长度的重量分为33kg、38kg、43kg、50kg、60kg、70kg、75kg（公斤）重轨。重轨主要用于铁路干线，需承受铁路机车车辆的压力、冲击载荷和摩擦，所以要求重轨有足够的强度、硬度和一定的韧性。重轨钢主要为优质碳素钢（如U71、U74）和优质低合金钢（如U71Mn、U70MnSi、U71Cu、U71MnSiCu）。重轨钢对质量要求较严，除保证化学成分外，还要求检验力学性能、酸浸低倍组织，进行落锤试验等。

轻轨按其每米长度的重量分为9kg、12kg、15kg、22kg、30kg轻轨。轻轨主要用于林区、矿区、厂区、工地等铺设临时运输线路或轻型机车用线路。轻轨钢主要钢类为普通质量碳素钢和低合金钢，如50Q、55Q、45SiMnP、50SiMnP等。轻轨的质量要求比重轨低，只要求检验抗拉强度、硬度和落锤试验等。

起重机钢轨按其轨头宽度分为QU70、QU80、QU100和QU120钢轨。常用牌号为U71Mn。一般只要求检验化学成分和抗拉强度。

接触轨用低碳含铝钢制作，利用其电阻率低的特性，作为一种导体，在地铁中使用。

常用的钢轨钢有GB 2585规定的重轨钢，GB 3426规定的起重机钢轨钢，GB 11264规定的轻轨钢等。

铁道用钢是指铁道使用的钢轨、垫板、鱼尾板、轨距挡板以及铁路机车车轮、轮箍、车轴等用钢。铁道用钢材主要是钢轨，垫板、鱼尾板、轨距挡板等是钢轨的主要配件。车轮、轮箍、车轴是铁路机车的关键部件，通常也列为铁道用钢。这些部件对钢的质量要求非常严格。如GB 5068规定的车轴坯，对大截面的钢坯规定了很严的低倍组织和非金属夹杂物检验标准；GB 8601规定对辗钢整体车轮要进行淬火、回火热处理并经半精加工后交货，除要求化学成分、力学性能检验外，还规定了落锤试验，低倍组织、非金属夹杂物检验，超声波探伤，磁粉探伤，退磁处理等；GB 8602规定，机车粗制轮箍要以淬火、回火热处理状态交货，除要求正常的化学成分、力学性能检验外，还规定要进行-60℃冲击韧性试验、落锤试验、低倍组织检验、非金属夹杂物检验、超声波探伤等。

69. 什么叫船用钢？什么叫舰艇用钢？

船用钢指用于制造海船和内河船舶船体结构用的钢，通常为优质碳素钢和优质低合金钢。船用钢要求有一定的强度、韧性和一定的耐低温及耐腐蚀性能，并要求有较好的焊接性能。常用的船体结构钢有 GB 712 规定的一般强度钢（A、B、D、E 级）钢板，高强度钢（AH32、DH32、EH32、AH36、DH36、EH36 级）钢板；GB 5312 规定的船舶用优质碳素钢（C10、C20）钢管；GB 9945 规定的造船用 A、B 级钢球扁钢等。

舰艇用钢是指军用的水面舰船（如驱逐舰、巡洋舰）和水下潜艇（如常规动力潜艇、核动力潜艇）以及扫雷艇等船体结构用钢，通常为特殊质量的高强度低合金钢、合金结构钢和低磁奥氏体结构钢等。这类钢对质量要求特别严格，不但规定正常的化学成分、力学性能、低倍组织等检验，还规定进行生产过程质量控制，产品超声波探伤等。

70. 什么叫桥梁钢？

桥梁钢是指用于建造铁路和公路桥梁用的钢。桥梁在动载荷下工作，对所有钢材不但要求有一定的强度，而且要求有一定韧性和良好的耐疲劳性能。因此要求钢材表面质量良好，对应力集中不敏感。为了在使用中防止突然脆断，还要求有一定的耐时效及抗冷脆性能。桥梁钢一般为优质碳素钢和优质低合金钢，通常制成钢板和型钢使用。常用的桥梁钢有 YB168、YB(T)10 规定的 16q、16Mnq、16MnCuq、15MnVq、15MnNq、12MnVq、12Mnq、15MnVNq 等。这类钢要求检验化学成分、抗拉强度、屈服强度、伸长率、-40℃冲击和时效冲击韧性及冷弯性能，还要求检验断口及晶粒度，质量控制比较严格。

71. 什么叫转炉钢?

转炉钢是指在转炉内以液态生铁为原料，将高压空气或氧气从转炉的顶部、底部、侧面吹入炉内熔化的生铁液中，使生铁中的杂质被氧化去除而炼成的钢。转炉钢按炉衬的耐火材料性质可分为碱性转炉钢和酸性转炉钢。按气体吹入炉内的部位可分为顶吹转炉钢、底吹转炉钢和侧吹转炉钢，还有顶吹、底吹复合转炉钢等。现在氧气转炉钢生产效率高，质量也很好，已被广泛应用，成为世界上的主要钢类（平炉钢已基本淘汰）。转炉钢的主要品种有碳素钢、低合金钢和少量合金钢。

72. 什么叫电炉钢?

电炉钢是指在电炉中以废钢、合金料为原料，或以初炼钢制成的电极为原料，用电加热方法使炉中原料熔化、精炼制成的钢。按照电加热方式和炼钢炉型的不同，电炉钢可分为电弧炉钢、非真空感应炉钢、真空感应炉钢、电渣炉钢、真空电弧炉钢(亦称真空自耗炉钢)、电子束炉钢等。

电弧炉钢，是指在电弧炉中通过石墨电极向炉内输入电能，以电极端部与炉料（废钢等）之间发生的电弧为热源，使炉料和合金料熔化并精炼制成的钢。电弧炉钢的主要品种为优质碳素钢、低合金钢和合金钢。电弧炉炼钢法是生产优质钢和特殊质量钢的主要炼钢方法。

非真空感应炉钢，是指在非真空感应炉中利用感应电热效应使废钢、合金料等炉料熔化并精炼成的钢。主要品种为特殊质量合金钢。

真空感应炉钢，是指在真空感应炉中，利用感应电热效应使废钢、合金料等炉料熔化并精炼成的钢。真空感应炉钢气体含量低，硫、磷杂质元素含量低，夹杂物少。主要品种为专门用途的特殊质量合金钢。

电渣炉钢，是指在电渣炉中，把平炉、转炉、电弧炉或感应炉初炼的钢经铸造或锻压成电极，通过电渣炉中的熔渣电阻进行二次重熔的精炼工艺炼出的钢。电渣炉钢硫含量较低，杂质元素少，夹杂物少。电渣炉钢的主要品种为特殊质量合金钢。

73. 什么叫炉外精炼钢?

炉外精炼钢是指将转炉、平炉或电炉中初炼过的钢液移到真空、惰性气体或还原性气氛的特殊容器中，进行脱气、脱氧、脱硫、去除夹杂物和进行成分微调等精炼工艺而冶炼成的钢。炉外精炼钢硫、磷含量低，夹杂物少，化学成分控制适当。炉外精炼钢的主要品种为特殊质量的碳素钢、低合金钢和合金钢。

74. 什么叫碱性炉钢和酸性炉钢?

碱性炉钢是指用碱性炼钢炉冶炼的钢。碱性炼钢炉的炉顶、炉墙和炉底是用碱性耐火材料（如铝镁砖、镁砖和镁砂等）砌筑或烧结成的。碱性炉钢的硫、磷含量较少，但气体含量较高。

酸性炉钢是指用酸性炼钢炉冶炼的钢。酸性炼钢炉的炉顶、炉墙和炉底等是用酸性耐火材料（如硅砖、石英砂等）砌筑或烧结成的。酸性炉钢比碱性炉钢气体含量少，但产品成本高。

平炉、电炉和转炉都可以炼制碱性炉钢或酸性炉钢，但经常生产的是碱性炉钢。只有用途特殊的构件才用酸性炉钢制造。

75. 什么叫沸腾钢?

沸腾钢是没有脱氧或没有充分脱氧的钢。钢在冶炼后期不加脱氧剂（如硅、铝等），钢液中含氧量较高，钢液浇入钢锭模之后，发生强烈的碳和氧反应，生成大量一氧化碳气泡，使钢液在锭模中产生沸腾现象，所以叫沸腾钢。钢锭凝固后，蜂窝气泡分布在钢锭中，当经加热轧制后，这种气泡会粘合起来。这类钢的特点是：钢中含硅量很低（如≤0.07%）；通常铸成不带保温帽的上小下大的钢锭；由于这类钢不产生集中的缩孔，钢锭的切头少，钢的收得率较高，成本低；表面质量和深冲性能好；钢内杂质多，成分偏析较大，质量较不均匀。这类钢主要用于普通质量低碳钢。

76. 什么叫镇静钢？

镇静钢是充分脱氧，钢液平静，没有沸腾现象的钢。在浇铸前钢液用脱氧剂（如硅、铝等）充分脱氧，在凝固过程中钢液内氧含量低到不会与钢中碳反应生成一氧化碳气泡，因而钢液平静不沸腾。镇静钢锭均有缩孔，必须用带保温帽的锭模浇铸。轧制开坯后需切头，故钢的收得率较低。但镇静钢的组织致密，偏析小，成分均匀。优质钢和合金钢一般都是镇静钢。

77. 什么叫半镇静钢？

半镇静钢为半脱氧的钢。钢的脱氧程度介于沸腾钢和镇静钢之间，由于脱氧不完全，浇铸时仍有轻微沸腾现象，但较沸腾钢弱。这类钢具有沸腾钢和镇静钢的某些优点，比镇静钢的中心缩孔小、切头较少，钢的收得率较高，而比沸腾钢的偏析少、力学性能好，介于沸腾钢与镇静钢之间。但这类钢在冶炼操作上难于掌握。半镇静钢主要用于中碳钢和普通质量结构钢。

78. 什么叫特殊合金？

特殊合金是指具有特殊物理、化学性能及特殊功能和用途的合金。一般指高温合金、精密合金、耐蚀合金、高电阻电热合金及特殊功能合金等。这些合金可以按其基本特性和基本组成元素等进一步分类。如按基本组成元素可分为铁基合金、镍基合金、钴基合金等。特殊合金主要用于制造航空、航天、核能、舰艇、电子控制等耐高温、耐腐蚀，要求具有特殊物理性能及特殊功能的部件。

79. 什么叫高温合金？

高温合金是指在600～1200℃高温下能承受一定应力并具有

抗氧化或抗腐蚀能力的合金，亦称耐热合金。按基体组成元素可分为铁基高温合金、镍基高温合金和钴基高温合金三类。按合金的主要强化特征，可分为固溶强化型高温合金和时效硬化型高温合金两类。按合金的基本成形方式或特殊用途，可分为变形高温合金、铸造高温合金、粉末高温合金和高温合金焊丝等。

高温合金产品品种较多，有锻件、锻坯、环件、棒材、板材、带材、管材、丝材、铸件、铸造用母合金、粉末制品、电渣熔铸件等。

高温合金主要用于制造航空、航天、舰艇、燃气轮机、石油化工装置、核反应堆等高温承力部件，如航空发动机、燃气轮机的叶片、涡轮盘、燃烧器壳体等。该合金对化学成分、高温及室温力学性能、低倍和高倍组织等都有特别严格要求，并要求对生产工艺过程进行质量控制，对产品逐件进行无损检验。

80. 什么叫精密合金？

精密合金是指具有特殊物理性能和特殊功能的合金，一般包括软磁合金、变形永磁合金、弹性合金、膨胀合金、热双金属和精密电阻合金等。按合金基体组成元素可分为铁基、镍基、钴基、铜基合金等。这类合金多加工成带材、丝材、板材和棒材，少部分制成管材和半成品。主要用于制作电子控制元器件，如各类仪器仪表、家用电器等用的软磁、永磁、弹性、控温、测温、加热等精密元件。该类合金对物理及冶金特性要求进行严格检验，对生产工艺过程中的质量控制严格。

81. 什么叫耐蚀合金？

耐蚀合金是指用于耐酸、碱、盐及特殊气体腐蚀的合金。按合金的基体组成元素，分为铁镍基合金和镍基合金两类。铁镍基合金含镍30%～50%，且镍加铁不小于60%。镍基合金含镍不小于50%。按合金的主要强化特征，合金分为固溶强化型合金和时效硬化型合金。按合金的基本成形方式，合金分为变形耐蚀合金和铸造耐蚀合金。

耐蚀合金产品品种较多，有锻件、环件、棒材、冷轧板、热轧板、带材、管材、丝材、铸件等。

耐蚀合金主要用于制作核反应堆、化工、石油、有色金属提炼等要求耐特殊腐蚀的零部件。该合金对化学成分、力学性能、低倍和高倍组织及耐腐蚀特性有严格要求，对生产工艺过程中的质量控制特别严格。

82. 什么叫高电阻电热合金?

高电阻电热合金是指用于制造电发热体的以电阻为主要特性的合金，一般具有电阻率大、耐热疲劳、抗腐蚀和高温形状稳定性好等特点。该类合金按基体组成元素系列可分为铁—铬—铝系合金、铁—铬—镍系合金、镍—铬系合金三大类。常用牌号有 0Cr25A15、0Cr21A16Nb、Cr15Ni60、Cr20Ni80、Cr30Ni70 等（见 GB/T 1234—1995）。该类合金主要品种为带材和丝材及少量棒材、盘条。该类合金除要求测定化学成分等一般特性外，主要要求检验和测定合金的电阻率、每米电阻均匀性，并要求冷拉丝在规定的温度下进行快速寿命试验。

83. 什么叫软磁合金?

软磁合金是指矫顽力低于几百安每米的铁磁性或亚铁磁性合金。按基体组成元素系列可分为铁基合金、铁镍钴基合金、镍基合金、钴基合金等。各类软磁合金除都具有很低的矫顽力外，还分别具有不同的磁特性，满足各种不同的磁场工作条件要求。如 1J50 合金，具有较高的饱和磁感应强度和磁导率，适用于制作在中等磁场中工作的各种变压器、继电器、电磁离合器铁芯；1J79 合金，具有高的初始磁导率，适用于制作在弱磁场中工作的各种变压器、互感器、磁放大器等；1J52、1J65 合金，具有矩形磁滞回线和较高饱和磁感应强度，适用于制作在中等磁场中工作的磁放大器、阻流圈、整流圈等；1J22 合金，具有高饱和磁感应强度、高居里点和高磁致伸缩系数，适用于制作电磁铁极头、电话耳机振动膜、磁致伸缩换能器铁芯等；1J90 合金，具有高初始磁导率、高硬度、高电阻率，耐磨性好，适用于制作各种磁带机磁头、芯片，以及录音机、高频器件的铁芯等。

软磁合金品种主要为冷轧带材和冷拉丝材，也有热轧扁材和热轧（锻）棒材。这类合金主要要求检验磁特性值，如磁导率、矫顽力、饱和磁感应强度等，对化学成分、外形、尺寸、表面质量也都有严格要求。

84. 什么叫变形永磁合金？

变形永磁合金是指矫顽力一般大于 10^4 A/m 的可变形的铁磁性或亚铁磁性合金。按基体组成元素系列可分为铁基合金、铁钴钒基合金、铁钴钼基合金、铁铬钴基合金等。各类变形永磁合金除都具有很高的矫顽力值外，还分别具有不同的磁特性。如 2J04 合金，在低工作磁场下具有极优异的磁滞特性，适用于制作在低磁场中工作的磁滞电机转子；2J10 合金，在中、高工作磁场下具有优良的磁滞特性，适用于制作在中、高磁场中工作的磁滞电极转子；2J32 合金，具有较高饱和磁感应强度，而且磁性能稳定，适用于制作形状复杂的小截面永磁元件；2J85 合金，磁能积很高，而且加工性能好，适用于制作形状复杂尺寸较小的永磁元件。

变形永磁合金主要品种为冷轧带材、冷拉丝材、热轧（锻）棒材、热轧扁材等。该类合金主要要求检验磁特性值，如矫顽力、剩余磁感应强度、磁能积等，对化学成分、外形、尺寸和表面质量也都有严格要求。

85. 什么叫弹性合金？

弹性合金是指具有特定弹性性能的合金。按基体组成元素系列可分为铁镍基合金、铁钴基合金、镍铬基合金等。各类弹性合金除都具有较高的弹性性能外，还分别具有无磁、抗振、耐磨、耐腐蚀、特定的频率温度系数等特性，如3J40合金具有无磁、抗振、耐磨特性，适用于制作仪器、仪表的轴尖；3J21合金具有无磁、耐腐蚀、高弹性、高强度和良好的耐疲劳性能，适用于制作在400℃以下工作的各种仪表弹簧及其他弹性元件；3J60合金具有较大的磁致伸缩系数和低的机械品质因数，纵振波传播速度变化小，适用于制作机械滤波器中的换能丝和耦合丝；3J63合金在-40~80℃范围内具有正的频率温度系数，适用于制作机械滤波器中的换能振子以及复合振子等元件。

弹性合金的主要品种有冷轧带材、冷拉丝材、冷拉棒材、热轧（锻）棒材等。这类合金主要要求检验弹性模量、频率温度系数、机械品质因数、纵振波传播速度等，对化学成分、金相组织、非金属夹杂物、外形、尺寸、表面质量等也都有严格要求。

86. 什么叫膨胀合金？

膨胀合金是指具有特定线膨胀系数的合金。按基体组成元素系列可分为铁基合金、铁镍基合金、铁镍钴基合金、镍基合金等。各类合金除都具有特定的膨胀性能外，还分别具有无磁、耐蚀、易切削、高强度等特性，如4J29合金，在一定温度范围内具有与硬玻璃相近的线膨胀系数，适用于在电真空工业中和相应的硬玻璃进行匹配封接；4J43合金在20~400℃范围内具有一定的线热膨胀系数，适用于制作杜美丝芯；4J58合金在20~50℃范围内具有一定的线热膨胀系数，有较高的尺寸稳定性，适用于制作要求尺寸稳定的精密线纹尺；4J80合金在室温至600℃范围内具有中等线热膨胀系数，无磁、耐蚀，具有较高强度和韧性，适用于制作陀螺仪和其他电真空器件中的无磁非匹配瓷封材料。

膨胀合金的主要品种有冷拉丝材、冷轧带材、冷拉棒材、热轧（锻）棒材、冷轧管材等。这类合金主要要求检验平均线膨胀系数，对金相组织、晶粒度、磁导率等也分别有严格要求。

87. 什么叫热双金属？

热双金属是指由两层或多层具有不同线膨胀系数的金属或合金组成的复合材料。组元层由高膨胀层、低膨胀层以及中间层组成。高膨胀层一般为锰基合金、铁镍基合金或铜基合金。低膨胀层一般为铁镍基合金。中间层一般为铜或镍。这类合金除都具有特定的热敏感性特性外，还分别具有高电阻、低电阻、中电阻、高导热、耐蚀、高强度等特性，适用于制作温度控制、温度补偿和温度指示装置中的热敏感元件。这类材料一般以带材形式供应。主要检验比弯曲、电阻率、弹性模量等，还对扭转试验、反复弯曲、弯曲试验等有严格要求。

88. 什么叫精密电阻合金？

精密电阻合金是指电阻温度系数绝对值和对铜热电动势绝对值均小且稳定性好的以电阻值特性为主要特性的合金。这类合金基本都是镍基合金。这类合金都有特定的电阻特性。如6J20合金具有较高的电阻率，较低的电阻温度系数，适用于制作各种测量仪器、仪表等电阻元件；6J22合金具有低的电阻温度系数和小的对铜热电动势，适用于制作各种测量仪器、仪表中的精密电阻元件。这类合金基本都以细丝供应。主要要求检验每米电阻值、平均电阻温度系数、同轴每米电阻变化、对铜平均热电动势、漆膜性能等。

89. 什么叫复合钢？

复合钢是指用热轧压合法、爆炸焊接—热轧法或其他方法，将钢与其他一种或几种金属（或合金）压合在一起形成的复合金属材料。常见的有不锈钢—钢复合钢、铜—钢复合钢、钛—不锈钢复合钢、钛—钢复合钢、镍—钢复合钢等。复合钢一般以复合板材、复合带材供应，也有复合管材。复合钢多用于制造各种耐腐蚀环境的容器和设备及其他特殊用途，如不锈钢—钢复合钢板，适用于制作化工、石油、制药、食品、海水淡化、核工业等耐蚀防腐容器、压力容器及其他设备；铜—钢复合钢板，适用于制作化工、石油、制药、制盐等行业的耐腐蚀压力容器和真空设备。复合钢除检验复层和基层材料的化学成分、力学性能等外，一般还需要检验复合板的抗剪强度、工艺性能、复合质量（通过超声波探伤检查）。

二、钢和合金的牌号及表示方法

90. 钢和合金为什么要编牌号？牌号命名原则是什么？

钢和特殊合金的种类很多，成分复杂而性能不一。为了便于识别和管理，需要对各种钢和合金统一进行编号，这种“统一编号”称为钢或合金的牌号。牌号一般应以简短、明确的符号表示，尽可能表示出一定的含义（例如化学成分和主要性能等）。

我国国家标准（GB 221）规定，钢和特殊合金牌号应采用汉语拼音字母、化学元素符号及阿拉伯数字相结合的方法表示。

采用汉语拼音字母表示产品名称、用途、特性和工艺方法时，一般从代表该产品名称的汉字的汉语拼音中选取，原则上取第一个字母，当和另一产品所取字母重复时，改取第二个字母或第三个字母，或同时选取两个汉字的汉语拼音的第一个字母。采用汉语拼音字母原则上只取一个，一般不超过两个。常用化学元素符号见表 2-2，产品名称、用途、特性和工艺方法命名符号见表 2-3。

91. 碳素结构钢牌号如何识别？

碳素结构钢，即 GB 700 规定的工程结构用碳素钢。该类钢的牌号由代表屈服点的字母、屈服点数值、质量等级符号、脱氧方法符号四部分按先后顺序组合而成。

表 2-2 常用化学元素符号

元素名称	化学元素符号	元素名称	化学元素符号	元素名称	化学元素符号
铁	Fe	锂	Li	锕	Ac
锰	Mn	铍	Be	硼	B
铬	Cr	镁	Mg	碳	C
镍	Ni	钙	Ca	硅	Si
钴	Co	锆	Zr	硒	Se
铜	Cu	锡	Sn	碲	Te
钨	W	铅	Pb	砷	As
钼	Mo	铋	Bi	硫	S
钒	V	铯	Cs	磷	P
钛	Ti	钡	Ba	氮	N
铝	Al	镧	La	氧	O
铌	Nb	铈	Ce	氢	H
钽	Ta	钐	Sm	混合稀土元素	RE

表 2-3 产品名称、用途、特性和工艺方法命名符号

名　称	采用的汉字及其汉语拼音		采用符号	字体	位　置
	汉字	汉语拼音			
易切削钢	易	YI	Y	大写	牌号头
电工用热轧硅钢	电热	DIAN RE	DR	大写	牌号头
电工用冷轧无取向硅钢	电无	DIAN WU	DW	大写	牌号头
电工用冷轧取向硅钢	电取	DIAN QU	DQ	大写	牌号头
电工用纯铁	电铁	DIAN TIE	DT	大写	牌号头
碳素工具钢	碳	TAN	T	大写	牌号头
滚珠轴承钢	滚	GUN	G	大写	牌号头
焊接用钢	焊	HAN	H	大写	牌号头
钢轨钢	轨	GUI	U	大写	牌号头
铆螺钢	铆螺	MAO LUO	ML	大写	牌号头

续表 2-3

名称	采用的汉字及其汉语拼音		采用符号	字体	位置
	汉字	汉语拼音			
锚链钢	锚	MAO	M	大写	牌号头
地质钻探钢管用钢	地质	DI ZHI	DZ	大写	牌号头
船用钢	船	CHUAN	C	大写	牌号尾
汽车大梁用钢	梁	LIANG	L	大写	牌号尾
矿用钢	矿	KUANG	K	大写	牌号尾
压力容器用钢	容	RONG	R	大写	牌号尾
多层式高压容器用钢	高层	GAO CENG	gC	小、大写	牌号尾
桥梁钢	桥	QIAO	q	小写	牌号尾
锅炉钢	锅	GUO	g	小写	牌号尾
耐蚀合金	耐蚀	NAI SHI	NS	大写	牌号头
精密合金	精	JING	J	大写	牌号中
变形高温合金	高合	GAO HE	GH	大写	牌号头
铸造高温合金			K	大写	牌号头
铸钢	铸钢	ZHU GANG	ZG	大写	牌号头
轧辊用铸钢	铸辊	ZHU GUN	ZU	大写	牌号头
沸腾钢	沸	FEI	F	大写	牌号尾
半镇静钢	半	BAN	b	小写	牌号尾
高级	高	GAO	A	大写	牌号尾
特级	特	TE	E	大写	牌号尾
超级	超	CHAO	C	大写	牌号尾
碳素结构钢	屈	QU	Q	大写	牌号头

屈服点“屈”字汉语拼音首位字母为“Q”。

屈服点数值采用阿拉伯数字，单位为 MPa。

质量等级符号分别为 A、B、C、D。

脱氧方法符号为“F”、“b”、“Z”、“TZ”：

F——为沸腾钢“沸”字汉语拼音首位字母；

b——为半镇静钢“半”字汉语拼音首位字母；

Z——为镇静钢“镇”字汉语拼音首位字母；

TZ——为特殊镇静钢“特镇”两字汉语拼音首位字母。

在牌号组成表示方法中，“Z”与“TZ”符号一般予以省略。

例如，屈服点为235MPa、质量等级为A级、脱氧方法为“沸腾”的碳素结构钢牌号，表示为Q235-A · F；屈服点为215MPa、质量等级为B级、脱氧方法为“镇静”的碳素结构钢牌号，表示为Q215-B。

碳素结构钢新标准GB 700—88与普通碳素钢老标准GB 700—79有较大不同。现简要对比如下：

（1）GB 700—88是参照国际标准ISO 630编制的，GB 700—79是仿原苏联的标准ГОСТ 380编制的。

（2）老标准普通碳素钢分为甲类钢、乙类钢、特类钢三类。甲类钢只保力学性能、乙类钢只保化学成分，特类钢既保化学成分又保力学性能。新标准碳素结构钢各钢号Q195～Q275实际上都要求化学成分和力学性能同时保证，相当于原来的特类钢。

（3）新标准碳素结构按质量分为A、B、C、D四个等级，其中A、B级相当于原来的普通碳素钢，C、D级已进入老标准的“优质钢”范围。其钢号对照如下：

Q195	相当于1号钢，即化学成分同B1，力学性能同Al
Q215	A级相当于A2钢，B级相当于C2钢
Q235	A级相当于A3钢，B级相当于C3钢
Q255	A级相当于A4钢，B级相当于C4钢
Q275	相当于C5钢

92. 优质碳素结构钢牌号如何识别?

优质碳素结构钢牌号，采用代表平均含碳量的阿拉伯数字或用阿拉伯数字与特征符号组合表示。阿拉伯数字表示平均含碳量的万分之几。沸腾钢及半镇静钢在牌号数字尾部分别加符号“F”、“b”，镇静钢不标符号。较高含锰量的优质碳素结构钢，在阿拉伯数字后标出锰元素符号“Mn”。高级优质碳素结构钢，在牌号尾部加符号“A”。专门用途的优质碳素结构钢，在牌号尾部加代表产品用途的符号。例如：

平均含碳量为0.45%的镇静钢，其牌号表示为“45”；

平均含碳量为0.08%的沸腾钢，其牌号表示为“08F”；

平均含碳量为0.10%的半镇静钢，其牌号表示为“10b”；

平均含碳量为0.50%，含锰量为0.70%～1.00%的镇静钢，其牌号表示为“50Mn”；

平均含碳量为0.20%的高级优质碳素结构钢（镇静钢），其牌号表示为“20A”；

平均含碳量为0.20%的锅炉用钢（镇静钢），其牌号表示为“20g”。

93. 易切削钢牌号如何识别？

易切削钢牌号，采用规定的符号和阿拉伯数字表示。以“易”字汉语拼音首位字母“Y”作前缀。阿拉伯数字表示平均含碳量的万分之几。硫易切削钢或硫磷易切削钢，牌号中一般不标出易切削元素符号，而含钙、铅、硒等易切削元素的易切削钢，在牌号尾部标出易切削元素符号。较高含锰量的易切削碳素结构钢，在符号“Y”和阿拉伯数字后标出锰元素符号“Mn”。易切削合金结构钢和不锈耐热钢，其牌号表示方法分别按合金结构钢和不锈耐热钢的规定，但都冠以前缀“Y”，含钙、铅、硒等易切削元素的，在牌号尾部标出易切削元素符号。例如：

平均含碳量为0.30%的含硫易切削碳素结构钢，其牌号表示为“Y30”；

平均含碳量为0.15%的硫磷复合易切削碳素结构钢，其牌号表示为“Y15”；

平均含碳量为0.12%的铅和硫磷复合的易切削碳素结构钢，其牌号表示为“Y12Pb”；

平均含碳量为0.40%、含锰为1.20%～1.55%的含硫易切削结构钢，其牌号表示为“Y40Mn”。

94. 低合金钢牌号如何识别？

低合金钢牌号，采用规定的符号和阿拉伯数字表示。一般在牌号的头部用阿拉伯数字表示平均含碳量（以万分之几计）。平均合金含量小于1.50%时，牌号中仅标明元素符号，一般不标明含量。专门用途的低合金钢牌号，在其头部或尾部加上代表该钢用途的符号。例如：

16Mn：表示平均含碳量为0.16%、含锰量为1.20%～1.60%的低合金结构钢；

09Mn2：表示平均含碳量为0.09%、含锰量为1.40%～1.80%的低合金结构钢；

15MnVg：表示平均含碳量为0.15%、含锰量为1.20%～1.60%且含钒的锅炉用低合金结构钢；

10TiL：表示平均含碳量为0.10%、含钛的汽车大梁用低合金结构钢；

15MnVNR：表示平均含碳量为0.15%、含锰量为1.30%～1.70%且含钒和氮的压力容器用低合金结构钢；

15MnVRC：表示平均含碳量为0.15%、含锰量为1.20%～1.60%且含钒的多层压力容器用低合金结构钢；

16MnCuq：表示平均含碳量为0.16%、含锰量为1.20%～1.60%且含铜的桥梁用低合金结构钢；

09Mn2VDR：表示平均含碳量为0.09%、含锰量为1.40%～1.80%且含钒的低温压力容器用低合金结构钢；

U71Mn：表示平均含碳量为0.71%、含锰量为1.10%～1.50%的铁路钢轨用低合金钢；

20MnVK：表示平均含碳量为0.20%、含锰量为1.20%～

1.60%且含钒的矿用低合金钢。

95. 合金结构钢牌号如何识别?

合金结构钢牌号，采用规定的合金元素符号和阿拉伯数字表示。一般在牌号的头部用阿拉伯数字表示平均含碳量（以万分之几计）。平均合金含量小于1.50%时，牌号中仅标明元素符号，一般不标明含量。平均合金含量为1.50%～2.49%、2.50%～3.49%…22.50%～23.49%…时，相应地写成2、3…23…高级优质合金结构钢，在牌号尾部加符号“A”。特级优质合金结构钢，在牌号尾部加符号“E”。专门用途的合金结构钢，在牌号头部或尾部加代表该钢用途的符号。例如：

30CrMnSi：表示平均含碳量为0.30%、含铬、锰、硅合金元素的合金结构钢；

15CrA：表示平均含碳量为0.15%、含铬的高级优质合金结构钢；

45Mn2：表示平均含碳量为0.45%、含锰量为1.40%～1.80%的合金结构钢；

40CrH：表示平均含碳量为0.40%、含铬量为0.70%～1.10%的保证淬透性的合金结构钢；

ML35CrMo：表示平均含碳量为0.35%、含铬量为0.80%～1.10%且含钼的铆螺用合金结构钢。

96. 弹簧钢牌号如何识别?

碳素弹簧钢牌号，其表示方法与优质碳素结构钢牌号表示方法相同。例如：

85：表示平均含碳量为0.85%的碳素弹簧钢；

65Mn：表示平均含碳量为0.65%、含较高锰量（0.90%～1.20%）的碳素弹簧钢。

合金弹簧钢牌号，其表示方法与合金结构钢牌号表示方法相同。例如：

60Si2Mn：表示平均含碳量为0.60%、含硅量为1.50%～2.00%且含锰量为0.60%～0.90%的合金弹簧钢；

50CrVA：表示平均含碳量为0.50%、含铬量为0.80%～1.10%且含钒的高级优质合金弹簧钢，

97. 碳素工具钢牌号如何识别？

碳素工具钢牌号，采用规定的符号和阿拉伯数字表示。以“碳”字汉语拼音首位字母“T”作前缀。阿拉伯数字表示平均含碳量的千分之几。较高含锰量碳素工具钢，在符号“T”和阿拉伯数字后标出锰元素符号“Mn”。高级优质碳素工具钢在牌号尾部加符号“A”。例如：

平均含碳量为0.90%的碳素工具钢（普通含锰量），其牌号表示为“T9”；

平均含碳量为0.80%、含锰量较高（0.40%～0.60%）的碳素工具钢，其牌号表示为“T8Mn”；

平均含碳量为1.20%的高级优质碳素工具钢（普通含锰量），其牌号表示为“T12A”。

98. 合金工具钢牌号如何识别？

合金工具钢牌号，采用规定的合金元素符号和阿拉伯数字表示。一般不标出含碳量数字；若平均含碳量小于1.00%时，在牌号的头部用一位阿拉伯数字表示平均含碳量（以千分之几计）。平均合金含量小于1.50%时，牌号中仅标明元素符号，一般不标明含量；平均合金含量为1.50%～2.49%、2.50%～3.49%…22.50%～23.49%…时，相应地写成2、3…23…低铬（平均含铬量小于1%）合金工具钢，其铬含量亦用千分之几计，但在含量数值之前加一数字“0”。例如：

Cr12MoV：表示含碳量高于1%的平均含铬量为12%且含钼、钒的合金工具钢；

3Cr2W8V：表示平均含碳量为0.30%的平均含铬量为2%、

含钨量为8%且含钒的合金工具钢；

Cr06：表示含碳量高于1%的平均含铬量为0.60%的低铬合金工具钢。

99. 高速工具钢牌号如何识别?

高速工具钢牌号，采用规定的合金元素符号和阿拉伯数字表示。一般不标出含碳量数字；当两个牌号只有含碳量不同时，在牌号的头部用一个符号“C”表示含碳量较高的牌号。平均合金含量小于1.50%时，牌号中仅标明元素符号，一般不标明含量；平均合金含量为1.50%～2.49%、2.50%～3.49%…22.50%～23.49%…时，相应地写成2、3…23…例如：

W18Cr4V：表示平均含钨量为18%、含铬量为4%且含钒的钨系高速工具钢；

W6Mo5Cr4V2：表示平均含钨量为6%、含钼量为5%、含铬量为4%、含钒量为2%的钨钼系高速工具钢；

CW6Mo5Cr4V2：表示含碳量较高的平均含钨量为6%、含钼量为5%、含铬量为4%、含钒量为2%的钨钼系高速工具钢。

100. 滚珠轴承钢牌号如何识别?

滚珠轴承钢牌号，采用规定的代表用途的符号、化学元素符号和阿拉伯数字表示。滚珠轴承钢牌号，以“滚”字汉语拼音首位字母“G”作前缀。对高碳铬轴承钢，一般不标出含碳量数字，其铬含量以千分之几计。对渗碳轴承钢，除头部加前缀“G”外，其他表示方法与合金结构钢牌号相同。对高碳铬不锈轴承钢，其牌号表示方法与不锈钢相同。对高温轴承钢，牌号头部不标出含碳量数字，其他同不锈钢和耐热钢。例如：

GCr15：表示平均含铬量为1.5%的高碳铬滚珠轴承钢；

GCr15SiMn：表示平均含铬量为1.5%的且含硅、锰元素的高碳铬滚珠轴承钢；

G20CrNiMo：表示平均含碳量为0.20%的且含铬、镍、钼元素的渗碳轴承钢；

9Cr18Mo：表示平均含碳量为0.90%的平均含铬量为18%且含钼的不锈轴承钢（也可称为不锈钢）；

Cr4Mo4V：表示平均含铬量为4%、含钼量为4%且含钒的高温轴承钢（也可称为耐热钢）。

101. 不锈钢和耐热钢牌号如何识别？

不锈钢和耐热钢牌号，采用规定的合金元素符号和阿拉伯数字表示。一般在牌号的头部用一位阿拉伯数字表示平均含碳量（以千分之几计）；平均含碳量小于千分之一的用“0”表示，含碳量不大于0.03%的（即超低碳钢），用“00”表示。平均合金含量小于1.50%时，牌号中仅标明元素符号，一般不标明含量；平均合金含量为1.50% ~2.49%、2.50% ~3.49%…22.50% ~23.49%…时，相应地写成2、3…23…专门用途或易切削的不锈钢和耐热钢，在牌号前面冠以专用钢或易切削钢的特殊符号。例如：

2Cr13：表示平均含碳量为0.20%、平均含铬量为13%的铬不锈钢；

0Cr18Ni10Ti：表示含碳量低于0.10%但大于0.03%、平均含铬18%、含镍10%且含钛的低碳铬镍不锈钢；

00Cr19Ni10：表示含碳量低于0.03%、平均含铬19%、含镍10%的超低碳铬镍不锈钢；

Y1Cr18Ni9Se：表示平均含碳量为0.10%、平均含铬量为18%、含镍量为9%且含易切削元素硒的易切削铬镍不锈钢；

ML1Cr18Ni12：表示平均含碳量为0.10%、平均含铬量为18%、含镍量为12%的冷顶锻用（即铆螺用）铬镍不锈钢；

5Cr21Mn9Ni4N：表示平均含碳量为0.50%、平均含铬量为21%、含锰量为9%、含镍量为4%且含氮的铬锰镍氮型耐热钢；

4Cr10Si2Mo：表示平均含碳量为0.40%、平均含铬量为

10%、含硅量为2%且含钼的铬硅钼型耐热钢。

102. 焊接用钢及合金牌号如何识别?

焊接用钢及合金牌号，在头部加“焊”字汉语拼音首位字母“H”，其他按相应钢类或合金的牌号表示方法规定。例如：

H08：表示平均含碳量为0.08%的焊接用碳素结构钢；

H30CrMnSiA：表示平均含碳量为0.30%且含铬、锰、硅元素的焊接用高级优质合金结构钢；

H00Cr19Ni9：表示平均含碳量不大于0.03%、平均含铬量为19%、含镍量为9%的焊接用超低碳铬镍不锈钢；

HGH3030：表示焊接用镍基高温合金。

103. 电工用硅钢牌号如何识别?

电工用硅钢牌号，采用规定的符号和阿拉伯数字表示。电工用硅钢牌号前面加字母“D”，为“电”字汉语拼音的首位字母，表示电工用钢。在“D”字后面加“R”、“W”、“Q”、“G”分别表示热轧硅钢、冷轧无取向硅钢、冷轧取向硅钢、高磁感（或在工作频率为400Hz的强磁场下检验）。阿拉伯数字表示铁损值的100倍（横线以前）和厚度值的100倍（横线以后），或表示电磁性能级别（按数字顺序，磁性能由低到高）。例如：

DR400-50：表示厚度为0.50mm的最大铁损值（$P_{15/50}$）为4.00W/kg的电工用热轧硅钢薄钢板；

DR1750G-35：表示厚度为0.35mm的最大铁损值（$P_{10/400}$）为17.50W/kg的在频率为400Hz的强磁场下检验的电工用热轧硅钢薄钢板；

DW310-35：表示厚度为0.35mm的最大铁损值（$P_{15/50}$）为3.10W/kg的电工用冷轧无晶粒取向的硅钢带（片）；

DQ147-30：表示厚度为0.30mm的最大铁损值（$P_{17/50}$）为1.47W/kg的电工用冷轧晶粒取向的硅钢带（片）；

DQ117G-35：表示厚度为0.35mm的最大铁损值（$P_{17/50}$）为

1.17W/kg 的高磁感的电工用冷轧晶粒取向的硅钢带（片）；

DG3：表示冷轧晶粒取向的高磁感（工作频率在 400Hz 以上）的电磁性能为 3 级的电工用硅钢薄带；

DG6：表示冷轧晶粒取向的高磁感（工作频率在 400Hz 以上）的电磁性能为 6 级的电工用硅钢薄带。

104. 电工用纯铁牌号如何识别？

电工用纯铁牌号，采用规定的符号和阿拉伯数字表示。牌号前面用字母“D”、“T”组合作前缀，“D”、“T”分别为“电”、“铁”汉字拼音首位字母，阿拉伯数字表示不同牌号的顺序号（一般按数字顺序电磁特性由低到高）。在同一类牌号中，电磁性能分为高级、特级、超级者，在数字后分别加符号“A”、“E”、“C”。例如：“DT3”、“DT3A”、“DT4E”、“DT4C”。

105. 高温合金牌号如何识别？

高温合金牌号，采用规定的符号和阿拉伯数字表示。

变形高温合金牌号，采用“GH”字母组合作前缀（“G”、“H”分别为“高”、“合”汉语拼音的首位字母），后接四位阿拉伯数字。“GH”符号后第一位数字表示分类号，即：

1——固溶强化型铁基合金；

2——时效硬化型铁基合金；

3——固溶强化型镍基合金；

4——时效硬化型镍基合金；

5——固溶强化型钴基合金；

6——时效硬化型钴基合金。

“GH”符号后第二、三、四位数字表示合金的编号。

铸造高温合金牌号，采用符号“K”作前缀，后接三位阿拉伯数字。“K”符号后第一位数字表示分类号，即：

2——时效硬化型铁基合金；

4——时效硬化型镍基合金；

6——时效硬化型钴基合金。

“K”符号后第二、三位数字表示合金的编号。

焊接用高温合金丝牌号，在变形高温合金牌号前缀符号“GH”之前加“H”符号（“H”为“焊”字汉语拼音首位字母），即采用“HGH”作前缀，后接四位阿拉伯数字。四位阿拉伯数字表示含义与变形高温合金相同。例如：

GH1131：表示固溶强化型铁基变形高温合金；

GH2132：表示时效硬化型铁基变形高温合金；

GH3044：表示固溶强化型镍基变形高温合金；

GH4169：表示时效硬化型镍基变形高温合金；

K211：表示时效硬化型铁基铸造高温合金；

K403：表示时效硬化型镍基铸造高温合金；

K640：表示时效硬化型钴基铸造高温合金；

HGH1140：表示固溶强化型铁基焊接高温合金丝；

HGH4145：表示时效硬化型镍基焊接高温合金丝。

106. 精密合金牌号如何识别？

精密合金牌号，采用规定的符号与阿拉伯数字表示。以符号“J”（“精”字汉语拼音首位字母）与其前面的一位数字表示精密合金的基本类别，即：

1J——软磁合金；

2J——变形永磁合金；

3J——弹性合金；

4J——膨胀合金；

5J——热双金属；

6J——精密电阻合金。

“J”符号后第一、二位数字表示不同合金牌号（但热双金属例外）的序号。

合金牌号的序号，原则上应以主元素（除铁外）百分含量中值表示，若合金序号重复，其中某合金序号可采用主元素百分含量与另一合金元素百分含量之和的中值表示，或以主元素百分含量的上（或下）限表示，以示区别。

对于同一合金成分，由于生产工艺不同，性能亦不同的合金，或同一合金成分（包括基本相同者），用途不同，性能要求也不同的合金，在必须予以区别时，则应于序号之后标以表示合金主要特性或用途的汉语拼音字母相区别。

热双金属牌号，在“J”符号后的第一、二位数字表示比弯曲公称值的整数；第三位及其后数字表示电阻率公称值；数字后所标字母“A”、“B”则分别表示被动层相同而主动层不同的两种热双金属牌号。例如：

1J50：表示含镍约50%的软磁合金（精密合金）；

1J79：表示含镍约79%的软磁合金（精密合金）；

2J32：表示变形永磁合金（精密合金）；

3J53：表示弹性合金（精密合金）；

4J29：表示含镍约29%的膨胀合金（精密合金）；

5J1480：表示比弯曲约为 14×10^{-6}/℃、电阻率约为78μΩ · cm的热双金属（精密合金）；

5J1325A：表示比弯曲约为 13×10^{-6}/℃、电阻率约为25μΩ · cm的热双金属（精密合金）序号A。

107. 耐蚀合金牌号如何识别？

耐蚀合金牌号，采用规定的符号和阿拉伯数字表示。

变形耐蚀合金牌号，以“NS”作前缀（“N”、“S”分别为“耐”、“蚀”汉语拼音的首位字母），后接三位阿拉伯数字。“NS”符号后第一位数字表示分类号，即：

NS1××——固溶强化型铁镍基合金；

NS2××——时效硬化型铁镍基合金；

NS3××——固溶强化型镍基合金；

NS4××——时效硬化型镍基合金。

“NS”符号后第二位数字表示不同合金系列号，如：

NS×1×——镍-铬系合金；

NS×2×——镍-钼系合金；

NS×3×——镍-铬-钼系合金；

NS×4×——镍-铬-钼-铜系合金。

“NS”符号后第三位数字表示不同合金牌号顺序号。

铸造耐蚀合金牌号，在前缀符号“NS”前加“Z”符号（“Z”为“铸”字汉语拼音首位字母），即采用“ZNS”作前缀，后接三位阿拉伯数字。各数字表示含义与变形合金相同。

焊接用耐蚀合金丝牌号，在前缀符号“NS”前加符号“H”（“H”为“焊”字汉语拼音的首位字母），即采用“HNS”作前缀，后接三位阿拉伯数字。各数字表示含义与变形耐蚀合金相同。例如：

NS111：表示固溶强化型镍铬系铁基耐蚀合金；

NS341：表示固溶强化型镍铬钼铜系镍基耐蚀合金；

NS411：表示时效硬化型镍铬系镍基耐蚀合金；

HNS312：表示固溶强化型镍铬系镍基耐蚀合金焊丝。

108. 高电阻电热合金牌号如何识别？

高电阻电热合金牌号，采用规定的合金元素符号和阿拉伯数字表示，其牌号形式与不锈钢和耐热钢相同（镍铬基合金可不标出含碳量）。例如：

Cr20Ni80：表示平均含铬量为20%、含镍量为80%的镍铬基高电阻电热合金；

0Cr25Al5：表示平均含碳量低于0.10%、平均含铬量为25%、含铝量为5%的铁铬铝型高电阻电热合金。

109. 棒线材按用途分主要有哪些类别？

棒线材按用途可分为机械结构用钢、建筑用钢筋、工具钢、特殊用途钢等。

结构钢其牌号表示方法与优质碳素结构钢相同，在阿拉伯数字后标出产品用途的符号。

工具钢包括碳素工具钢、合金工具钢、高速工具钢和模具钢。碳素工具钢牌号字头加“T”，并以阿拉伯数字表示千分之几的平均含碳量。例如：T7、T8、T8Mn、T9、T10 等。

特殊用途钢有轴承钢、弹簧钢、不锈钢等。其牌号表示法同合金钢牌号表示法。

110. 板带材按用途分主要有哪些类别?

板带材按用途可分为结构钢、工具钢和特殊用途钢。

结构钢包括船板、锅炉板、压力容器板、桥梁板等。

工具钢包括碳素工具钢、合金工具钢、高速工具钢和模具钢。

特殊用途钢有轴承钢、弹簧钢、不锈钢、耐热钢、电磁钢等。

111. 钢管按用途分主要有哪些类别?

钢管按生产工艺不同分为无缝钢管和焊接钢管两类。无缝钢管是由钢锭、管坯或钢棒穿孔轧制等工序制成的无缝的钢管；焊管是用热轧或冷轧钢板及钢带卷焊制成的，可以纵向直缝焊接，也可以螺旋焊接。

（1）无缝钢管。无缝钢管按主要用途通分为结构管、流体管、高压锅炉管、石油套管、石油油管、钻杆和其他品种管（如液压支柱管、地质管、精密管）等类别。

（2）焊管。焊管按照焊接方式分为纵向直缝焊接和螺旋焊接焊管两类。一般小直径的焊管采用直缝焊接，大直径的焊管采用螺旋焊。焊接钢管生产工艺比无缝钢管简单，成本低、效率高，但焊管强度较低。焊管主要应用于各种结构件、零件和输送流体（水、油、气等）管道。由于生产工艺的进步，焊管正向无缝钢管的使用领域扩展，将逐步部分取代无缝钢管。

三、金属与合金的内部结构

112. 什么是金属的晶体构造？

金属和自然界中所有的物质一样，都是由原子组成的。金属中的原子按一定规律排列，这种有规律的原子排列叫做晶体。所有的金属都由晶体构成。图 2-1*a* 所示是一个最简单的晶体结构模型。为了便于分析晶体中原子排列的规律及几何形状，我们用细线条把各个原子联结起来，使它构成一个空间格子，如图 2-1*b* 所示，假想各原子都位于该空间格子的结点上，这种空间格子称为晶格。

晶格实际上是由一些最基本的几何排列形式重复堆砌的原子构成的，图 2-1*c* 就是从晶格 *b* 中取出来的一个基本的几何单元。这种晶格的最基本的几何单元，称为晶胞。

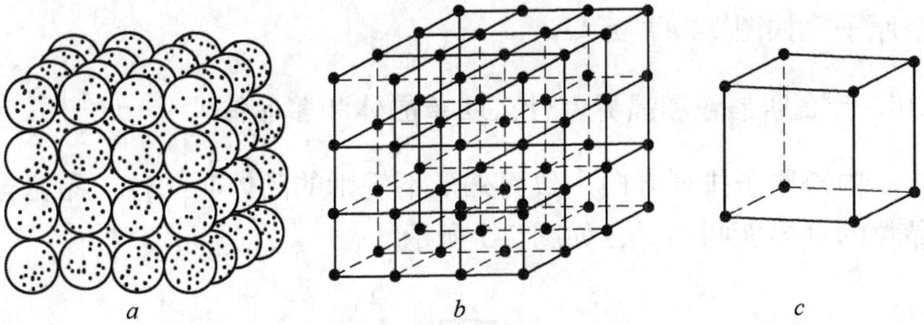

图 2-1 简单立方晶格的模型

a—晶体中原子排列；*b*—晶格；*c*—晶胞

晶胞的各边尺寸称为晶格常数，晶格常数的大小以 nm（纳米）来度量，铁的晶格常数在 20℃时等于 28. 6nm，在 910℃时等于 36. 3nm。

113. 金属有哪几种常见的晶格形式？

金属中常见的晶格形式有以下三种：

（1）体心立方晶格　它的晶胞是由 8 个原子构成的一个立方体，并且在立方体的中心还有 1 个原子，如图 2-2*a* 所示。

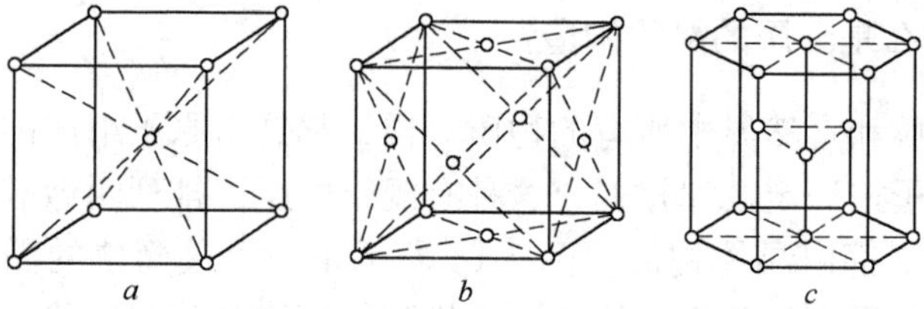

图 2-2　三种常见晶格的形式

a—体心立方晶格；*b*—面心立方晶格；*c*—密排六方晶格

（2）面心立方晶格　它的晶胞是由 8 个原子构成的一个立方体,并且在立方体每一个面的中心还有 1 个原子,如图 2-2*b* 所示。

（3）密排六方晶格　它的晶胞是各有 7 个原子构成的上下两个六方形底面，并且在两个六方形底面围成的空间中心还有 3 个原子，如图 2-2*c* 所示。

114. 什么叫晶粒和晶界？什么叫单晶体和多晶体？

内部原子排列方向一致而外形不规则的晶体叫晶粒。晶粒与晶粒的分界面叫晶界，如图 2-3 所示。

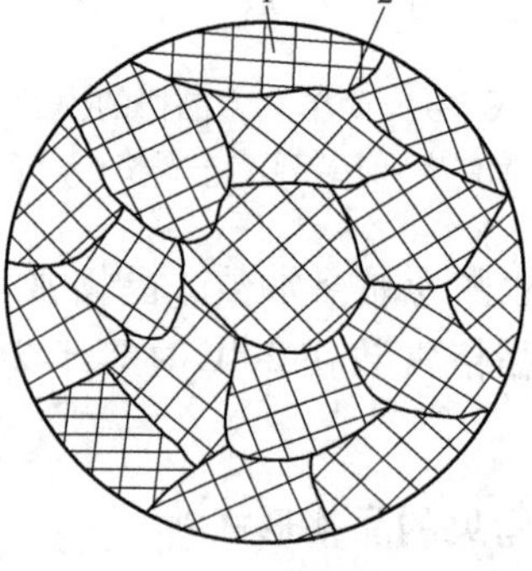

图 2-3　晶粒（1）和晶界（2）示意图

晶粒的大小用晶粒度来度量。通常晶粒度分为八级，一级最粗，$1mm^3$ 内平均有 64 个晶粒；八级最细，$1mm^3$ 内平均有 92682 个晶粒。晶粒尺寸一般都在 $10^{-8} \sim 10^{-2}$ cm。

晶界处的晶格不规则，原子排列不整齐，并常有其他杂质原子聚集，故晶界处的强度较高，塑性较低。

由一个晶粒构成的晶体叫单晶体，如图 2-4*a* 所示。由大量不同位向的晶粒构成的晶体叫多晶体，如图 2-4*b* 所示。

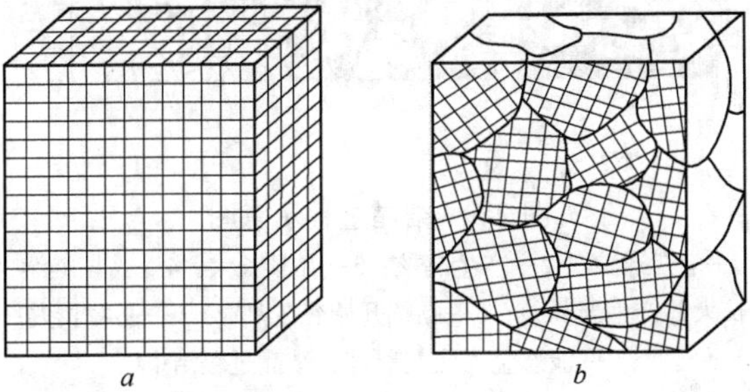

图 2-4　单晶体（*a*）和多晶体（*b*）的结构模型

单晶体表现出明显的各向异性。多晶体则由于不同位向晶粒的各向异性彼此抵消，而呈现各向同性。

一般情况下，金属都具有多晶体构造，故不呈现各向异性，而表现为各向同性。

115. 液态金属是怎样转变为固态金属的？

液态金属转变为固态金属的结晶过程由两个过程组成，即先是液体中产生晶核，而后是晶核不断长大，直至整个液体变成晶体。

对于体积小、内部温度均匀的液态金属来说，结晶时的生核、长大过程，可以用图 2-5 来表示。

在液态金属中，原子间存在一定的相互作用力，并保持着某种程度的规律性。当液态金属接近结晶温度时，由于原子活动能

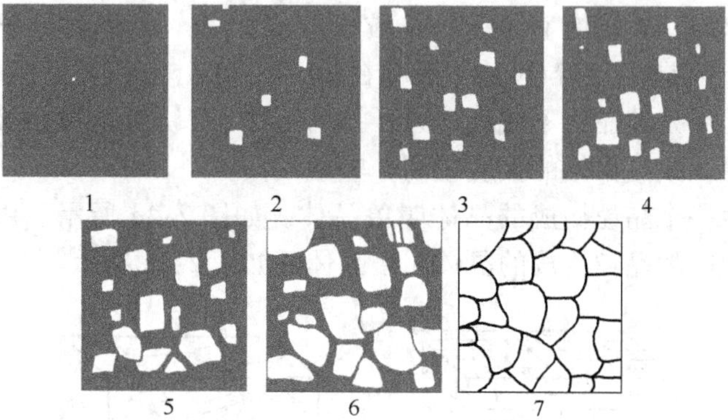

图 2-5 结晶过程示意图
1—液态金属；2—产生晶核；3—晶核长大；4—晶核继续长大并产生新晶核；5—晶核开始变成晶粒；6—晶粒长大；7—液态金属完全凝固，结晶过程结束

力减弱，相互作用力有可能使某些原子紧密结合起来，形成极细的结晶体，即产生晶核。

随着液态金属的继续冷却，液态金属的原子活动能力继续减弱，最后吸附在已形成的晶核上，使晶核长大。

如果再继续冷却，结晶过程就继续进行，已形成的晶核将继续长大，同时又会有新的晶核产生。

晶核最初是各方向均匀长大，但各个晶核中的晶格排列方向并不一致。当晶核长大受到阻碍时，将不能向受阻碍方向发展，只能向某些无阻碍的方向生长。长大了的晶核，就变成了晶粒。排列方向相同的两晶粒接触时，会合并为一个晶粒。当排列方向不一致的两晶粒接触时，在其接触处将形成分界面，即晶界。当各个晶粒都互相接触，液态金属完全凝固时，结晶过程结束，最后形成由很多外形不规则的晶粒组成的多晶体固体。

116. 什么是钢的铸造组织?

钢水铸成钢锭，要完成从液态到固态的转变。这时其原子将从不规则的排列状态逐渐变成有规则的排列状态，这个转变过程称做结晶。钢液在凝固过程中，结晶成不同大小的晶体。各个晶体受内在化学成分及冷却条件的影响，在长大时形成具有不同特点的、不规则的晶粒。钢锭凝固后，其铸造组织都具有以下三个特点：

（1）晶粒比较粗大。

（2）晶粒不均匀，如图 2-6 所示。表面层是细晶粒，中间是柱状晶粒，中心是等轴晶粒。当钢中加入某些合金元素时，这种不均匀状况更加严重。

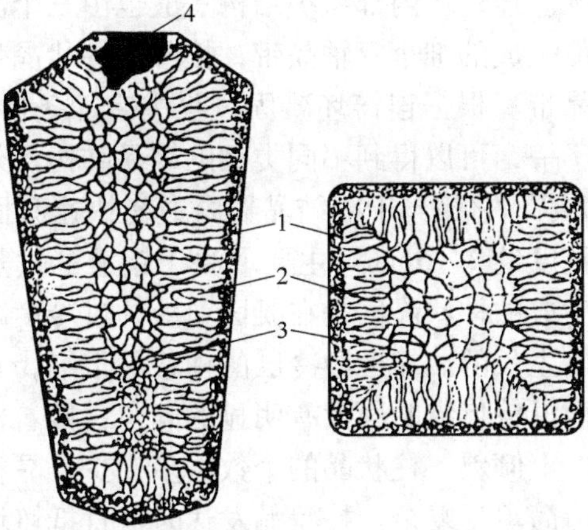

图 2-6　钢锭结构示意图（镇静钢）
1—表面层细晶粒；2—中间柱状晶粒；
3—中心等轴晶粒；4—缩孔

（3）存在各种各样的铸造缺陷。例如缩孔、气泡、裂纹、夹杂及偏析（即化学成分不均匀）等。

通过轧制、锻造等压力加工，钢的铸造组织可以得到改善，晶粒变细、变均匀，铸造缺陷可以消除或减轻。

117. 连铸坯组织结构的特点是什么?

由于连铸技术的日趋完善，连铸坯质量不断提高。现在几乎大多数钢种都能采用连铸技术生产钢坯，连铸坯已经成为轧钢用坯的主要来源。

钢水连铸与钢锭模铸有所不同。连铸时，钢液注入结晶器后受到激冷形成坯壳，坯壳边向下移动，边放出热量，边向中心凝固。由于拉速通常都比结晶速度快，因此其内部有一相当长的呈倒锥形的未凝区，称为“液相穴”。到进入二冷区再经喷水或喷雾冷却后才完全凝固成为连铸坯。

用硫印或酸浸方法可以显示出连铸坯横断面或纵断面内部结晶组织结构的情况。连铸坯内部组织结构一般也由三个晶带所组成，即外层是激冷生成的细小等轴晶带，接着是柱状晶带，中心是较粗大的等轴晶带。根据连铸坯凝固过程中冷却条件的不同，各带的发展情况不一，可以得到不同类型的结晶结构。外层等轴晶区也叫“激冷层”，它相当于在结晶器内最初快速凝固条件下形成的硬壳，其宽度约2~5mm，主要取决于钢液的过热度。紧接激冷层向中心生成的柱状晶区是在凝固前沿的过冷度减小而又有定向热流时开始生长的。靠近激冷层的柱状晶很细，其方向平行于散热方向，而沿铸坯纵断面没有明显的倾角；接着柱状晶的方向性变强并且向上倾斜，柱状晶的个数由多变少，晶粒由细小变粗大，其断面由简单变复杂。柱状晶发达时可直抵铸坯中心形成穿晶结构。中心等轴晶区是随着凝固前沿的推移，两相区的宽度不断扩大，心部钢液温度降至液相线温度后，而有大量等轴晶产生并迅速长大而形成的。柱状晶区和中心等轴晶区的宽度受许多因素影响，如钢液的过热度、钢液的化学成分特别是含碳量的高低、铸坯尺寸、浇铸速度和铸坯的冷却条件等。

钢液凝固过程是一个热量释放和传递的过程，连铸坯与铸锭相比，连铸坯的凝固及其内部组织结构具有下列特点：

（1）由于使用水冷结晶器和二冷区喷水或喷雾冷却，连铸坯的冷却强度比钢锭的大，铸坯凝固速度快，铸坯的激冷层较厚，晶粒更细小，而且可以得到特有的无侧枝的细柱状晶，内部组织致密；

（2）在正常情况下，连铸坯凝固时，沿连铸机任一位置的凝固条件都不随时间变化，因此，除铸坯头尾两端外，铸坯沿长度方向内部组织均匀一致；

（3）连铸坯相对断面都较小，而液相穴很深（有的可达十几米），钢液如同在一个特大的高宽比的钢锭模内凝固。因此内部未凝固钢液的强制循环区小，自然对流也弱，加之凝固速度快，使铸坯成分偏析小，比较均匀；

（4）连铸时钢液的凝固过程可以控制，可以通过对冷却和凝固条件的控制和调整，获得健全的也较理想的连铸坯内部结构，从而改善和提高铸坯的内在质量。

118. 什么叫相？固态合金中有哪几种基本结构？

在合金系中，那些同一结构、同一成分并有界面相互隔开的均匀部分称为相，这个界面称为相界面。通过相界面时，化学成分或物质结构将发生突变。

所谓状态，通常指物质的三态——固态、液态和气态。液态合金在大多数情况下是均匀的溶液，但有时因只有部分元素互相溶解，也出现不同的溶液，即不同的液相。气态合金一般形成单一的相。不同类型和不同成分的固态合金存在着不同的相。固态合金具有三种基本组织结构，即固溶体、化合物和机械混合物。

119. 什么叫基体金属？

组成合金的主要成分金属叫基体金属，如铁碳合金中铁是基体金属，镍量小于50%的铁镍合金中铁是基体金属，镍量大于50%的铁镍合金中镍是基体金属。

120. 什么叫固溶体？

融合两种以上的元素所获得的具有金属特性的固体物质叫合金，生铁就是铁与碳的合金，碳素钢、合金钢也是合金。组成合金的元素在液态下一般彼此互相溶解而成为均匀溶液，例如碳无限地溶解在液体铁中，这叫做液体。凝固后，这些元素之间彼此作用的结果，可能生成固溶体，也可能形成金属化合物或组成机械混合物。所谓固溶体是指不同元素在固态下相互溶解而形成的一种合金。也就是说，固溶体是一种元素（溶质）的原子溶于另一种元素（溶剂）的原子排列中形成的。根据溶质原子溶于溶剂原子结构中状态不同，可分为两种：一种是溶质原子间隙在溶剂原子结构中称之为间隙固溶体，另一种是溶质原子取代某些溶剂原子称为置换或取代固溶体。前者由于溶质原子的间隙使晶格产生畸变，后者由于溶质与溶剂原子不同而产生晶格畸变，如图 2-7 所示。由于晶格畸变导致强度提高，称这种强化为固溶强化。

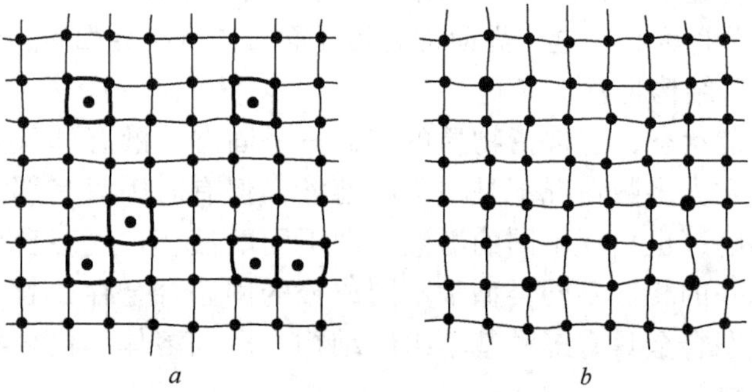

图 2-7　固溶体形成的晶格畸变

a—间隙固溶体；*b*—置换固溶体

一些要求高磁性、高塑性和高耐蚀性的合金，它们的组成相大都是由一种固溶体构成的单一组织。例如硅钢片是硅溶于铁的固溶体；铬不锈钢则是铬与碳的固溶体。固溶体是钢中不可缺少的组成相。

121. 什么叫金属化合物？

固态下两元素彼此反应而形成的能够用化学式表达出成分的新物质叫金属化合物（或化合物）。例如铁与碳形成 Fe_3C；钨与碳形成 WC 等。们多数都具有较高的熔点、硬度和脆性。一些具有高强度、高耐磨性的合金，它们的组成都是固溶体和化合物（一种或多种）所构成的两相或多相组织。如碳素工具钢 T10A 就是碳与铁的固溶体和化合物 Fe_3C 所构成的两相组织；高速工具钢 W18Cr4V 就是铁与碳的固溶体和化合物 WC、Cr_7C_3、VC 等所构成的多相组织。

化合物以不同的形态分布在基体相（纯金属或固溶体）中，其性质硬而脆，从而使合金的强度和塑性不同。最常见的分布形式有三种：

（1）化合物在晶粒边界上呈不连续的质点或连续的网状分布。这种分布形式最坏，它使合金的性能变得硬而脆。高碳钢的网状碳化物就是沿晶粒边界连续分布的。

（2）化合物在晶粒内呈片层状分布，使合金的强度增加、塑性降低。例如高碳钢在热轧后空冷得到的组织是 Fe_3C 在晶粒内呈片层状分布，这种化合物分布使钢硬度不均，影响机加工性能。

（3）化合物在晶粒内呈分散的质点分布，使合金的强度和硬度显著增加，而塑性和韧性降低不多。这种改善合金性能的方法称为弥散强化。钢中加入合金元素钛、钒、钼、钨、铌等，可形成这种弥散状化合物，从而提高钢的强度。

122. 什么叫机械混合物？

在钢中，除了固溶体、化合物按不同比例组成不同类型的组织外，还存在机械混合物。所谓机械混合物，就是两种晶体既不互相溶解，又不形成化合物而共同存在的合金。例如在低温下（723℃至室温），铁素体与渗碳体（即 Fe_3C）既不相互溶解成固溶体，又不形成化合物，而是形成保持各自形态的机械混合物，把这种混合物称为珠光体。

四、钢的组织结构与转变

123. 什么是铁碳合金状态图？它对轧钢生产有什么指导意义？

钢是以铁为基体的合金。不同成分的铁碳合金在不同温度下，有不同的组织状态。把在十分缓慢的冷却速度下得到的，反映铁碳合金结构状态和温度、成分之间关系的一种图解称为铁碳合金状态图或称铁碳相图。它以温度为纵坐标，以成分为横坐标，用曲线描述了铁碳合金的结晶温度和同素异构转变温度随成分而变化的全部过程。

完整的铁碳合金状态图应包括含碳量为 0～10% 的全部铁碳合金所构成的状态图。由于含碳量大于 5% 的铁碳合金，性能很脆，没有实用价值，故人们在研究铁碳合金时，只研究含碳量为 0～6.67% 这一部分。图 2-8 所示铁碳合金状态图，实际上是铁-渗碳体状态图。

图中 *ABCD* 线是液相线，表示液态铁碳合金在冷却时开始结晶的温度，或固态铁碳合金在加热时全部溶化的温度。当高于液相线温度时铁碳合金处于液态。*AHJECF* 线是固相线，当低于此温度时，铁碳合金为固态。温度在两线之间的铁碳合金是固液两相共存。*PSK* 线代表珠光体在加热时全部变为奥氏体的温度，也代表冷却时奥氏体开始转变为珠光体的温度，用 A_1 表示，一般为 723℃。*GS* 线代表加热时铁素体全部转变为奥氏体的温度，又代表冷却时奥氏体开始转变为铁素体的温度，用 A_3 表示。铁碳合金在 *GS* 线以上全部是奥氏体，在 *GS* 线以下，是奥氏体加上铁素体。*MO* 线为磁性转

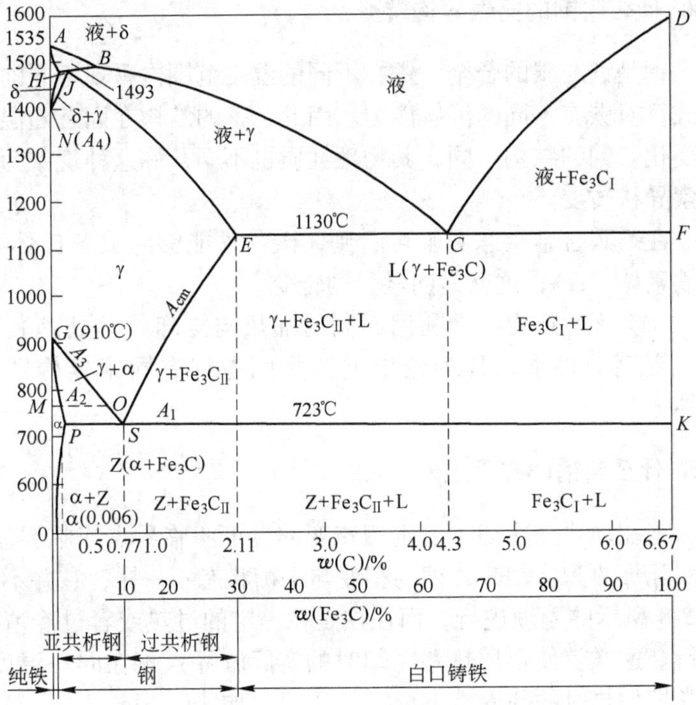

图 2-8　铁碳合金状态图

变线，用 A_2 表示。称 M 点为磁性转变点，其温度为769℃。铁素体在 MO 线以上呈顺磁性即铁磁性消失，在 MO 线以下呈铁磁性。

图 2-8 中的转变温度曲线是在极缓慢加热及极缓慢冷却的条件下测定的。而这种条件在实际生产中根本不可能出现，所以实际上各转变温度曲线在加热时上移，而冷却时下降。

通过铁碳合金状态图可以知道，加热到某一温度的碳钢是什么相，并能分析出钢在缓慢加热和缓慢冷却过程中的组织转变。因此，铁碳合金状态图是确定碳钢加热、开轧、终轧温度和制订碳钢热处理工艺的参考依据。

124. 什么叫钢的同素异构转变？

钢是铁与碳的合金。铁在不同的温度范围内呈现不同的晶格形式，对碳有不同的溶解能力。因此，钢的结构在固态随温度发生变化。钢的结构不同，其物理性质也不同，称这种现象为钢的同素异构转变。

在铁碳合金状态图上可看到，碳与铁能够组成奥氏体（γ）或铁素体（α），这就是同素异构转变。

在实际生产中，常利用不同的加热与冷却（热处理）方法来改变钢的性能，其理论根据就是固态钢有同素异构转变的特性。

125. 什么叫钢的临界点？

钢在加热和冷却时发生相转变的温度叫临界点或临界温度。在实际加热和冷却时，钢的相变与平衡状态不一样，它并不按照图 2-8 所示的温度进行，而往往是在一定的过热或者过冷情况下进行。这样就使得加热和冷却时的实际临界点不在同一温度上。通常把加热时的临界点下标字母“c”，如 Ac_1、Ac_3、Ac_{cm}等，把冷却时的临界点下标字母“r”，如 Ar_1、Ar_3、Ar_{cm}等。对钢而言常见的临界点有：

A_1——在平衡状态下，奥氏体、铁素体、渗碳体共存的温度，也就是一般所说的下临界点。在铁碳合金状态图上为 *PSK* 共析转变线。

A_3——亚共析钢在平衡状态下，奥氏体和铁素体共存的最高温度，也就是一般所说的上临界点。在铁碳平衡图上为 *GS* 线。

A_{cm}——过共析钢在平衡状态下，奥氏体和渗碳体共存的最高温度，也就是过共析钢的上临界点。在铁碳平衡图上为 *ES* 线。

Ac_1——钢加热时所有珠光体都转变为奥氏体的温度。

Ac_3——亚共析钢加热时，所有铁素体都转变为奥氏体的温度。

Ac_{cm}——过共析钢加热时，所有渗碳体都溶于奥氏体的温度。

Ar_1——高温奥氏体化的钢冷却时，奥氏体转变为珠光体的温度。

Ar_3——高温奥氏体化的亚共析钢冷却时，铁素体开始析出的温度。

Ar_{cm}——高温奥氏体化的过共析钢冷却时，渗碳体开始析出的温度。

Ac_1、Ac_3 和 Ac_{cm}随加热速度的提高而升高。Ar_1、Ar_3 和 Ar_{cm}随冷却速度的提高而降低，当冷却速度超过临界冷却速度时，这些转变将不发生，奥氏体将直接转变为马氏体、贝氏体等。

一般 $Ac_1 > A_1 > Ar_1$，$Ac_3 > A_3 > Ar_3$，$Ac_{cm} > A_{cm} > Ar_{cm}$，因为 Ac_{cm}与 Ar_{cm}非常接近，所以常用 A_{cm}代替之。常用钢的临界点见附表 1。

126. 什么叫过热度？

由铁碳平衡图可知，当钢缓慢加热至 Ac_1（723℃）时，珠光体便开始向奥氏体转变，但这种转变只有在极其缓慢的加热状况下才能实现。而在热处理的生产实践中，加热速度较快，所以珠光体开始向奥氏体转变的实际温度高于其临界温度（Ac_1），二者之差称为过热度。加热速度愈高其差数愈大，即过热度愈大。例如，40Cr 钢的 Ac_1 为 735℃，而在加热时的实际转变温度为 750℃，那么，过热度 = 750℃ - 735℃ = 15℃。

过热度愈小，奥氏体开始转变的温度愈低，在极小的过热度下，奥氏体开始转变的温度接近于钢的临界温度（723℃）。

127. 什么叫过冷度？

所谓过冷度就是加热至奥氏体区域的钢，在冷却过程中，由奥氏体转变为其他组织（珠光体、索氏体、屈氏体、上贝氏体与下贝氏体和马氏体）的实际温度与临界温度（Ar_1）之差。例如，40Cr钢的下临界温度（Ar_1）为660℃，而奥氏体的实际转变温度为450℃时，过冷度＝660℃－450℃＝210℃，即过冷度的大小，用它的下临界温度与实际转变温度之差来衡量。其差数越大，过冷度就越大。过冷度的大小决定转变产物的性能和转变速度的快慢。

钢在连续冷却时，冷却速度愈快，过冷度就愈大；反之，过冷度就愈小。

128. 什么叫奥氏体？它有什么特性？

碳在面心立方晶格铁中的固溶体叫奥氏体。由于面心立方铁原子间的空隙较大，所以碳在其中的溶解度要比碳在体心立方铁中的溶解度大得多。在1130℃时碳的溶解量最大（2.11%）；而在723℃时碳的溶解量只有0.77%。奥氏体的强度、硬度并不高，但塑性、韧性都很好。因此，热轧一般在奥氏体状态下进行。只有奥氏体不锈钢、低磁钢在常温下没有磁性，而其他钢在常温下均有磁性。

129. 什么叫铁素体？它有什么特性？

碳在体心立方晶格铁中的固溶体叫铁素体。由于体心立方铁原子间的空隙很小，所以碳在其中的溶解度极小，室温下只能溶解0.006%。随着温度的升高碳的溶解量略有增加，在723℃时碳的溶解量最大（0.025%）。

铁素体质很软，强度低，延展性好。低于769℃的铁素体有磁性，高于769℃的铁素体无磁性。

130. 什么叫渗碳体？它有什么特性？

渗碳体就是铁和碳的化合物，它的晶格形式为密排六方。在缓慢冷却的钢中，几乎全部的碳都与铁结合成化合物，以Fe_3C形态存在。其中铁原子数与碳原子数之比为3∶1。

渗碳体的性质硬而脆。碳在渗碳体中的溶解量为 6.67%。高碳钢含渗碳体比中碳钢和低碳钢多，其硬度值也比中、低碳钢大。在钢中加入合金元素形成合金碳化物后，其硬度更高，有些在高温状态下也能保持高硬度。

131. 什么叫珠光体？它有什么特性？

铁素体和渗碳体在 723℃ 至室温时组成的机械混合物叫珠光体，因其显微组织有指纹状的珍珠光泽故得此名。从铁碳合金状态图上可以看到珠光体的含碳量为 0.77% 左右。渗碳体中碳与铁的相对量大约为 1/15，而珠光体中渗碳体与铁素体的相对量大约为 1/8。这样当钢的含碳量为 0.1% 时，在钢中就有 12% 的珠光体和 88% 的铁素体；当钢的含碳量为 0.5% 时，则有 60% 的珠光体和 40% 的铁素体；而当钢的含碳量为 0.77% 时，其组织是 100% 的珠光体。珠光体的力学性能介于铁素体和渗碳体之间，强度、硬度适中、并不脆，这是因为珠光体中的渗碳体量比铁素体量少得多的缘故。

132. 什么叫莱氏体？它有什么特性？

在铁碳合金状态图（图 2-8）中的 *C* 点处，铁碳合金的含碳量为 4.3%。当温度为 1130℃ 时，奥氏体与渗碳体同时结晶组成的机械混合物叫莱氏体。常温下莱氏体是珠光体和渗碳体的机械混合物。由于莱氏体中渗碳体的含量很高，所以不但在常温下而且在高温下莱氏体都具有硬而脆的性质。铸态的 W18Cr4V 高速工具钢具有典型的莱氏体组织。由于莱氏体组织没有同素异构转变，所以只有经过热压力加工（锻、轧）才能使高速工具钢的组织变得匀细，从而显著提高高速工具钢的使用性能。

133. 什么叫石墨？它有什么特性？

具有简单六方晶格的碳的同素异形体叫石墨。它存在于生铁和石墨化的钢中。

石墨可由渗碳体分解而成，也可从缓慢冷却的液态铁碳合金中析出。

由于石墨的原子呈层状排列（如图 2-9 所示）在每一层中，原子与原子的结合力很强，但层与层之间的原子结合力很弱，因而它的强度、塑性和硬度都很低。

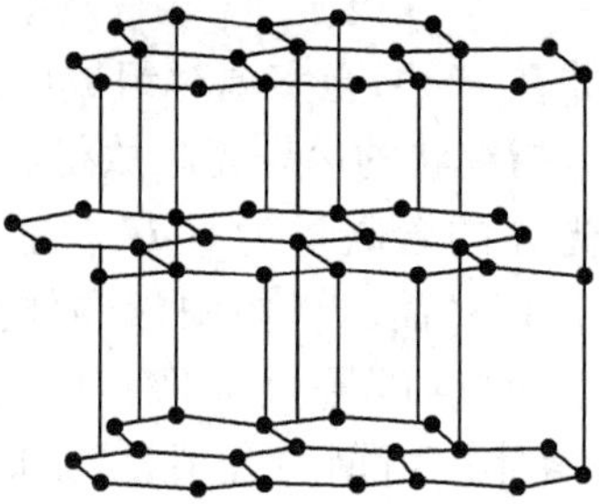

图 2-9　石墨的结构

134. 什么叫共析钢、亚共析钢和过共析钢？

铁碳合金状态图上的 *S* 点，就是铁素体与渗碳体的共析点。当含碳量为 0.77% 的铁碳合金缓慢冷却至 723℃时，奥氏体转变成铁素体与渗碳体的机械混合物——珠光体（以“Z”代表）。这种钢叫做共析钢。*S* 点左面（含碳量小于 0.77%）的钢叫做亚共析钢，其组织由铁素体（α）和珠光体（Z）构成。*S* 点右边至 *E* 点之前的钢，由珠光体（Z）和渗碳体（Fe_3C）组成，叫过共析钢（见图 2-10）。

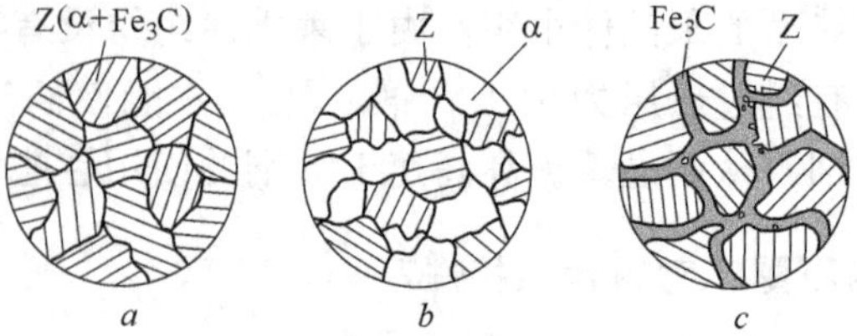

图 2-10　Fe-Fe_3C 合金组织图

a—共析钢；*b*—亚共析钢；*c*—过共析钢

135. 钢在加热时有哪些组织转变?

亚共析钢加热到温度高于临界点 Ac_1（*PSK* 线）后，珠光体转变成奥氏体，即形成铁素体 + 奥氏体组织。温度继续升高，则铁素体逐渐溶于奥氏体内，而当温度达到临界点 Ac_3（*GS* 线）时，则钢的组织将完全是奥氏体。

共析钢加热时，当温度达到临界点 Ac_1（*PSK* 线）时，即完成珠光体向奥氏体的全部转变。

过共析钢加热时，将发生与亚共析钢相似的转变，只是其过剩相不是铁素体，而是渗碳体，而且当温度达到临界点 Ac_{cm}（*SE* 线）时，渗碳体将全部溶解于奥氏体。

加热温度与加热速度对珠光体转变成奥氏体是有影响的。加热温度愈高，由珠光体转变成奥氏体及成分均匀化的总时间愈短，或者说转变速度愈快；加热速度愈快，珠光体向奥氏体开始转变的温度愈高。

136. 什么叫钢的奥氏体初始晶粒、实际晶粒和本质晶粒?

奥氏体晶粒的大小对钢材的力学性能有显著的影响。一般用晶粒度表示晶粒的大小。因此，测定奥氏体的晶粒度通常作为鉴定钢材质量的指标之一。

在研究钢中奥氏体晶粒度变化时，应该分清下列三个不同的概念:

（1）初始晶粒度，是指转变刚刚完成时的奥氏体晶粒大小，它取决于形核率及长大速度。二者都受转变温度（或过热度）的影响。

（2）本质晶粒度，是指初始奥氏体晶粒形成后继续升温并保温一段时间所得到的晶粒大小。这时晶粒小、界面多、总表面能高的初始奥氏体晶粒长大，以减少表面能。钢的本质晶粒度说明钢的奥氏体晶粒长大的倾向，倾向大者为本质粗晶粒，小者为本质细晶粒。长大的倾向和快慢与钢种有关。

按本质晶粒的大小，可将钢分为本质粗晶粒钢和本质细晶粒钢。所谓本质细晶粒钢，是指钢加热到规定的温度（930 ~ 950℃）时，奥氏体晶粒不剧烈长大的钢。反之，就是本质粗晶粒钢。

（3）实际晶粒度，是指钢在具体的热处理或热加工条件下，得到的实际奥氏体晶粒大小。实际晶粒的大小对钢的性能有直接影响。

137. 钢在缓慢冷却时的组织转变有哪些特点？

当加热至奥氏体状态的钢缓慢冷却时，从图 2-8 铁碳合金状态图中可以看出，其组织转变特点是：

亚共析钢冷至 Ar_3 后，将先从奥氏体中析出铁素体，这时钢的组织为奥氏体和铁素体两相共存。当继续冷却至 Ar_1 时，则奥氏体开始转变成珠光体，在此温度以下钢的组织为珠光体和铁素体。过共析钢冷至 Ar_{cm}时，从奥氏体中先析出渗碳体，这时钢的组织为奥氏体和渗碳体两相共存。继续冷却至 Ar_1 时，则奥氏体开始逐渐转变成珠光体，常温下的过共析钢具有珠光体和渗碳体两相组织。只有共析钢的奥氏体在 Ar_1 点开始转变成珠光体，常温下的共析钢为珠光体单相组织。

138. 什么是 C 曲线（过冷奥氏体等温转变动力学曲线）？

C 曲线就是使加热至奥氏体区的钢过冷至 Ar_1 以下，在不同温度和时间下等温转变得到的各种结构组织的曲线，因为其形状像拉丁字母“C”，故常称为 C 曲线（也有的叫 S 曲线），又称过冷奥氏体等温转变动力学曲线。

图 2-11 上的横坐标代表时间（用对数标度），纵坐标代表温度。在图上除了 C 曲线外，还有上临界温度线 A_1、马氏体转变开始线 M_s 和马氏体转变终了线 M_z。

奥氏体等温转变图可分为四个区域。以共析钢为例：

区域Ⅰ，在 A_1 以上，为稳定的奥氏体区域。在这个温度区

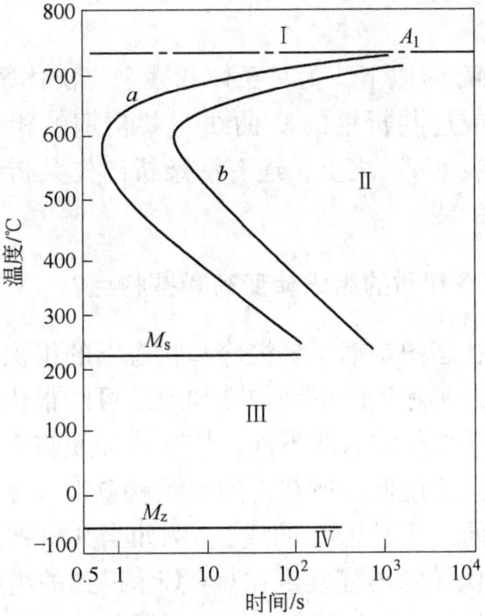

图 2-11 C 曲线图（过冷奥氏体等温转变图）

域里，奥氏体不随时间发生变化。

区域Ⅱ，在 A_1 线与 M_s 线之间，它被奥氏体转变开始线 a 和转变终了线 b 分成三个部分。

第一部分是纵坐标线与 a 线之间的部分，为不稳定的过冷奥氏体区域，其不稳定程度随温度发生变化。曲线距纵坐标愈近，就意味着奥氏体愈不稳定。这个区域其形状如鼻，故称 C 曲线鼻部；第二部分是曲线 a 与 b 之间的部分，是产生过冷奥氏体和奥氏体等温转变的区域，其转变产物为铁素体与渗碳体的机械混合物，随着转变时间的延长，转变产物越来越多，到曲线 b 时，过冷奥氏体全部转变完了；第三部分是曲线 b 的右边部分，在这个区域中奥氏体转变终了的产物为铁素体与渗碳体的各种混合物。

区域Ⅲ，M_s 与 M_z 之间，为马氏体与奥氏体共存区域。随着温度的下降与转变时间的延长，奥氏体逐渐转变为马氏体，即马氏体逐渐增多。

区域Ⅳ，M_z 线以下，为马氏体和残余奥氏体区域。

亚共析钢或过共析钢的 C 曲线与共析钢的相似，不同之处是在开始转变线（a）之上，还有一条析出先共析铁素体线或析出二次渗碳体的线。

139. 钢在快速冷却时的组织转变有哪些特点？

铁碳合金状态图是钢于缓慢冷却状态下的组织，即所谓平衡状态组织。但在实际生产中钢的冷却速度可能很快，这时钢的组织、性能与缓慢冷却的有所不同。快速冷却使临界点降低，奥氏体进行分解的温度愈低，所获得的组织就愈细。冷却速度不同得到的组织也不同（可参考 C 曲线）。例如当共析钢的冷却速度为 50℃/s 时，奥氏体的转变发生在 600℃，得到的组织是索氏体和屈氏体。当冷却速度继续增加时，奥氏体转变成马氏体组织。

140. 什么叫索氏体？它有哪些特性？

索氏体是铁素体与渗碳体的混合物，不过它比珠光体要细得多，又称细珠光体，必须在高倍（1000 位以上）显微镜下才能分辨出它的结构。索氏体是一种不稳定的组织，在铁碳平衡图上找不到它。在 C 曲线上，奥氏体状态的低碳及中碳钢在 600 ~ 650℃等温转变时才形成索氏体。

通常，将低碳和中碳钢及低合金钢加热到临界温度以上，然后在空气中冷却即可得到索氏体组织。

索氏体具有良好的综合力学性能，它既有较高的强度，又有良好的冲击韧性。其抗拉强度为 685 ~ 1370MPa，伸长率为 10% ~ 20%，而硬度（HB）为 245 ~ 314。

淬火后的钢加热到 500 ~ 600℃回火，得到回火索氏体，其性能比索氏体好，原因在于回火索氏体中的渗碳体是颗粒状，而不是片层状。

141. 什么叫屈氏体？它有哪些特性？

屈氏体是一种最细的珠光体组织，是铁素体与渗碳体的极弥散的混合物，又称极细珠光体。由于屈氏体的组织比索氏体更细，因而它比索氏体具有更高的硬度（HB 为 400～500），其抗拉强度为 1370～1670MPa，伸长率为 5%～10%。

屈氏体是一种不稳定的组织，在铁碳合金状态图上找不到它。屈氏体与索氏体一样可以由奥氏体等温转变获得，是奥氏体在 550～600℃等温分解的产物。

将低碳和中碳钢在油中冷却能获得屈氏体。淬火后的钢加热到 300～500℃回火能得到回火屈氏体。回火屈氏体的力学性能比奥氏体直接分解得到的屈氏体的力学性能更好。

142. 什么叫贝氏体？它有哪些特性？

当使高温奥氏体在 C 曲线的鼻尖至马氏体开始转变点之间等温转变时，由于转变温度较低，所以得到的转变产物为贝氏体。上贝氏体是奥氏体在 550℃（鼻尖的温度）～350℃范围内的等温转变产物，其中铁素体形成密集而相互平行的扁片，渗碳体呈短片状断断续续地分布在铁素体片层之间。在显微镜下，上贝氏体呈羽毛状，硬度可达 HRC45 左右。

下贝氏体是奥氏体在 350℃～M_s 范围内的等温转变产物，其中铁素体呈针状，极为细小的渗碳体质点呈弥散状分布在针状铁素体内，硬度可达 HRC55 左右。

下贝氏体除具有较高的硬度外，还有良好的韧性。目前在生产中采用等温淬火方法获得下贝氏体组织，从而改善钢的力学性能。

143. 什么叫马氏体？它有哪些特性？

当奥氏体化的钢以大于临界冷却速度的速度从高温冷却到 M_s 以下时（即马氏体开始转变温度），过冷奥氏体转变为马氏体。马氏体是碳在体心立方铁中的过饱和固溶体，具有体心立方晶格。奥氏体转变成马氏体与奥氏体转变成珠光体有原则上的区别，马氏体的固溶体内含碳量等于奥氏体内的含碳量，因此马氏体组织很脆，硬度高，而韧性很低。马氏体形成时有很大的相变应力。

奥氏体向马氏体转变发生在一个温度范围内，转变开始温度以 M_s 表示，而转变终了的温度以 M_z 表示。一般情况下 M_s 和 M_z 与冷却速度无关，仅与钢的化学成分有关。

144. 什么是钢的临界冷却速度？

当奥氏体化的钢由高温冷却时，使奥氏体不分解成铁素体与渗碳体的机械混合物，而转变为马氏体所需要的最低冷却速度，称为钢的临界冷却速度。

临界冷却速度是钢的重要特性。轧钢生产多数采用连续冷却，如炉冷、坑冷、堆冷、空冷等等。因为合金元素对钢的临界冷却速度有明显影响，所以合金钢轧制时冷却速度的控制就成为合金钢生产中的一个重要问题。

145. 什么叫磁性转变？它有什么特点？

铁、钴、镍等金属与大部分钢在低温时，具有磁化能力，在一定的磁场强度作用下具有一定的磁感应强度。钢加热到一定温度时，其磁化能力消失。这种由有磁化能力变为无磁化能力或由无磁化能力变为有磁化能力的转变叫磁性转变。产生磁性转变的温度叫磁性转变点，也叫居里点。

磁性转变特点如下：

（1）接近于磁性转变温度时，磁化能力逐渐下降或增加。这种变化是在一定的狭小温度范围内渐变的，而不是在磁性转变温度突变的，如图 2-12 所示。

（2）无过冷过热现象，冷却速度对其转变温度没有影响。

（3）在磁性转变前后，除磁性外，金属的力学性能和其他

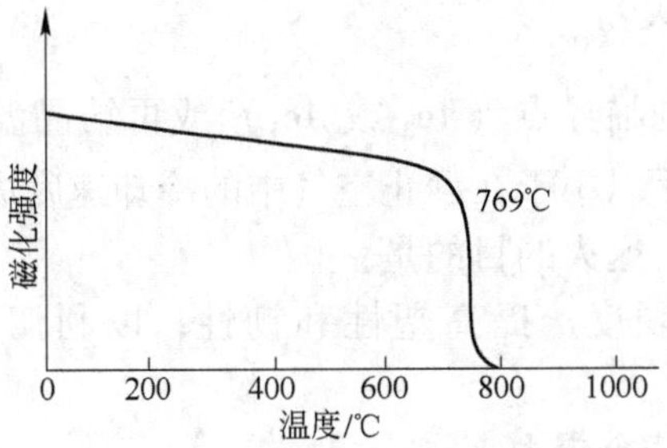

图 2-12　铁的磁化强度与温度的关系

物理性能（如导电性、导热性等）不变。

（4）不产生重结晶。晶格形式不变，不发生形核长大过程，只是原子最外层电子有所变化。

（5）有热效应产生。

五、钢材热处理

146. 什么是钢坯及钢材的热处理？

把各种钢坯、钢材加热到给定的温度并保持一定的时间，然后用选定的冷却速度和冷却方法进行冷却，从而得到需要的显微组织和性能的操作工艺叫热处理。热处理操作工艺由加热、保温和冷却三个阶段组成。根据不同目的应采用不同的加热温度和冷却速度。热处理的主要类型有：退火、正火、淬火、回火、固溶处理、时效处理以及冷处理、化学处理等。近年来世界各国在形变热处理方面做了许多工作并取得了显著效果。

轧钢生产中的热处理大都属于轧后热处理或钢材出厂前热处理。轧后热处理是钢材生产工艺过程中的工序，出厂热处理是按钢材技术标准或订货合同规定的交货状态进行的热处理。

147. 什么叫退火?

把钢加热到临界点（Ac_3 或 Ac_1）或再结晶温度以上，保温一段时间，然后以小于在静止空气中的冷却速度进行缓冷的一种操作叫做退火。退火的目的是:

（1）降低硬度，提高塑性和韧性，以利切削加工或压力加工;

（2）减少残余应力;

（3）消除钢中的组织缺陷，如晶粒粗大、成分不均匀等。

由此可见，在大多数情况下，退火是为了消除和改善前道工序遗留的组织缺陷和内应力，并为后道工序做好组织和性能上的准备。

根据加热温度不同，退火可分为扩散退火、完全退火、不完全退火、球化退火、再结晶退火等。

148. 什么叫扩散退火?

钢加热到上临界点（Ac_3 或 Ac_{cm}）以上的较高温度（一般为 1050 ~ 1250℃），经过较长时间的充分保温，然后缓冷的热处理叫扩散退火，也叫均匀化退火。这种退火的目的是，借原子在高温下可以较快的扩散，减少或消除各种合金元素及非合金元素在钢中的显微偏析，使化学成分趋于均匀化，以达到改善钢的组织，提高钢的力学性能的目的。扩散退火主要用于处理钢锭和铸件，特别是合金钢钢锭。如为了消除或降低中等合金含量的结构钢（以 18Cr2Ni4WA 最为典型）的枝晶偏析；为了消除滚珠轴承钢的碳化物液析及改善其带状碳化物，都要进行钢锭扩散退火。

扩散退火可以在专用退火炉内进行，也可以在开坯轧制之前的加热过程中进行。

149. 什么叫完全退火？什么叫不完全退火?

把亚共析钢加热到 Ac_3 以上 20 ~ 40℃，保温一定时间，然后缓慢冷却的热处理叫完全退火。完全退火可以使钢发生完全的相的重结晶，从而细化奥氏体晶粒，在随后冷却时细小的奥氏体晶粒转变为细小而均匀的铁素体和珠光体组织，所以完全退火可以降低钢的硬度，消除钢的魏氏组织（参看第564问）或带状组织，较好地改善钢的力学性能、消除内应力。

完全退火适用于亚共析钢，不能用于过共析钢。如钢锭脱模后为了消除内应力，以防止用砂轮研磨清理表面缺陷时产生裂纹，或为了降低硬度以利扒皮及用风铲清理表面缺陷，热轧后的钢材为了细化组织改善性能，都常采用完全退火。

把钢加热到 Ac_1 至 Ac_3 或 Ac_{cm} 之间，保温一定时间，然后缓慢冷却的热处理叫做不完全退火。不完全退火使钢发生不完全的相的重结晶，对亚共析钢来说，不完全退火只能使珠光体向奥氏体转变，而不改变铁素体晶粒大小和分布，其加热后组织为奥氏体和铁素体。对过共析钢来说，不完全退火加热后的组织为奥氏体和二次渗碳体。不完全退火主要用于过共析钢的球化处理，又称为球化退火。而对于亚共析钢，如果退火前的组织较好，退火只是为了减小内应力，降低钢的硬度，也可用不完全退火代替完全退火，以降低成本。但对钢材出厂前热处理很少采用不完全退火。

150. 什么叫球化退火？

热轧后空冷的或正火状态的过共析钢，其金相组织为片状珠光体和二次渗碳体，对切削加工不利。把钢加热到稍高于 Ac_1 的温度，保温一定时间后缓慢冷却，或将钢加热到奥氏体化后，冷却到略低于 Ac_1 的温度，较长时间的保温，然后缓慢冷却的热处理叫球化退火。过共析钢经球化退火后，片状渗碳体（包括珠光体中的二次渗碳体）变为粒状渗碳体，形成较稳定的、均匀的球化组织，其硬度比片状珠光体低，钢的切削加工性能得到改善。

球化退火用于过共析钢。加热温度的高低和冷却速度的快慢对球化后组织的粗细影响很大，滚珠轴承钢、碳素工具钢和一些合金工具钢都要求进行球化退火。

151. 什么叫等温退火?

钢加热至高温，经较长时间保温使其奥氏体化，然后迅速冷却到 A_1 以下某一温度长时间保温之后空冷，使奥氏体在 Ar_1 以下完全分解成珠光体的热处理叫做等温退火。等温退火与完全退火相比，除了能同样地细化组织、消除内应力和降低硬度外，还能显著地缩短退火时间。

在轧钢生产中如不能把脱模后热送的钢锭及时装入加热炉，可装入高于700℃（Ac_1 以下）的退火炉等温停留一定时间，然后出炉空冷进行表面缺陷清理。当某些高合金钢（高速钢、高铬高碳钢、铬不锈钢）采用一般退火方法时即使采用较慢的冷却速度，也不能使奥氏体在珠光体形成温度范围内全部转变。部分奥氏体冷到低温时向马氏体转变，致使钢的硬度在退火后不能降低。等温退火可使钢材适当软化，并消除产生裂纹的可能性。

根据实践经验，马氏体类结构钢的大规格钢坯，仅仅采用缓冷的方法，不能保证最终消除白点（参看第 543 问），因此，在开坯之后必须利用钢坯自身余热及时进行等温退火处理。

152. 什么叫再结晶退火?

把用冷轧、冷拔等冷加工方法生产的钢材加热到高于其再结晶温度的某一温度，保温一定时间后，以适当方式冷却，使其内部发生再结晶，消除因冷加工产生的加工硬化（参看第 163 问），这种热处理叫做再结晶退火。再结晶退火的目的是:

（1）消除冷变形后的加工硬化，以利于继续加工；

（2）使冷变形后的成品，得到所要求的组织，消除内应力，降低硬度，提高塑性；

（3）使不完全热加工的钢材充分软化。当加工温度低于再结晶温度时，称为不完全热加工，这种加工得到的钢材再结晶进行得不完全，其中留有部分加工硬化，所以需要进行再结晶退火。

再结晶退火组织的晶粒大小，主要取决于冷加工变形量、退火温度和保温时间。一般冷轧钢板、钢带和冷拔钢丝、钢棒及冷轧和冷拔无缝钢管的软化处理，都是再结晶退火。冷轧硅钢片正是利用这种再结晶退火得到不同组织和性能的。

153. 什么叫低温退火？

钢坯加热至略低于 Ac_1 温度，通常为500～650℃，经过短时间保温再冷却下来的热处理叫做低温退火。

低温退火不发生组织转变，常用于合金钢坯消除内应力，降低硬度。低温退火有利于表面缺陷清理。

低温退火的加热保温时间无需过长，冷却方式可以是炉冷，也可以是空冷。低温退火适用于铁素体类耐热不锈钢消除应力。

154. 什么叫正火？

把亚共析钢加热到 Ac_3 以上或把过共析钢加热到 A_{cm} 以上30～50℃，使其全部奥氏体化，然后在空气中冷却，从而得到珠光体型组织的热处理叫做正火，也叫常化。因为正火的冷却速度比退火的冷却速度快，所以正火比退火得到的珠光体数量更多、组织更细。因此，正火钢的强度和硬度都比退火钢高。

正火仅用于碳钢及低合金钢，其目的是：

（1）提高低碳钢的力学性能，改善切削加工性能；

（2）细化晶粒，消除魏氏组织，消除过共析钢的渗碳体网状组织，为下一步热处理做好组织准备。

155. 什么叫淬火？

钢材奥氏体化后以大于临界冷却速度的速度快速冷却，可使过冷奥氏体转变为马氏体，这种操作叫做淬火。淬火的目的是：

（1）经淬火和随后的回火获得良好的综合力学性能；

（2）改变钢的某些物理化学性能（如改善磁性）；

（3）为下一步热处理做好组织准备。

轧钢生产中马氏体类钢在空冷状态下就能自行淬火，得到淬火组织。淬火钢的组织应力较大，以致在研磨清理表面时会产生淬火裂纹，淬火造成的组织应力必须用回火的办法消除。

重轨端部的淬火是采用高频感应法加热，然后水淬，这种方法叫高频淬火。

156. 什么叫回火？

淬火后的钢加热到 Ac_1 点以下某温度并保温一段时间，然后冷却，从而得到较稳定的组织的一种操作叫回火。回火的目的是：

（1）降低脆性，消除或减少钢在淬火时产生的内应力；

（2）提高钢件的塑性和韧性；

（3）对于用退火难以软化的某些合金钢，在淬火（或正火）后常采用高温回火，使钢中碳化物适当聚集，从而降低硬度以利于切削加工。

回火分为低温、中温及高温回火三种。轧钢生产中软化马氏体类高强度不锈钢和高强度结合钢钢锭和钢坯的热处理以及这类钢材的出厂前热处理，都采用高温回火处理。一般在 640 ~ 680℃进行软化回火。

高温回火的加热温度稍低于 Ac_1，一般为 500 ~ 650℃，高温回火后的组织是回火索氏体。习惯上称淬火加高温回火为调质处理。钢经调质处理能获得好的强韧性。

中温回火一般为 350 ~ 500℃，所得组织为回火屈氏体，具有这种组织的钢，有高的弹性极限和韧性。

低温回火一般为 150 ~ 250℃，所得组织为回火马氏体，能消除残余应力及降低脆性。

157. 什么叫固溶处理?

金属在高温条件下快速冷却，使之得到固溶体和饱和固溶体的热处理工艺称为固溶处理。例如：奥氏体类钢加热至1000℃以上，使碳化物或其他化合物固溶于奥氏体组织中，然后在水中快速冷却，使其在室温下得到饱和的奥氏体固溶体。

固溶处理的目的是：

（1）改善钢的塑性和韧性，为热轧后继续进行冷加工（冷轧、冷拔）准备条件；

（2）提高不锈、耐蚀、耐热钢的耐腐蚀性；

（3）提高奥氏体耐磨钢（Mn13）的耐磨性。

158. 轧钢生产中如何应用各种热处理工艺?

在轧钢生产中，钢锭的扩散退火、等温退火；钢坯的等温退火、高温回火、低温退火以及钢材的正火、完全退火、不完全退火、球化退火等热处理工艺（见图2-13）都经常应用。为了有关人员工作中使用方便，现将轧钢生产中常用的热处理规范整理

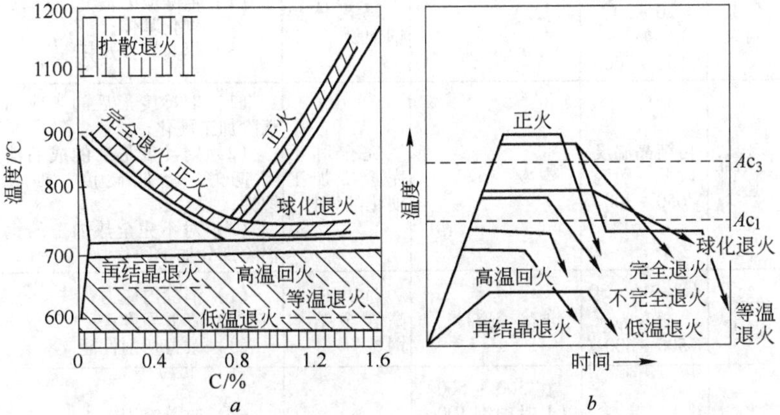

图2-13　轧钢生产中常用的热处理工艺

a—加热规范；*b*—工艺曲线

成表 2-4。

表 2-4　轧钢生产常用热处理规范

名称	加热温度/℃	冷却速度 /℃ · h^{-1}	用　途	目　的
扩散退火	Ac_3 + 150 ~ 200	炉冷至 250℃后空冷	钢锭铸件	（1）消除成分偏析； （2）消除应力、降低硬度
完全退火	亚共析钢 Ac_3 +20 ~ 30 共析钢 Ac_1 +20 ~ 30	在 500 ~ 600℃以上时碳钢 100 ~ 200，合金钢 50 ~ 100，高合金钢 20 ~ 60	亚共析钢及共析钢的钢材铸件	（1）细化晶粒； （2）降低硬度； （3）消除应力； （4）改善组织
正火	Ac_3 +30 ~ 50 Ac_{cm} +30 ~ 50	空冷	钢材	（1）细化晶粒； （2）调整组织； （3）消除网状碳化物
球化退火	Ac_1 +10 ~ 20	在 550 ~ 600℃以上时 20 ~ 30	共析钢及过共析钢的钢材	（1）改善切削性能； （2）降低硬度，消除应力； （3）消除轻微网状碳化物； （4）增加耐磨性
等温退火	退火 Ac_3 +20 ~ 30 等温 Ar_1 −20 ~ 30	迅速冷却到 Ar_1 以下 20 ~ 30℃长时间保温空冷	钢锭高合金钢材	（1）软化基体； （2）消除应力； （3）消除轻微网状碳化物
高温回火	Ac_1 以下 20 ~ 30 一般为 550 ~ 700	空冷	马氏体类钢钢材	（1）消除应力； （2）软化基体； （3）提高塑性及韧性
再结晶退火	再结晶温度以上一般为 650 ~ 700	空冷	完全和不完全冷加工硬化的钢材	（1）对冷变形后的半成品消除加工硬化； （2）对冷变形后的成品消除应力，降低硬度，提高塑性； （3）对不完全热加工的钢消除部分加工硬化
低温退火	Ac_1 −15 ~ 30 通常为 500 ~ 600	炉冷或空冷	过共析钢高合金结构钢材	（1）消除内应力； （2）降低硬度； （3）改善切削性能
不完全退火	Ac_1 ~ Ac_{cm} 之间	在 500 ~ 600℃以上时碳钢 100 ~ 200，合金钢 50 ~ 100，高合金钢 20 ~ 60	过共析钢	（1）改善组织； （2）消除应力； （3）降低硬度

159. 什么是形变热处理？它有哪些种类？

形变热处理是在金属材料上有效地综合利用形变强化（加工硬化）及相变强化，将压力加工与热处理操作相结合，使成形工艺与获得最终性能统一起来的一种工艺方法。这种工艺方法能够得到一般塑性加工所达不到的高强度与高塑性的良好配合，并且还能简化钢材或零件的生产流程，从而带来相当好的经济效益。如高温形变淬火，就是将在 Ac_3 温度以上变形的钢材，变形后立即淬水得到马氏体组织，然后进行低温回火。与普通的淬火工艺相比，40 钢经高温形变淬火后，其抗拉强度提高 170MPa，屈服强度提高 205MPa，伸长率不变，有效地提高了钢材的力学性能。

形变热处理按形变的温度范围可以分为以下三类：

（1）高温形变热处理，是将钢加热至稳定奥氏体区，保持一段时间，在该温度下变形，随后立即快冷至一定温度以获得所需组织的综合工艺如图 2-14*a* 所示。如果是形变后淬火获得马氏

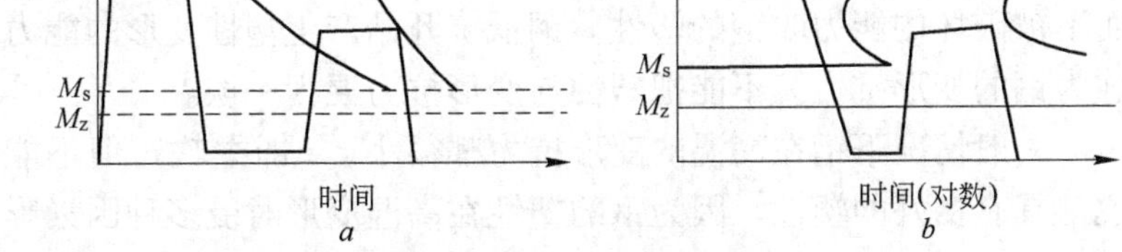

图 2-14　形变淬火工艺示意图

a—高温形变淬火工艺示意图；*b*—低温形变淬火工艺示意图

Ac_3—加热时铁素体向奥氏体转变温度；Ac_1—加热时珠光体向奥氏体转变温度；M_s—奥氏体向马氏体转变的开始温度；M_z—奥氏体向马氏体转变的终了温度

体组织，则称之为高温形变淬火。如果快冷至贝氏体转变区后空冷，最后获得贝氏体组织，则称之为高温形变贝氏体化。如果快冷至珠光体转变区，获得铁素体—珠光体组织，这就是通常所说的控制轧制和控制冷却工艺。

（2）低温形变热处理，是将钢加热至奥氏体状态，保持一定时间，急速冷却至 Ac_1 以下的某一中间温度（亚稳定奥氏体区）进行变形，然后快速冷却至室温的综合工艺。快冷后得到马氏体组织的低温形变热处理，称为低温形变淬火（见图2-14 *b*）。采用该工艺的钢种必须具有比较大的亚稳定奥氏体区域，以便有充分时间进行变形。形变温度在 M_s 附近和在 M_s 之下的形变热处理工艺分别称为马氏体相变过程中的形变热处理和马氏体相变以后的形变热处理。

（3）复合形变热处理，是将两种或两种以上不同的形变热处理工艺方法联合使用的工艺。如将高温形变淬火与低温形变淬火相结合的复合形变淬火。

六、轧制变形基本原理

160. 什么叫钢的塑性？什么叫钢的变形抗力，它与塑性有什么不同？

在外力作用下，钢在体积不变的情况下，稳定的改变其形状而不被破坏的能力叫钢的塑性。钢抵抗开始产生塑性变形的能力称为钢的变形抗力。不能把塑性与变形抗力混为一谈。

一般情况下钢在高温的变形抗力都很小，（即柔软）但不能说都具有良好的塑性。因为钢的塑性在高温变形时受多种因素影响，它不仅取决于钢的内在因素（化学成分、组织构造、非金属夹杂物等），而且还取决于轧钢时的外部条件（变形温度、变形速度、应力状态以及加热介质等）。

变形抗力的一般表达式，在材料成分及组织结构给定的情况下，变形抗力与变形过程条件之间的函数关系为：

$$\sigma_T = f(\varepsilon, \dot{\varepsilon}, T, t)$$

式中　ε——变形程度；

$\dot{\varepsilon}$——变形速度；

T——变形温度；

t——变形所经历的时间。

塑性一般用单向拉伸试验材料断裂时的伸长率或断面收缩率来表示塑性的大小，它表征实现加工时容许实现变形的程度，又称实现指标。由于金属加工过程的复杂性，也常借用其他力学性能检验和工艺性能检验，如镦粗、扭转、冲击、弯曲和板材杯突试验等，来测定塑性。

161. 什么叫塑性变形和弹性变形？

金属晶格在受力时发生歪扭或拉长，当外力未超过原子之间的结合力时，去掉外力之后晶格便会由变形的状态恢复到原始状态，也就是说，未超过金属本身弹性极限的变形叫金属的弹性变形。多晶体发生弹性变形时，各个晶粒的受力状态是不均匀的。

当加在晶体上的外力超过其弹性极限时，去掉外力之后歪扭的晶格和破碎的晶粒不能恢复到原始状态，这种永久变形叫做塑性变形。金属发生塑性变形必然引起金属晶体组织结构的破坏，使晶格发生歪扭和紊乱，并且使晶粒形状发生变化，一般晶粒沿着受力方向被拉长或压缩。

162. 什么叫应力？什么叫应力集中？

塑性变形时，作用于金属上的外力有作用力和反作用力，如图 2-15 所示。由于这两种外力的作用，在金属内部将产生与外力大小相平衡的内

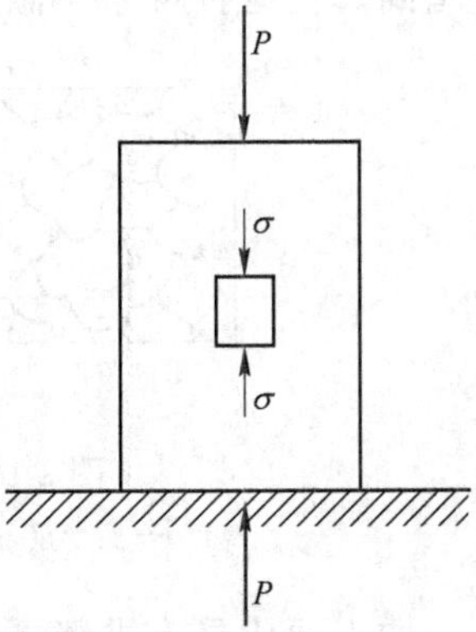

图 2-15　力与应力的关系

力。单位面积上的这种内力称为应力，以 σ 表示。

$$\sigma = \frac{P}{S} \tag{2-1}$$

式中 σ——物体产生的应力，MPa；

P——作用于物体的外力，N；

S——承受外力作用的物体面积，mm^2。

当金属内部存在应力，其表面又有尖角、尖缺口、结疤、折叠、划伤、裂纹等缺陷存在时，应力将在这些缺陷处集中分布，使这些缺陷部位的实际应力比正常应力高数倍。这种现象叫做应力集中。

金属内部的气泡、缩孔、裂纹、夹杂物及残余应力等对应力的反应与物体的表面缺陷相同，在应力作用下，也会发生应力集中。

应力集中在很大程度上提高了金属的变形抗力，降低了金属的塑性，金属的破坏往往最先从应力集中的地方开始。

163. 什么叫加工硬化？

金属在冷加工后，由于晶粒被压扁、拉长（见图 2-16），晶格歪扭、晶粒破碎（见图 2-17），使金属的塑性降低、强度和硬度增高，把这种现象叫做加工硬化。

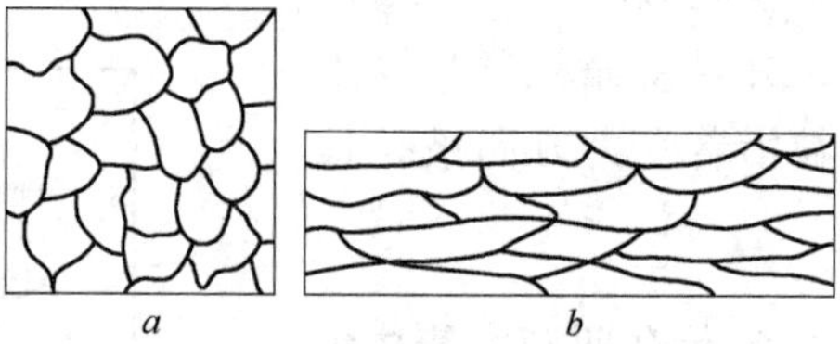

图 2-16 晶体变形纤维组织

a—变形前晶体组织；*b*—变形后晶体组织

加工硬化具有非常重要的实际意义，它是强化金属（提高强度）的方法之一，对纯金属以及不能用热处理方法强化的金

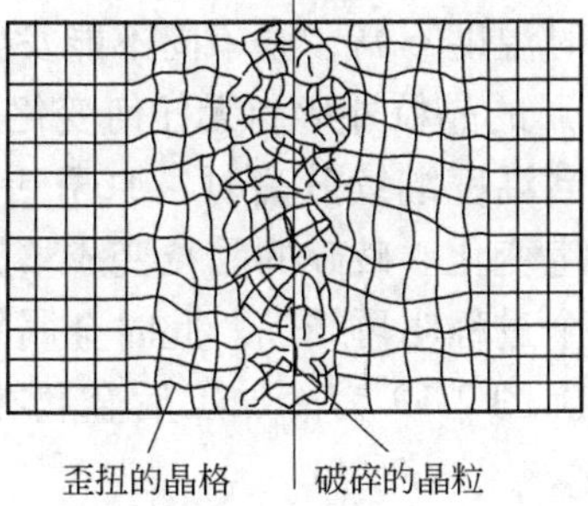

图 2-17　滑移面附近晶粒变形示意图

属来说尤其重要。例如坦克履带、矿石破碎机衬板之所以具有高耐磨性，冷弹簧在卷制后之所以能具有高弹性，冷拔钢材之所以具有高强度等，都是加工硬化的结果。另外，加工硬化也给金属的冷加工生产创造了条件。因为金属在冷加工过程中硬化到一定程度就不能再继续加工，所以在一定条件下不致因变形而发生断裂。

加工硬化提高了变形抗力，给金属的继续加工带来困难。为了消除加工硬化必须在加工过程中进行专门的热处理，金属经再结晶软化之后才能继续进行加工。

164. 什么叫再结晶软化？

金属加工硬化后，处于组织不稳定状态，即处于高能状态。因而它本身就有自发恢复变形前组织状态的倾向（见图 2-18）。金属一旦被加热，由于内部原子活动能力增大，将产生回复、再结晶晶粒长大，使硬化现象消除。这一过程就叫做金属的再结晶软化。

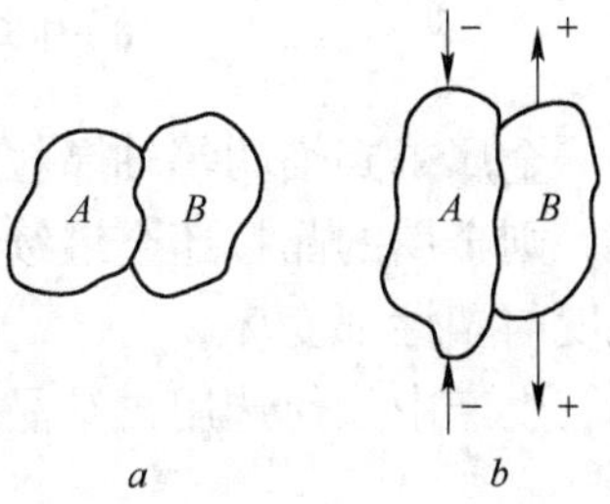

图 2-18　残余应力示意图

a—变形前；*b*—变形后

回复就是，当加热温度不高时，晶格歪曲消失，金属的物理性质（如电阻）随之大部分恢复，强度和硬度略有下降，塑性略有升高。由于此时温度不高，原子尚不能发生很大的位移，所以金属（显微镜下）的晶粒外形尚无任何变化。

再结晶就是，当温度继续升高时，原子活动能力剧烈增加，金属的晶粒开始发生变化。破碎的晶粒变成整齐的晶粒，长晶粒变成等轴晶粒，这个过程叫再结晶。此时金属的力学性能全部恢复到加工前的状态。图 2-19 为冷加工后金属在加热时组织性能的变化示意图。

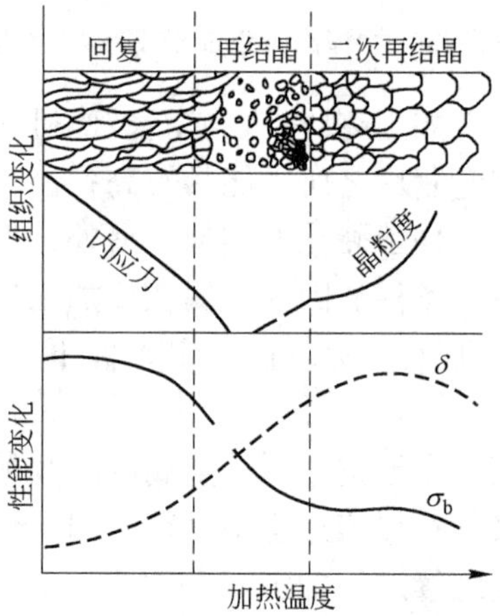

图 2-19　冷加工后的金属在加热时组织性能的变化

δ—伸长率；σ_b—抗拉强度

金属得到细的等轴晶粒后，若将温度继续升高或延长加热时间，则金属的晶粒还会继续长大，形成粗晶粒组织。这时金属的强度与塑性都变坏。

生产中如何选用再结晶软化过程，具有特别重要的意义。

165. 什么叫冷塑性变形时的钢的临界变形程度？

金属进行冷加工变形时的变形程度与再结晶后的晶粒大小有

一定关系，这在冷加工生产中有重要意义。因为金属的晶粒不仅影响金属的强度和塑性，而且还影响金属的冲击韧性。

金属在某一变形程度下，再结晶后的晶粒会长得很大；而在变形小于或超过此变形程度时，再结晶后的晶粒反而减小。再结晶后的晶粒尺寸与事先的冷塑性变形程度之间的关系，如图2-20所示。再结晶后能形成最大晶粒的冷塑性变形程度称为临界变形程度。各种金属的临界变形程度一般都很小，碳钢大都在2%～10%。

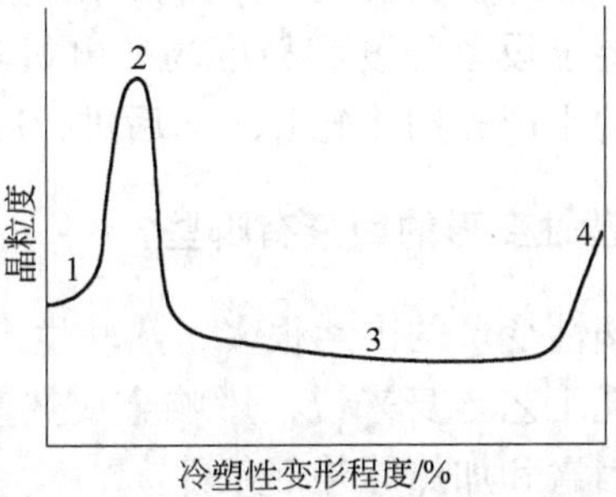

图2-20　冷塑性变形程度对再结晶晶粒度的影响
1—当变形程度很小时，金属内部变化很小，没有产生再结晶的条件；2—当变形程度稍大（2%～10%）时，再结晶形成粗大晶粒，此时的变形量称为临界变形量；3—当变形量继续增加时，晶核的数目增多，得到细晶粒；4—当变形程度超过90%时，由于晶粒位向趋于一致，晶粒晶界被拉长并且彼此接触得很紧，在一定的温度条件下融合在一起变成少数大晶粒

因为粗晶粒会使金属的力学性能降低，所以在实际冷轧或冷拔生产时，要避开临界变形程度，采取大于10%的变形量，以免造成再结晶后的粗晶粒。

166. 热轧有什么优缺点？冷轧有什么优缺点？

热轧的优点是，首先能消除铸造金属中的某些缺陷，如焊合气孔，细化粗大晶粒以及改变夹杂物的分布等，使金属的致密性和力学性能得到改善。其次，原料（钢锭或钢坯）经过加热塑性提高，变形抗力降低，因此轧制时可增大变形量，有利于提高生产率。另外，由于金属变形抗力减小，对轧制设备的要求可以相应低些，所以能降低设备造价，并使电动机能耗大大降低。

热轧的缺点是，高温轧制产生氧化铁皮，使金属表面质量不够光洁；产品的尺寸不够精确；力学性能也不如冷加工好。

冷轧与热轧相比它的优点是，产品表面质量好、尺寸精确、厚度均匀、力学性能好，并且能生产薄而小的轧件。冷轧的缺点是轧制压力大，要求设备强度和精度高、电机功率大，能耗大。因此一般冷轧材的生产先用热轧开坯而后进行冷轧。

167. 影响金属热塑性变形的因素有哪些？

影响金属热塑性变形的因素很多，热轧生产中除了孔型设计等条件外，就热轧工艺本身来说，影响金属热塑性变形的因素，有金属本身内部因素和加热等外部条件。

理论和实践都确认纯金属及其固溶体的塑性较好，而金属化合物的塑性很低。例如纯铁有很高的塑性；碳在钢中的固溶体——奥氏体，也有很高的塑性；而化合物 Fe_3C 却很脆。钢中存在碳及其他合金元素，使钢的高温组织除有奥氏体外，还有其他过剩相。这些过剩相（例如某些奥氏体不锈钢中的铁素体，高速工具钢的共晶碳化物等）降低钢的高温塑性。钢中的杂质也是影响金属热塑性变形的内在因素，钢中的硫能使钢产生热脆。

影响热轧时塑性变形的外部条件有加热介质和加热工艺（将在后边详述），对合金钢而言，加热介质尤为重要。镍含量达 2% ~3% 以上的合金钢，在含硫气氛中加热时，硫会扩散到金属中，并在晶界上形成低熔点的 Ni_3S_2 化合物，因而降低了金属的塑性。含铜超过 0.6% 的钢，有时甚至是含铜 0.2% ~0.3% 的钢，如在强氧化气氛中较长时间的高温加热时，由于选择性氧化的结果，在钢的表面氧化铁皮下会富集一薄层熔点低于1100℃的富铜合金，这层合金约在1100℃时熔化并侵蚀钢的表面层，使钢在热锻、轧加工时开裂。

热轧温度选择不合适，也会给金属带来不良的影响。当终轧温度过高时，往往会造成金属的晶粒粗大；若终轧温度过低时，又会造成晶粒沿加工方向伸长的组织，并有一定的加工硬化。在这两种情况下，金属的性能都会变坏。所以，合理控制金属的热轧温度范围，对获得所需要的金属组织和性能，具有重要的意义。

168. 温度对碳钢的塑性有什么影响?

人们一般认为，温度对金属塑性的影响是，加热温度愈高，金属的塑性就愈好。其实不然，当变形条件相同时，变形金属的化学成分及组织结构不同，温度对塑性的影响也不同。温度对碳素钢塑性的影响曲线叫碳素钢塑性曲线。图2-21中Ⅰ、Ⅱ、Ⅲ、Ⅳ表示塑性降低区域（凹谷）；1、2、3表示塑性增高的区域（凸峰）。Ⅰ区中钢的塑性很小，在-200℃时几乎没有塑性；Ⅱ区（200~400℃）——“蓝脆”区中，钢的强度高而塑性低；Ⅲ区（800~950℃）为相变温度区又称“热脆”区，钢在该区常常是，一个相的塑性较好，另一个相的塑性较差；Ⅳ区接近于钢的熔化温度，钢在该区加热时易发生过热或过烧现象，这时钢

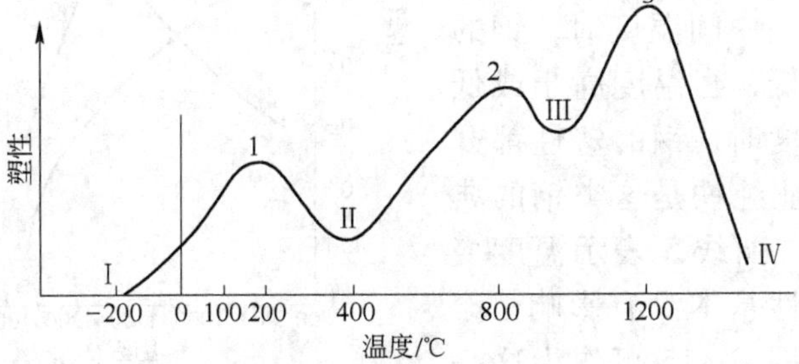

图2-21　碳素钢塑性曲线

的塑性最低。

钢的塑性与温度的关系曲线，在压力加工中具有重要的意义。这个曲线图指出了最有利的加工温度范围，对制定轧钢生产工艺制度十分重要。

由图 2-21 可知，碳素钢在冷状态下最有利的压力加工温度范围是 100 ~ 200℃。在冷加工中钢的加热温度不应超过 200℃。碳素钢热加工时的最有利的温度范围是 1000 ~ 1250℃，终轧温度一般不应低于 900℃。

169. 温度对典型合金钢的塑性有什么影响?

实验证明，合金钢的塑性变化规律是不一致的。用矩形坯轧成楔形轧件的方法，对多种合金钢的塑性进行研究的结果表明：温度在 800 ~ 1200℃之间变化时，对合金钢塑性的影响有五种典型规律，如图 2-22 曲线所示。

曲线 1 表示随温度的升高钢的塑性增加，大多数合金钢属于这类钢。曲线 2 表示随温度的升高，钢的塑性降低，Cr25Ni20 不锈钢是这类钢的典型代表。曲线 3 表示温度升高到某一中间温度时，钢的塑性增加；温度继续升高时，钢的塑性降低，Cr17Ni2 可以作为这一类钢的典型代表。曲线 4 表示在某一中间温度时，钢的塑性降低，当温度高于或低于该温度时，钢的塑性都升高，工业纯铁是这类钢的典型代表。曲线 5 表示温度变化对塑性基本没有影响，滚珠轴承钢 GCr15 可作为这一类钢的典型代表。

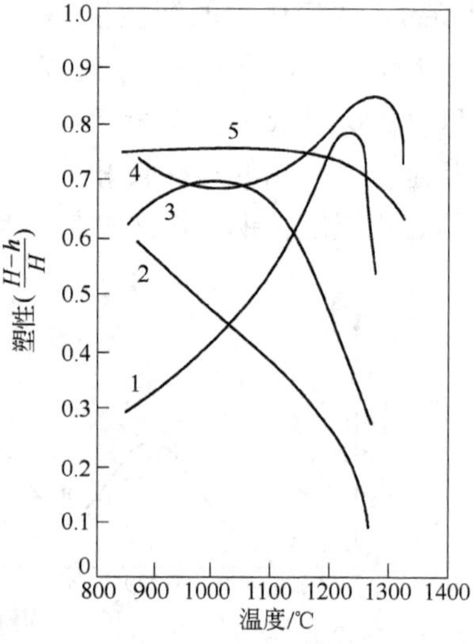

图 2-22 合金钢塑性曲线

170. 什么叫体积不变定律？

钢锭在头几道轧制中因其缩孔、疏松、气泡、裂纹等缺陷受压缩而致密，体积有所减小，此后各轧制道次的金属体积就不再发生变化。这种轧制前后体积不变的客观事实叫做体积不变定律。它是计算轧制变形前后的轧件尺寸的基本依据。轧制前后的轧件尺寸变化见图 2-23。

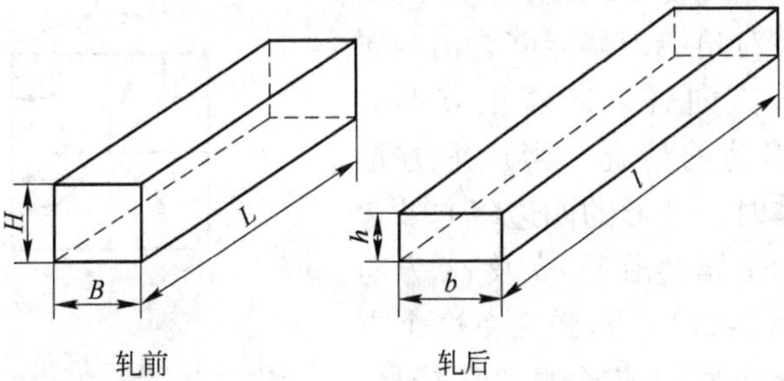

图 2-23 钢在轧制前后的尺寸变化

H，*B*，*L*—轧制前轧件的高、宽、长；*h*，*b*，*l*—轧制后轧件的高、宽、长

轧前的轧件体积以 V_1 表示，轧后的轧件体积以 V_2 表示。因为矩形体积等于轧件的高×宽×长，所以

$$V_1 = HBL \tag{2-2}$$

$$V_2 = hbl \tag{2-3}$$

根据体积不变定律，轧件轧制前后体积相等，即

$$V_1 = V_2 \tag{2-4}$$

所以 $$HBL = hbl$$

根据式 2-4 可以计算轧制前后轧件的尺寸变化。

171. 什么是最小阻力定律？

钢在塑性变形时，金属沿着变形抵抗力最小的方向流动，这就叫做最小阻力定律。根据这个定律，在自由变形的情况下，金属的流动总是取最短的路线，因为最短的路线抵抗变形的阻力最小，这个最短的路线，即是从该动点到断面周界的垂线。例如立压一块方钢，金属沿着垂直各边的方向移动（最短的路线）。若在方形的横断面上画出对角线，就能够看出金属沿着箭头方向（即向着正方形的四边）移动的情况。当压缩方形断面柱体时，方形的四边将向外弯曲，因为金属会沿着 *ab* 及 *cd* 方向移动（图 2-24）。同样，在这个方向上的金属质点流动的数量较多，当压下量增加时，方形断面就逐渐变成圆形断面。

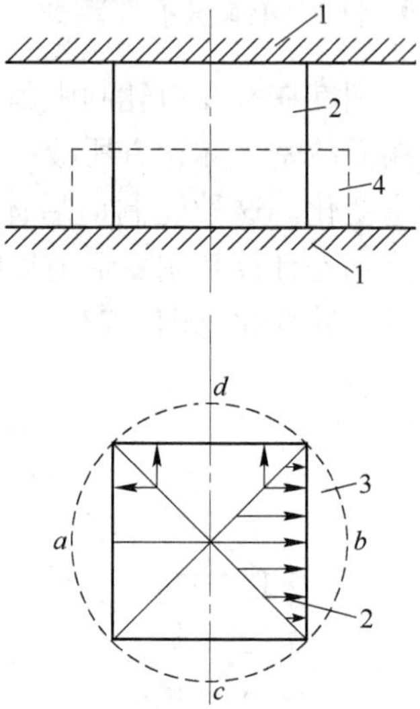

图 2-24　正方形受压缩时的形态变化

1—变形工具；2—变形前的正方形立柱；3—变形后的圆形断面；4—变形后的外形

172. 什么叫咬入？什么叫咬入角？

轧钢是利用两个旋转着的轧辊将轧件拉入辊缝进行压力加工。轧辊把轧件拉入辊缝叫咬入，轧辊咬入金属是实现轧制所必需的条件。在实际生产中咬入是否顺利对轧钢机的正常操作和产量有直接影响。压下量大不易咬入。压下量小咬入容易，但又降低了轧制效率。

如图 2-25 所示，轧制时轧件与轧辊表面接触的弧线叫咬入弧。咬入弧所对的圆心角称做咬入角。咬入角由压下量决定。在实际生产中不同条件下允许的最大咬入角不同。咬入角的大小与轧辊表面和轧件的表面状态、轧制温度以及轧辊转速等因素有关，即与轧辊、轧件间的摩擦系数有关。当咬入角大于允许的最大咬入角时，轧件不能咬入。当咬入角小于或等于允许最大咬入

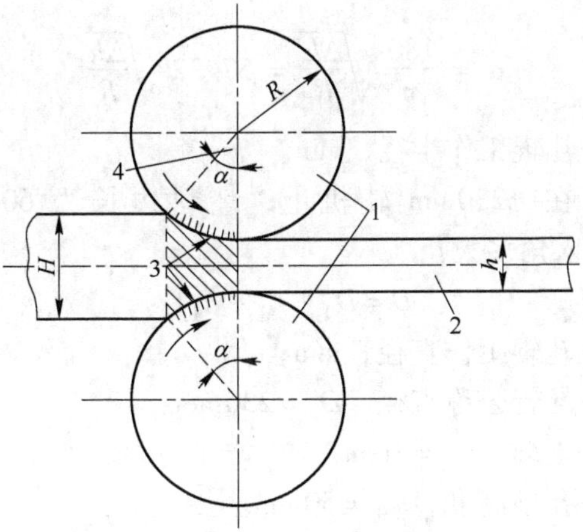

图 2-25 轧件在轧辊间的变形图
1—轧辊；2—轧件；3—接触弧；4—咬入角

角时，轧件才能咬入。当轧辊的线速度在 1.5 ~ 2.5m/s 时，各种不同轧制条件下的允许最大咬入角如下：

轧制条件	咬入角
在有表面刻痕或堆焊的轧辊上热轧	$\alpha = 27° \sim 34°$
在型钢轧机上热轧	$\alpha = 22° \sim 24°$
在钢板轧机上热轧	$\alpha = 15° \sim 24°$
在表面粗糙的轧辊上冷轧	$\alpha = 5° \sim 6°$
在表面光滑带润滑的轧辊上冷轧	$\alpha = 3° \sim 4°$

173. 怎样计算咬入角？

由图 2-25 可知，咬入角的计算公式为

$$\alpha = \cos^{-1}\left(1 - \frac{\Delta h}{D}\right) \tag{2-5}$$

式中 Δh——压下量，mm；

D——轧辊工作直径，mm；

α——咬入角，(°)。

也可用下面的近似公式计算：

$$\alpha = \frac{180}{\pi}\sqrt{\frac{\Delta h}{R}} = 57.32\sqrt{\frac{\Delta h}{R}} \qquad (2\text{-}6)$$

式中　R——轧辊工作半径，mm。

［例］　在 ϕ230mm 轧机上，坯料边长为 60mm，Δh 为 10mm，求咬入角多大？

解：因为　　$D = D_0 + s_{缝} - h_{孔}$

式中　D——轧辊工作直径，mm；

D_0——轧辊公称直径，$D_0 = 230$mm；

$s_{缝}$——辊缝，$s_{缝} = 4$mm；

$h_{孔}$——孔型高度，$h_{孔} = 50$mm。

所以　　$D = 230 + 4 - 50 = 184$mm

代入式 2-5，得

$$\alpha = \cos^{-1}\left(1 - \frac{10}{184}\right) = \cos^{-1}0.946$$

$$\alpha = 17°30'$$

174. 什么叫摩擦系数？怎样计算摩擦系数？

如图 2-26 所示，当轧件和轧辊相接触时，轧辊作用于轧件的力有 P 和 F。垂直于轧辊表面的力 P 叫正压力，沿轧辊表面切线方向的力 F 叫摩擦力。摩擦力与正压力的比值叫摩擦系数，以 f 表示，即

$$f = \frac{F}{P} \qquad (2\text{-}7)$$

式中　F——摩擦力，N；

P——正压力，N。

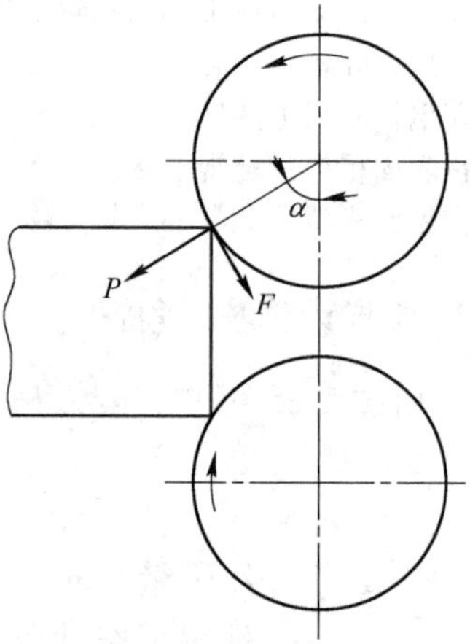

图 2-26　轧辊作用于轧件的力

摩擦系数的大小与轧制温度、轧辊材质和轧辊表面状态等因素有关。轧钢生产中的摩擦系数一般根据下面的经验公式计算：

对钢轧辊　$f = 1.05 - 0.0005t_{轧} - 0.056v$　(2-8)

对铁轧辊　$f = 0.94 - 0.0005t_{轧} - 0.056v$　(2-9)

对表面粗糙度为 5 ~ 20μm 的磨光轧辊（包括钢轧辊和铁轧辊）

$$f = 0.82 - 0.0005t_{轧} - 0.056v \quad (2\text{-}10)$$

式中 f——摩擦系数；

$t_{轧}$——轧制温度，℃；

v——轧制速度，m/s。

175. 怎样实现正常咬入？

当轧件与轧辊接触时，轧件以力 P 作用在轧辊上，而每个轧辊以大小相等、方向相反的力 P 作用于金属上。同时，由于轧件与轧辊运动时相互接触，所以在轧件与轧辊之间产生摩擦力 F。F 在水平方向有一分力 F_x，靠水平分力 F_x 将轧件拉入轧辊（见图 2-27），称 F_x 为拉入力。轧辊对轧件的压力 P 的水平分力为 P_x，其方向与 F_x 相反，阻碍轧件进入轧辊，称 P_x 为推出力。当拉入力 F_x 等于或小于推出力 P_x 时，即 $F_x \leqslant P_x$ 时，轧件不能进入轧辊。只有在拉入力 F_x 大于推出力 P_x 的条件下，轧件才能被拉入轧辊，实现正常咬入。

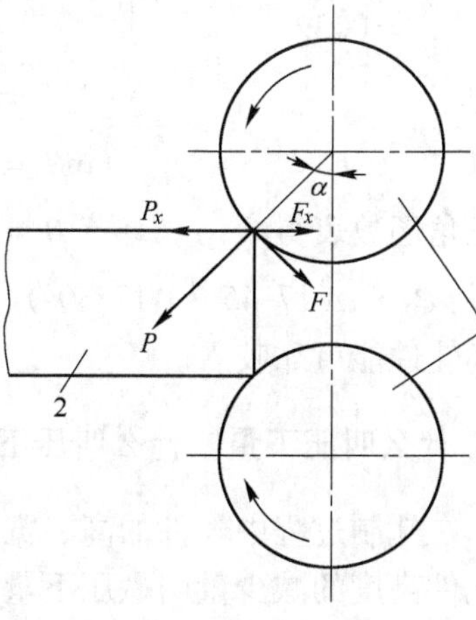

图 2-27　轧辊咬入轧件

1—轧辊；2—轧件

由上可知，轧件与轧辊的接触摩擦力的大小决定了轧件能否咬入轧辊。

根据式 2-7 摩擦系数为

$$f = \frac{F}{P}$$

而摩擦系数又等于摩擦角的正切值，即

$$f = \tan\beta \tag{2-11}$$

式中 β——轧辊与轧件的摩擦角。

上述两式说明，只有当轧辊与轧件之间的摩擦系数大于摩擦角的正切值，或摩擦角大于咬入角（$\beta > \alpha$）时，轧件才能被轧辊咬入。

［例］ 已知在 ϕ230mm 轧机上，使用球墨铸铁轧辊，其转速 $n = 140$r/min，轧制温度为 1100℃，咬入角为 17°30′，求轧件能否被咬入？

$$f = 0.94 - 0.0005 \times 1100 - 0.056\frac{\pi \times 0.184 \times 140}{60}$$

$$= 0.94 - 0.55 - 0.07$$

$$= 0.32$$

因为 $f = \tan\beta$

所以 $\tan\beta = 0.32$

查三角函数表得 $\beta = 17°45'$

结果：$\beta > \alpha(17°45' > 17°30')$

答：轧件能可靠咬入。

176. 什么叫压下量？什么叫压下率？

在轧制过程中轧件的高、宽、长三个尺寸都发生变化。轧制后轧件高度的减少量叫做压下量（见图 2-28），即

$$\Delta h = H - h \tag{2-12}$$

式中 Δh——压下量，mm；

H——轧件在轧制前的高度，mm；

h——轧件在轧制后的高度，mm。

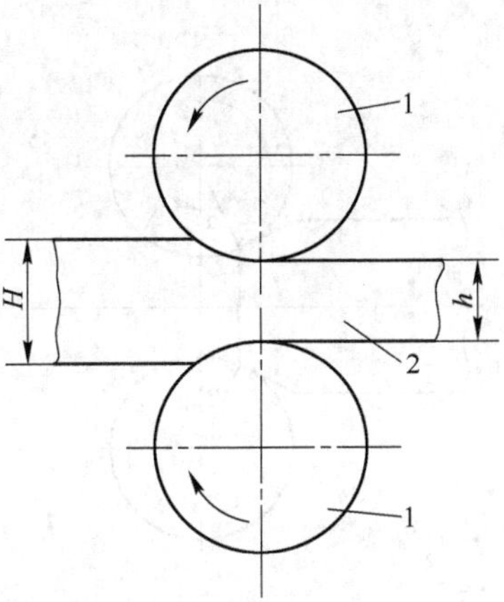

图 2-28　压下量示意图

1—轧辊；2—轧件

H—轧件在轧制前的高度；h—轧件在轧制后的高度

以百分数表示的轧件压下量（Δh）与原始高度（H）之比（ε）叫做压下率，也叫做相对压下量，其表达式为

$$\varepsilon = \frac{\Delta h}{H} \times 100\% \tag{2-13}$$

177. 怎样改善咬入条件？

咬入角和摩擦系数是影响轧辊咬入轧件的两个因素。当摩擦系数一定时，为了使轧件易于咬入，必须减小咬入角。减小咬入角的方法有以下两种：

（1）当压下量一定时，增加辊的直径。

（2）当轧辊直径一定时，减压下量。但是轧机确定后，轧辊直径一般改变不大，而减小压下量又对提高生产率不利，为了解决这一矛盾，常采用以下几种措施：

1）当压下量超过允许数值时，把轧件端部加工成截锥形，以减小咬入角。初轧机轧制钢锭时采用小头（即厚度较小的一端）进钢即是一例（图 2-29）。

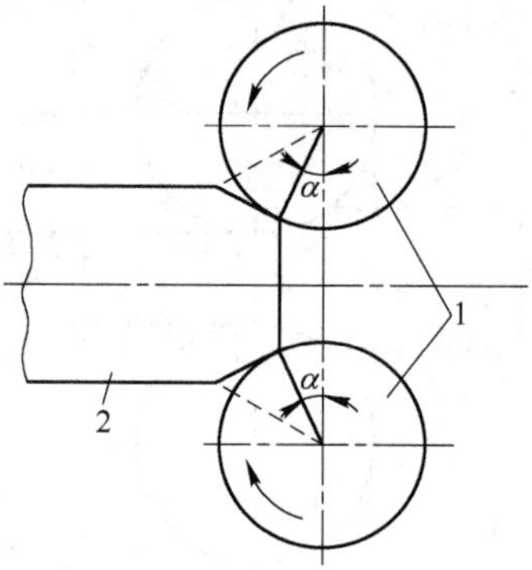

图 2-29　端部加工成截锥形的咬入法

1—轧辊；2—轧件

2）降低咬入时的轧制速度，增加摩擦系数。改变轧制速度，在直流电机驱动的轧机上，是容易做到的，而对大多数不可调速的轧钢机来说，几乎是不可能的。

3）应用刻痕和堆焊的轧辊，增加轧辊的摩擦系数。但刻痕对轧件表面质量产生有害影响，所以此法通常仅在粗轧前几道次使用。

4）利用冲击力改善咬入条件，即通常所说的强迫喂钢，实际上是在冲击力作用下轧件前端撞成锥形，从而减小了咬入角的结果。强迫喂钢时的咬入情况如图 2-30 所示。

178. 什么叫延伸量？什么叫延伸系数？

根据体积不变定律，轧制时轧件的横断面减小，其长度一定相应地增加。轧件长度的增加量就叫延伸量，可用下式表达：

$$\Delta l = l - L \tag{2-14}$$

式中　Δl——延伸量，mm；

l——轧件变形后的长度，mm；

L——轧件变形前的长度，mm。

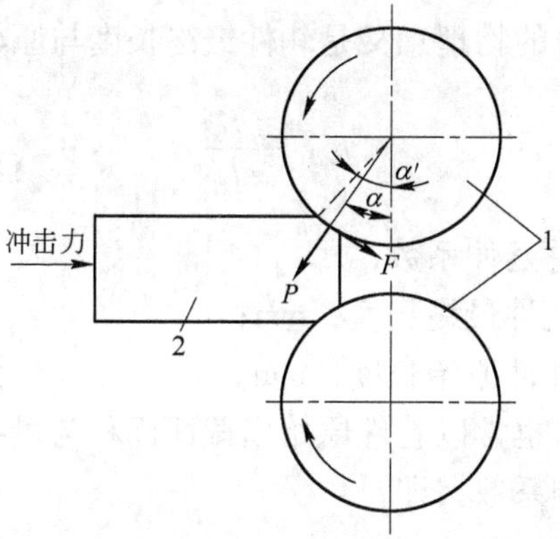

图 2-30　强迫喂钢的示意图

1—轧辊；2—轧件

轧制后的轧件长度与轧制前的轧件长度之比叫延伸系数：

$$\mu = \frac{l}{L} \tag{2-15}$$

式中　μ——延伸系数。

延伸系数也可以用轧制前、后轧件的横截面面积之比表示，有时把这个面积之比叫做压缩比，用它来衡量轧件的变形程度。

$$\mu = \frac{S_0}{S_1} \tag{2-16}$$

式中　S_0——轧制前轧件的断面面积，mm^2；

S_1——轧制后轧件的断面面积，mm^2。

当轧制宽带材和板材时，宽展量（参看第 181 问）可略去不计，即轧制前后轧件的宽度相等（$B = b$）。这时的延伸系数就等于轧制前后轧件高度的比值（压下系数）：

$$\mu = \frac{H}{h} \tag{2-17}$$

179. 什么叫平均延伸系数？什么叫总延伸系数？

总延伸系数的物理意义是轧件最终长度与原始长度之比：

$$\mu_{总} = \frac{L_x}{L_0} \tag{2-18}$$

式中 $\mu_{总}$——总延伸系数；

L_x——轧件最终长度，mm；

L_0——轧件原始长度，mm。

轧制型材时也常以轧件原始横截面面积与最终横截面面积之比来表示总延伸系数，即

$$\mu_{总} = \frac{S_0}{S_x} \tag{2-19}$$

式中 S_0——轧件原始横截面面积，mm^2；

S_x——轧件最终横截面面积，mm^2。

总延伸系数等于各道次延伸系数的乘积，即

$$\mu_{总} = \mu_1 \mu_2 \mu_3 \cdots \mu_x \tag{2-20}$$

式中 μ_1，μ_2，μ_3，…，μ_x——各相应道次的延伸系数。

平均延伸系数可根据总延伸系数由下式求得：

$$\mu_{平均} = \sqrt[x]{\mu_{总}} \tag{2-21}$$

式中 $\mu_{平均}$——平均延伸系数；

x——轧制道次。

180. 什么叫变形区？什么叫变形区长度？

轧制时从轧件与轧辊接触开始至轧件离开轧辊的一段区域称为变形区。如图 2-31 所示，下接触面 *abcd* 与上接触面 *ABCD* 之

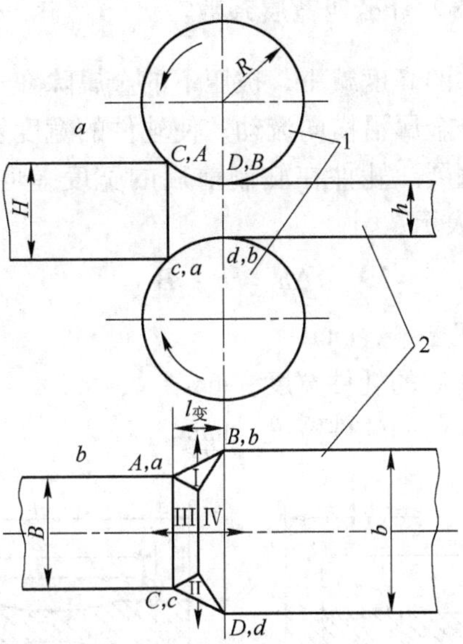

图 2-31 轧制变形区示意图

a—轧制时纵向变形示意图；*b*—轧制时横向变形示意图

1—轧辊；2—轧件；*ABCD*—上接触面积；*abcd*—下接触面积；

$l_变$—变形区长度；Ⅰ、Ⅱ、Ⅲ、Ⅳ—变形区内金属流动方向

间的区域称为变形区。接触面 *ABCD*（或 *abcd*）水平投影的长度称为变形区长度。

变形区长度按下式计算：

$$l_变 = \sqrt{R\Delta h} \tag{2-22}$$

式中 $l_变$——变形区长度，mm；

R——轧辊工作半径，mm；

Δh——压下量，mm。

变形区接触面积的形状影响金属流动的方向。图中Ⅰ、Ⅱ区的金属在横向的流动称为宽度；Ⅲ、Ⅳ区的金属在纵向的流动称为延伸。

181. 什么叫宽展？什么叫宽展系数？

轧制时轧件的高度减小，被压下的金属除在长度方向上延伸外，还有一部分金属沿横向流动，使轧件的宽度发生变化，这种横向变形称为宽展。轧件在轧制前后的宽度差叫宽展量（见图2-32），用下式表示：

$$\Delta b = b - B \tag{2-23}$$

式中　Δb——宽展量，mm；

b——轧后的轧件宽度，mm；

B——轧前的轧件宽度，mm。

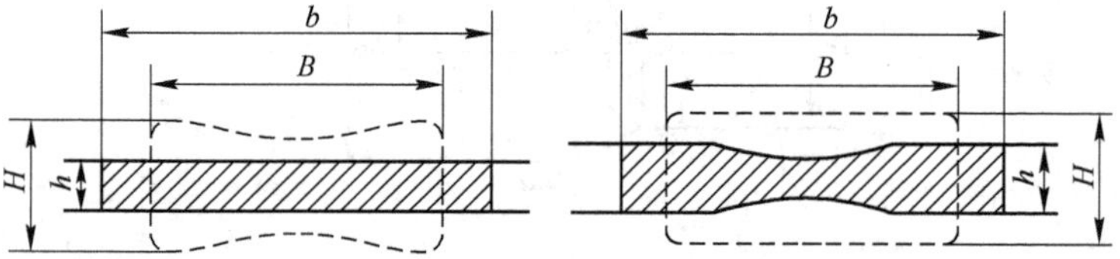

图 2-32　轧制扁钢时的强迫宽展

宽展量与压下量有关。宽展量与压下量的比值叫做宽展系数，用下式表示：

$$c = \frac{\Delta b}{\Delta h} \tag{2-24}$$

式中　c——宽展系数；

Δb——宽展量，mm；

Δh——压下量，mm。

182. 什么叫自由宽展、限制宽展和强迫宽展？

当轧件和工具（轧辊）的形状不同时，轧钢过程中的宽展有显著差异。宽展可以分为三类：

（1）自由宽展　在平辊上或在沿宽度方向上有很大富裕空

间的扁平孔型内轧制矩形或扁平形断面轧件时，在宽度方向金属流动不受孔型侧壁限制，可以自由地展宽，此时轧件宽度的增加叫自由宽展。

（2）限制宽展 当轧件在箱形、方形、菱形等孔型内轧制时，在宽度方向上金属流动受到孔型侧壁的限制，轧件不能自由地展宽，因而宽展量比自由宽展小。当轧件在侧壁斜度很小的闭口孔型内轧制时，宽展会受到更大的限制，宽展量将变得更小，当轧件在某些斜置孔型内轧制时，宽展量甚至可以变成负数（即轧后宽度比轧前宽度还小）。这类宽展叫限制宽展。

（3）强迫宽展 形状特殊的孔型或轧件在轧制过程中迫使金属大量地向宽度方向流动，造成轧件宽度有很大的增加，轧件获得较大的宽展，这种宽展就叫做强迫宽展。如圆形轧件进椭圆孔、方形轧件进椭圆孔、方形轧件进六角孔的轧制以及如图2-32所示的扁钢轧制情况，都会出现强迫宽展。

183. 影响宽展的因素有哪些？

（1）相对压下量的影响。压下量是形成宽展的源泉，是形成宽展的主要因素之一，没有压下量宽展就无从谈起，因此，相对压下量愈大，宽展愈大。

（2）轧制道次的影响。在总压下量一定的前提下，轧制道次愈多，宽展愈小。因为在其他条件及总压下量相同时，一道轧制时变形区形状 $\frac{l}{b}$ 比值较大，所以宽展较大；而当多道次轧制时，变形区形状 $\frac{l}{b}$ 值较小，所以宽展也较小。因此，不能只是从原料和成品的厚度来决定宽展，而是应该按各个道次来分别计算。

（3）轧辊直径对宽展的影响。其他条件不变时，宽展随轧辊直径 D 的增加而增加。这是因为当 D 增加时变形区长度加大，使纵向阻力增加，根据最小阻力定律，金属更容易向宽度方向流动。

（4）摩擦系数的影响。当其他条件相同时，随着摩擦系数的增加，宽展也增加。

凡是影响摩擦系数的因素，都将通过摩擦系数引起宽展的变化，这主要有：1）轧制温度对宽展的影响。在热轧条件下，随着温度升高，氧化皮生成使摩擦系数升高，从而宽展亦增。而到高温阶段由于氧化铁皮开始熔化起润滑作用，使摩擦系数降低，从而宽展降低。2）轧制速度的影响。当轧制速度大于2m/s时，随着轧制速度的提高，摩擦系数是降低的，从而宽展减小。3）轧辊表面状态的影响。轧辊表面愈粗糙，摩擦系数愈大，将导致宽展愈大。例如在磨损后的轧辊上轧制时产生的宽展较在新辊上轧制时的宽展为大。4）轧件化学成分的影响。轧件的化学成分主要是通过外摩擦系数的变化来影响宽展的。热轧金属及合金的摩擦系数所以不同，主要是由于其氧化皮的结构及物理机械性质不同，从而影响摩擦系数的变化和宽展的变化。研究发现，合金钢的宽展比碳素钢大些。一般讲高碳钢比低碳钢的宽展大；合金钢比碳素钢的宽展大（奥氏体不锈钢比碳素钢的宽展大1.5倍），因此轧制高合金钢时要单独选择孔型系统，否则易产生过充满现象。5）轧辊化学成分对宽展的影响。轧辊的化学成分影响摩擦系数，从而影响宽展。

（5）轧件宽度对宽展的影响。一般说来，当$l/\overline{B}$增加时，亦即宽展与变形区长度l成正比，而与其宽度$\overline{B}$成反比。轧制过程中变形区尺寸的比，可用下式表示$l/\overline{B} = \dfrac{\sqrt{R \cdot \Delta h}}{\dfrac{B+b}{2}}$，此比值越大，宽展越大。

184. 为什么压下量是影响宽展的主要因素？

轧制时轧件在高度方向受压，金属向长度和宽度方向流动，即产生延伸和宽展。压下量愈大，相应的延伸和宽展也愈大。实践证明，压下量是影响宽展的主要因素，当轧前高度 H 不变时，宽展量与压下率（相对压下量）的关系如图 2-33 所示。

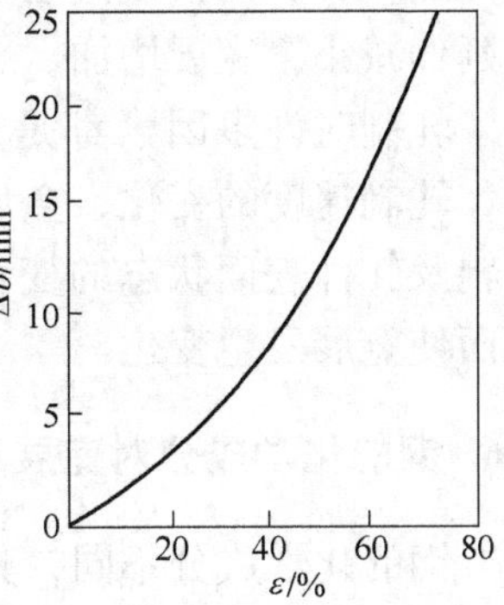

图 2-33　H 不变时的宽展量（Δb）与压下率（ε）的关系

当辊径一定其他条件不变时，压下率的大小对轧件宽展产生不同的影响。当压下率小而且轧件的宽高比 $B/H<0.4$ 时，变形只在轧件与轧辊接触面处发生，不能深入到轧件高度的中心部分，即产生表面变形。此时宽展也只能发生在邻近表面部分，轧件形成双鼓形侧面；当压下率较大且 $B/H>0.4$ 时，轧件呈单鼓形侧面（见图 2-34）。如轧件变形程度用压下率 ε 来表示。ε 在 10% 以下时，轧件产生表面变形，宽展只有接近上下表面处发生；当 ε 在 20% 以上时，变形才渗透到中心部分；当 ε 在 30% 以上时，则中心部分变形大于接触表面部分。这种影响对周期断面钢材的轧制尤为重要。

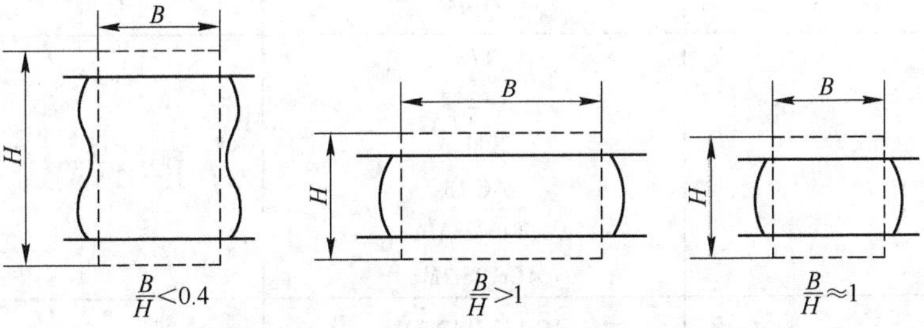

图 2-34　在不同 B/H 条件下的轧件变形情况

185. 摩擦系数对宽展有哪些影响？

随着摩擦系数的增加，金属纵向流动及横向流动的阻力都增加。但在轧制型钢时，由于轧件宽度小，所以金属纵向流动的阻力增加较多，而横向流动的阻力增加较少。因此摩擦系数增加将使延伸减小，宽展增加。

轧制时许多因素都是通过改变摩擦系数而影响宽展的。例如，轧制速度的变化，金属化学成分的变化、轧制温度的变化、轧辊及轧件表面状态的变化等，都直接或间接地影响摩擦系数，从而使宽展发生变化。

186. 钢的化学成分对宽展有哪些影响？

钢的化学成分不同，其组织与性能不同，加热时形成的氧化铁皮的性质也不同，即摩擦系数不同，所以其宽展系数也不同。高碳钢比低碳钢的宽展大；合金钢比碳素钢的宽展大（奥氏体不锈钢比碳素钢的宽展大 1.5 倍），因此轧制高合金钢时要单独选择孔型系统，否则容易产生过充满（出耳子）现象。

合金元素对宽展的影响见表 2-5，其中系数 $m_{宽}$ 是在平辊简单轧制条件下以 Q195 钢为 1 对比求出的。

表 2-5　合金元素对宽展的影响系数

类　别	钢　号	$m_{宽}$
Ⅰ	Q195	1
Ⅱ	T7A GCr15 20MoA 4Cr13 38CrMoAlA 4Cr10Si2Mo	1.25 ~ 1.30
Ⅲ	4Cr14Ni14W2Mo 2Cr13Ni4Mn9	1.35 ~ 1.40
Ⅳ	1Cr18Ni9Ti 1Cr20Ni25Si2 0Cr23Ni13	1.40 ~ 1.50
Ⅴ	1Cr17Al5 Cr15Ni60	1.55 ~ 1.60

187. 轧辊直径、轧件宽度、轧辊工作表面、轧制速度与温度对宽展有哪些影响?

（1）轧辊直径对宽展的影响。在其他条件不变的情况下，随着轧辊直径的增加，变形区长度增加，宽展值相应加大。

（2）轧件宽度对宽展的影响。随着轧件宽度的增加，变形区的金属在横向流动的阻力增加，导致宽展量减小。

（3）轧辊工作表面对宽展的影响。实践证明，使用表面粗糙的轧辊轧制，比使用表面光滑的轧辊轧制，轧件的宽展量大，这是由于前者比后者表面摩擦系数大的缘故。

所有使摩擦系数增大的因素，都促使宽展量加大。例如孔型磨老（变粗糙），轧件的宽展量就会增大。因为钢轧辊不如铸铁轧辊耐磨，所以，在轧制一段时间之后，用钢轧辊轧制的轧件比用铸铁轧辊轧制的轧件宽展量大。

（4）轧制速度与温度对宽展的影响。当轧制速度超过 2m/s 时，轧制速度愈高，摩擦系数愈低。热轧时温度愈高，摩擦系数愈低。凡是使摩擦系数降低的因素都是减小轧件宽展的因素。

188. 什么叫变形速度，怎样计算?

变形速度以轧件通过变形区单位时间的相对压下量来表示，其关系式为：

$$u = \frac{\dfrac{\Delta h}{h_{平均}}}{T_{轧}} \tag{2-25}$$

式中 u——变形速度，1/s；

Δh——压下量，mm；

$h_{平均}$——变形前后轧件的平均高度，mm，

$$h_{平均} = \frac{H + h}{2}$$

H——轧制前轧件高度，mm；

h——轧制后轧件高度，mm；

$T_{轧}$——轧件通过变形区的时间，s，

$$T_{轧} = \frac{L_{变}}{v}$$

$L_{变}$——变形区长度，mm；

v——轧制速度，mm/s。

因此，变形速度又可用下式表示：

$$u = \frac{2\Delta hv}{(H + h)l_{变}} \tag{2-26}$$

变形速度对金属的变形抗力及塑性都有影响。当变形程度一定时，在热加工温度范围内，随着变形速度的增加，变形抗力有比较明显地增加；而在冷加工时，变形速度对变形抗力的影响一般不大。变形速度的增加使塑性减小。不同轧机轧制时的一般变形速度如表 2-6 所示。

表 2-6 不同轧机轧制时的变形速度

轧机名称	平均变形速度/s^{-1}	轧机名称	平均变形速度/s^{-1}
初轧机	0.8 ~ 3	线材轧机	75 ~ 300
大型型钢轧机	1 ~ 5	厚板轧机	8 ~ 15
中型型钢轧机	10 ~ 25	连续式宽带钢轧机	70 ~ 100

189. 什么叫轧制速度，怎样计算？

轧制速度就是与金属接触处的轧辊圆周速度，其计算公式为

$$v = \frac{\pi Dn}{60} \tag{2-27}$$

式中 v——轧制速度，m/s；

D——轧辊工作直径，m；

n——轧辊转速，r/min。

因为轧制速度越高，轧机产量就越高，所以提高轧制速度是现代轧机提高生产率的主要途径之一。但是轧制速度的提高，受到轧机结构和强度、电机能力、机械化与自动化水平、咬入条件、坯料状态以及批量大小等一系列因素的限制。目前，由于轧制工艺设备条件已有很大改进，如液压传动和液压轴承，电子计算机的应用、坯料长度的增加以及电机能力的加大等，所以轧制速度比过去有很大提高。现代化的带钢冷连轧机的轧制速度已达到45m/s，无扭转连续式线材轧机的轧制速度已超过130m/s。提高轧制速度是轧钢生产的发展方向。目前国内外常用轧机的轧制速度范围列于表2-7。

表2-7　常用轧机的轧制速度

轧机种类	轧机名称	规格/mm	轧制速度/$m\cdot s^{-1}$
初轧机	二辊可逆式	$D_0=750\sim1350$	2~7
	万能板坯	$D_0=1150\sim1370$	约6
钢坯轧机	二辊可逆/三辊横列	$D_0=500\sim850$	3~4
	三辊横列式	$D_0=500\sim650$	2.5~4
	钢坯连轧机	$D_0=420\sim850$	4~5
轨梁及大型轧机	万能式钢梁轧机	$D_0=850\sim1350$	3~5
	横列式	$D_0=650\sim950$	3.5~7
	跟踪式	$D_0=550\sim750$	6~7
中小型轧机	横列式中型	$D_0=400\sim650$	2.5~4.5
	连续式中型	$D_0=400\sim650$	7~12
	横列式小型	$D_0=250\sim350$	2.5~8
	半连续小型	$D_0=250\sim350$	5~15
	连续式小型	$D_0=250\sim350$	7~20
线材轧机	横列式	$D_0=180\sim280$	3~9
	半连续式	$D_0=150\sim300$	8~30
	连续式	$D_0=150\sim300$	15~130
钢板轧机	厚板轧机	$L_{辊}=4200\sim5600$	4~7
	中厚板轧机	$L_{辊}=2500\sim3600$	5~7
	三辊劳特式中板	$L_{辊}=2300\sim2450$	2.5~4.4
	叠轧薄板	$L_{辊}=750\sim1200$	约1.5

续表 2-7

轧机种类	轧机名称	规格/mm	轧制速度/m · s^{-1}
热轧宽带钢轧机	可逆式炉卷	$L_{辊}$ = 1200 ~ 1700	约 8.5
	四辊连续式	$L_{辊}$ = 1200 ~ 2300	15 ~ 26.5
	四辊半连续式	$L_{辊}$ = 1200 ~ 2000	9 ~ 19
冷轧宽带钢轧机	四辊可逆式	$L_{辊}$ = 1200 ~ 2300	6 ~ 15
	四辊连续式	$L_{辊}$ = 1200 ~ 2200	25 ~ 45
	多辊式	$L_{辊}$ = 1150 ~ 1400	约 15
焊管坯窄带钢轧机	横列式	ϕ = 250 ~ 380	3 ~ 5
	半连续式	ϕ = 250 ~ 400	3 ~ 9
	连续式	ϕ = 350 ~ 450	7 ~ 21
无缝钢管轧机	自动式轧管机组	ϕ = 76 ~ 400	2 ~ 5.5
	连续式轧管机	ϕ = 102 ~ 168	3.9 ~ 7
	周期式轧管机	ϕ = 216 ~ 426	0.9 ~ 3
焊管机组	直缝电焊管机组	ϕ = 32 ~ 1625	0.16 ~ 2
	螺旋焊管机组	ϕ = 680 ~ 2540	0.083 ~ 0.05
	连续炉焊管机组	ϕ = 12 ~ 114	0.83 ~ 8

注：D_0—轧辊公称直径；$L_{辊}$—辊身长度；ϕ—可生产的钢管外径尺寸。

190. 什么叫前滑和后滑？

实验证明，轧制变形时，金属与轧辊间有相对运动，存在着金属相对于轧辊向后流动的后滑区和相对于轧辊向前流动的前滑区。在变形区内靠近轧辊的出口处，金属的纵向流动速度大于轧辊在该处的线速度，这种现象称为前滑。在变形区内靠近轧辊的入口处，金属的纵向流动速度小于轧辊在该处的线速度，这种现象称为后滑。

设轧件的出口速度为 $v_{出口}$，轧辊的圆周速度为 $v_{辊}$，则前滑值 $S_{前滑}$ 就是其速度差的相对值，可用下式表示：

$$S_{前滑} = \frac{v_{出口} - v_{辊}}{v_{辊}} \times 100\% \tag{2-28}$$

轧制时前滑值通常按3%～6%考虑。

前滑、后滑现象对连轧生产和周期断面钢材的生产具有重要意义。

191. 什么叫连轧和连轧常数?

一根轧件同时在几架轧机上轧制并保持在单位时间内轧件通过各轧机的体积相等的轧制叫连轧。单位时间内通过的金属体积（如果是一秒钟内通过的金属体积，就称为金属秒流量。）用下式计算:

$$V = \frac{\pi Dn}{60}S \tag{2-29}$$

式中　V——单位时间内通过轧机的金属体积，mm^3；

D——轧辊工作直径，mm；

n——轧辊转速，r/min；

S——轧件断面面积，mm^2。

在单位时间内通过每架轧机的金属体积等于一个常数，这个常数叫连轧常数。可用下式表示:

$$K_{连} = S_1D_1n_1 = S_2D_2n_2 = S_3D_3n_3 = \cdots = S_nD_nn_n \tag{2-30}$$

在实际轧钢生产中，由于前滑的影响以及孔型等因素的不断变化，连轧常数也是不断变化的。所以连轧常数必须经常相应地调整和修正。

192. 什么叫张力和张力轧制?

在连轧过程中，前后两架轧机存在金属秒流量差，当后架的秒流量大于前架时，造成前、后架之间的轧件受到前架轧机的拉力作用，此力通常称为张力。存在张力的轧制过程称为张力轧制。

张力不仅广泛存在于冷、热连轧生产的轧机之间，而且存在于卷筒和轧机之间，因为卷筒与轧机之间也存在速度差，也能使带钢在轧制过程中产生张力。利用调节卷筒与轧机的速度关系，就可以获得所需要的前张力或后张力。

轧制过程中可以用张力有效地改善板形，明显地降低轧制压力。带张力的轧制能使带钢（或板卷）轧得更薄。

193. 什么叫微张力轧制?

微张力轧制是不用活套支撑器，而用主电机的传动力矩随张力的变化直接控制轧件在机架间张力的一种轧制方法。微张力轧制通常用在线棒材轧机的中轧机组，以及热轧带钢粗轧机组的串列机架和精轧机组的前 3 架。

与活套支撑器相比，微张力控制可以提高机架间张力的控制精度和响应性，满足轧机多品种、多规格的需要，还可以减少维修工作量和降低生产成本。

194. 什么叫推力轧制?

在连轧过程中，当前架轧机的金属秒流量大于后续机架的金属秒流量时，造成前后机架之间的轧件受到前架轧机的推力作用。存在推力的轧制过程称为推力轧制。

推力轧制存在于较大断面轧件的连轧机架间，如型钢的开坯连轧、线棒材的粗、中轧机组的连轧，以及热轧板带的中轧机组的连轧。与张力轧制相比，推力轧制可以防止轧件的窄缩，控制轧件尺寸的精确度。

195. 什么叫微堆轧制?

连轧时，机架间通过的轧件必须满足秒流量相等的原则，即：

$$v_1 S_1 = v_2 S_2 = \cdots = v_x S_x = K_{连} \qquad (2\text{-}31)$$

式中 v_1，v_2，…，v_x——各相应轧制道次的轧制速度；

S——轧出的轧件截面面积；

$K_{连}$——连轧常数。

若轧件在两相邻机架上同时轧制，且前机架的秒流量略大于后机架的，即：

$$v_xS_x > v_{x+1}S_{x+1} \tag{2-32}$$

则在轧件的断面较小的情况下，就会在两机架间产生一个自由套，也就是产生微堆现象。这种轧制过程叫微堆轧制。

在线材轧机生产中，由于孔型设计或轧机调整方面的原因，会在预精轧或中轧机架间存在微堆轧制。在微堆轧制中，以堆拉系数 $K_{堆}$ 描述其轧制状态。$K_{堆}$ 等于有连轧关系的相邻机架的后架金属秒流量与前架金属秒流量之比。当 $K_{堆}>1$ 时，为拉钢轧制；当 $K_{堆}<1$ 时为堆钢轧制。微堆轧制的堆拉系数通常为 0.98~0.99。

196. 什么叫轧制压力？什么叫单位轧制压力？

轧制压力是轧件变形时金属作用在轧辊上的垂直于接触面积水平投影的力，如图 2-35 所示。它是制订轧制工艺规程和进行

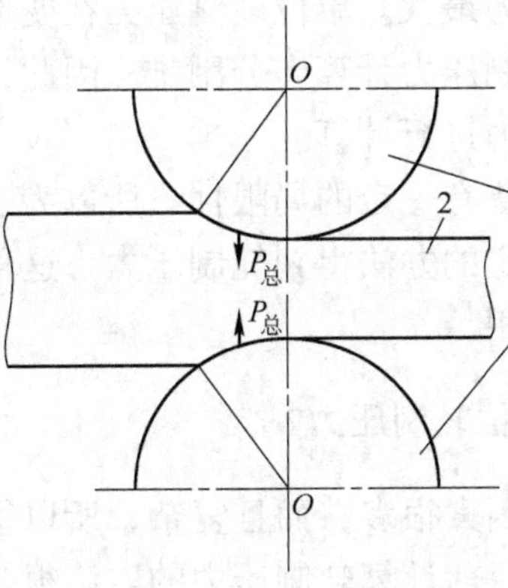

图 2-35 轧制时的轧制压力

轧机设计的重要参数。

轧制压力一般用下式计算：

$$P_{总} = p_{平均} S_{接触} \tag{2-33}$$

式中 $P_{总}$——轧制总压力，N；

$p_{平均}$——平均单位压力，MPa；

$S_{接触}$——接触面积，mm^2。

变形区内单位面积上的轧制压力称为单位轧制压力。

单位轧制压力由两部分组成，一部分是克服轧件内部滑移阻力所需要的力，以 K 表示，称为钢的变形抗力（即轧制条件下的平面变形抗力，$K = 1.15\sigma_s$，σ_s 取决于金属的化学成分和组织状态、变形温度、变形速度及变形量，在这些条件一定时，σ_s 可通过实验确定，目前人们已把许多实验结果制成了曲线，σ_s 可由曲线查出）；另一部分是克服金属塑性变形时产生的附加抗力，以 $K_{附加}$ 表示，$K_{附加}$ 随着摩擦系数的增加而增加。所以单位轧制压力又可用下式表示：

$$p = K + K_{附加} \tag{2-34}$$

实验证明，单位轧制压力在变形区内的分布是不均匀的。一般在变形区进、出口处的单位轧制压力较小，在变形区内某一中间位置的单位轧制压力最大。单位轧制压力在变形区内的这种分布不均匀性，造成轧制压力计算十分困难。因此，在实际生产中常用平均单位轧制压力进行计算。

由于上述计算方法有一定的局限性，所以为了得到较准确的数据，就需要利用测定的办法得到轧制压力。这种实测的方法已在生产中得到广泛应用。

197. 如何计算平均单位轧制压力？

影响轧制压力的因素很多，而且复杂，所以很难得出一个普遍适用的计算公式。目前计算轧制压力的方法很多，均有一定的局限性。下面介绍几种计算单位轧制压力的经验公式。

（1）采里科夫公式

$$p_{平均} = K\left(\frac{2h}{\Delta h(\delta - 1)}\right)\left(\frac{h_\gamma}{h}\right)\left[\left(\frac{h_\gamma}{h}\right)^\delta - 1\right] \tag{2-35}$$

或

$$p_{平均} = K\frac{2(1-\varepsilon)}{\varepsilon(\delta - 1)}\left(\frac{h_\gamma}{h}\right)\left[\left(\frac{h_\gamma}{h}\right)^\delta - 1\right] \tag{2-36}$$

式中 $\varepsilon = \frac{\Delta h}{H}$；

Δh——压下量，mm；

H——轧件原始高度，mm；

$$\delta = f\frac{2l}{\Delta h} = f\sqrt{\frac{2D}{\Delta h}} = 2f\sqrt{\frac{R}{\Delta h}} \tag{2-37}$$

f——摩擦系数；

D——工作辊径，mm；

R——工作辊半径，mm；

$$\frac{h_\gamma}{h} = \left\{\frac{1+\sqrt{1+(\delta^2-1)\left(\frac{H}{h}\right)^\delta}}{\delta + 1}\right\}^{1/\delta} \tag{2-38}$$

h_γ——轧件的中性截面高度，mm；

h——轧后的轧件高度，mm。

为了简化计算，根据公式2-36、2-37可以做出$\frac{p_{平均}}{K}$随δ、ε变化的曲线，如图2-36所示。

在实际计算中，只要计算出δ及ε值，按图2-36即可查得$\frac{p_{平均}}{K}$值，再乘以K值就得到了$p_{平均}$值。K值可按下式求出：

$$K = 1.15\sigma_s \tag{2-39}$$

式中 K——静压缩时金属的平面变形抗力，MPa；

σ_s——单向拉伸时金属的变形抗力，MPa。

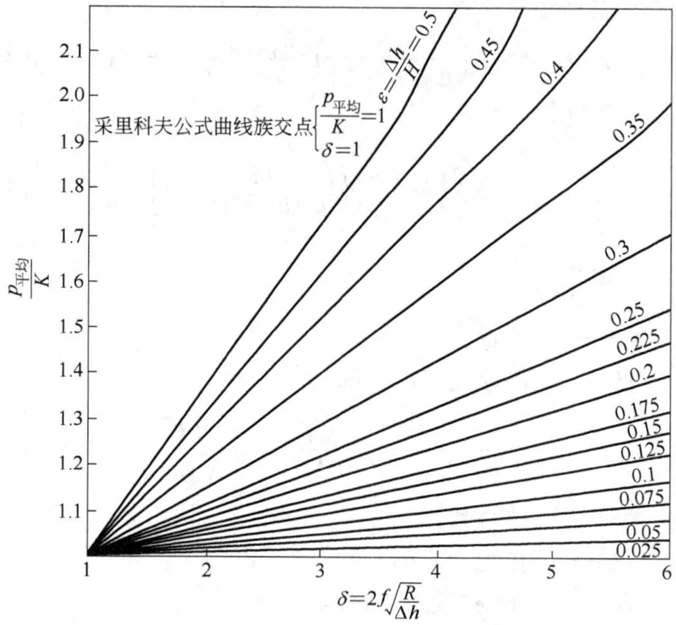

图 2-36　采里科夫压力公式图解

具体的计算步骤是

1）根据上述公式算出相对变形量 ε 和 $\delta\left(\delta = 2f\sqrt{\frac{R}{\Delta h}}\right)$，然后由图 2-36 查得 $p_{平均}/K$ 值。

2）确定 K 值

$$K = 1.15\sigma_s$$

σ_s 在高温热轧时等于 σ_b，可以根据相应的实验曲线查出不同温度和不同变形速度下的 σ_s 值，代入式 2-39 即可求得 K 值。

3）求出平均单位轧制压力

$$p_{平均} = \left(\frac{p_{平均}}{K}\right)K$$

在计算 δ 值时，式 2-37 中的摩擦系数可按下式确定：

$$f = n(1.05 - 0.0005t_{轧}) \tag{2-40}$$

式中　f——摩擦系数；

$t_{轧}$——轧制温度，℃；

n——由轧辊材质而定的系数，钢轧辊的 $n=1$，铁轧辊的 $n=0.8$。

公式 2-40 适用于轧制碳钢薄轧件的压力计算。

（2）爱克隆德公式

$$p_{平均} = (1 + m_K)(K + \eta_{黏} u) \tag{2-41}$$

式中　m_K——表示外摩擦力对单位压力的影响系数；

K——静压缩时金属的平面变形抗力，MPa；

$\eta_{黏}$——轧制金属的黏度系数，MPa · s；

u——变形速度，1/s。

式中第一项（$1+m_K$），考虑了金属与轧辊间的摩擦使变形抗力升高。为了确定 m_K 值，爱克隆德给出了下式：

$$m_K = \frac{1.6f\sqrt{R(H-h)} - 1.2(H-h)}{H+h} \tag{2-42}$$

$$u = \frac{2v_{辊}\sqrt{\Delta h/R}}{H+h} \tag{2-43}$$

式中　$v_{辊}$——轧辊的线速度。

K 值、$\eta_{黏}$ 值计算用下式：

$$K = (14 - 0.01t_{轧})(1.4 + C + Mn + 0.3Cr) \tag{2-44}$$

$$\eta_{黏} = 0.01(14 - 0.01t_{轧}) \tag{2-45}$$

式中　$t_{轧}$——轧制温度，℃；

C——以% 表示的碳含量；

Mn——以% 表示的锰含量；

Cr——以% 表示的铬含量。

当 $t_{轧} \geqslant 800$℃ 和锰含量 $\leqslant 1.0\%$ 时，上述公式计算比较正确。热轧低碳钢的计算压力与实际接近。

（3）高洛文-恰古诺夫公式

$$p_{平均} = K_t \sigma_b \tag{2-46}$$

式中　σ_b——冷状态下已退火钢的抗拉强度，MPa；

K_t——与所轧钢的熔点和加热温度有关的温度系数；

当 $t_{轧} > (t_{熔} - 575)$ 时，

$$K_t = \frac{0.95t_{熔} - t_{轧}}{1500} \approx \frac{t_{熔} - 75 - t_{轧}}{1500} \tag{2-47}$$

当 $t_{轧} < (t_{熔} - 575)$ 时，

$$K_t = \left(\frac{t_{熔} - t_{轧}}{1000}\right)^2 \tag{2-48}$$

$t_{轧}$——轧制温度，℃；

$t_{熔}$——金属的熔点，℃。

这个公式考虑了金属熔点，但忽略了变形速度对轧制压力的影响。因此它适用于计算变形速度变化不大的合金钢的轧制压力。

除上述公式外，还有很多计算轧制压力的公式，如冷轧时的斯通公式等。

198. 如何计算接触面积？

接触面积是指轧件与轧辊接触面的水平投影，它取决于轧件与孔型的几何尺寸和轧辊直径。接触面积 $S_{接触}$ 按下式计算：

（1）平辊轧制时的接触面积为

$$S_{接触} = l_{变} \cdot \frac{B + b}{2} \tag{2-49}$$

式中　$S_{接触}$——接触面积，mm^2；

$l_{变}$——变形区长度，mm；

B，b——轧前、轧后的轧件宽度，mm。

（2）在孔型中轧制时计算接触面积的主要方法有两种：

第一种　$$S_{接触} = \frac{B + b}{2}\sqrt{R\Delta h_c} \tag{2-50}$$

式中 Δh_c——平均绝对压下量，mm，可按轧件平均高度求出，即

$$\Delta h_c = \frac{S_0}{B} - \frac{S_1}{b} \tag{2-51}$$

式中 S_0，S_1——轧前、轧后的轧件断面面积，mm^2。

第二种是作图法，即按比例地画出轧制时轧辊与轧件接触点的正面、侧面和水平面三个方向的投影，用实测投影面积的方法求得接触面积（图 2-37）。

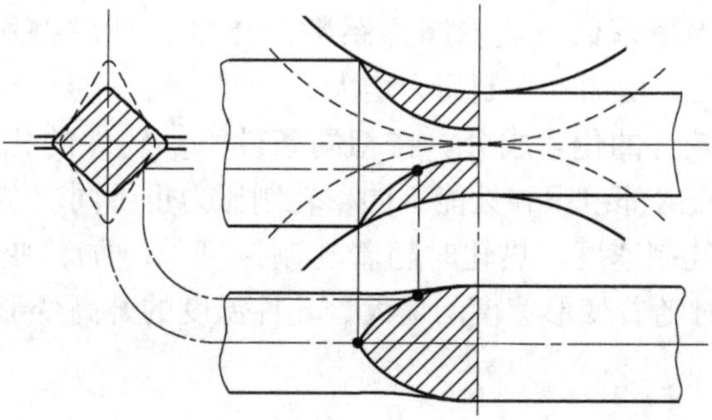

图 2-37 计算接触面积的作图法

为了计算方便，一般把投影画在方格纸上。画出面积后数格就可以得到接触面积。如果外形复杂，用测积仪确定所得的面积。

其他还有解析—图解法等。

199. 影响轧制压力的因素有哪些？

影响轧制压力的主要因素有：

（1）绝对压下量。在轧辊直径和摩擦系数相同的条件下，随着绝对压下量的增加，轧件与轧辊的接触面积加大，轧制压力增加。同时接触弧长增加，外摩擦的影响加剧，平均单位压力增加，轧制压力也随之增大。

（2）轧辊直径。在其他条件一定时，随着轧辊直径的加大，接触面积增加，同时接触弧长增加，外摩擦的影响加剧。因而，轧制压力增大。

（3）轧件宽度。随着轧件宽度的增加，接触面积增加，轧制压力增大。

（4）轧件厚度。随着轧件厚度的增加，轧制压力减小；反之，轧件愈薄，轧制压力愈大。

（5）轧制温度。随着轧制温度的升高，变形抗力降低，平均单位压力降低，轧制压力减小。

（6）摩擦系数。随着摩擦系数的增加，外摩擦影响加大，平均单位压力增加，轧制压力增大。

（7）轧件的化学成分。在相同条件下，轧件的化学成分不同，金属的内部组织和性能不同，轧制压力也不同。

（8）轧制速度。热轧时随着轧制速度的增加，变形抗力增加。冷轧时随着变形速度的增大、轧件温度的升高变形抗力有所降低。

200. 主电机轴上的力矩有哪几种？

传动轧钢机轧辊所需的电动机轴上的力矩由四部分组成：轧制力矩，附加摩擦力矩，空转力矩，动力矩。用公式表示为：

$$M_{总} = M_{轧} + M_{摩} + M_{空} + M_{动} \tag{2-52}$$

式中 $M_{轧}$——轧制力矩；

$M_{摩}$——传至电动机轴上的附加摩擦力矩，此摩擦力是当轧件通过轧辊时，在轧辊轴承、传动机构及轧钢机其他部分中产生的，但没有考虑轧钢机空转时所需的力矩；

$M_{空}$——空转力矩，即在空转时传动轧钢机所需的力矩；

$M_{动}$——在电动机轴上的动力矩，即克服由于轧辊不均匀转动而产生的惯性力所需的力矩。

在一般情况下，轧制力矩最大。$M_{摩}$、$M_{空}$ 与轧钢机械及零件的精密度有关，在实际生产中应当尽量减小。

201. 什么叫轧制力矩，怎样计算？

轧制时垂直接触面水平投影的轧制总压力与其作用点到轧辊中心线的距离（即力臂）和乘积叫轧制力矩，如图 2-38 所示。

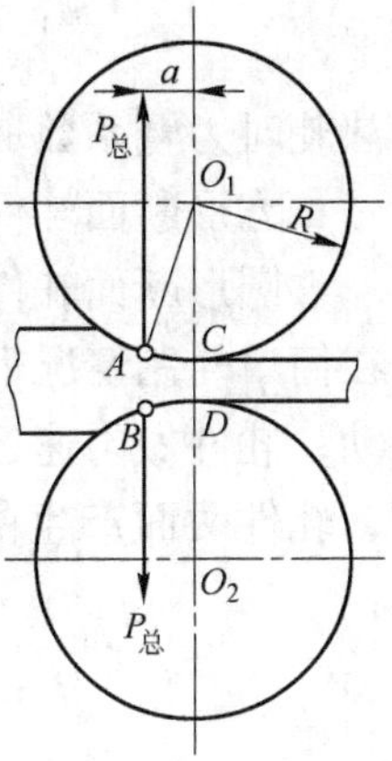

图 2-38　简单轧制时作用在轧辊上的力

轧制力矩是驱动轧辊完成轧制过程的力矩。

轧制力矩的计算方法如下：

（1）按轧件给轧辊的压力计算

$$M_1 = P_{总} a \tag{2-53}$$

式中 M_1——传动一个轧辊需要的力矩，N·m；

$P_{总}$——垂直接触面水平投影的轧制总压力，N；

a——$P_{总}$ 的作用点到轧辊中心线的距离，m。

根据轧制压力和接触面积的计算公式可知，

$$P_{总} = p_{平均} S_{接触} = p_{平均} \frac{B+b}{2} \sqrt{R\Delta h}$$

式中 $p_{平均}$——平均单位轧制压力，MPa；

B，b——轧件轧前与轧后的宽度，mm；

R——轧辊半径，mm；

Δh——压下量，mm。

力臂 a 可按下式计算：

$$a = \psi \sqrt{R\Delta h} \times 10^{-3} \tag{2-54}$$

式中 ψ——轧制压力的力臂系数。

将式 2-54 代入式 2-53 可得

$$M_1 = p_{平均} \frac{B + b}{2} R \Delta h \psi \times 10^{-3} \quad (2\text{-}55)$$

热轧时力臂系数取值如下：

方形断面轧件　　$\psi = 0.5$

圆形断面轧件　　$\psi = 0.6$

在简单轧制情况下，即两个轧辊的直径相同，转速相等，双辊驱动，轧件做匀速运动，当轧件性质相同时，在上下两辊的作用下，轧件两面产生的变形一样，这时驱动两个轧辊的轧制力矩为：

$$M = M_1 + M_2 \quad (2\text{-}56)$$

因　　$M_1 = M_2$

故　　$M = 2P_{总} a$

或　　$M = p_{平均} R \Delta h \psi (B + b) \times 10^{-3}$　　(2-57)

（2）按能量消耗计算

$$M_1 = A_{变} \frac{R}{l} \quad (2\text{-}58)$$

式中　$A_{变}$——变形功，J；

R——轧辊半径，mm；

l——轧件轧后长度，mm。

这种方法适用于计算轧制非矩形对称断面轧件的轧制力矩。

202. 什么是附加摩擦力矩，怎样计算？

附加摩擦力矩是轧制过程中因轧辊轴承和其他转动部件产生摩擦力而增加的力矩，它由两部分组成，即

$$M_{摩} = M_{摩1} + M_{摩2} \quad (2\text{-}59)$$

式中　$M_{摩1}$——轧辊轴承的附加摩擦力矩，N · m；

$M_{摩2}$——轧机传动部件（齿轮座、减速机、连接轴等）的附加摩擦力矩，N · m；

$$M_{摩1} = P_{总} df \tag{2-60}$$

式中　$P_{总}$——轴承负荷，即作用在轧辊上的轧制压力，N；

d——轧辊辊颈的直径，m；

f——轧辊轴承的摩擦系数。

不同的轧辊轴承，其摩擦系数 f 如下：

热轧用胶木瓦轴承　$f=0.05\sim0.01$

热轧用青铜瓦轴承　$f=0.07\sim0.01$

冷轧用青铜瓦轴承　$f=0.08\sim0.04$

滚动轴承、液体摩擦滑动轴承　$f=0.005\sim0.003$

$$M_{摩2} = \left(\frac{1}{\eta_{效}} - 1\right)(M_{轧} + M_{摩1})/i \tag{2-61}$$

式中　i——主电机到轧辊的传动比；

$\eta_{效}$——主电机到轧辊的传动效率。

单级齿轮传动的 $\eta_{效}=0.95\sim0.98$，皮带传动的 $\eta_{效}=0.8\sim0.9$，齿轮机座的 $\eta_{效}=0.92\sim0.95$，接轴和接手的 $\eta_{效}=0.99$，若传动系统由 x 个传动件组成，那么其传动效率 $\eta_{效}$ 为传动系统中各传动件效率之乘积，即

$$\eta_{效} = \eta_{效1}\eta_{效2}\cdots\eta_{效x} \tag{2-62}$$

203. 什么是空转力矩？什么是动力矩？两种力矩怎样计算？

空转力矩是在轧机不轧钢时，各传动部件在其轴承中消耗的摩擦力矩之总和，计算公式为：

$$M_{空} = \sum \frac{G_x f_x d_x}{2i_x} \tag{2-63}$$

式中　G_x——传动件 x 的重力，N；

f_x——传动件 x 的轴承摩擦系数；

d_x——传动件 x 的轴颈直径，m；

i_x——电动机到传动件 x 的传动比。

动力矩为轧辊不均匀转动时由惯性力所产生的力矩。它只发

生在带飞轮的轧机上、轧辊不均匀转动的轧机上以及轧辊转速经常改变的轧机上（如初轧机等），用下式计算：

$$M_{动} = \frac{GD_{惯}^{2}}{4}\left(\frac{\mathrm{d}w}{\mathrm{d}t}\right) \tag{2-64}$$

式中　G——运转部分的重力；

$D_{惯}$——惯性直径；

$\left(\frac{\mathrm{d}w}{\mathrm{d}t}\right)$——角加速度。

204. 什么叫变形功，怎样计算？

使轧件按要求产生塑性变形所消耗的功称为变形功。

计算变形功的公式较多，下面介绍两种既简单又实用的公式：

（1）轧制时的变形功

$$A_{变} = pV\ln\frac{H}{h} \tag{2-65}$$

式中　$A_{变}$——变形功，kJ；

p——单位压力，MPa；

V——变形轧件的体积，mm^3；

H，h——轧件轧制前、后高度，mm。

当精度要求不高时，为了计算方便，可采用近似值 $\frac{2(H-h)}{H+h}$ 代替 $\ln\frac{H}{h}$。

（2）挤压、拉拔时的变形功

$$A_{变} = pV\ln\mu \tag{2-66}$$

式中　μ——延伸系数；

p——单位压力，MPa；

V——变形轧件体积，mm^3。

第三章　轧钢生产工艺过程

205. 什么是轧钢生产工艺过程?

将化学成分和形状不同的钢锭或者钢坯，轧成形状和性能符合要求的钢材，需要经过一系列的工序，这些工序的组合和顺序叫做工艺过程。由于钢材的品种繁多，规格形状、钢种和用途各不相同，所以轧制不同产品采用的工艺过程也不同。

正确地确定工艺过程，对保证产品的产量、质量和降低成本具有重要意义。

轧钢生产的工艺过程是相当复杂的。尽管随着轧制产品质量要求的提高、品种范围的扩大以及新技术、新设备的应用，组成工艺过程的各个工序会有相应的变化，但是整个轧钢生产工艺过程总是由以下几个基本工序组成的:

(1) 坯料准备，包括表面缺陷的清理，表面氧化铁皮的去除和坯料的预先热处理等。

(2) 坯料加热，是热轧生产工艺过程中的重要工序。

(3) 钢的轧制，是整个轧钢生产工艺过程的核心。坯料通过轧制完成变形过程。轧制工序对产品的质量起着决定性作用。

轧制产品的质量要求，包括产品的几何形状和尺寸精确度、内部组织和性能以及产品表面质量三个方面。制订轧制规程的任务是，在深入分析轧制过程特点的基础上，提出合理的工艺参数，达到上述质量要求并使轧机具有良好的技术经济指标。

(4) 精整，是轧钢生产工艺过程中的最后一个工序，也是比较复杂的一个工序。它对产品的质量起着最终的保证作用。产品的技术要求不同，精整工序的内容也大不相同。精整工序通常又包括钢材的切断或卷取、轧后冷却、矫直、成品热处理、成品表面清理和各种涂色等许多具体工序。

206. 制定工艺过程的依据是什么?

组成生产工艺过程的若干工序不得任意取舍。制定工艺过程的主要依据是:

（1）产品的技术条件。产品技术条件规定了对产品的质量要求，即它对产品的几何形状与尺寸精确度、钢的内部组织与性能以及表面质量都作出了明确的规定，所以它是制定工艺过程的首要依据。

（2）钢种的加工工艺性能。钢的加工工艺性能包括变形抗力、塑性以及形成缺陷的倾向性等内容。它反映钢的加工难易程度，决定并影响钢的加工方式和方法。显然它是制定工艺过程的重要依据。

（3）生产规模大小。一般说生产规模大小有两个含义，即企业规模的大小和各产品批量的大小。

（4）产品成本。成本是生产效果的综合反映。一般来说，钢的加工工艺性能愈差，产品技术要求愈高，其工艺过程就愈复杂，生产过程中的金属、燃料、电力、劳动力等各种消耗也愈高，产品成本必然相应提高。反之，则成本下降。因此，成本的高低在一定程度上是工艺过程是否合理的反映。

（5）工人的劳动条件。所采用的工序必须保证安全生产而又不污染环境，否则应采取妥善的防护措施。

还应指出，制定工艺过程的各项依据是相互影响、相互联系的。任何片面强调某一方面的做法都会给生产带来不良后果。

207. 为什么产品的技术要求是制定工艺过程的首要依据?

各种钢材都有它自己的用途。为了满足使用上的要求，每种钢材都必须具有能满足使用需要的规格与技术性能，如断面形状和尺寸、力学性能、化学成分和内部组织等。对钢材规格和技术性能的要求称为产品的技术要求。在制定工艺过程时，不论采取哪种加工方式和选用什么工序，都必须保证产品质量达到相应的技术要求，产品才能具有较高的使用价值。因此产品的技术要求是制定工艺过程的首要依据。

因为产品的使用条件不同，所以产品的技术要求也就不同。又因为使用上的需要和生产上的可能性之间有矛盾，特别是对于那些使用范围较广，同时又有许多厂生产的产品，为了便于钢材的使用和生产，需要制定统一的产品技术标准。在制定产品技术标准时，除了考虑用户的技术要求外，还要考虑生产上的经济性，合理性。

因此，产品的技术标准，既反映用户对产品的技术要求，又反映生产部门能达到和必须达到的技术水平，是组织生产的基本文件。

208. 产品的技术标准包括哪些内容?

产品的技术标准，按照其制定权限和使用范围可分为国家标准、行业标准、企业标准等。目前，钢铁企业中常用的技术标准见表3-1。

表3-1 钢铁企业中常用的技术标准

代号	名称	性质	说明
GB	国家标准	强制性	
GB/T	国家推荐标准	推荐性	
ZB	专业标准		《标准化法》发布以后改为行业标准。现在不再编专业标准编号，但原有的专业标准有的还在使用
ZBH	冶金类专业标准		
ZBD	矿业类专业标准		
ZBG	化工类专业标准		
ZBQ	建材类专业标准		
ZBN	仪器、仪表类专业标准		

续表 3-1

代号	名称	性质	说明
YB	冶金行业标准	强制性	行业标准与专业标准不完全相等，一般比专业标准范围更宽
YB/T	冶金行业推荐标准	推荐性	
YB(T)	冶金行业推荐标准	推荐性	此代号是80年代曾用过的，现在仍有少数标准在使用
YB/Q	冶金行业企业标准		
YB/JQ	钢铁企业机修设备制造用标准		

产品技术标准按照其基本内容可分为：

（1）基础标准，包括钢的分类、牌号表示方法、术语及定义、产品标准的一般技术规定等。

（2）品种标准，规定钢材应具有的断面形状、尺寸及允许偏差，并且附有供使用参考的参数。

（3）技术条件标准，有的称规范，如现在的国家军用标准称这样的标准为规范。它规定有关金属的化学成分、物理力学性能、高倍及低倍组织、抗腐蚀性、工艺性能及其他特殊性能要求等。这是对成品钢材质量的基本技术要求。

（4）试验方法标准，规定做试验的试样形状和尺寸、试验条件及试验方法等内容。

（5）交货要求标准，规定钢材交货验收时的包装、标志、储存和质量证明书等内容。

209. 工艺过程对产量有哪些影响？

轧制任何一种钢材都可能有几种工艺过程，但按不同工艺过程进行生产所能达到的产量却高低不同。例如轧制高碳优质钢的工艺过程有两种，如图 3-1 所示。虽然它们的工序相同，但因工序排列的顺序不同，其产量就不一样。

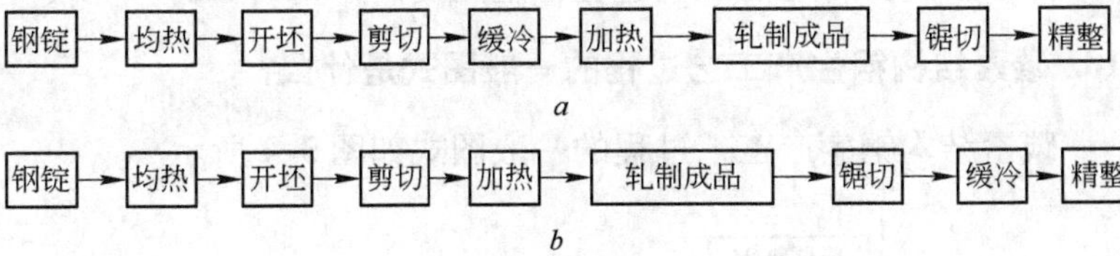

图 3-1　工序相同而顺序不同的工艺过程

又如轧制某些合金钢用的工序数不同，产量也不同。如图 3-2 所示，显然采用图 3-2*b* 所示的工艺过程，即用热钢坯轧制，比用图 3-2*a* 所示的工艺过程产量高。

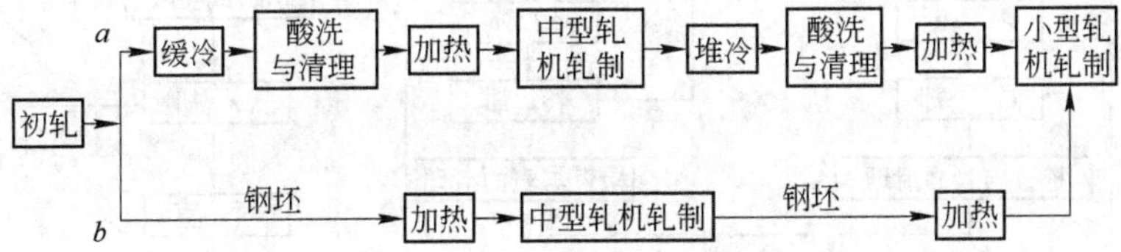

图 3-2　工序数不同的工艺过程

有时，工艺过程用的工序数和顺序都相同，但所采用的工序内容不同，产量也不同。如图 3-3 所示，轧制小圆钢时用剪切比用锯切产量高。

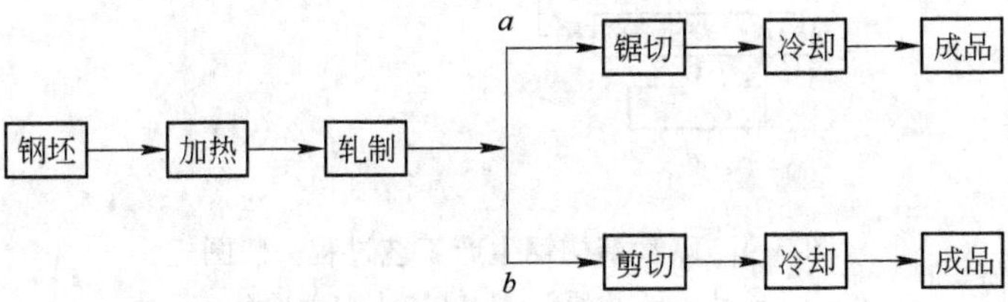

图 3-3　工序内容不同的工艺过程

由此可见，工艺过程的确定，即工序顺序、数目和工序内容的选择，与最终产量有密切关系。因此，应在满足产品技术要求的条件下，选择合理的工艺过程以达到提高产量的目的。

210. 碳素结构钢生产工艺过程的一般图式是什么？

碳素结构钢生产工艺过程的一般图式如图 3-4 所示。

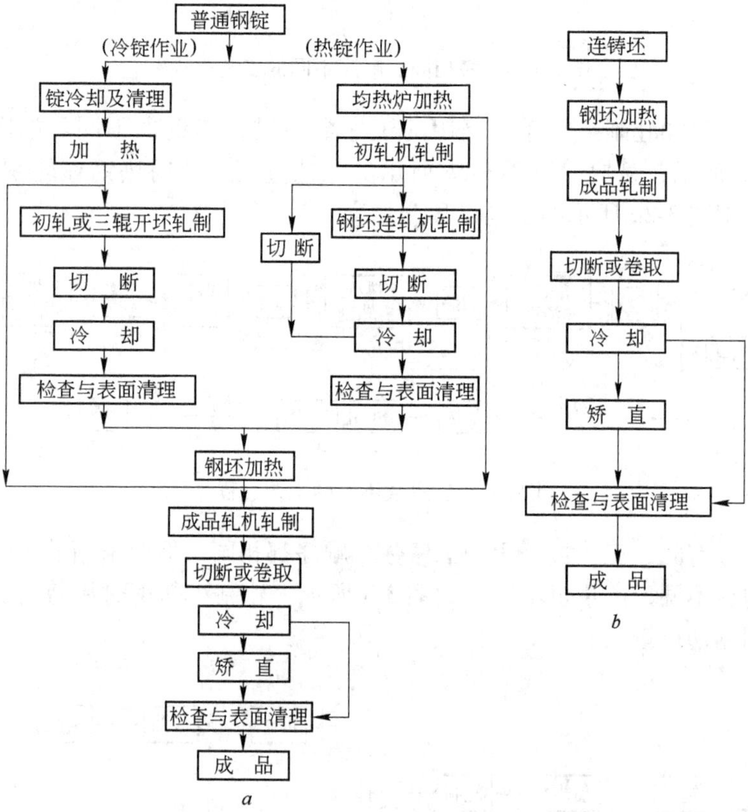

图 3-4 碳素结构钢生产工艺过程一般图式

a—以钢锭为原料；*b*—以连铸坯为原料

由图 3-4 可以看出，大、中型联合企业的轧钢车间一般采用热锭作业。这样不仅能缩短加热时间、节省大量燃料，而且有助于钢锭质量的改善。热锭作业采用均热炉加热钢锭，以保证不会因中心尚未凝固的热锭倾倒而使缩孔位置发生变化，并且保证钢锭加热均匀。

冷锭作业和一次成材的工艺过程常用于小型企业以及某些生产特殊产品（如特厚钢板、车轮轮箍）的轧钢车间。有时，铸锭与初轧生产能力不平衡或者需要对钢锭进行表面清理的企业也采用冷锭作业。

211. 合金钢生产工艺过程一般图式的特点是什么?

合金钢生产工艺过程的一般图式如图 3-5 所示。

从合金钢生产工艺过程图式来看，其特点是：开坯生产和成品生产一般都采用分段进行的生产方式，这是与合金钢的坯料要求准备，成品精整工序繁多相关联的。合金钢生产很少采用一次成材的方式。至于是采用冷锭作业还是采用热锭作业，则取决于生产量的大小和钢种的加工性能。例如：需要进行坯料表面清理的某些钢种必须采用冷锭作业（如高速钢生产）。

212. 冷加工生产工艺过程一般图式的特点是什么?

冷加工生产工艺过程的一般图式如图 3-6 所示。

冷加工包括冷轧和冷拔。因为冷加工既没有加热过程的氧化，也不受轧后冷却收缩的影响，所以它的产品表面光洁、尺寸精确、力学性能好。冷加工还可以得到某些使产品具有明显方向性（如冷轧硅钢片）的加工织构，因此，冷加工产品得到广泛应用。冷加工工艺过程的特点是，加工前一般要进行热处理及酸洗，并且在加工过程中要进行多次中间热处理。

213. 什么是钢的组织分类表？它在制定轧制工艺过程中起什么作用?

虽说化学成分不同的钢种，其轧制工艺特点不同，对某些缺陷的倾向性也不同，但总有某些钢种在加热、冷却以及压力加工

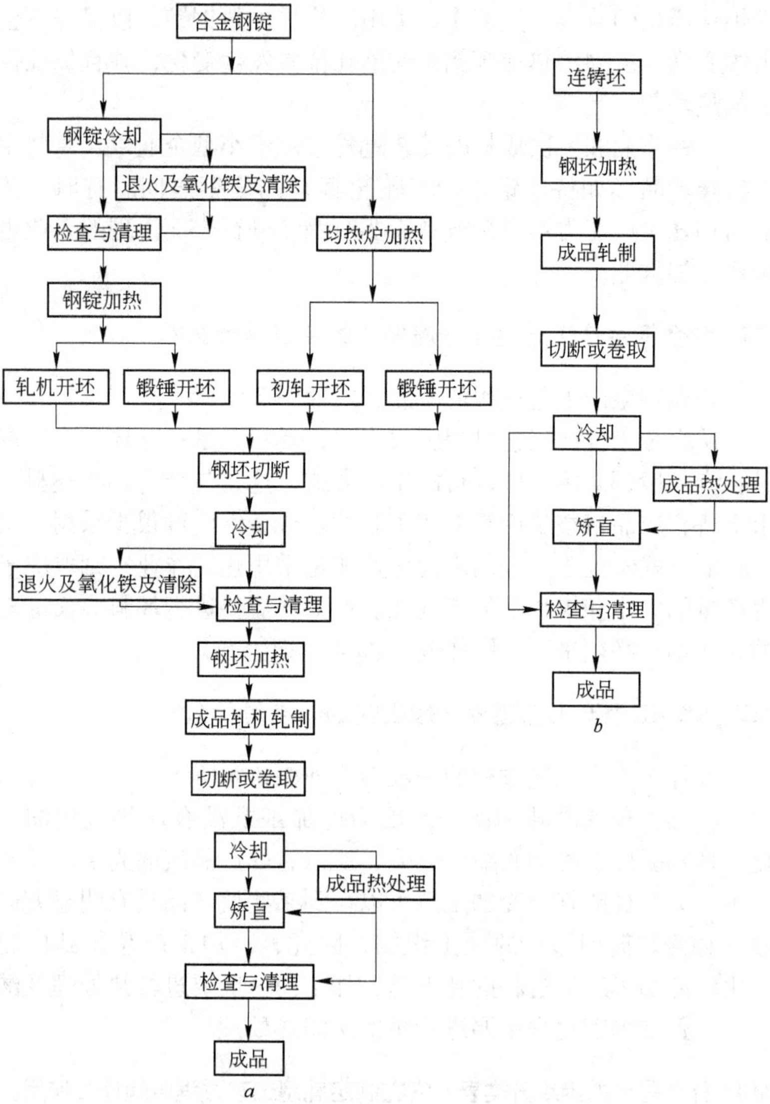

图 3-5　合金钢生产工艺过程的一般图式

a—以钢锭为原料；*b*—以连铸坯为原料

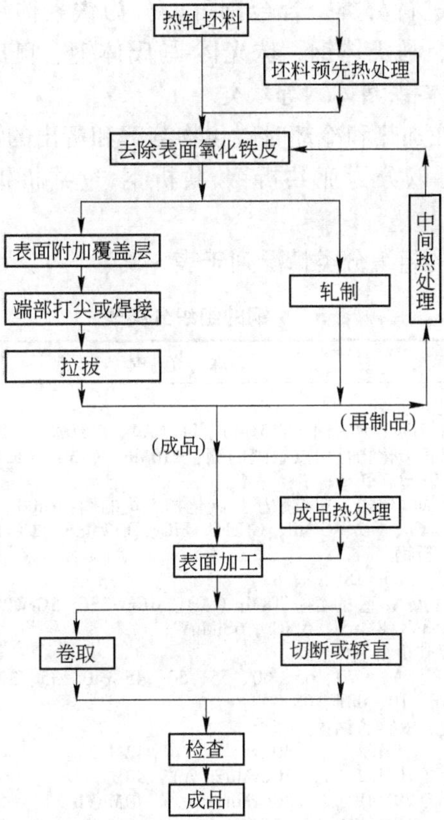

图 3-6 冷加工生产工艺过程的一般图式

过程中，其工艺特性和对缺陷的倾向性有相同的规律性，这就构成了对钢进行分类的基础。钢的科学分类是合理制定轧制工艺过程的重要参考资料。

若按钢的组织分类，在退火状态下可分为亚共析钢、共析钢、过共析钢和莱氏体钢；在正火状态下可分为珠光体钢、贝氏体钢、马氏体钢和奥氏体钢。

由于加入不同的合金元素能改变合金钢的相变温度及范围，所以，如果按钢在加热或冷却时是否有组织转变和在室温下钢的主要金相组织进行分类，合金钢可以分为铁素体钢和半铁素体钢、珠光体钢、马氏体钢、珠光体-马氏体钢、奥氏体钢和半奥氏体钢、奥氏体-铁素体钢等六类。

如果按钢在加热和冷却时碳化物溶解和析出的情况进行组织分类，合金钢可以分为亚共析钢、共析钢、过共析钢及莱氏体钢四类。

常用钢种的组织分类情况列于表 3-2。

表 3-2　钢的组织分类表

<table>
<tr><th>类 别</th><th colspan="5">珠 光 体</th></tr>
<tr><td rowspan="21">常用钢种</td><td colspan="5">(1) 过共析钢
有网状碳化物的钢：T13(A)、T12(A)、T11(A)、T10(A)、V；
有网状碳化物且白点敏感的钢：T10Mn、GCr6、Cr2Mn、8Cr、9SiCr、8CrV、9Cr2、8Cr3；
有网状碳化物，白点敏感且碳化物不均的钢：Cr06、Cr、W1、GCr9、MnSi、CrV、Cr2、CrMn、GCr15、SiCr、Cr2MnSi、GCr15SiMn、SiMnV；
(2) 共析钢
T9(A)、85、T8(A)、80；
有白点敏感的钢：T8Mn(A)、6CrW2Si、5CrW2Si、9Mn2、7Cr、9MnV、8V、8MnSi、6SiCr、6SiMnW；
(3) 亚共析钢
75、T7(A)、70、65、60、55、50、45、40、35、30、25、20、20F、15、15F、10、08F、08；
有白点敏感的钢：</td></tr>
<tr><td>70Mn</td><td>15Mn2</td><td>30Cr</td><td>42Mn2V</td><td>4Cr3Si4</td></tr>
<tr><td>65Mn</td><td>10Mn2</td><td>30CrMnSi(A)</td><td>40B</td><td>4CrW2Si</td></tr>
<tr><td>60Mn</td><td>20MnV</td><td>30CrMnTi</td><td>40MnVb</td><td>4SiCrV</td></tr>
<tr><td>55Mn2</td><td>15MnVB</td><td>25Cr2Mo1V</td><td>40MnB</td><td>4Cr3MnSiWV</td></tr>
<tr><td>50Mn</td><td>70Si3Mn(A)</td><td>(A)</td><td>38CrAl</td><td>4CrVMoW</td></tr>
<tr><td>50Mn2</td><td>65Si2MnW</td><td>25Cr2MoV(A)</td><td>35CrMnSi(A)</td><td>40CrMnMo</td></tr>
<tr><td>45Mn</td><td>(A)</td><td>25CrMo</td><td>35SiMn2MoV</td><td>38CrMoAlA(晶间</td></tr>
<tr><td>45Mn2</td><td>63Si2Mn(A)</td><td>24CrMoV</td><td>30SiMn2MoV</td><td>裂纹敏感)</td></tr>
<tr><td>40Mn</td><td>60Si2Mn(A)</td><td>20CrV</td><td>25SiMnMoV</td><td>37SiMn2MoV</td></tr>
<tr><td>40Mn2</td><td>55Si2Mn</td><td>15Cr</td><td>25CrMnSi</td><td>37SiMn2MoWV</td></tr>
<tr><td>35Mn</td><td>50CrV(A)</td><td>65Si2Cr</td><td>25Mn2V</td><td>30Mn2MoW</td></tr>
<tr><td>35Mn2</td><td>50Cr</td><td>60Si2Cr</td><td>20MnV</td><td>30Mn2MoTiB</td></tr>
<tr><td>30Mn</td><td>45CrV</td><td>55MnSi</td><td>20Mn2B</td><td>25MnTiB</td></tr>
<tr><td>30Mn2</td><td>45Cr</td><td>50B</td><td>16SiMn2WV</td><td>20Mn2TiB</td></tr>
<tr><td>25Mn</td><td>40CrV</td><td>45B</td><td>6SiMnV</td><td>20Mn2VB</td></tr>
<tr><td>20Mn</td><td>40Cr</td><td>45MnB</td><td>5MnSi</td><td>20CrMnTi</td></tr>
<tr><td>16Mn</td><td>40Cr2MoV</td><td>45Mn2B</td><td>7MnSi2</td><td>30CrMnTi</td></tr>
<tr><td>15MnV</td><td>38Cr(A)</td><td>45Mn2V</td><td>5SiMnMoV</td><td>15SiMn3MoWV</td></tr>
<tr><td>15Mn</td><td>35CrMoV</td><td>45CrNi</td><td>CrSiMoV</td><td></td></tr>
<tr><td></td><td>35Cr</td><td>42CrMo</td><td></td><td></td></tr>
</table>

续表 3-2

类 别	珠光体+马氏体	马 氏 体
常用钢种	(1) 过共析钢 有网状碳化物，白点敏感，碳化物不均且淬火裂纹敏感的钢：SiCr3、9CrWMn、8W2CrV； 白点敏感，碳化物不均且淬火裂纹敏感的钢：W2、CrW、WCrV；CrW5、W3CrV、Mn-CrWV； (2) 共析钢 白点、淬火裂纹敏感的钢：60CrNiMo、45CrNiMoVA、5W2CrSiV、4W2CrSiV、3W2CrSiV； (3) 亚共析钢 晶间裂纹敏感的钢： 33CrNi3Mo、30CrNi3（A）、30CrNi2MoV(A)、21Ni5、20CrNi3(A)、13Ni5(A)、13Ni2(A)、12CrNi3(A)、12Cr2Ni4(A)、12CrNi2、40CrNiMo(A)、37CrNi3（A）、30CrMnSiNiA、25Ni3、5CrNiMo、5CrMnMo、1Cr13、45CrNiMoV(A)	(1) 莱氏体钢 有共晶碳化物，淬火裂纹敏感的钢：Cr12、Cr12WV、Cr12MoV、11Cr17、9Cr18、9Cr17MoVCo、W18Cr4V、W18Cr4VMo、W12Cr4V4Mo、W9Cr4V2、9Cr18MoV； (2) 过共析钢 碳化物不均且淬火裂纹敏感的钢： 淬火裂纹敏感的钢： 4Cr13； (3) 共析钢 淬火裂纹敏感的钢： 4Cr9Si2Mo、4Cr9Si2、Cr10Si2Mo、3Cr13、3Cr13Mo、3Cr17Mo、3Cr2W8V (4) 亚共析钢 白点、过热敏感的钢： 30W4Cr2V(A)、20Cr3MoWV(A) 白点、过热与晶间裂纹敏感的钢： 20Cr2Ni4A、18Cr2Ni4WA、18Cr2Ni4MoA、25CrNi4A、12CrNi4MoVNb； 过热敏感的钢： 1Cr12、1Cr13Mo、2Cr13（晶间裂纹敏感）、Cr5Mo、Cr17Mn9、Cr11MoV、Cr17Ni2、2Cr13Ni2、3W4Cr2V、3W4CrSiV

续表 3-2

类 别	铁素体类	奥氏体铁素体类	不稳定奥氏体类	奥 氏 体
常用钢种	过热倾向 较大的钢： 2Cr25N Cr28 Cr25Ti Cr25Mo3Ti 1Cr17Mo2Ti 1Cr17Al5 Cr17Al4Si 1Cr17Ti 1Cr13Al4 1Cr13SiAl 1Cr14Si 1Cr17Mo 高温塑 性差的钢： 0Cr13 1Cr17 0Cr25Al5 0Cr17Al5 0Cr17Ti 0Cr13Al 00Cr12 00Cr30Mo2 00Cr27Mo	轧制时容易产生 撕裂的钢： 1Cr18Mn10Ni5Mo3N 1Cr18Ni9Ti 1Cr21Ni5Ti 1Cr18Ni11Si14AlTi 0Cr18Ni9Ti 0Cr21Ni5Ti 0Cr17Mn13Mo2N 0Cr26Ni5Mo2 00Cr18、Ni5Mo3Si2	3Cr13Ni7Si2 Mn13 2Cr18Ni9 2Cr13Ni4Mn9 1Cr18Ni9 0Cr18Ni9 0Cr17Ni7Al 0Cr15Ni7Mo2Al 0Cr17Ni4Cu4Nb	4Cr14Ni4W2Mo Mn13 1Cr14Ni14W2Mo 2Cr20Mn9Ni2SiN 3Cr18Mn12Si2N 5Cr21Mn9Ni4N 2Cr22Ni11N 2Cr15Mn15Ni2N 0Cr18Ni11Nb 1Cr18Ni10Ti 1Cr18Ni20Mo2Cu2N 1Cr18Ni12Mo2Ti Cr18Ni12Mo3Ti 1Cr18Mn8Ni5N 1Cr18Ni18Mo2Cu2Ti 0Cr23Ni28Mo2Cu3Ti 0Cr18Ni12Mo2Ti 0Cr18Ni12Mo3Ti 00Cr18Ni10 0Cr18Ni14Mo2Cu2 00Cr18Ni14Mo2Cu2 0Cr17Ni12Mo2 00Cr17Ni14Mo2 0Cr19Ni13Mo3 00Cr19Ni13Mo3 2Cr23Ni13 2Cr25Ni20 1Cr16Ni35 0Cr23Ni13 0Cr25Ni20

214. 铁素体钢和半铁素体钢有哪些特点?

铁素体类钢含碳量很低，并含有形成或稳定铁素体的铬、硅、铝、钛等合金元素，如 Cr25Ti、Cr25 等，在任何温度下都保持铁素体组织，没有组织转变。这类钢有难以纠正的过热特点——高温时倾向于晶粒长大，即使用热处理方法也不能使长大了的晶粒再细化，只有用热轧（锻）方法才能使它的晶粒细化。这类钢的加热和开轧温度不能过高，终轧温度控制在 250 ~ 800℃。如果终轧温度过高则产生粗大晶粒；若终轧温度过低则变形抗力太大。

半铁素体钢在空冷条件下，其组织以铁素体为主，还有少量的马氏体；加热时只有部分铁素体向奥氏体转变，形成高温下的两相组织（铁素体 + 奥氏体），使高温塑性恶化。这类钢热加工时容易产生龟裂。以 1Cr13 为例，进行热加工时，最好先缓慢加热至 800℃，然后快速加热到 1150℃，开坯轧制可采用较大的压缩率。

根据铁素体及半铁素体类钢的轧制工艺特点，为了降低或避免热应力的产生，连铸坯或钢锭一般应在热状态下（700℃ 以上）转移到加工车间。若冷坯转移，则必须经过预热后方能入炉加热。断面较大的钢坯应进行缓冷。钢坯在其表面进行砂轮研磨清理之前，应进行消除应力的热处理。铁素体及半铁素体钢的典型轧制工艺流程如图 3-7 所示。

215. 奥氏体和半奥氏体钢有哪些特点?

因为奥氏体钢含有较多的能够形成或者稳定奥氏体的元素，例如镍、锰、钴等，在加热或者冷却时能始终保持奥氏体组织，所以这类钢的塑性好、导热性差。奥氏体钢的表面氧化膜稳定，用一般的酸洗法不易清除，通常采用碱洗法清理奥氏体钢的氧化膜。

半奥氏体钢在加热或冷却时，只有一部分组织发生转变，所

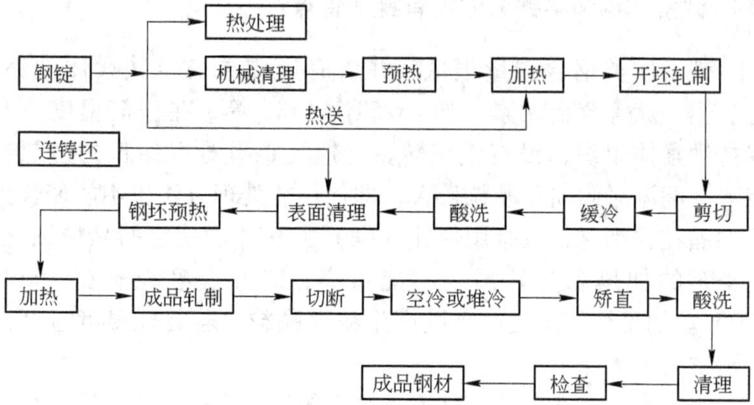

图 3-7　铁素体、半铁素体类钢典型轧制工艺流程图

以在任何温度下它都具有两相组织——奥氏体和铁素体。钢中铁素体的组织成分（α 相）的数量，取决于钢的化学成分。加热及轧制时其表面容易产生撕裂和折叠缺陷。

由奥氏体和半奥氏体类钢的特性可知，其转移、清理没有什么特殊要求。但由于这类钢的导热性很差，所以冷连铸坯或钢锭入加热炉之前要先预热。这类钢的典型工艺流程如图 3-8 所示。

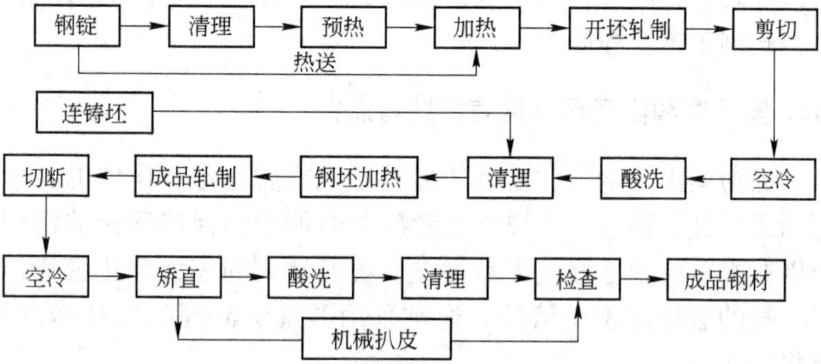

图 3-8　奥氏体、半奥氏体类钢典型轧制工艺流程图

216. 珠光体钢及马氏体钢有什么特点？

珠光体钢、马氏体钢及珠光体 + 马氏体钢，加热时都发生完全的奥氏体转变，空冷时由于冷却速度不同而得到珠光体、马氏体或二者共存的组织。这些钢高温时都具有良好的塑性，热变形范围也较宽。但不同钢种的轧制工艺特点并不相同，如：

（1）不同钢种具有不同程度的白点敏感度。其敏感程度按过共析钢、共析钢、亚共析钢顺序递减；

（2）过共析钢容易产生网状碳化物及碳化物不均的缺陷；

（3）不同钢种具有不同程度的过热敏感性；

（4）不同钢种具有不同程度的淬火裂纹敏感性。

在珠光体钢中，即使钢种相同，若钢材的规格及用途不同，其轧制工艺特性也不一样。所以，在实际工作中要从实际出发，根据不同情况区别对待。图 3-9 为一般情况下珠光体钢的轧制工艺流程。

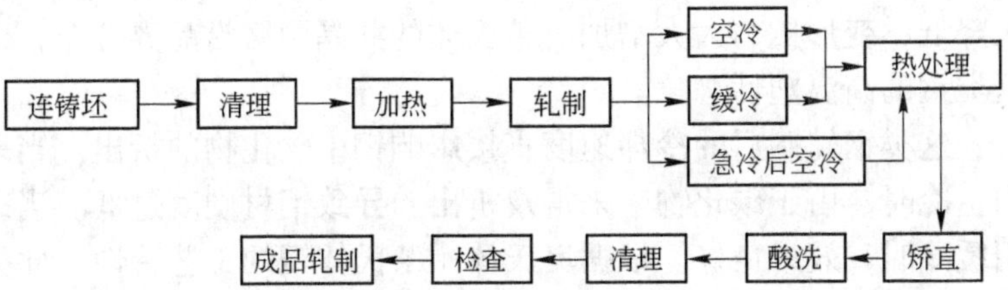

图 3-9　珠光体钢的一般轧制工艺流程图

马氏体钢、珠光体 + 马氏体钢，除具有珠光体钢的全部特性外，还具有不同程度的淬火裂纹敏感性、过热敏感性、白点敏感性等特点。但在实际生产中情况是变化的，轧制工艺流程也不是固定不变的。图 3-10 为一般情况下的马氏体钢、珠光体 + 马氏体钢的轧制工艺流程。

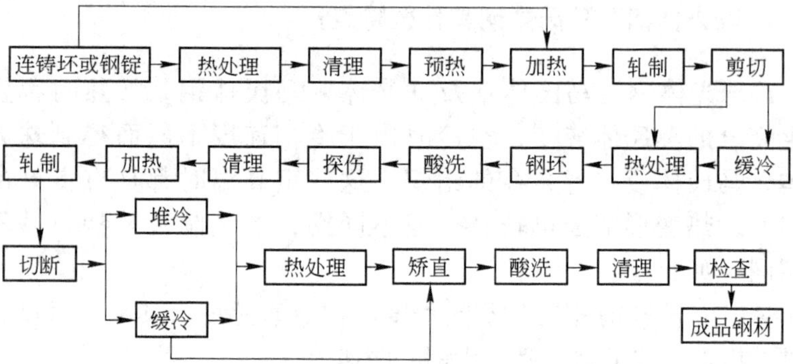

图 3-10 马氏体钢、珠光体 + 马氏体钢的一般轧制工艺流程图

217. 奥氏体 + 莱氏体钢有哪些特点？

在以 4Cr14Ni14W2Mo 为代表的奥氏体 + 莱氏体钢中，Cr、Ni 都是稳定奥氏体元素；W、Mo 及 Cr 均属易形成碳化物的元素。因为这类钢既有一次碳化物构成的莱氏体，又有二次碳化物和一次碳化物与奥氏体组织造成的成分偏析，所以钢的导热性大大降低，变形抗力大大增加。莱氏体的共晶网络沿晶界分布，使这类钢的高温塑性恶化。

这类钢轧制后的冷却速度直接影响钢中碳化物的析出。当采用空冷时，由于碳化物未来得及析出，导致钢材硬度过低。当采用缓冷时，效果良好。根据奥氏体 + 莱氏体钢的工艺特性，此类钢宜应用锻轧联合加工工艺，以采用连铸坯或小钢锭加工为好，其工艺流程如图 3-11 所示。

218. 莱氏体钢、马氏体 + 莱氏体钢有哪些特点？

莱氏体钢的铸造组织含有从奥氏体中析出的二次碳化物及从液态合金结晶出来的粗大的一次碳化物。这些莱氏体型共晶体沿着晶界分布，形成莱氏体网。莱氏体网对钢的性能产生特别有害的影响，使钢的高温塑性恶化，并使钢对各种应力的敏感性增

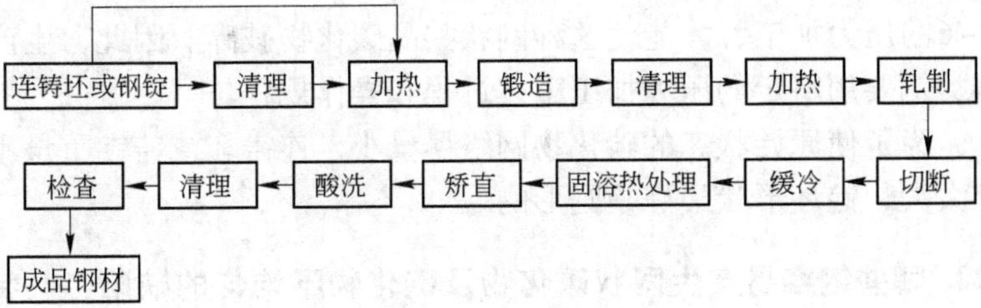

图 3-11　奥氏体 + 莱氏体钢的压力加工工艺流程图

加。因此，这类钢在加热、压力加工以及冷却时都应十分小心。

根据莱氏体钢、马氏体 + 莱氏体钢的特点，这类钢的连铸坯或钢锭用锻造方法开坯为好。为了破碎莱氏体网络，应采用大的压缩比。因为这类钢的变形温度范围较窄，应采用多次加热。莱氏体钢热轧后，即使是采用缓慢的连续冷却（冷却速度为 10℃/h），也能使钢材得到马氏体组织，并能产生裂纹。

W18Cr4V 钢是这类钢的典型代表，其压力加工工艺流程如图 3-12 所示。

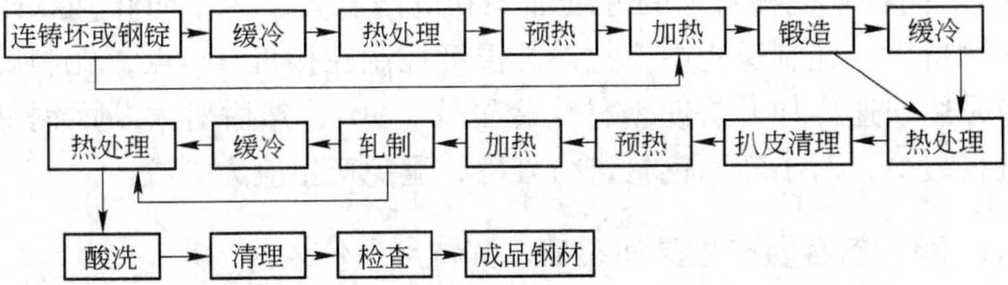

图 3-12　W18Cr4V 钢的压力加工工艺流程图

219. 哪些钢容易形成共晶碳化物，其特点是什么？

马氏体、不稳定奥氏体和奥氏体类钢中存在从液态合金中析出的一次碳化物。它们在连铸坯或钢锭中形成网状共晶碳化物（莱氏体碳化物），这种共晶碳化物的特点是有很高的脆性和过烧敏感性，必须经过长时间高温扩散退火，或经压缩比不小于5～6的压力加工，才能使这种网状共晶碳化物破碎。因此，生产这类钢要用特定的压力加工工艺过程和操作规程。

为了使原始状态的碳化物网络尽量小，连铸坯或铸锭重量不宜太大，锭坯形状最好是圆形的。

220. 哪些钢容易产生网状碳化物及碳化物不均匀的缺陷，其特点是什么？

在过共析珠光体及马氏体合金钢中，经常发生碳化物不均及产生网状碳化物。这两类碳化物的存在，降低了钢的使用性能。滚动轴承钢及部分合金钢是这类钢的典型代表。

钢中的碳化物一般以下面两种形式存在：

（1）锭坯结晶时的碳化物枝晶偏析，这种偏析是在液态钢凝固时产生的，故称碳化物液析，它降低钢的使用性能。碳化物液析必须经过高温扩散退火或长时间加热，才能消除或减轻；

（2）在过共析珠光体钢中，当奥氏体向珠光体转变时，钢中过剩碳化物在晶粒边界上析出，构成网状碳化物（参见第562问）。网状碳化物对钢的继续加工和应用有害。为了防止网状碳化物析出，轧制过程中应把终轧温度控制在接近 Ar_1 点，轧制后应采用快速冷却方法使钢材快冷至低于 Ar_1，然后对大断面钢材进行缓冷，对小断面钢材进行堆冷，避免产生应力裂纹。

221. 哪些钢容易产生晶间裂痕，其特点是什么？

钢中的铬、镍元素以及硫、磷和氢等杂质造成树枝状结晶，导致各种杂质在晶粒边界上富集，从而降低了晶界的强度。浇铸连铸坯或钢锭时，钢水凝固速度较快，当连铸坯或钢锭中心的辐射形张应力超过晶间强度时，锭、坯中心出现拉裂，形成轴心晶间裂纹。这种裂纹在钢材上产生片层状断口，使钢材质量严重下降。

晶间裂纹除了在镍、铬奥氏体不锈钢中容易发生外，在部分合金结构钢和其他类型的不锈钢中也经常出现。

晶间裂纹缺陷虽然产生在炼钢车间，但可用加大热轧或锻造变形量的办法使之得到改善。

222. 什么是 DP 钢，其轧制特点是什么?

DP 钢，英文全称 Dual Phase steel，是指低碳钢或低碳合金钢经过临界区热处理或控制轧制工艺而得到的主要由铁素体 (F) + 少量（体积分数小于 20%）马氏体组成的高强度钢，也称马氏体双相钢，其组织特征是在延伸性好的铁素体基体上分布一定比例的强硬马氏体。双相钢具有良好的强塑性匹配和冷变形性能及综合力学性能。目前被越来越多地应用到汽车冲压件上，也应用于高强度钢筋、高强度钢丝、高强度螺栓等非冲压件。

马氏体双相钢的力学性能特点如下：

（1）应力-应变曲线无不连续屈服现象；

（2）具有高的加工硬化速率，尤其是初始加工硬化速率；

（3）低的屈服强度和高的抗拉强度；

（4）较高的伸长率。

马氏体双相钢在实际生产中可分为热处理法生产和热轧法生产两种。1）热处理法。热处理双相钢主要是指在连续退火线上将经过冷轧后的钢板重新加热到两相区实现奥氏体转变，并通过分步控冷工艺来得到所需要的铁素体 + 马氏体组织。相对于热轧法，热处理法生产双相钢工艺易于控制，其产品表面质量、外观、尺寸精度等较好，但生产流程复杂，成本较高。2）热轧法。热轧法生产双相钢由于成本较低且流程相对简单，已成为生产双相钢的趋势。该工艺主要在薄板坯连铸连轧生产线上完成，利用钢铁熔炼的余热直接从两相区实现对钢板的控轧控冷，从而获得所需要的双相组织。与热处理法相比，热轧法减少了冷轧和将钢板重新加热到两相区的工序而降低了成本。热轧法生产双相钢有低温卷取和中温卷取两种工艺。热轧双相钢不仅要求严格控制终轧温度、空冷时间、喷淋温度，还要求严格控制喷水终冷温度。双相钢板的控轧控冷工艺是根据 CCT 曲线及相变临界点制定的。实际轧制时，由于奥氏体相变会提高相变实际开始温度而加速铁素体析出，从而在 CCT 曲线中铁素体析出开始线大大提前，贝氏体相变终了线左移，使贝氏体形成区域减小。

223. 什么是 TRIP 钢，其轧制特点是什么？

TRIP 是英文 Transformation Inducel Plasticity 的缩写，即相变诱导塑性。以化学不稳定状态存在的奥氏体（相）通过附加的力学能量而诱发马氏体相变，并在其向马氏体相转变时伴随着很大的延伸率，具有这一性质的高强度、高塑性新型钢种叫做 TRIP 钢。

TRIP 钢具有如下特点：

（1）强度高，延性大，即其强塑积（TS × EL）较高；TRIP 钢的强塑积一般均大于 20000，而一般钢种的强塑积约为 15000，因此 TRIP 钢可用作形状较复杂的零件；

（2）TRIP 钢的加工硬化指数较高，均在 0.2 以上，而析出强化系列钢则在 0.2 以下；

（3）平面各向异性较低，在深冲时制耳很小；

（4）成形后表现出很强的烘烤硬化特性；

（5）TRIP 钢的屈强比（YS/TS）略高于双相钢，约为0.6 ~ 0.8，加工容易；而析出强化钢板的屈强比约为 0.8 ~ 0.9；

（6）具有高的成形极限高度和拉胀性能，特别适合于胀形的零件；

（7）冲撞时吸收能量较高，提高了安全性；

（8）TRIP 钢因加工硬化指数高，在循环应力作用下，会发生循环硬化，故其疲劳强度高。

TRIP 钢的多相组织主要是通过形变热处理和两相区退火 + 中温等温淬火工艺获得，是由铁素体、贝氏体、残余奥氏体、马氏体组成的多相组织。影响 TRIP 钢性能的最重要因素是残余奥氏体的热力学稳定性，获得尽可能多的稳定残余奥氏体是提高

TRIP 效应的前提。在珠光体形成区域要快速冷却避免珠光体的生成，从而增加了残余奥氏体中的含碳量，贝氏体区等温转变时，由于硅含量较高，它能增加碳在奥氏体的活度，抑制渗碳体的形成，从而提高残余奥氏体的碳活度，在该温度保温一段时间（约 30min）后，残余奥氏体中的含碳量大大增加，以至于在室温下能稳定存在。TRIP 钢应尽量避免马氏体生成，因为在拉伸变形时，拉应力会直接通过马氏体传递给残余奥氏体，从而使得残余奥氏体在应变早期发生转变，而恶化了 TRIP 效应。

224. 电工硅钢的热轧工艺特点是什么？

电工硅钢分为取向硅钢和无取向硅钢，其轧制特点不同。

（1）取向硅钢的热轧。取向硅钢采用高温加热、高温轧制、高终轧温度和低温卷取的三高一低工艺制度。高温加热的目的是保证连铸坯中粗大的 MnS、AlN 抑制剂在加热过程中完全固溶，以便在热轧过程中再使 MnS 以细小弥散状态析出，并控制 AlN 尽量少析出。MnS 和 AlN 的固溶程度，对 GO 普通取向硅钢和 Hi-B 高碳取向硅钢的磁性起决定性作用。实验证明，铸坯加热温度越高，磁性就越好。高温轧制的作用不仅要将铸坯轧到所需要的厚度，而且还要在热轧过程中能均匀细小地析出 MnS，并尽量少析出 AlN。

对于 GO 钢，粗轧时采取大压下量高速轧制，要求进连轧机的钢坯温度在 1150℃以上；在连轧过程中喷水冷却，控制终轧温度在 940℃ ±10℃；热轧后钢带在轨道上进行层流冷却。

对于 Hi-B 钢，含 Mn、S 比 GO 钢高，故 MnS 的析出温度也高，大约在 1200℃，在此温度下析出 MnS，而此时的 AlN 析出量很少，因此，Hi-B 钢的加热温度更高，在粗轧时铸坯温度要高，轧制时间更短，采用大压下量高速轧制。确保钢坯进连轧机前的温度比 GO 钢高，大于 1190℃；根据 AlN 的析出行为，钢带通过连轧机的时间越短越好，并加大冷却水量，提高钢带冷却速度，控制终轧温度在 950℃以上；热轧后钢带在轨道上进行层流冷却，保证进行低温卷取。这样就能达到限制 AlN 高温析出的目的，确保在以后的常规冷却时，有足够的有效 AlN 析出量。

低温卷取工艺为了限制 AlN 的析出，热轧后钢带经层流冷却进行快速冷却，使钢带在卷取时能达到所要求的较低的温度。GO 钢卷取温度控制在 550℃ ±10℃；Hi-B 钢应小于 550℃。

（2）无取向硅钢的热轧。影响无取向硅钢磁感应强度的主要因素是硅含量和晶体织构。无取向硅钢采用低温加热、低温轧制、终轧温度低、卷取温度高的三低一高的工艺制度。由于无取向硅钢铸坯中存在较粗大的 MnS、AlN 等，如果加热温度过高，它们会固溶在钢中，在以后的热轧过程中，由于固溶度随温度下降而降低，从而以细小弥散状析出，阻碍以后退火时晶粒长大，使磁性变坏。因此，加热温度最好在 1100℃以下，但是为了改善热轧加工性，加热温度一般选在 1150～1280℃。在热轧设备能力允许的条件下，加热温度应尽量低，但要使铸坯内外温度均匀，一般 200mm 厚的铸坯需保温 3～4h。

热轧时，要求严格控制加热、粗轧、精轧各工序的温度差，使轧制中变形均匀，以得到良好的板形。终轧温度一般控制在 800～880℃。卷取温度为 550～650℃。卷取温度高于 700℃，可起到热轧卷常化的作用，改善成品组织、织构和磁性，从而可省掉常化工序。但卷取温度过高，热轧带氧化铁皮厚，酸洗困难；由于热轧卷内外圈温度降低快，成品磁性不均匀，头尾磁性低。如果钢卷是在高温下卷取后放在保温罩中冷却到 600℃以下，再进行水冷可克服这些缺点。

225. 电工硅钢的冷轧工艺特点是什么？

高牌号的硅钢冷轧采用 20 辊轧机进行可逆式轧制，低牌号硅钢也可以在 4 辊或多辊轧机上冷轧，连轧是硅钢冷轧的发展趋势。

硅钢冷轧不仅使钢带减薄而获得所需的厚度，同时还为获得理想的初次再结晶组织及织构创造有利条件，因此冷轧分为一次冷轧法和二次冷轧法两种，硅钢品种不同采用的冷轧方法也不同。

（1）取向硅钢的冷轧。Hi-B 钢采用一次冷轧法，总压下率为 81% ~90%；GO 钢采用二次冷轧法，在两次冷轧间进行一次中间退火。GO 钢冷轧重点是控制第二次冷轧的压下率，适当的第二次冷轧压下率，能够保证脱碳退火后在初次再结晶基体中产生一定数量的位向较准确的 (110)[111] 晶粒，这是提高磁性的关键。一般第二次冷轧压下率控制在 50% ~60% 时，磁性能最高。

（2）无取向硅钢的冷轧。普通无取向硅钢一般采用一次冷轧法生产，总压下率在 70% ~90%，对道次压下率没有要求，主要根据轧机的能力、钢带的加工性能、板形和表面状况等因素确定。为了提高生产率，充分发挥轧机能力，同时避免产生裂边、板形变坏等缺陷，一般第一、第二道次用大压下率轧制，以后随钢带加工硬化的不断增加，道次压下率逐渐减小，通常一次冷轧用 3 ~ 5 道次轧制。高牌号无取向硅钢常采用二次冷轧法。二次冷轧法有两种：1）第一次冷轧用较大压下率轧到成品厚度，经过中间退火后，再以 5% ~15% 的压下率二次冷轧到成品厚度。这种方法称为临界压下法或调质轧制法。该法生产出的产品晶粒大、铁损低，但磁感应强度也低，是此法的一个主要缺点。2）经两次中等压下率（40% ~70%）轧到成品厚度，两次冷轧之间经中间退火。这种方法称中等压下率法。该法生产出的产品铁损低，磁感高。

226. 什么是 IF 钢，其轧制特点是什么？主要生产工艺有哪些？

IF 钢，英文全称 Interstitial-Free Steel，即无间隙原子钢，有时也称超低碳钢。其主要性能为：

（1）与一般的深冲钢相比，IF 钢的含碳量极低，使钢中难以出现渗碳体，保证了 IF 钢的基体为单一的铁素体。铁素体有很好的塑性，从而保证了 IF 钢具有优良的深冲性能。

（2）一般深冲钢的时效期为 3 个月，主要是这种钢中存在着碳、氮等间隙固溶原子，而 IF 钢的组织中存在着微量碳氮化合物，避免了间隙固溶原子，因此 IF 钢没有时效性。

（3）IF 钢组织中的碳氮化合物是由加入微量的钛或同时加入微量的钛和铌而形成的，所以从分类上说，IF 是微合金化超深冲钢。

由于 IF 钢具有极优异的深冲性能，伸长率和 r 值可达 50% 和 2.0 以上，因此在汽车工业上得到了广泛应用。

IF 钢的主要生产工艺为：

（1）冶炼。目前，IF 钢的冶炼主要遵循铁水脱硫→复吹转炉→RH/TB 真空精炼→板坯连铸的工艺路线进行。采用钝化的活性炭和喷吹金属镁粉进行脱硫，经脱硫后的铁水送入转炉时要求 $w(S) \leqslant 0.003\%$；转炉复吹冶炼采用全过程底吹氩气，采用精料废钢及活性炭冶炼。出钢过程不脱氧，只进行锰合金化处理并用无碳包衬的钢包装钢水；真空精炼工序的最主要任务是使钢水洁净化，对钢水中的夹杂物形态以及偏析进行控制。

（2）热轧。IF 钢在热轧工艺中主要是希望得到粗大的铁素体组织和粗大的析出物，从而达到提高塑性和 r 值的目的。因此选择板坯加热温度时，考虑在保证较高终轧温度的前提下，尽可能地选择低的温度，一般控制在 1050～1200℃ 之间。而加热速度则控制在 1～3min/mm 之间的较快范围内，主要是因为 IF 钢的导热性能较好，允许使用较快的加热速度；还有，通常采用高温轧制，因为 IF 钢的铁素体动态再结晶受变形强度的影响大，在铁素体变形温度区可以发生动态再结晶。在奥氏体再结晶区热轧时，采用的道次变形量都大于 8%，因为变形量太小就有可能产生奥氏体部分再结晶，从而发生混晶现象对深冲性能不利。实践证明，增大变形量后得到的铁素体晶粒均匀，有利于获得等轴状铁素体晶粒，有利于提高 IF 钢的深冲性能；再有就是普遍采用润滑技术；另外在卷取时提倡采用较高的卷取温度，因为较高的卷取温度有利于铁素体晶粒的长大，有利于 TiC 粒子的析出，从而达到进一步提高 IF 钢深冲性能的目的。

（3）冷轧。冷轧工艺的主要作用在于能对 IF 钢的 r 值和

(111) 织构产生大的影响。一般可通过一次冷轧或采用两次冷轧法。一次冷轧时控制总压下率很重要，压下率太大太小对于 r 值都不利，因此一般都控制在 80% 以内。二次冷轧目前还主要处于试验阶段，试验认为二次冷轧时应考虑在总压下率确定后，二次冷轧的压下率应该比一次冷轧的压下率大，这样有利于 r 值的提高。

(4) 退火工艺。退火工艺是决定 IF 钢最终产品性能的关键，退火工艺参数的稳定和充分退火才能保证产品的内在质量和性能。目前国外先进国家主要采用连续式退火，而我国则主要采用常规罩式炉退火和全氢罩式炉退火。退火温度为 700 ~ 750℃，保温时间为 4h 左右。

以 IF 钢为基础发展起来的深冲热镀锌 IF 钢板、深冲高强度烘烤硬化板等系列产品已成为第三代汽车冲压钢板的标志。IF 钢的生产是衡量一个国家汽车钢板生产水平的标志，提高产品质量、降低生产成本是目前 IF 钢研究和生产的趋势。

227. 板带高精度轧制有哪些特点?

对于板带钢来说，外形尺寸包括厚度、宽度、板形、板凸度、平面形状，等等。板带材的高精确轧制主要是指厚度（纵向和横向）的精确度。辊缝的大小和形状决定了板带材纵向和横向厚度的变化。

板带材的高精确轧制有许多特点：实现厚度控制、宽度控制、终轧温度控制、卷取温度控制、板形控制，等等。总体来讲这可以减少试轧的坯料数目，提高轧制的生产效率，降低非定货尺寸库存。

228. 型钢高精度轧制技术有什么特点?

型钢高精度轧制技术，即在型钢轧机的精轧机架的后面，装设高精度轧制机组，通过该机组对制品尺寸进一步规整，以实现产品尺寸的高精度成型。该项技术包括 HPR（High Precision

Rolling）技术，Tekisun 机组和 PSB（Precision Sizing Block）机组。

型钢高精度轧制技术有许多特点：

（1）型钢的高精度轧制，不仅仅取决于装备水平，更重要的是取决于轧件的变形条件和轧制工艺。圆钢使用定径孔型，复杂断面型钢使用冷定径轧制工艺，可以大幅度提高型钢的轧制尺寸精度。

（2）根据轧件的使用要求，在以提高尺寸精度和表面光洁度为主要目标时，异形钢材可以考虑使用冷轧工艺。冷轧异形钢的孔型设计方法与热轧异形钢有区别。冷定径异形钢可以明显提高尺寸精度，在主要的使用方向上，尺寸公差可以小于±0.02mm。这一优点对零件轧制具有重要意义。冷轧零件的表面光洁度可以达到粗磨的水平，轧制后轧件可直接使用。

（3）控制型材的尺寸精度，起决定性作用的是精轧孔型。精轧孔型的数量不必多，国内的生产实践已经提供了同样的结论。棒线材定径有两个精轧孔型即可明显提高精度。复杂断面型钢，其精轧定径孔，根据尺寸精度要求的高低，一般有1~2个即可。

229. 无头轧制工艺的特点是什么？

无头轧制是通过钢坯的连续供应，使轧制中比传统的轧制方法头尾更少的一种轧制方法。理论上讲是在一个换辊周期内，轧件长度可无限延长的不间断轧制方法。无头轧制时，可用连铸机通过均热炉（隧道炉窑）连续供坯，可用焊接方法将加热好的钢坯首尾对接起来，也可以将粗轧后的小断面钢坯用焊接方法将首尾对接起来，使坯料无限延长。

无头轧制方法主要应用在型材、盘条和带材的连续轧制上。优点是：

（1）可大幅度的提高盘重和轧机产量。由于减少了每根轧件在各机架咬入瞬间引起的动态速降，为提高轧制速度创造了条件；减少了轧制间隙时间，轧机作业率显著提高，生产能力可提高10%~15%，盘卷的盘重可以根据要求用飞剪任意调节；

（2）提高了成材率。由于头尾的减少，减少了切头切尾，减少了与穿带和甩尾有关的麻烦，减少了轧制工艺事故和质量事故，从而提高了成材率；

（3）减少了设备冲击。减少了温度较低的轧件头尾部分对轧辊和导卫机传动装置的频繁冲击，减少了轧辊磨损，有利于轧机和传动装置的平稳运转；

（4）连续稳定的轧制给生产过程的自动化控制创造了有利条件；

（5）生产超薄带钢和宽薄带钢，拓宽产品大纲而不降低收得率。在实现连续酸洗、动态变规格轧制、连续退火和精整的带钢全连续化冷轧生产线上，为生产高品质、低消耗、多规格的带钢创造了条件；

（6）降低了产品成本。由于备件消耗减少、设备寿命延长、作业率提高等大幅度降低了产品成本；

（7）生产的安全性提高。

同时在实际生产中也存在一定的问题：

（1）连铸连续供坯提供无缺陷连铸坯是应用此项技术的前提条件；

（2）带钢无头轧制为了使带坯能安全可靠不间断地连接，无头轧制工艺对整条热连轧生产线提出了很高的要求，使得其投资非常大，因此必须考虑无头轧制工艺改造的回报率；

（3）钢坯对焊成功率主要取决于对接钢坯端面几何形状的一致性。目前一些钢厂对焊率不高主要是由于火焰切割的坯料端面不整齐和铸坯断面脱矩（方）造成的，因此该项技术使用率不高，绝大部分仍采用常规轧制；

（4）中间坯焊接型棒材无头轧制技术所需设备较多，操作较复杂，应用较少。

230. 中型型钢的连轧工艺有什么特点？

型材按断面尺寸可分为大型、中型和小型型材，其划分常以它们适合在大型、中型或小型轧机上轧制来分类。另外还有用单重（kg/m）来区分的方法。一般认为，单重在5kg/m以下的是小型型材，单重在5～20kg/m的是中型型材，单重超过20kg/m的是大型型材。

随着科学技术的发展，在棒材、H型钢、工字钢、槽钢、汽车用轮辋钢等许多中型型钢都实现了连轧工艺。

中型型钢的连轧工艺有以下特点：

（1）轧机布置间距小，轧制速度快，轧件温降小，小时产量高。

（2）生产线采用直线流程设计，轧件先冷却，后通过矫直再锯切，相比老生产线，轧件切头少，成材率高，同时老生产线的一些产品质量问题如头部矫不直、轧件扭曲变形等在此生产线都得到了很好的改善。

（3）轧机及导卫装置采用整体更换方式，更换时间短，调整方便，产品尺寸精度高。

（4）轧机每架由一台直流电机传动，每架轧机速度均可单独或集联调整，为今后提高轧制速度、提高产量打下了很好的基础。

（5）自动化程度高，如液压压下、全线轧机速度电脑自动控制、采用自动堆垛机堆垛等，劳动生产率大幅提高，大大减轻了工人的劳动强度。

第四章　原料准备

一、坯料的种类和选择

231. 轧钢生产的原料有哪几种?

目前，用于钢材生产的原料有三种：连铸坯、钢锭、锻轧钢坯。

连铸坯是炼钢生产的最终产品，也是钢材生产的主要原料。在我国的钢材生产中，一些特殊用途轧机（如车轮轮箍轧机）和部分特殊钢轧机是直接用钢锭作原料生产成品钢材的。而另一部分特殊钢要经初轧机、中型开坯轧机或锻压机开成各种钢坯，再供各类成品轧机使用。

由于钢材品种繁多，规格大小不一，工艺过程繁简程度不同，所以各类成品轧机对钢坯的要求也不同，钢坯选择得是否合理对钢材生产有很大影响。

232. 轧钢生产对原料有哪些要求?

正确地选择坯料的种类、断面形状和尺寸大小以及重量对轧钢生产具有重要意义。坯料选择合理，不仅可以使钢材质量得到改善，而且可以使轧机生产能力得到发挥，使金属消耗大大降低。否则，会严重地影响轧钢生产。因此，轧钢生产对原料有一定的技术要求。对钢锭的要求有钢种、化学成分、外形尺寸、重量和表面质量等；对钢坯和连铸坯的要求有钢种、断面形状和尺寸、重量和表面质量等。这些技术要求是保证钢材质量所必需的，也是确定和选择坯料时应考虑的具体内容。

233. 钢坯有哪些断面形状?

钢坯或铸成钢锭经初轧机轧成或经锻压机锻成不同规格的钢坯，是各类成品轧机的主要原料。钢坯的断面形状（如图 4-1 所示）有方形、矩形、圆形和其他形状（异形）。

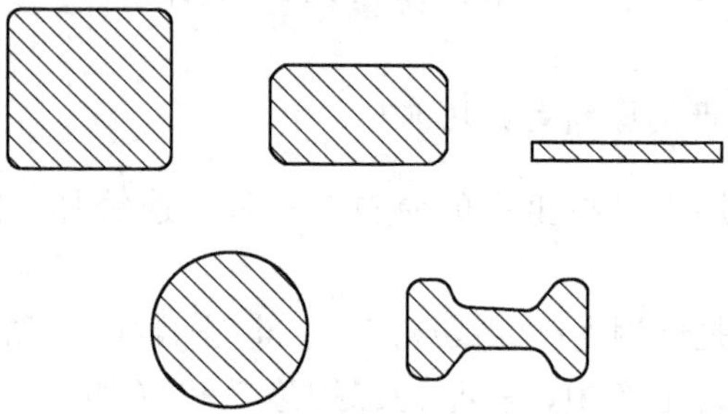

图 4-1　常用钢坯断面形状

造成钢坯有多种多样断面形状的根本原因是钢材品种规格范围很宽，断面形状多种多样，而用同一断面形状的钢坯生产所有品种的钢材是不可能的。

234. 型钢坯料断面形状如何确定?

坯料断面形状的确定与轧制产品的形状有密切关系。当用奇数道次轧制方钢、圆钢或形状与之相近的产品时，选用矩形坯料比用方形坯料更为合适，因为这样有利于延伸系数均匀分配和减少轧制道次；若用偶数道次轧制上述同类产品时、则选用方形坯料为宜。

在轧制扁钢、角钢等轧件时，选用矩形坯料为好，而生产工字钢、槽钢、钢轨以及形状与之相似的凸缘型钢时，应尽量选用异形坯，或者选用矩形坯料。

各种规格的钢板，除了个别情况是用钢锭直接轧成板材外，都是用与之相适应的板坯轧成。而无缝钢管则一般选用圆钢或圆坯作坯料。

235. 型钢坯料断面尺寸如何确定?

钢坯断面尺寸大小的确定除考虑轧件要有足够的变形量以满足成品的质量要求外，还应考虑轧辊强度和轧制时咬入条件的限制。

变形量大小对产品性能有很大影响。变形量不足会使金属内部组织和性能达不到质量要求。如高速钢必须有足够的变形量，其网状碳化物才能破碎；重轨和无缝钢管由钢锭到成品的总延伸系数通常也必须保证达到一定的数值（如重轨的总延伸系数应不小于50）。

但是，在辊径和压下量一定的条件下，若坯料断面尺寸过大，不仅可能发生因变形不渗透而产生的轧件表面变形，而且还会发生断辊、咬入轧件困难等情况。一般坯料高度与轧辊直径有如下关系：

$$\frac{H}{D} \leqslant 0.49 \tag{4-1}$$

式中 H——坯料高度，mm；

D——轧辊工作直径，mm。

式4-1给出的数据就是从保证轧辊强度和咬入条件出发决定坯料断面尺寸的重要参数。

236. 怎样计算钢坯重量?

钢坯重量按下式计算：

$$G_{坯} = gl_{定}xk_{坯\to材} \tag{4-2}$$

式中 g——单位长度的轧材重量，t/m；

$l_{定}$——轧材的定尺长度，m；

x——一根钢坯切成的轧材根数；

$k_{坯\to材}$——由坯到材的金属消耗系数。

必须指出，如果用一种规格的坯料轧制多种产品，应首先满足占比例大的那种产品的定尺要求，而对其他产品也应在合理定尺的情况下，尽量减少短尺数量，以提高成材率。

从式 4-2 可知，一根轧件的轧出长度是决定钢坯重量的重要因素，而轧件轧出长度与最后一道允许的轧制时间长短有关。最后一道允许轧制的时间愈长，则轧件轧出的长度也可以愈长；反之，轧件轧出长度就短。由于最后一道的允许轧制时间取决于轧件头尾的允许温度差，所以轧件的最大长度实际上受轧件尾端的允许最低温度（即不低于规定的轧制温度下限）的限制。轧件过长，其长度方向的温度差会造成轧件断面尺寸波动和组织性能不均匀。当然，轧件头尾的温差不仅与轧件长度有关，而且还与轧制速度、轧制操作方式和原料加热情况有关。

用确定最后一道轧制时间的方法求允许的钢坯最大重量 $G_{坯}$ 的计算公式如下：

$$G_{坯} = lS\rho k_{坯\to材} = vST_{终}\rho k_{坯\to材} \tag{4-3}$$

式中 l——轧制终了的轧件长度，m；

S——成品的断面面积，m^2；

ρ——轧件的密度，kg/m^3；

v——终轧道次的轧制速度，m/s；

$T_{终}$——终轧道次的允许轧制时间，s；

$k_{坯\to材}$——由坯到材的金属消耗系数。

我国一些型钢轧机的终轧道次轧制时间列于表 4-1。

表 4-1　型钢轧机的终轧道次允许轧制时间

轧钢机名称	轧制时间/s	轧钢机名称	轧制时间/s
轨梁轧机	11 ~ 18	半连续式小型轧机	25 ~ 35
横列式大型轧机	11 ~ 16	连续式小型轧机	30 ~ 40
跟踪式大型轧机	10 ~ 15	横列式线材轧机	35 ~ 45
横列式中型轧机	11 ~ 16	半连续式线材轧机	40 ~ 50
跟踪式中型轧机	10 ~ 12	连续式线材轧机	60 以上
横列式小型轧机	15 ~ 25		

钢坯重量的确定除了考虑上述因素外，还应考虑车间的具体工艺设备条件。所以，当坯料重量确定之后，应计算出各道次轧后的轧件长度，看其能否与工艺设备条件相适应。

237. 如何确定钢坯的长度？

如前所述，坯料长度主要是受最后一道的允许轧制时间和定尺倍数的限制。但在其他条件一定时，坯料长度主要受加热炉宽度的限制。加热过程中坯料过长容易刮撞炉墙，坯料过短炉子生产能力下降。通常坯料长度用下式确定：

单排加热　$$L_0 = B_{效} - (400 \sim 500) \tag{4-4}$$

双排加热　$$L_0 = \frac{1}{2}[B_{效} - (400 \sim 500)] \tag{4-5}$$

式中　L_0——坯料长度，mm；

$B_{效}$——加热炉有效宽度，mm。

此外，坯料长度的确定还要考虑输送辊道的辊距大小（坯料长度应大于辊距的2倍）和设备间距离的长短。

238. 什么是连铸坯？它有什么优点？

连铸坯是由钢水经连续铸钢机直接铸成的钢坯。连续铸钢工艺大大简化了从钢水到钢坯的生产过程，省去了初轧生产过程，因此它有金属收得率高、产品成本低、基建投资和生产费用少、劳动定员少、劳动条件较好等一系列优点。连铸坯将逐步发展为轧钢生产的主要原料。某厂用连铸钢坯与用钢锭生产钢材的技术经济指标（见表4-2）证明了连铸坯的优越性。

239. 什么叫连铸比？

连续铸钢作为一项新技术，自20世纪60年代开始大规模的用于工业生产，经过几十年的发展连铸坯已成为轧钢主要原料。它不仅能连铸成各种大小方坯、板坯，而且也能连铸成管坯、异型坯。由于连续铸钢具有省掉炼钢生产中铸锭这一工序和轧钢生产中整个初轧生产过程这一重要特点，因而它具有金属收得率高、能耗节省、建设投资减少、生产费用降低、劳动条件改善等一系列优点。连铸坯得到越来越广泛的应用，已经成为轧钢生产的最主要的原料。

表 4-2　用连铸坯与用钢锭生产钢材的技术经济指标比较

	指标名称	单位	用 150mm×280mm 连铸坯	用 10 英寸（254mm）钢锭
炼钢	钢铁料消耗	kg/t	1080	1250.9
	锭、坯合格率	%	99.83	98.2
	炼钢成本	元/t	255.30	270.9
	生产工人数	%	68	100
轧钢	锭、坯消耗	kg/t	1050	1400
	钢材合格率	%	99.8	99.6
	成材率	%	95.2	71.4
	薄板坯成本	元/t	276.4	307.6
	薄板成本	元/t	418.7	447.5

一个国家连铸坯的数量占那个国家粗钢产量的比例称为连铸比。连铸比的大小在一定程度上反映了该国连续铸钢发展的情况和连铸技术水平的高低。

240. 连铸坯有哪几种？

近年来世界各国连续铸钢技术得到迅速发展，为轧钢生产用坯开辟了新的途径。连铸坯已成了轧钢生产用坯不可忽视的重要来源。

连铸坯的断面形状有方形、矩形、圆形和异形等多种。目前国内的连铸坯尺寸如表 4-3 所示。

表 4-3 国内的连铸坯尺寸

断面形状		尺寸/mm
方形	最小	60×60
	最大	450×450
圆形	最小	ϕ76
	最大	ϕ800（ϕ1200 已立项）
矩形	最小	50×120
	最大	350×3250
异形	最大	1100×450×90

241. 坯料长度的确定应考虑哪些因素？

（1）加热炉宽的要求，坯料过长时，坯料与炉墙间隙不够，过短时加热炉热能利用率下降，根据工艺也可选择双排料。

（2）成品的定尺的要求，当坯料长度选择合适时产品几乎全部为定尺产品，长度不合适时不定尺增加。

（3）成材率的要求，当坯料长度选择不合适时，切换量增大，成材率下降。从成材率角度考虑，希望坯料尽可能加长。

（4）设备间距的要求，有些车间必须考虑工艺设备之间距离对坯料长的制约。

242. 确定棒线材的坯料尺寸时主要考虑哪些因素？

棒线材的坯料现在各国都以连铸坯为主，对于某些特殊钢种有使用初轧坯的情况。为兼顾连铸和轧制的生产，目前生产棒线材的坯料断面一般为方形，边长 120～165mm。连铸时希望坯料断面大，而轧制工序为了适应小线径、大盘重，保证终轧温度，则希望坯料断面尽可能小，长度尽可能长。生产棒线材的坯料一般较长，最长达 22m。

确定钢坯断面尺寸主要考虑以下因素：

（1）全连续轧制的条件下保持各轧制道次的金属秒流量相

等，第一架轧机轧出速度不低于 0.1m/s，或第一架轧机轧入速度不低于 0.07m/s，否则，由于轧制速度过低，轧件与轧辊在变形区接触时间过长，轧辊急剧升温，而转过变形区后遇冷却水又急剧降温，交变应力将导致轧槽金属疲劳龟裂甚至掉块。

（2）在非连续式轧机中，轧件进入精轧机前的温度及进入精轧机的头尾温差，是选择坯料所必须考虑的条件。过多穿梭轧制和小轧件的大活套都是不可取的。

（3）当碳素结构钢及低合金钢连铸坯断面小于 120mm × 120mm 时，连铸的拉速加快，拉漏率增高，而且连铸坯的中心非金属夹杂周期性偏析严重；当优质碳素钢及低合金钢连铸坯断面小于 150mm × 150mm 时，无法实现封闭式浇铸，钢流暴露在空气中产生二次氧化，化学成分稳定性差。高速无扭精轧机组创造了生产大盘重的条件，但精轧机组并不是一套轧机的全部，老轧机改造一定要考虑全工艺的衔接，结合工艺装备来选择坯料断面。粗轧机组采用三辊轧机时，其轧辊直径应尽量选得大些，主要是为了轧件易咬入和减少轧制道次，缩短轧制时间从而增大坯料断面和长度，实现增加盘重。

高速线材用坯选择还要考虑以下两点：

（1）高速线材产品大多数均需进一步深加工。从金属制品用户使用要求看，大部分要求大盘重，以利于深加工生产作业率的提高和降低生产成本。而从高速线材厂本身的生产来看，大盘重有利于提高轧机产量和作业率，特别是随着高速线材产品规格进一步扩大，更有必要扩大坯料单重。综合考虑，高速线材坯料单重以 2 ~ 2.5t 为宜。

（2）关于坯料的断面尺寸。从高速线材轧机来讲，最大钢坯断面受精轧机最大轧速的限制。第一架轧机的咬钢速度不能低于 0.07m/s。钢坯断面尺寸与轧速的关系可通过秒流量计算。

243. 选择板带材的坯料时主要考虑哪些因素和原则？

各种规格的钢板，除了个别情况是用钢锭（如厚板轧机，三辊劳特式轧机）直接轧成板材外，都是用与之相适应的板坯轧成。

（1）进行连铸板坯尺寸选择时应考虑的主要因素有：

1）上工序的供坯能力；

2）与本机组的生产能力相匹配；

3）能满足产品大纲中的产品尺寸要求；

4）有较先进的技术经济指标。

（2）板坯尺寸选择原则主要包括厚度、宽度、长度原则。

厚度选择原则：

1）与加热、粗轧生产能力相匹配，最大单位卷宽的单重（kg/mm）不超过设计要求；

2）考虑对终轧温度的控制能力（头尾温差）；

3）具有较优的机组生产平衡能力（加热、粗轧、精轧、卷取）。

宽度选择原则：

1）考虑机组对带宽的通板能力，一般卷宽 B_{max} =（0.88～0.955）× 辊身长度；

2）考虑立辊配置与最大侧压量，以及机组对带宽的轧制能力；

3）考虑产品的宽度系列。

长度选择原则：

1）考虑加热炉宽度与最大的钢卷外径；

2）考虑终轧温度允许的头尾温差。

244. 无缝钢管用钢坯选择时应考虑哪些因素？

无缝钢管用管坯一般可分为连铸管坯、轧坯、锻坯、钢锭或离心浇注空心坯等。选择管坯时主要考虑以下因素：

（1）管坯外径，不同规格的各种管坯按照不同的外径公差交货；

（2）椭圆度，椭圆度不大于直径公差的0.75倍；

（3）长度，分为通常长度或定尺长度。定尺长度允许偏差通常为 +50mm 或 -10 ~ +40mm；

（4）弯曲度，每米不得大于 6mm，总弯曲度不得大于总长的 0.6%；

（5）端部切斜度，不得大于 3°。

245. 什么叫异形连铸坯？

异形连铸坯是指除了方坯、板坯、圆坯、矩形坯以外具有复杂断面的连铸坯，主要形式为工字形坯。若工字形坯腹板和翼缘的厚度小于 100mm，则称为近终形钢梁坯。早在 1961 年，苏联就报道异形坯的连铸实验。并于 1968 年 5 月建成投产了世界上第一台工字形坯连铸机。随着炼钢技术的不断进步，特别是炉外精炼技术的应用，各国的连铸机相继突破了质量关。目前，全世界异形坯连铸机已有 20 多台，其技术已经成熟，国内已有多家使用。

二、原料的缺陷及其清理

246. 为什么要对原料表面进行清理？

钢材的原料——钢锭和钢坯，表面经常有各种缺陷，如裂纹、结疤、重皮、皮下气泡、耳子、折叠等。这些缺陷，经加热和轧制后，小部分可能得到改善甚至消除，但大部分缺陷不仅不能消除反而扩展得更为严重，甚至使产品成为次品或废品。因此，为了保证成品质量，一般在加热前都要对坯料表面缺陷进行清理。但热装钢锭的清理工作可放在轧成钢坯后进行。

钢材的使用条件不同，对坯料表面的质量要求也不同。有的产品要求对钢锭、钢坯表面的所有缺陷都必须进行严格的清理；有的则可根据锭、坯表面缺陷的具体情况决定是否清理和怎样清理。

247. 连铸坯有哪些缺陷？对轧材有哪些影响？

铸坯质量在一定程度上决定着最终产品的质量。连铸坯存在的缺陷在允许范围内，叫做合格产品。连铸坯主要存在着以下几个方面的缺陷：

（1）连铸坯纯净度达不到要求。主要指钢中夹杂物的含量超标，形态和分布不合理。夹杂物主要有非金属夹杂物，金属夹杂物，夹渣。其中非金属夹杂和夹渣属脆性物质，轧制时，如果这两种缺陷超标准，极易损坏轧槽导卫，导致轧制故障。同时，极大的影响成品的质量。

（2）铸坯的表面质量。指铸坯表面是否存在裂纹、夹渣及皮下气泡等缺陷。较小的表面缺陷，在轧制时，可以焊接并消除，但在总延伸一定的情况下，表面缺陷超过标准，不仅破坏生产的正常进行，而且轧材的质量也达不到要求。

（3）铸坯内部质量。指铸坯是否具有正确的凝固结构，以及内部裂纹，偏析、疏松等缺陷程度，同时这些缺陷的大小、数量也应控制在合理的范围内，否则将直接导致棒材质量不合格。

（4）连铸坯的外观形状缺陷。指连铸坯的几何尺寸是否符合规定的要求，如菱形变形（也称脱方），铸坯的鼓肚（凸起），以及与菱形变形相关的凹陷，形状缺陷通常会影响生产的正常进行。如脱方严重，菱形大于12mm，鼓肚大于5mm，将直接导致粗轧件冲击出口导卫装置，以及轧件拉丝划伤，严重的将在成品材上形成折叠。

248. 什么叫鼓肚变形？

带液心的铸坯在运行过程中，于两支撑辊之间，高温坯壳中钢液静压力作用下，发生鼓胀成凸面的现象，称之为鼓肚变形。板坯宽面中心凸起的厚度与边缘厚度之差叫鼓肚量，用以衡量铸坯鼓肚变形程度。鼓肚形成过程如图 4-2 所示。

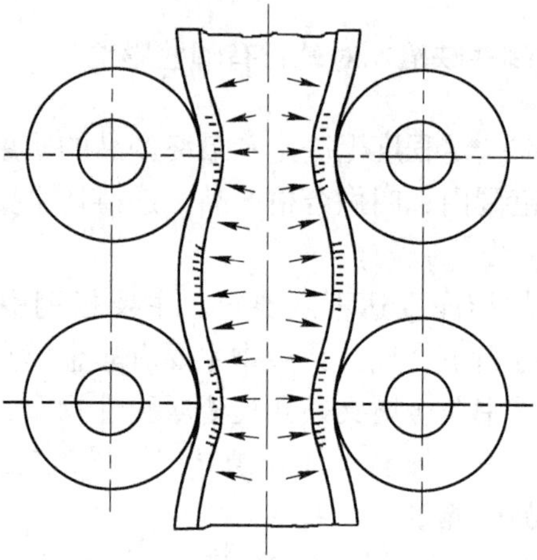

图 4-2　铸坯鼓肚变形示意图

249. 什么叫菱形变形？

菱形变形也叫脱方，是方坯的缺陷，指铸坯的一对角小于90°，另一对角大于90°；两对角线长度之差称为脱方量。方坯脱方有设备和生产工艺等多方面的原因，一般造成铸坯脱方主要集中在结晶器和二冷段区内、如果钢水在结晶器内冷却不均匀，就会造成四个面凝固坯壳的厚度不同，使凝壳收缩程度不均匀，有的地方与铜壁接触良好，有的地方与铜壁脱，从使铸坯断面发生菱变铸坯出结晶器后如果四个面冷却仍不均匀，就会促使菱形变形的发展。所以通过加强对设备的维护和管理，优化工艺参数能够有效的预防脱方的发生。

250. 连铸坯夹杂物有哪些？对钢材性能有哪些影响？

连铸坯夹杂物按来源分有以下两类。

(1) 外来夹杂物。随金属料、耐火材料及炉渣在冶炼、出钢和浇注过程中带入钢中的夹杂物。它们通常具有不规则的形状，尺寸较大，偶然地在钢中出现，成为意外事故的源头。

（2）内生夹杂物：这类夹杂物是在液体或固体钢中，由于脱氧、结晶及冷却过程中进行物理化学反应而形成的，主要是氧、硫、氮和其他合金成分间的反应产物。根据它们的形成时间，分为原生或一次夹杂物（液态钢液脱氧产物）；二次夹杂物（出钢浇注过程中因温度降低平衡移动形成的夹杂物或二次氧化形成的非平衡产物）；再生或三次夹杂物（凝固过程中形成的夹杂物）和四次夹杂物（固态下因溶解度变化形成的夹杂物）。钢中的夹杂物主要是一次和三次夹杂物，即原生和再生夹杂物。也有将二、三、四次夹杂物统称二次或再生夹杂物的。内生夹杂物在钢中的分布较均匀，颗粒也较细小。根据夹杂物的类型不同，可以有不同的形貌。从组成来看，内生夹杂物可以是单相的，也可以是多相的。在氮化物（或氮碳化物）中间存在着氧化物（Al_2O_3 等）核心，这类夹杂即属于多相的。

此外也可根据夹杂物的塑性不同，将夹杂物分为塑性夹杂物、半塑性夹杂物、脆性夹杂物和球状不变形夹杂物；或按其尺寸不同，分为大型夹杂物和微型夹杂物。连铸坯中发现的大型夹杂物尺寸大于 100μm，属于外来的或由于二次氧化形成的氧化物类型夹杂。

非金属夹杂物对钢和合金性能的影响主要表现为降低材料的塑性（特别是横向塑性）、韧性（特别是横向冲击韧性）及疲劳性能，使钢和合金的冷热加工性能、抗腐蚀性能乃至某些物理性能（例如电磁性能）变坏。夹杂物对钢和合金产生有害影响的主要原因在于它们破坏了金属材料基体的连续性，引起应力集中，促进裂纹形成。

251. 什么叫皮下气泡？它对轧制产品有什么影响？

钢水中含有大量气体，当钢水凝固时未排除的气体形成气泡，靠近钢坯外层的气泡称为皮下气泡。这种缺陷在钢坯表面看不出来，当加热时钢坯表面产生氧化铁皮，氧化铁皮在轧制过程中脱落，这使皮下气泡暴露在钢坯表面。皮下气泡对轧制产品的影响与延伸系数有关。当轧制变形量不大时，暴露在表面的气泡呈海绵状（见图 4-3）；当轧制变形量很大时，缺陷得到延伸，在钢坯表面呈聚集状气泡裂纹（见图 4-4）。

图 4-3　初轧板坯表面的皮下气泡裂纹

图 4-4　钢坯表面的皮下气泡裂纹

252. 哪些钢坯表面缺陷是轧制工艺造成的?

与轧制工艺有关的钢坯表面缺陷有：

（1）响裂，这是钢锭、钢坯入炉温度过低，或加热过急，或冷却过快造成应力过大而产生的裂缝。由于这种裂缝产生时伴有响声，所以称这种裂缝为响裂。高碳钢和合金钢最易发生响裂。响裂又有内、外响裂之分。内响裂是加热过快造成的（见图 4-5），外响裂是冷却过快造成的（见图 4-6）。

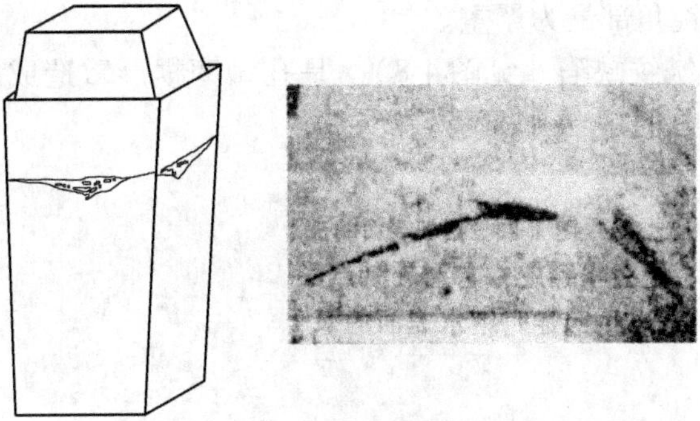

图 4-5 钢锭的内响裂缺陷

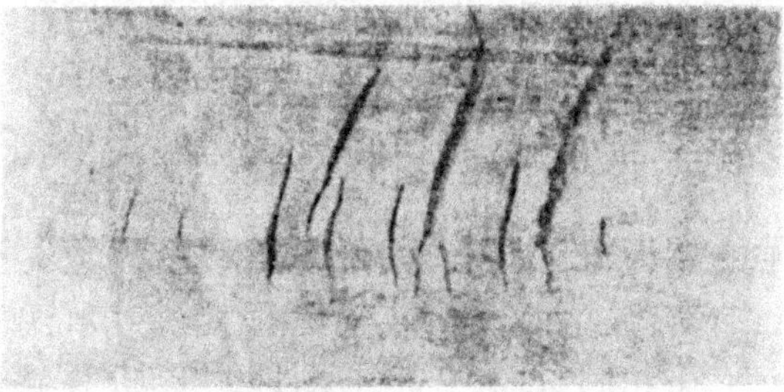

图 4-6 60Si2Mn 钢坯表面的外响裂缺陷

（2）过烧裂口（见图 4-7），这是钢锭在加热时过烧造成的，

图 4-7 过烧裂口

一般在钢锭角部最为严重。

（3）皱纹缺陷（见图 4-8），是孔型磨损严重造成的。钢坯表面有方向不同、长短不一的皱纹。

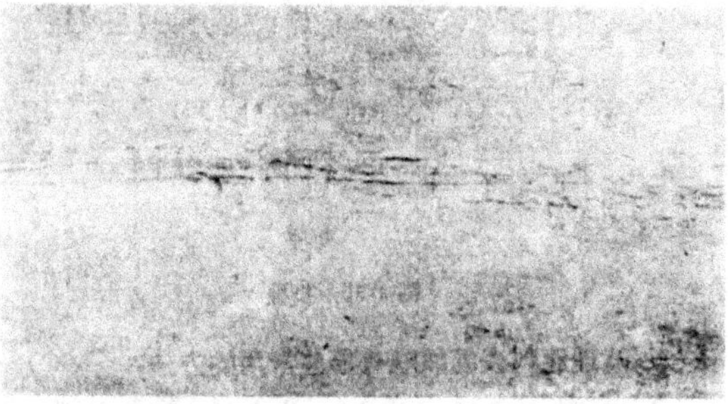

图 4-8　皱纹缺陷

（4）耳子与折叠，耳子是在钢坯的两侧或一侧有沿轧制方向凸起的缺陷（见图 4-9），它是轧件在孔型内过充满造成的。耳子在轧制过程中被压倒即形成折叠缺陷（见图 4-10）。清理原料表面缺陷时，若深宽比不合适也会造成折叠缺陷。

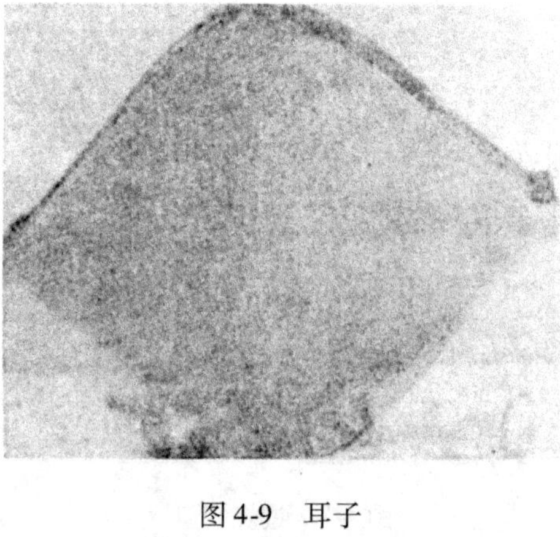

图 4-9　耳子

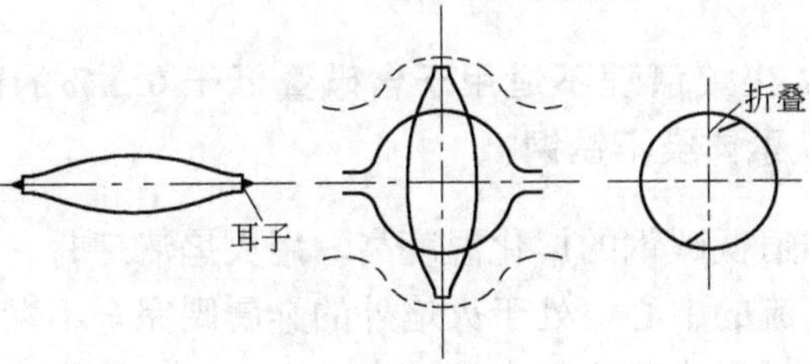

图 4-10 折叠

253. 清理原料表面缺陷有哪些常用的方法?

轧钢生产中常用的缺陷清理方法有：火焰清理、风铲清理、砂轮清理、机械清理、电弧清理、高温热修磨技术等。

采用哪种清理方法取决于钢种、缺陷的性质、缺陷存在的状况以及成品的质量要求。不同的清理方法具有不同的经济效果，以风铲清理费用作对比，如表 4-4 所示。

表 4-4 各种清理方法的费用比较

清理方法	清理费用/%
风铲	100
砂轮	307
机械	60
火焰	53
高温热修磨	

254. 火焰清理的实质是什么?

火焰清理的实质是利用乙炔（或煤气）和氧气燃烧的高温火焰，将有缺陷那部分金属熔化烧除，也就是有缺陷那部分金属的氧化过程。乙炔等能燃烧的气体，在空气中燃烧时不能达到金属熔化的高温。氧气能助燃，乙炔气和氧气一起使用就能产生2000℃以上的高温火焰。这种火焰不但可以清理钢坯表面缺陷，而且还可以切割和焊接金属材料。

255. 为什么火焰清理不适用于含碳量低于0.1%的碳钢和奥氏体、铁素体类不锈钢？

大家知道低碳钢的熔化温度高。用火焰清理时，金属燃烧只发生在氧气流的中心，处于火焰外的金属则完全不燃烧，而且流动性不好，易形成斑疤留在钢坯表面上，以致使成品钢材产生细小折叠。因此05F、08F、08 等含碳量低于0.1%的碳钢都不用火焰清理。

用火焰清理时，铬镍不锈钢及高铬不锈钢等燃烧很困难，必须采用能促使金属燃烧并能得到易熔熔渣的特殊涂料。这种作法既不经济，又不方便，所以在生产中奥氏体和铁素体不锈钢都不用火焰清理。

256. 为什么有的钢坯在火焰清理后会产生裂纹？

有的钢坯用火焰清理以后，其表面往往会产生网状裂纹，这是因为在火焰清理时，钢坯由冷状态骤然增至燃烧温度，清理之后金属又由高温熔融状态冷却下来，造成钢坯横断面上有很大的温度差的缘故。当组织转变造成的组织应力与热应力之和超过金属本身强度时，钢坯就产生表面网状裂纹。共析、过共析碳钢在火焰清理时立即产生表面裂纹；而中碳硅锰钢（60Si2Mn）、锰钢（40Mn2、45Mn2 等）往往在清理后24～48h才产生裂纹；有的钢坯则在再加热（又加一种热应力）时，在火焰清理过的地方产生裂纹。

火焰清理引起的钢坯表面裂纹是沿晶粒边界裂开的，呈网状分布，一般称为“龟裂”。

257. 为什么不同钢种要求不同的火焰清理温度？

不同的钢种其导热能力不同，产生缺陷的难易程度也不一样。有的钢种（如碳素结构钢）进行火焰清理时不易产生裂纹，不必规定火焰清理温度。但有的钢种（如高碳钢和合金钢）为了防止在火焰清理时产生裂纹，规定了火焰清理温度，要求钢坯在清理前预热或者利用轧后余热。各种钢坯进行火焰清理的温度条件列于表 4-5。

表 4-5　钢坯的火焰清理温度条件

组别	清理条件	钢号
Ⅰ	冷状态	Q195 ~ Q275、10 ~ 55、15F、15 ~ 50Mn、20 ~ 30Mn2、15 ~ 30Cr、15 ~ 20CrMn、10 ~ 20CrV、12 ~ 30MoA、12 ~ 30CrMo、27SiMn、20MnV、20CrNi、15CrMnMo、15CrNi、12 ~ 15CrMnV、12CrMoV、40 ~ 50B、12CrNi3A、20CrNi3A、13Ni2、18CrMnMo、15MnSi、15MnTi、25SiMn、15CrNi、20CrNi、15CrMoV、20CrMoV、25CrMoV、20MnMoB
Ⅱ	清理完不低于 150℃（水滴到钢坯上立即变成气泡）	60 ~ 75、60Mn ~ 70Mn、35 ~ 50Mn2、35 ~ 50CrA、35 ~ 42SiMn、35Si2Mn、33 ~ 40CrSi、40CrMn、35CrMn2、20 ~ 35CrMnSiA、40 ~ 50CrVA、16Cr2VA、35Cr2VA、35 ~ 42CrMo、24 ~ 40CrMnMo、25Cr2MnMo、24 ~ 35CrMoVA、30Cr2MoV、20SiMnVB、38CrAlA、20MnB、20MnTiB、20MnVB、40CrB、20CrMnB、20CrMoB、T7、20CrMnMoVBA、40 ~ 45MnB、40MnVB、T8、30 ~ 50CrNi、35Cr2MoA、40NiMo、24 ~ 42Mn2V、18 ~ 40CrMnTi、25 ~ 40Cr2MoVA、40CrMnMoVBA、30CrNi3A、33CrNi3Mo、30CrNi2MoVA、50CrMnA、20CrMnMoNbBA、15Cr2MnNi2Ti、12CrMnSiMoVA、18Cr2Mn2MoTiBA
Ⅲ	清理完钢坯不低于 300℃（用仪器测量）	80、85、T9 ~ T13（A）、T10Mn、T12Mn、9Mn2、20CrWV、18Cr3MoWVA、20Cr3MoWVA、55MnSi、55SiMn、8MnSi、5SiMn、6SiMnV、5SiMnMoV、4SiCrV、5CrMnMo、7Cr3、9CrWMn、4CrVMoW、4 ~ 6CrW2Si、5CrNiMo、5CrWMn、5CrNiTi、Cr2、12Cr5MoA、12Cr3MoA、7Si2Mn、SiMn、Cr、6SiMnW、6SiCr、9SiCr、9Cr2、8V、8Cr3、8Cr、8CrV、CrWMn、WV、W1、W2、V、SiMnK、SiCr、SiCr3、Cr06、CrMn、Cr2MnSi、WCrV、W3CrV、GCr6 ~ GCr15、GCr9SiMn、50Si2Mn、GCr15SiMn、60Si2MnA、60Si2CrA、65Si2MnWA、65SiCrA、60Si2CrVA

258. 如何确定钢坯在火焰清理前的预热时间？

钢坯的预热时间根据钢坯厚度及其在炉内的布置方式而定，炉内同层钢坯之间应当有一定的距离，层与层之间应当有垫铁，以确保预热后钢坯各处温度均匀。一般按照钢坯每 50mm 厚需预热 1h 来计算预热时间，但最短的预热时间不得少于 2h。例如 50mm × 50mm 的钢坯，预热时间不得少于 2h；150mm × 150mm 的钢坯预热时间不少于 3h。不同规格钢坯的预热时间见表 4-6 所示。

表 4-6　钢坯在火焰清理前的预热时间

钢坯断面/mm^2	预热时间/h	钢坯断面/mm^2	预热时间/h
50 × 50	2	150 × 150	3
75 × 75	2	175 × 175	3. 5
100 × 100	2	200 × 200	4
125 × 125	2. 5	225 × 225	4. 5

259. 火焰清理的操作过程是什么？

火焰清理包括金属的加热和熔除两个主要过程。火焰清理的操作过程是，先将易燃气体（例如乙炔或焦炉煤气）通过火焰枪烧嘴的圆形小孔喷至有缺陷的部位点燃，把钢坯加热到 900 ~ 1000℃后，在烧嘴中心通氧，使之与铁作用，而将缺陷烧掉，并使部分金属熔化，这时，压力较高的氧气将熔渣吹除。开始，金属是靠预热火焰慢慢地加热，在达到熔化温度以前金属的加热速度对表面清理的生产率有很大影响。为了提高加热速度，可以在预热火焰中插入直径为 4 ~ 5mm 的低碳钢条。钢条很快熔化，使有缺陷的金属迅速加热。

在加热有缺陷的金属时，为了使热力比较集中，烧嘴与金属表面应成 70° ~ 80°角（见图 4-11*a*）；当金属达到燃点时，火焰枪烧嘴与金属表面的角度应立即改为 25° ~ 30°角（见图 4-11*b*），

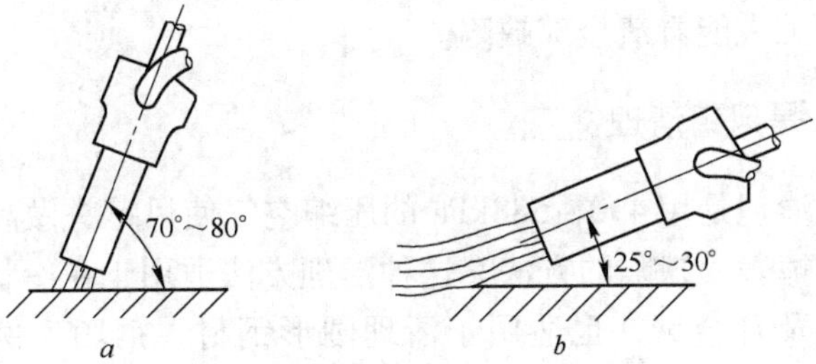

图 4-11 烧嘴位置示意图

a—加热时；b—清理时

并开动氧气阀门清除熔渣。

260. 什么是机械火焰清理?

机械火焰清理是在工作线上对运行过程中的钢坯在热状态下用火焰清理机进行清理的一种方法。这种方法可以清理边长为 100～350mm 的方钢坯及各种尺寸的板坯。

机械火焰清理要有与之相配合的各种辅助机械设备，例如特殊功能（使钢坯翻转 40°角）的辊道、冷却水循环系统操纵机等，这种方法适用于大批量、单一品种的开坯生产。

261. 什么是电弧清理?

钢坯表面在低电压大电流作用下产生电弧，电弧加热钢坯表面并使缺陷连同钢坯表面金属熔化，然后用 196～294kPa 的压缩空气吹除熔渣或用扫帚清扫，这种清理方法就是电弧清理。

根据现场实际资料，表面质量相同的钢坯用电弧清理比用风铲清理生产效率高 3.5～4 倍，成本大约低 2/3。用电弧清理时，钢坯不用预热，所得的钢材表面质量与风铲清理的质量相同。

电弧清理适用于碳素钢及低合金结构钢。裂纹敏感的钢种，钢坯清理后应注意堆冷，不能急冷。采用电弧清理法清理钢坯

（锭）表面缺陷时，必须将被清理面垂直放置或者倾斜放置，以便使清理工人能看清全部缺陷。

262. 什么是风铲清理？

风铲清理是用490～588kPa的压缩空气使风铲头做高压高速冲击以铲掉表面缺陷的方法。这种清理方法适用于在冷状态下清理高碳钢及合金钢，也适用于清理圆形钢材、钢坯（例如无缝管坯）的表面缺陷。

清理平面的铲头其铲刃形状为圆形，并不得有尖棱和凸角。清理圆形表面的铲头为平刃。图4-12所示为各种风铲沟的形状。深度较大的缺陷，不可能一次彻底清除掉，应分别几次进行。图4-13为风铲清理缺陷的次序图解。

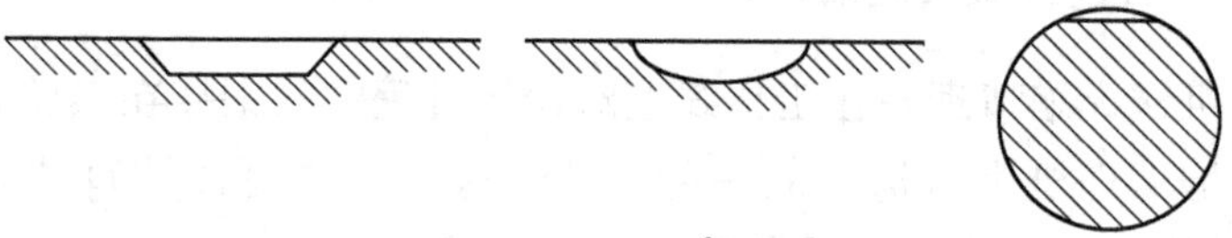

a *b* *c*

图4-12　风铲沟的形状

a—不正确的铲沟；*b*—正确的铲沟；*c*—圆钢表面的平行铲沟

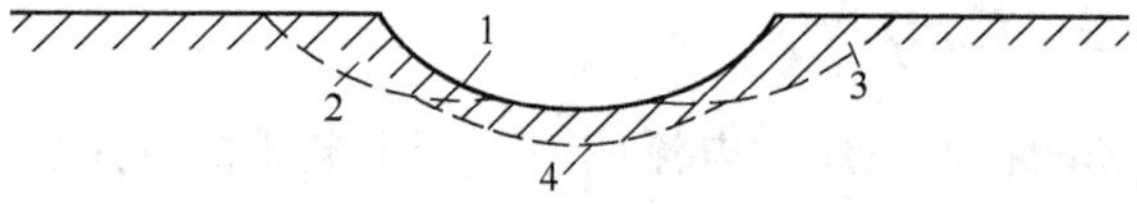

图4-13　风铲清理缺陷次序图解

1—第一次铲沟；2，3—第二次铲沟之前的准备；4—第二次铲沟

风铲头材质的选择主要考虑耐用。有用碳素工具钢T8～T10的；有用高碳硅锰弹簧钢60Si2Mn的；也有用合金工具钢4CrWSi、5CrWSi的。特殊钢厂清理合金钢较多，为了提高风铲清理的生产率，可采用高速工具钢W18Cr4V做风铲头。

263. 风铲清理的操作过程是什么？

需要清理的缺陷由检查工人标以特定的记号，清理工人按此标志进行清理。开始清理之前试测一下缺陷深度，再根据缺陷深浅程度决定采用一次、二次、三次和多次清理方法。铲削时风铲中心线和钢坯平面之间的夹角应为40°~45°（见图4-14）。

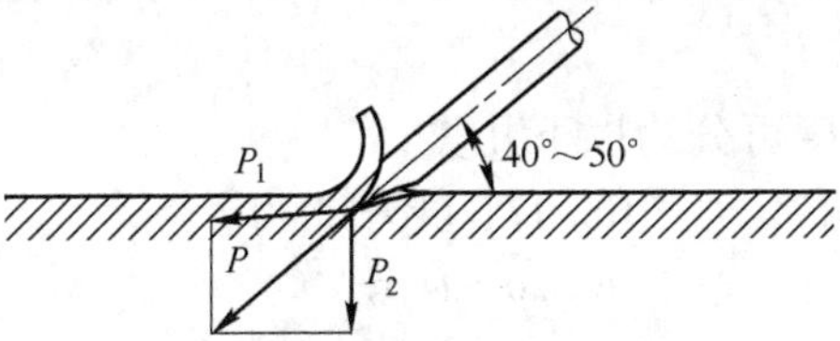

图4-14　清理角度

P—外力；P_1—水平分力；P_2—垂直分力

当铲削的铁屑不再裂开而且钢坯的铲沟上不再有黑色线条（即夹杂物）时，证明缺陷已清理干净，清理工作可以结束。

264. 什么是砂轮清理？

以快速转动的砂轮研磨钢锭或钢坯表面缺陷，使缺陷得到清除的方法就是砂轮清理也叫研磨清理。用砂轮研磨缺陷时，急剧的摩擦使钢锭、钢坯局部发热，致使有些钢种在清理过程中或清理后产生裂纹。因此，淬火裂纹敏感的钢种以及有莱氏体共晶碳化物的钢种（见表3-2），在进行砂轮清理之前应先进行消除应力退火，在研磨时还必须注意砂轮的圆周速度和砂轮对钢坯的压力，以便热量能够及时散去。一般圆周速度保持在35~50m/s之间。

265. 怎样选择砂轮的材质？

制造砂轮的磨料是相同的。根据磨料颗粒大小不同及结合剂不同、砂轮有软质、硬质之分。软质砂轮的结合剂强度小而且砂粒间的距离也小，砂粒容易剥落。硬质砂轮的砂粒结合牢固，砂粒不容易剥落。

清理表面硬度大的原料应选用软质砂轮，是因为这种砂轮的粘合剂强度低，磨钝的砂粒易剥落，砂轮表面经常保持着新砂粒，这样砂轮的研磨效率较高。清理软钢坯选用硬质砂轮，是因为硬质砂轮的砂粒磨钝较慢，砂粒不易剥落，有利于提高清理效率。

砂轮按粒度可分为以下几类：

特粗粒砂轮	10、12、14 号
粗粒砂轮	16、20、24 号
中粒砂轮	30、36、46、54 号
细粒砂轮	60、70、80、90、100 号
特细粒砂轮	100 号以上

粒度号相当于筛砂粒的筛孔尺寸，即筛子上一英寸（相当于 25.4mm）长度内的筛孔数。例如，砂轮粒度为 14 号，也就是筛出该号砂粒的筛子每英寸长度内有 14 个孔，即在一平方英寸内有 14×14（=196）个孔。一般研磨钢锭及钢坯采用砂粒较粗的砂轮，精整钢材采用砂粒较细的砂轮。粗粒砂轮比细粒砂轮的工作效率高，研磨面粗糙。

266. 什么情况下采用机械方法清理原料表面？

机械清理包括车、铣、刨等。有特殊要求的钢材或特殊材质的原料，用机械方法清理表面缺陷，例如铬镍不锈钢的无缝管坯，在热穿孔之前需要先在车床上扒皮；表面质量不好的高合金钢钢锭也需用车床扒皮清理。

剥除钢锭表面缺陷的刨床，可采用一般龙门刨床。钢锭表面深度小于 10~20mm 的缺陷一般可以完全刨除，如有个别残留缺陷，可以用风铲作补充清理。

铣削方法可以用来清理原料表面的局部缺陷，亦可以用来剥除整个原料表面。铣削用的设备是装有多刃旋转刀头的铣床。

一般车床适用于圆断面原料的表面清理。

方形和矩形钢锭必须在装有靠模的特殊车床上清理。

267. 为什么清理原料表面缺陷必须有深宽比的要求？

在清理钢锭或钢坯表面缺陷时，如果清理处有尖角和凸棱，在轧制时容易产生折叠，影响钢材质量，因此清理表面缺陷造成的低凹处应有一定的坡度。在生产实践中采取限制清理深度与宽度比值的办法来确保清理坡度。一般碳素钢及一般合金钢的清理宽度是深度的5～6倍，即深：宽为1∶5～1∶6。高合金钢的清理除要求深宽比之外，一般还要求清理缺陷处的长度不小于宽度的3倍，若清理深度超过5mm，清理长度还应适当地增加，目的是保证清理的坡度。

清理缺陷，无论是用风铲法、砂轮研磨法还是用火焰清理法，都要顺着原料长度进行，即风铲铲削方向与火焰清理气流方向与原料长度方向平行。砂轮磨削方向与缺陷垂直（避免磨屑盖住缺陷，影响清理质量），并顺着原料长度方向逐渐横移。

268. 为什么有的钢坯在清理之前需要酸洗？

热轧钢坯表面都有不同厚度的氧化铁皮，钢坯表面缺陷不能全部暴露，影响钢坯的清理。为了减少钢材精整的工作量，必须提高钢坯的清理质量，因此对表面质量要求较高的钢坯，在清理之前必须除掉表面氧化铁皮。

去除金属表面氧化铁皮的方法，除机械法外，应用最普遍的方法就是酸洗。

酸洗是一种去除氧化铁皮的化学方法。钢坯浸入酸液中靠酸的溶解和剥离作用清除氧化铁皮。

酸洗钢坯一般采用硫酸，因为硫酸的成本低，浓度高（75%以上），便于运输、贮存和回收。

269. 硫酸的酸洗机理是什么?

热轧钢坯、钢材在硫酸中有两种化学反应同时发生,一方面硫酸与氧化铁皮起化学反应,另一方面硫酸通过氧化铁皮的裂缝和孔隙与钢中的铁起反应。

硫酸的酸洗机理包括下面三种作用:

(1) 硫酸溶液与氧化铁皮的化学反应

$$Fe_2O_3 + 3H_2SO_4 = Fe_2(SO_4)_3 + 3H_2O \quad (4\text{-}6)$$

$$Fe_3O_4 + 4H_2SO_4 = Fe_2(SO_4)_3 + FeSO_4 + 4H_2O \quad (4\text{-}7)$$

$$FeO + H_2SO_4 = FeSO_4 + H_2O \quad (4\text{-}8)$$

氧化铁皮中各种铁的氧化物溶解于硫酸溶液,生成可溶于水的硫酸铁及硫酸亚铁,从而把钢坯表面的氧化铁皮除去。这种作用称为溶解作用。

(2) 硫酸溶液通过结构疏松的氧化铁皮与钢中的铁起化学反应

$$Fe + H_2SO_4 = FeSO_4 + H_2 \quad (4\text{-}9)$$

$$H + H = H_2\uparrow \quad (4\text{-}10)$$

钢中的铁与硫酸溶液反应,产生大量氢气,氢气产生的膨胀压力把氧化铁皮从钢坯上剥下来,这种作用称为机械剥离作用。剥离作用能加快酸洗速度、减少硫酸消耗。在更换酸洗溶液时,酸洗槽底部往往有未被溶解的氧化铁皮,这证明硫酸酸洗钢坯主要是靠机械剥离作用除去表面氧化铁皮的。

(3) 钢中的铁与硫酸溶液起反应,生成大量氢原子。氢原子非常活泼,具有很强的还原能力,能把高价铁的氧化物还原成易溶于硫酸溶液的低价铁的氧化物,使钢的酸洗过程加快。其化学反应式为:

$$Fe_3O_4 + 2H = 3FeO + H_2O \quad (4\text{-}11)$$

$$Fe_2O_3 + 2H = 2FeO + H_2O \quad (4\text{-}12)$$

$$Fe_2(SO_4)_3 + 2H \longrightarrow 2FeSO_4 + H_2SO_4 \qquad (4\text{-}13)$$

270. 硫酸溶液的浓度对酸洗有什么影响?

硫酸溶液的浓度对酸洗速度与酸洗质量有直接影响，如图4-15所示。当硫酸溶液的浓度由2%增加到25%时，酸洗速度提高一倍，这时酸洗时间最短。如果浓度继续增加（超过25%），酸洗速度反而下降。当硫酸溶液浓度过高时，硫酸的氧化和钝化性质增强，钢坯表面生成的钝化薄膜，阻碍酸与金属铁继续作用，酸洗时间增加。当硫酸溶液浓度接近57%时，钢坯表面完全钝化，金属铁停止溶解。

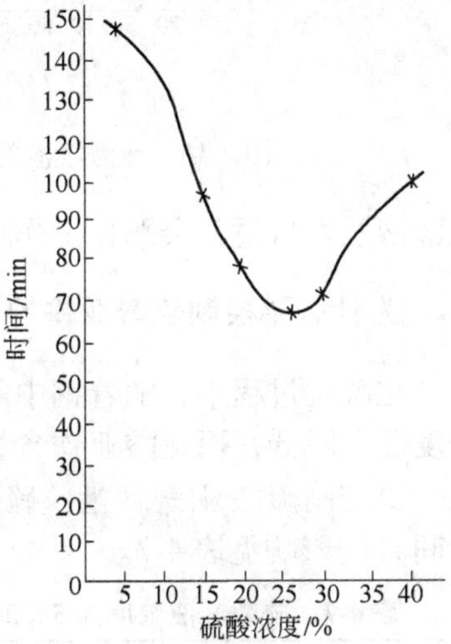

图4-15　硫酸浓度与酸洗时间的关系

在实际生产中，各种钢坯、钢材都在5%～20%的硫酸溶液里进行酸洗，酸液的最高浓度不超过22%。酸液浓度过低，也会降低酸洗质量，形成欠酸洗，并降低酸洗能力。

271. 硫酸溶液的温度对酸洗有什么影响?

硫酸溶液的温度比浓度对酸洗速度的影响大得多。由图4-16可看出，当温度由18℃升到60℃时，温度只升高2.3倍，酸洗速度却提高14倍；由图4-15可看出，当硫酸溶液的浓度由2%增加到25%时，浓度增加了11.5倍，而酸洗速度只提高1倍。

在实际生产中，酸洗温度控制在45～80℃。当硫酸溶液浓度降低时，可用提高溶液温度的办法来提高酸洗速度。但当温度过高时，硫酸与钢中的铁作用剧烈，容易造成酸洗氢脆缺陷，并

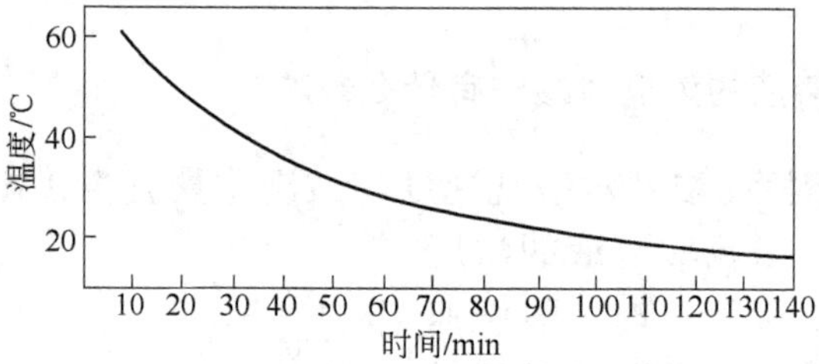

图 4-16 硫酸溶液的温度与酸洗时间的关系

且酸液蒸发量过大会恶化工作环境。

272. 为什么要控制硫酸亚铁的含量?

在酸洗过程中，随着钢中的铁及表面氧化铁皮的溶解，酸液浓度逐渐降低，而硫酸亚铁含量不断增加，使酸洗速度减慢。为此，要控制硫酸亚铁含量。硫酸亚铁含量对酸洗速度（或酸洗时间）的影响见表 4-7。

表 4-7 硫酸溶液浓度为 5%时硫酸亚铁含量对酸洗时间的影响

硫酸亚铁含量/kg·m^{-3}	酸洗时间/min
10.44	78
27.84	190
55.68	305

由于硫酸亚铁在硫酸溶液中的溶解度有一定限度，当溶液中的硫酸亚铁含量超过了它的溶解度时，硫酸亚铁大量地积聚在钢坯表面，所以，随着硫酸亚铁含量的增加，酸洗速度急剧下降。另外，硫酸亚铁不容易清洗，影响表面缺陷的清理。当硫酸浓度下降到 5% 以下，硫酸亚铁含量达到 300 ~ 350kg/m^3 时应该更换酸液。

273. 酸洗时为什么要搅动溶液?

搅动酸液能加速溶液循环，使钢坯附近的溶液不断更新，从而提高钢坯的酸洗速度。

搅动溶液，使氧更易在酸液中溶解，而溶液里含氧量增加，能加快铁的溶解，从而提高酸洗速度。

钢坯酸洗时产生的氢气和加热时产生的蒸气，都起搅动溶液的作用。在酸洗槽上安装酸洗摇摆机，或用吊车将装有钢坯的料筐反复在酸洗池中起落，也都起搅动溶液的作用。

274. 酸洗容易产生哪些缺陷?

酸洗容易产生的主要缺陷有:

氢脆 酸洗时氢气除了对氧化铁皮有剥离作用外，还向钢坯基体内部扩散，并在杂质或气孔处聚集，导致内应力增加，降低钢的塑性，增加钢的脆性，这种作用叫氢脆。氢脆主要受氢原子扩散速度的影响。而氢的扩散速度与下列因素有关:

(1) 氢在硫酸溶液中的扩散速度，比在盐酸溶液中的扩散速度高。

(2) 随着酸洗温度的提高，氢的扩散速度急剧提高，而增加酸液浓度，氢的扩散速度提高得并不多。因此，最好不要在低浓度高温下酸洗。

(3) 酸洗中的某些夹杂物如砷（As）、锑（Sb）、硫化氢（H_2S）和二氧化硫（SO_2）增加氢原子的扩散速度，即增加产生氢脆的可能性。

(4) 钢的化学成分对氢原子的扩散亦有影响。预防氢脆的措施是按照规定的酸液浓度及温度进行操作，尽量缩短酸洗时间，按时按量加入缓蚀剂等。

欠酸洗 酸洗后的钢坯表面上仍存在尚未除净的氧化铁皮，这种现象叫做欠酸洗。欠酸洗根据产生的原因不同可分为全部欠酸洗和局部欠酸洗。造成全部欠酸洗的原因是酸洗时间短、酸液浓度低或温度低；造成局部欠酸洗的原因是码料时未加垫铁或钢坯表面局部有油污等。欠酸洗可用继续酸洗的办法进行挽救。

过酸洗、碳钢过酸洗时，表面粗糙而且色暗；铬不锈钢过酸洗时，表面呈灰色并且极其粗糙，严重者有一定深度的圆形孔洞——针孔。产生过酸洗的原因是酸液温度过高、酸洗时间过长或酸液浓度过高。这种缺陷一旦发生无法挽救，对钢的性能产生有害影响。过酸洗钢在轧制过程中很容易粘辊或破碎。

残渣或锈蚀　酸洗后除有铁盐残留在钢坯表面上外，还有一层由钢中其他元素的氧化物或盐类组成的残渣。这些残渣对钢坯表面缺陷的清理不利，如不及时洗掉还会使钢坯表面继续锈蚀，呈现黄色。

275. 酸气对人体有哪些危害？酸洗操作要注意哪些安全事项？

酸洗车间经常充满酸气和化学反应产物——氢气，这些气体对人体有较大的危害，例如：

（1）长期接触硫酸蒸气可以引起牙齿腐蚀。

（2）皮肤受硫酸侵害后，轻者局部发红疼痛、烧成水泡、烧伤的周围大量充血；重者可引起皮肤及皮下组织完全坏死；烧成黑色。

（3）眼结膜长期受硫酸蒸气刺激会发生急性结膜炎，其症状为眼发红、流泪、疼痛、失明等。

（4）鼻黏膜受硫酸蒸气刺激会发生鼻干，其症状是流鼻涕、打喷嚏等。

（5）咽喉受硫酸蒸气刺激会产生咽部干燥、咽下疼痛、咳嗽等症状。

为保证工人的健康和安全生产，酸洗操作要注意以下事项：

（1）操作时必须按规定戴好劳动保护用品，例如耐酸服、护目镜等。

（2）在调配硫酸溶液时，必须将浓硫酸慢慢地倒入水中，而绝不能将水倒入酸中，以免酸液溅起烧伤人体。

（3）如果人体，特别是眼睛里，溅上了酸液，应及时用水猛烈冲洗并立即就医。酸洗间应备有碱水以便迅速中和酸液的烧伤。

（4）增加酸洗车间的通风、采光、照明等设施。例如在酸洗槽上部设抽风机以便及时抽走酸洗蒸气及氢气；开设天窗使室内通风良好；在普通固定照明的基础上，加强局部定向照明使操作工人的视线不受阻挡。

276. 盐酸酸洗的机理是什么?

酸洗是酸与金属及其氧化物发生化学反应的过程。盐酸酸洗是在盐酸溶液中进行的，其酸洗过程发生下面三种作用：

（1）盐酸与金属表面的氧化铁皮发生化学反应

其反应的方程式为

$$FeO + 2HCl = FeCl_2 + H_2O \tag{4-14}$$

$$Fe_3O_4 + 8HCl = 2FeCl_3 + FeCl_2 + 4H_2O \tag{4-15}$$

$$Fe_2O_3 + 6HCl = 2FeCl_3 + 3H_2O \tag{4-16}$$

上述化学反应结果使各种铁的氧化物生成可溶于水的盐类（氯化铁和氯化亚铁）溶解于盐酸溶液，从而达到除去金属表面氧化铁皮的目的，这种作用称为溶解作用。

（2）盐酸与基体金属发生化学反应

在酸洗过程中，盐酸不仅与氧化物发生反应，而且通过结构疏松的氧化铁的缝隙与钢中的铁发生反应，其反应方程式为：

$$Fe + 2HCl = FeCl + H_2\uparrow \tag{4-17}$$

钢中的铁与盐酸溶液反应的结果，产生大量的氢气。氢气产生巨大的压力把氧化铁皮从金属表面上剥落下来，剥离作用能加快酸洗速度，减少酸耗。

（3）氢的还原作用

酸洗时钢中的铁与酸溶液发生反应，生成大量的氢原子。氢原子非常活泼，有的转化为氢气逸出，有的与氧化铁中的氧发生反应，将高价铁的氧化物还原成易溶于酸溶液的低价铁的氧化物，使钢的酸洗过程加快，这个过程就是氢的还原作用。其化学反应式为

$$Fe_3O_4 + 2H \longrightarrow 3FeO + H_2O \quad (4\text{-}18)$$

$$Fe_2O_3 + 2H \longrightarrow 2FeO + H_2O \quad (4\text{-}19)$$

$$FeCl_3 + H \longrightarrow FeCl_2 + HCl \quad (4\text{-}20)$$

277. 盐酸溶液的浓度对酸洗有什么影响?

盐酸溶液的浓度对酸洗效率有很大的影响。在相同温度条件下，酸液浓度越大，酸洗时间越短（见表 4-8）。因此，提高盐酸溶液浓度是提高酸洗效率的重要手段。

表 4-8　盐酸浓度对酸洗时间的影响

盐酸浓度/%	酸洗时间/min
2	90
5	55
10	18
15	15
20	10
25	9

278. 盐酸溶液的温度对酸洗有什么影响? 硫酸酸洗与盐酸酸洗各有什么优缺点?

盐酸溶液温度对酸洗效率也有很大影响，但不如提高盐酸溶液浓度对酸洗速度的影响来得明显，而且提高盐酸溶液的温度会造成更多的酸雾挥发和析出，不利于操作人员和设备工作条件的改善。故对盐酸酸洗而言，通常是通过增加酸液的浓度来提高酸洗效率的。酸液温度对酸洗时间的影响如表 4-9 所示。

表 4-9　盐酸溶液温度对酸洗时间的影响

盐酸溶液温度/℃	酸洗时间/min	
	盐酸溶液浓度 5%	盐酸溶液浓度 10%
18	55	18
40	15	6
60	5	2

硫酸酸洗与盐酸酸洗是除去金属表面氧化铁皮经常采用的两种酸洗方法。这两种酸洗方法的优缺点如表4-10所示。

表4-10　硫酸与盐酸酸洗优缺点比较

酸　类	优　点	缺　点
硫　酸	（1）对脆性氧化铁皮有良好的剥离作用； （2）提高酸液温度可提高酸洗效率； （3）价格便宜，酸洗成本较低； （4）废酸中的铁盐便于利用； （5）析出的酸雾刺激性较小	（1）必须加热才能使用； （2）对钢的基体金属浸蚀较大，容易产生氢脆缺陷； （3）酸洗速度较慢，酸洗效率较低； （4）酸洗制品表面比较粗糙，附着的铁盐有时不易洗净
盐　酸	（1）不需加热，室温即可酸洗； （2）酸洗速度较快，效率较高； （3）酸洗制品表面铁盐容易用水洗净，表面比较光洁； （4）不易产生过酸洗和氢脆缺陷	（1）价格较贵，酸洗成本较高； （2）析出的酸雾有强烈的刺激性和较大的腐蚀作用，对人体和设备有一定的危害，必须有良好的驱除酸雾装置； （3）废酸回收困难，利用价值较低

279. 合金钢酸洗有什么特点？

不同的合金钢产生的氧化铁皮具有不同的特性，有的用一般酸洗方法难以除去。例如1Cr18Ni9Ti奥氏体不锈钢，因其含有大量的铬（Cr）和镍（Ni）元素，它生成的氧化铁皮不仅十分致密、坚韧，而且和基体金属牢固地结合在一起。另外，这类氧化铁皮还具有难溶于硫酸和盐酸溶液的特点。因此，含有铬、镍、钨、钛等合金元素的合金钢生成的氧化铁皮就很难用常规的酸洗方法来清除，而要用其他方法。常用的方法有：

（1）混合酸洗法，即用硫酸、盐酸和硝酸组成的混合酸液去清除氧化铁皮。这种方法主要用于不锈钢。混合酸溶液是将食盐（NaCl）和硝酸钠（$NaNO_3$）加到硫酸溶液中得到的。但食盐和硝酸钠的加入量对酸洗的效果有很大影响，要随使用温度的变化加以控制。

（2）熔融碱处理，即金属材料在熔碱中保温后取出浸水。它之所以能去除合金表面的氧化铁皮，主要依靠下列作用：一是机械剥离作用，由于基体金属与氧化铁皮的膨胀系数不同而被松动剥落；二是化学作用。因钼、钨、钒、钛等合金元素生成的氧化铁皮能与碱发生作用而被逐渐地清洗掉。

（3）苛性钠-高锰酸钾溶液浸洗处理。用上述两种方法清除不锈钢等高合金钢表面氧化铁皮，操作条件比较恶劣，并且容易发生酸洗缺陷。若先在苛性钠-高锰酸钾溶液中浸洗一段时间，经冲洗然后在盐酸或硫酸中稍加酸洗，也能将合金氧化铁皮顺利去除。其机理是溶液生成的氧能把低价金属氧化物氧化成高价金属氧化物，改善氧化铁皮在酸中的可溶性，随后在盐酸（或硫酸）溶液中能顺利去除钢表面的氧化铁皮。此外，在钢表面产生的氧气对氧化铁皮具有机械剥离作用，有助于氧化铁皮脱落。

在一定条件下，苛性钠-高锰酸钾溶液本身也具有溶解氧化铁皮的作用。其化学反应式为：

$$4KMnO_4 + 4KOH \longrightarrow 4K_2MnO_4 + 2H_2O + O_2\uparrow \quad (4\text{-}21)$$

$$3K_2MnO_4 + 2H_2O \longrightarrow 2KMnO_4 + MnO_2\downarrow + 4KOH \quad (4\text{-}22)$$

$$Cr_2O_3 \longrightarrow 2CrO_3 \quad (4\text{-}23)$$

$$CrO_3 + 2KOH \longrightarrow K_2CrO_4 + H_2O \quad (4\text{-}24)$$

苛性钠-高锰酸钾溶液的配比如下：

高锰酸钾（$KMnO_4$）	5% ~10%
苛性钠（NaOH）	5% ~10%

280. 为什么喷丸能去掉钢坯表面的氧化铁皮？

多数轧钢车间都使用酸洗法去除氧化铁皮，但在近年来新设计的轧钢车间，正逐渐用机械喷丸法代替酸洗法清除钢坯表面的氧化铁皮。

喷丸法的实质是用压缩空气或用机械设备把0.2 ~5mm的金属砂粒（材质为可锻铸铁、灰口铸铁、合金钢等）喷射到钢坯表面上，借以达到去掉氧化铁皮的目的。

这种方法也适用于清除钢板、钢带上的氧化铁皮。对要求较高的一些商品钢材，在喷丸清理后，一般还应再用酸洗方法洗掉钢材表面上的金属灰尘。

三、清理设备及其使用常识

281. 如何选择清理设备？

表面缺陷清理是清除危害产品质量的表面缺陷，是提高产品质量，降低生产成本，增加经济效益的一项有效措施。表面缺陷清理方法很多，各种方法都有不同的特点和不同的应用范围。选择时要考虑成品表面质量的要求，生产的钢种和产量，产品表面存在缺陷状况等因素。常用的表面缺陷清理方法有火焰清理、风铲清理、砂轮清理、剥皮、高温热修磨等几种。

（1）火焰清理。是生产效率最高、成本最低的清理方法。与风铲清理相比火焰清理的处理速度较之高 10 ~ 15 倍，吨钢成本便宜一半以上。适用碳素钢及部分低合金钢的表面清理。用于清理高碳钢和合金钢时，钢要保持一定的温度，否则清理后会发生龟裂。一般放在轧机后面做在线全面清理。选择性的局部缺陷清理则采用人工操作。

（2）风铲清理。适用于高碳钢、合金钢产品冷状态下的清理，也适用于一些含碳量比较低，用火焰清理会产生不易铲除的粘铁皮的钢种，以提高成品质量。

（3）砂轮清理。适用于清除硬度很高的高级合金钢的表面缺陷和质量要求较严产品的表面缺陷。也用在自动化程度高的自动清理线上。

（4）剥皮。用车、铣、刨等机加工方法把表面有缺陷的一层金属去掉。适用于重要用途合金钢的表面缺陷的清理,成本很高。

（5）高温热修磨。高温热修磨（Casttgrind）工艺通过在线修磨高温热板坯，使得在板坯连铸操作与热轧操作之间真正建立起物理性联机成为可能。在线高温热修磨具有更高的修磨产能；一体化的生产物流特性使产品交货周期（Lead Time）更短；产品质量得到进一步改进。高温热修磨工艺系统处理能力高，生产的产品质量优越，为钢铁生产者在环保领域的绝对竞争力提供了保证。它将成为未来几年板坯修磨技术主要发展方向。

282. 常用的砂轮清理机有哪些?

砂轮清理机依照设备构造不同分为固定式、悬挂式和地上式三类，现分别介绍如下：

（1）固定式砂轮机（如图4-17所示）是砂轮固定在用传动

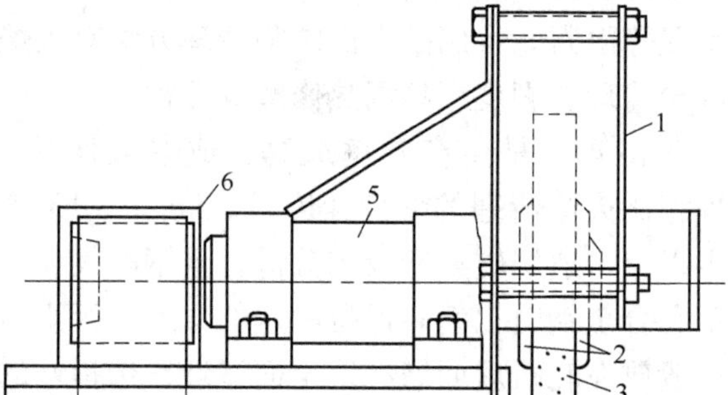

图4-17 固定式砂轮机

1—砂轮罩；2—垫圈；3—砂轮；4—要清理的圆钢；5—工作轴盒；6—皮带轮保护罩；7—结构挡板；8—支承辊；9—固接螺栓；10—砂轮机框架

皮带轮带动的工作轴上，要清理的钢材放在支承辊上（以便移动钢材）的清理设备。为了工作安全，砂轮要用砂轮罩盖上。一般边长或直径小于 40mm 的方钢或圆钢用固定式砂轮机清理，也有的工厂用固定式砂轮机自动清理断面为 75mm × 75mm 至 160mm × 160mm 的合金钢及优质钢坯。有些砂轮机的工作轴与砂轮一起由踏板操纵上下移动，使砂轮与所修整的钢件接触，如图 4-18 所示。

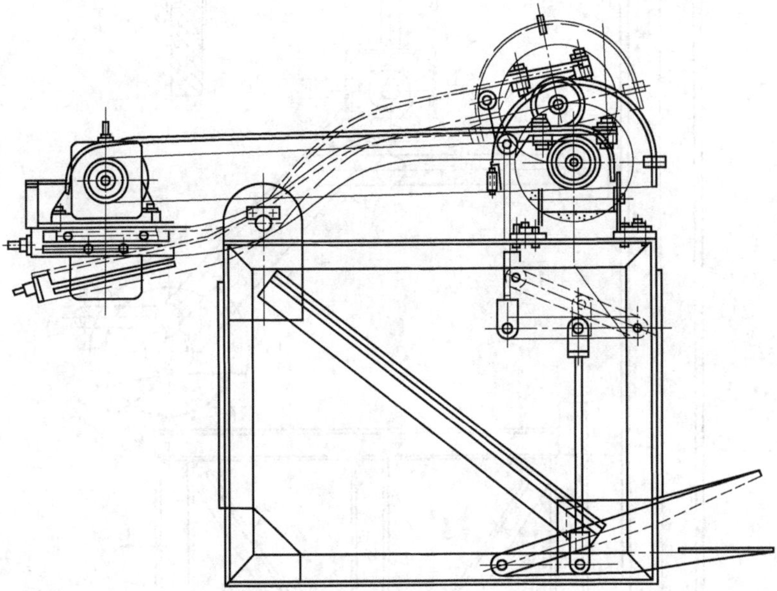

图 4-18 踏板式砂轮机

（2）悬挂式砂轮机用于清理钢锭、钢坯、板坯、断面尺寸大于 40mm × 40mm 的型钢上的缺陷。最常用的悬挂式砂轮机如图 4-19 所示。

（3）地上式砂轮机用于清理钢板上的缺陷。砂轮机装在小车上，用小车上的两个把手操纵砂轮机。压动手把时，平板小车即以车轮为支点向后倾斜，砂轮片可接触到钢板，清理钢板表面

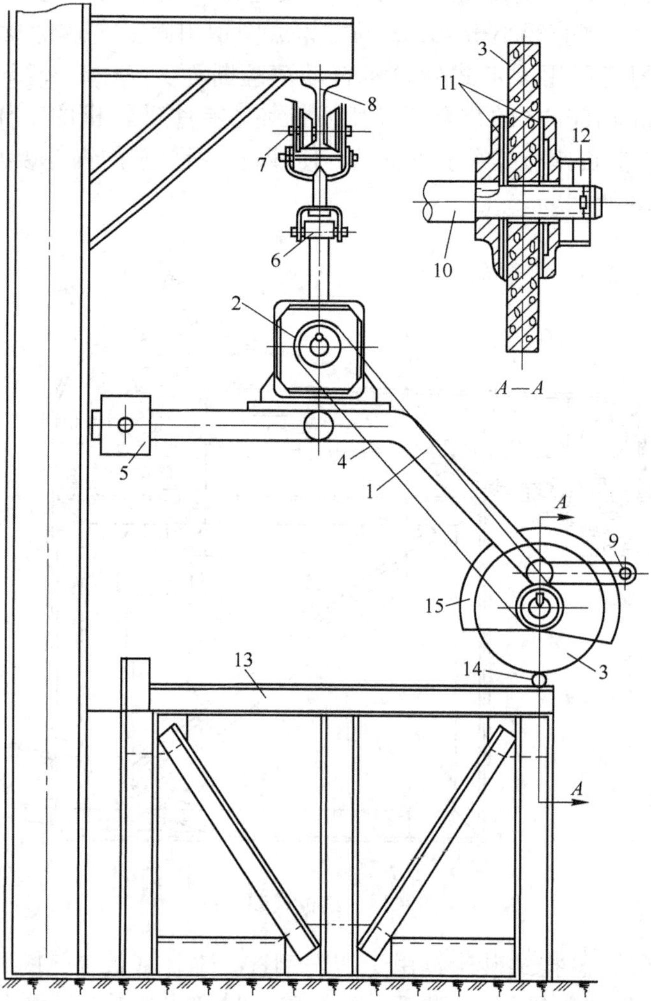

图 4-19　悬挂式砂轮机

1—机体；2—电动机；3—砂轮；4—皮带；5—配重；6—吊架挂杆；7—吊架；8—支承架；9—把手；10—工作轴；11—法兰盘；12—螺母；13—工作台；14—要修整的钢材；15—砂轮罩

的缺陷（见图 4-20）。

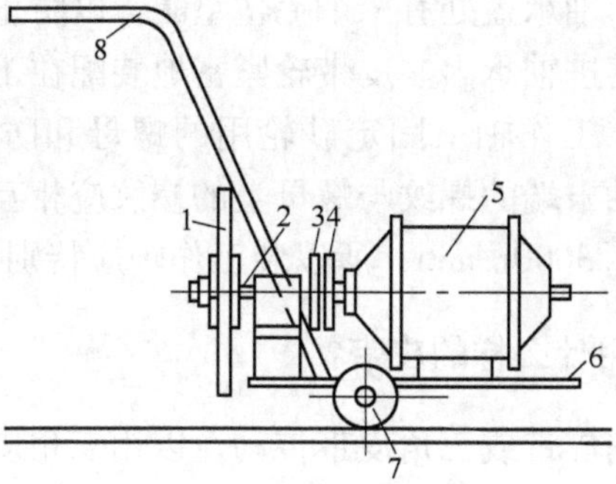

图 4-20　地上式砂轮机

1—砂轮；2—工作轴；3—工作轴的半联轴节；4—电动机的半联轴节；5—电动机；6—平板小车；7—车轮；8—把手

283. 砂轮机的安装结构如何？

各类砂轮机的结构原理都相同。如图 4-21 所示，砂轮机的

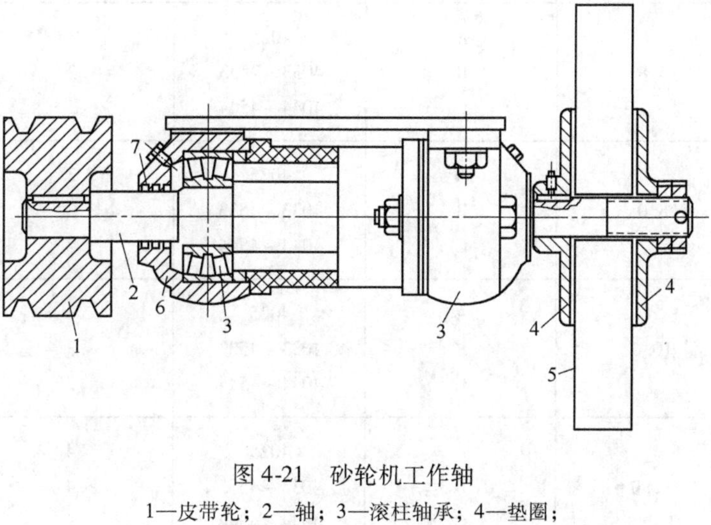

图 4-21　砂轮机工作轴

1—皮带轮；2—轴；3—滚柱轴承；4—垫圈；5—砂轮；6—轴承盖；7—毛毡垫圈

工作轴安装在滚珠轴承或滚柱轴承中，轴承必须特别紧密地压合在工作轴颈上。轴承盖处有三个毛毡垫圈，以防止砂轮屑、氧化铁皮或金属屑落进轴承内。皮带轮紧密地装配在工作轴上，不得歪斜或偏心。在工作轴上固定砂轮用的螺母和防松螺母均应拧紧，而且工作轴末端的螺纹与螺母上的螺纹应相互适应。因为工作轴的转速高达3000r/min，所以装工作轴应特别仔细。

284. 砂轮机使用什么样的皮带?

砂轮机用扁皮带或三角皮带传动，以用三角皮带为好。三角皮带的型号、数量和长度根据电动机的容量选择（见表4-11）。为了保证砂轮机需要的速度和传动皮带的使用期最长，电机轴与1400~1600r/min的工作轴上的皮带轮应具有标准尺寸（见表4-12）。

表4-11　三角皮带的型号

电动机容量/kW	三角皮带的型号	三角皮带的长度/mm	三角皮带的数量/根
5.8	A	4025	3
	B	4033~4533	2
	C	4044~4544	1
8.0	A	4025	3
	B	4033~4533	3
	C	4044~4544	2
10.0	A	4025	3
	B	4033~4533	3
	C	4044~4544	2
12.0	A	4025	4
	B	4033~4533	4
	C	4044~4544	2

表 4-12　皮带轮尺寸

皮带类型	皮带轮直径/mm		传动比	砂轮的圆周速度/m·s^{-1}
	工作轴的	电动机轴的		
A 型三角皮带	100	175	1.75	40~45
B 型三角皮带	140	245	1.75	40~45
C 型三角皮带	200	350	1.75	40~45
扁皮带	120	210	1.75	40~45

285. 电弧清理设备的工作原理是什么？

电弧清理使用的设备为直流电焊机组。在 220/380V 交流电焊机内，电动机以 1430r/min 的速度带动发电机转动，发出电压为 60V 的直流电。直流发电机的功率一般为 14.5~17.5kW。

以被清理的钢锭或钢坯为正极，以电极棒（10mm×10mm×150mm 的石墨棒）为负极，工作时负极的电流强度高达 400~500A，两极之间形成的电弧连接着钢坯表面（或钢锭表面），强大的电流使被清理的钢锭或钢坯表面缺陷处的金属熔化。

286. 火焰清理工具的构造原理是什么？

轧制产品表面缺陷的火焰清理使用特种型号割炬（又称火焰清理枪，简称火焰枪）。由于使用的燃气不同，火焰枪的构造也不同。

常用的火焰清理工具是氧气-乙炔火焰枪，如图 4-22 所示。氧气从套在接头 1 上的胶皮管内进入枪身，乙炔从套在接头 2 上的胶皮管进入枪身。氧气进入火焰枪身 3 后，一部分经过喷射管 4 进入混合室 5 与乙炔合成混合气，沿着混合管 6 至枪头 7。另一部分氧气经过火焰枪身内部的通路沿着氧气管 8 进入枪头。供给切割的氧气，用带杠杆的塞盖式气门 9 来调节。用于预热火焰的氧气和乙炔量的大小，用枪身相应的气门 18、19 来调节。

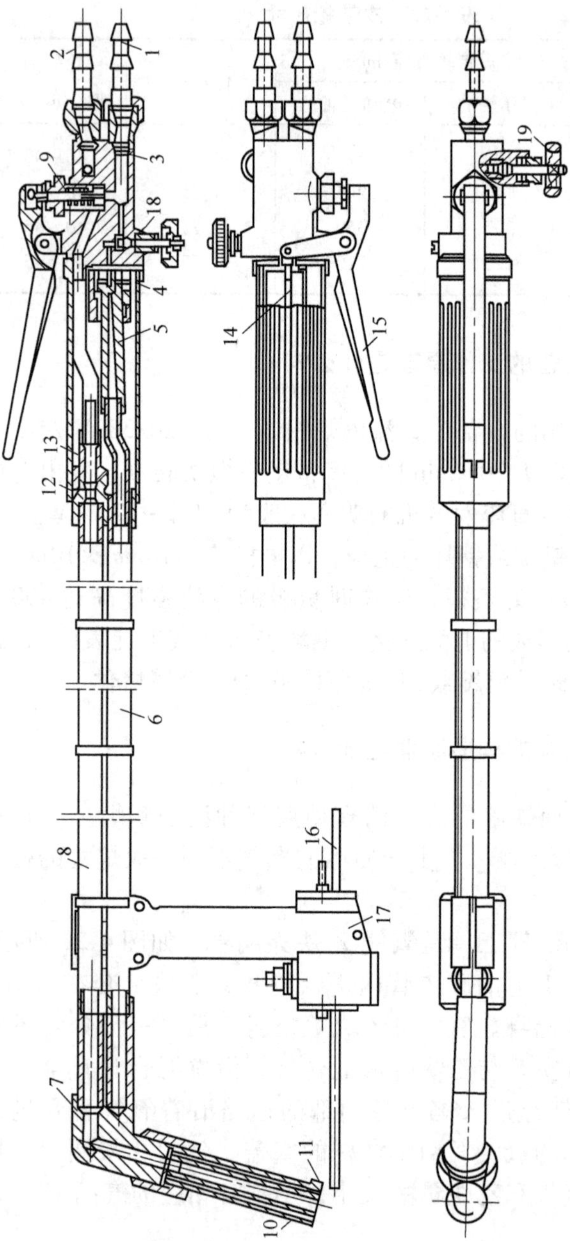

图4-22 氧气-乙炔火焰枪

1—氧气人口接头；2—乙炔人口接头；3—火焰枪身；4—喷射管；5—混合室；6—混合管；7—枪头；
8—氧气管；9—塞盖式气门；10—枪嘴（燃烧嘴）；11—枪嘴环；12—连接管；13—把手；14—拉杆；
15—扳手；16—引火钢丝；17—钢丝夹持机构；18，19—气门

在火焰枪的枪头内有混合乙炔和氧气的通路。枪头 7 和枪嘴 10 用耐热钢螺母连接。枪嘴用紫铜制成。在枪嘴内有一个输送切割氧气的中心通路，和一个通入预热混合气的环形通路。出口端，如图 4-23 所示，有 6 个或 8 个小孔，并焊有耐热钢圆环 11，使火焰枪在工作时能保持燃烧嘴与被清理金属表面的距离固定不变。

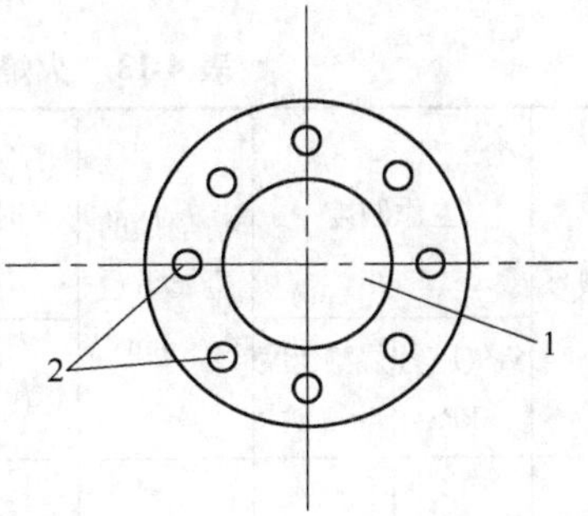

图 4-23 火焰枪出口端气体通路图
1—输送切割氧气的中心通路；
2—输送预热混合气的环形通路

枪身 3 借把手 13 与连接管 12 连接起来。为了加速预热，引火钢丝 16 采用直径为 5mm 的钢丝，用扳手 15 带动拉杆 14 将钢丝送到火焰枪下。

目前，有条件的企业已采用廉价的炼焦副产品——焦炉煤气，代替乙炔，也可以用天然气代替乙炔。

287. 火焰枪有哪些技术性能?

火焰枪的种类很多，按使用的燃气种类分，有氧气-乙炔枪、氧气-焦炉煤气枪和氧气-天然气枪；按燃气和氧气混合部位分，有在枪头内混合的、有在枪头和扳手之间混合的。但不论是哪种火焰枪其工作原理都是相同的，即氧气与燃气先把清理件预热，然后通氧燃烧将缺陷吹割熔除。不同的清理对象及清理深度选用不同的火焰枪。火焰枪的技术性能见表 4-13。

288. 乙炔发生器有哪几种?

乙炔发生器按乙炔压力可以分为低压（4. 9 ~ 9. 8kPa）、中压（9. 8 ~98kPa）和高压（不超过 98 ~ 147kPa）三类，按水与电石的相对位置可分为水在电石上、电石在水上和二者接触三种。乙炔发生器的构造不同，其利用率也不同，现将常用乙炔发生器的技术特性列于表4-14。

表4-13 火焰枪的技术性能表

型号	工作制度		清理掉的金属重量/g·min^{-1}	连续工作的单位时间耗气量/m^3·h^{-1}		清掉单位重量金属的耗气量/mg·kg^{-1}		清理对象
	氧气压力/kPa	烧割速度/m·s^{-1}		氧气	乙炔	氧气	乙炔	
1	98~392	1.2~4	200~1800	9~23	0.4~0.7	200~700	7~30	断面<160mm×160mm
2	98~392	1.3~5	500~3200	13~19	0.5~0.8	170~500	4~20	断面<180mm×180mm
3	98~784	1.3~10	800~10000		0.6~1.0	100~450	2~15	大板坯

表4-14 乙炔发生器的技术特性表

发生器形式	发气量/m^3·h^{-1}		原料消耗/kg·m^{-3}		气体压力/kPa	效率/%
	正 常	最 大	电 石	水		
水在电石上	1.0	1.2	4	14	1.37	75~92
	2.0	2.0	4	16.5	2.94	90~95
	4.0	5.0	3.7~4.3	15~18	24.5	75~94
	7.5	10.0	3.7~4.3	15~18	24.5	75~94
	15.0	20.0	3.7~4.3	15~18	24.5	75~94
	32.0	40.0	3.7~4.3	15~18	24.5	75~94
电石在水上	20.0	—	3.5	60	达3.92	94~98
	40.0	—	3.5	60	达3.92	94~98
	60.0	—	3.5	60	达3.92	94~98
	150.0	—	3.5	60	达3.92	94~98
	190.0	—	3.5	60	达3.92	94~98
电石和水接触	20.0	—	3.5	15	达98	96

乙炔的供给，可以用小型活动的乙炔发生器放在清理场附近，或离清理场一定距离将乙炔发生器装在密闭的房间里，也可以用管道把乙炔由中心乙炔站送至清理场。

无论哪一种乙炔发生器都应采用水封或安装安全瓣，以防乙炔遇火爆炸。

289. 风铲的结构原理是什么？

风铲由开动机构、分配装置和带活塞（即冲块）的筒身三大件构成（如图 4-24 所示）。开动机构在风铲头部，它由进气阀 1、返回弹簧 2、顶杆 3 和扳机 4 构成。当用手指扳动扳机时，扳机的接触舌推动顶杆将进气阀顶开，此时空气的进路打开。放开扳机时，返回弹簧将进气阀推入风铲头的阀座中，关掉空气的进路，风铲停止作业。

分配装置由装在风铲筒身 7 中的滑块盒 5、管状阶梯形滑块 6 构成。滑块 6 起分配空气的作用。滑块顺滑块盒上下移动时它盖上一部分空气进路，开放另一部分空气进路。

风铲筒身上端有螺纹，用来固定带开动机械的风铲头。筒身下端有安插铲头柄的衬圈（或环形件）8。活塞（即冲块）9 顺筒身移动，在操作中活塞的下端冲击铲头柄的端面。

风铲各部位零件装配的精确程度对生产有很大影响。若零件间的缝隙过大，则空气损失就多，结果风铲的能力大大降低。铲头柄应当紧密地装在风铲的衬圈中，衬圈和铲头柄间的缝隙不应超过 0.05mm。当缝隙增大时，风铲能力的变化如下：

缝隙/mm	风铲能力/%
0.05	100
0.10	99.5
0.15	99
0.5	89
0.8	75
1.0	40

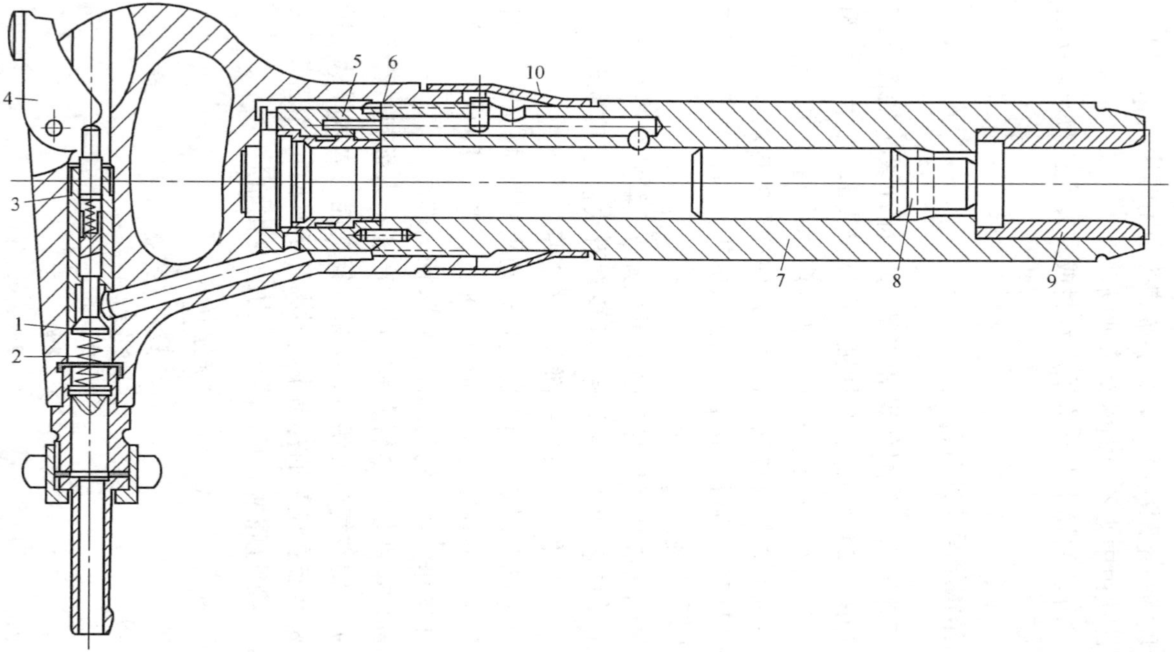

图 4-24　风铲

1—进气阀；2—返回弹簧；3—顶杆；4—扳机；5—滑块盒；6—滑块；
7—筒身；8—衬圈或环形件；9—活塞；10—安全环

290. 清理钢锭、钢坯常用的风铲有哪些？

清理钢锭和钢坯用的风铲类型很多，根据风铲能够清理的金属硬度的高低，可把它们分为轻型、中型和重型三类。常用的风铲性能见表4-15。有人从理论上提出风铲的冲击频率高、功率小比冲击频率低、功率大对提高生产率有利。然而，实践证明生产率随着功率的增加而增加、随着风铲重量的增加而增加。

表 4-15　常用风铲性能表

类型	代号	重量 /kg	长度 /mm	空气消耗量 /$m^3 \cdot min^{-1}$	冲击频率 /次 · min^{-1}	冲击功 /J	功率/W
轻型	C4	4.9	295	0.6	2000	13.7	250
中型	C5	5.4	340	0.65	1500	18.6	478～647
重型	C6	6.3	410	0.7	1100	25.5	515～699

291. 怎样提高砂轮研磨钢锭（坯）的清理工作效率？

砂轮修整钢锭、钢坯、钢材实质上是一种特殊形式的车铣。这种车铣与一般车铣的不同之处是大量的砂粒参与了车铣过程，每一颗砂粒均起着一个小铣刀的作用。当砂轮高速旋转时，其表面的每一颗砂粒从所修整的原料表面上切下一小块金属。

一般粗粒砂轮的工作效率比细粒砂轮高。清理钢锭和钢坯表面可采用粗粒砂轮。砂轮的速度也是影响砂轮工作效率的重要因素，我们把砂轮工作效率最高而砂轮的磨损又最小的速度称为标准圆周速度。砂轮的实际圆周速度若小于标准圆周速度，则砂轮的磨损增大；若大于标准圆周速度，则砂轮的磨损减小。修整钢锭或钢坯表面的砂轮速度一般为35～40m/s。

为了保持砂轮的工作效率不变，随着砂轮的磨损必须增加砂轮的转速以保持圆周速度不变。为此需把已磨损的砂轮片换到转速较高的砂轮机上，或更换电动机轴和砂轮工作轴的皮带轮。砂轮的圆周速度按下式计算：

$$v_{砂轮} = \frac{\pi D_{砂轮} n_{砂轮}}{60 \times 1000} \tag{4-25}$$

式中 $v_{砂轮}$——砂轮的圆周速度，m/s；

$D_{砂轮}$——砂轮直径，mm；

$n_{砂轮}$——砂轮工作轴的转速，r/min。

砂轮工作轴的转速按下式计算：

$$n_{砂轮} = \frac{d_1 n}{d_2} \times 0.95 \tag{4-26}$$

式中 d_1——电动机的皮带轮直径，mm；

n——电动机的转速，r/min；

d_2——工作轴的皮带轮直径，mm；

0.95——皮带的传动效率。

292. 怎样安装砂轮？

砂轮经常拆卸、安装，砂轮的安装质量与安全生产有直接关系。砂轮必须紧密无隙地套在砂轮机轴上，不应有明显的偏心。但不允许将砂轮强行套在砂轮机轴上，或用锤子打击安装。

在压紧垫圈和砂轮之间必须垫上弹性材料做的夹垫，将压紧螺母拧紧并用开口销或防松螺母固定，然后将砂轮机空转一会，检查砂轮安装得是否正确和可靠。砂轮机停止空转后，安装上砂轮罩，砂轮罩的结构及安装都必须保证操作十分安全。

砂轮在安装和使用时，都不得碰撞，即使是很轻微的碰撞也不允许，因为碰撞会使砂轮产生裂纹甚至崩裂。

砂轮安装完毕，还必须检查砂轮机工作轴的轴承润滑情况，以避免轴承发热，因为机轴过热会把热量传给砂轮，导致砂轮破坏。

293. 火焰清理工人应注意哪些安全事项？

火焰清理操作的主要安全注意事项有：

（1）工作服、手套应保持干净，不得有油迹，否则，可能因油迹而造成烧伤。

（2）当使用乙炔发生器时，发生器附近禁止携带明火和吸烟。氧气瓶的开关应完好无缺并带保险帽。搬运和放置有氧气的氧气瓶时，应特别小心，不得用人扛和用吊车运。

（3）在清理之前，清理工人必须仔细地检查火焰枪的烧嘴、软管和开关的完整性。禁止切割氧气流朝着氧气和燃气软管，否则软管可能被烧着，而且火焰会很快地到达氧气的来源处，以致引起氧气管道或氧气瓶爆炸。

当氧气软管起火时，应立即切断氧气来源（即将氧气软管起火处上端弯成180°，然后关闭阀门）。要严防油类侵入氧气压力表及氧气瓶嘴，以免回火燃烧引起爆炸。

（4）当火焰枪烧嘴的火焰随着轻轻的爆炸声突然熄灭时，应立即将燃气软管的气流切断（用手将软管弯成180°）。不许因乙炔压力小而用重物压发生器浮筒。

（5）当停止操作时，清理工人必须将火焰枪的火焰熄灭，将氧气管道闭上，并把火焰枪放到安全地方。氧气瓶内至少留有196kPa压力的残气，不可用尽。

（6）禁止将软管横放在铁路上，以免压坏漏气造成事故。

294. 怎样维护和保管风铲?

为了保持风铲高效率的生产，风铲在使用和存放时必须细心维护，做到以下几点：

（1）长期未用的风铲，必须先卸开用脱水煤油彻底清洗．涂上矿物润滑油，然后装配好并往活接头中注入润滑油，经过试用，才能正式使用。

（2）使用之前必须检查衬圈的粗糙度，铲头柄的长度和装插到衬圈中的严密程度。禁止使用短柄铲头，以免铲头飞出伤人。

（3）在工作中风铲每隔2~3h润滑一次，注意勿使铲头柄和衬圈发热。在工作间歇勿把风铲弄脏。铲头柄最好套上橡皮衬垫。在操作场地不得拆卸风铲，不得用明火加热风铲。

（4）工作结束，应关闭空气管道阀门，将风铲与软管卸开，用干布仔细擦拭干净送进工具库，在库里还必须将风铲放进脱水煤油中清洗（此时应将风铲进气阀启开），用压缩空气吹刷，往活接头处注入润滑油。保管风铲时最好是把它立着悬挂起来。

295. 怎样排除风铲在使用中的故障？

风铲在使用时会出现各种故障，清理工人应当掌握简单的排除故障的技能。表4-16介绍了常见的风铲故障及排除方法。

表4-16　风铲故障及排除方法

故　障	产生原因	排除方法
在强力冲击条件下冲击次数减少	（1）空气进路堵塞，回程速度降低； （2）耐圈与产头柄之间漏气	（1）清洗筒身和滑块盒的空气进路； （2）更换衬圈和铲头，使它们之间的缝隙不超过0.05mm
在微弱冲击条件下冲击次数减少	软管细长或空气压力小而气量不足	换较大直径（不小于16mm）的软管，将空气压力增到490～539kPa
压缩空气消耗过大	（1）铲头柄与衬圈之间、滑块与滑块盒之间、筒身与活塞之间、把手和筒的连接处（螺丝处）漏气； （2）软管与软管、软管与风铲的连接处漏气	（1）更换风铲的磨损件，换后的缝隙不应大于0.05mm； （2）换掉漏气的软管
活塞或滑块卡住	（1）异物落在零件的磨光部位上； （2）风铲润滑不好，把手和筒身拧得不紧，滑块歪斜，滑块盒中心与筒身中心错位	（1）吹刷空气管道，搞好风铲润滑； （2）将风铲拆开，重新细心装配
筒身排气口结冰	（1）空气中有大量水分； （2）空气进路堵塞	（1）由风水分离器下面放水； （2）用煤油洗刷筒身的空气进路
风铲不好用	（1）空气未达到所需的压力； （2）风铲装配和润滑得不好； （3）空气进路中的水冻结	（1）检查并提高空气压力； （2）检查并改进风铲的装配和润滑； （3）将风铲送进暖室加热并用煤油清洗

296. 影响风铲生产效率的因素有哪些?

影响风铲生产效率的主要因素有:

(1) 压缩空气的压力。空气压力影响冲击强度与冲击次数，如表 4-17 所示，因而它影响风铲的生产效率。为了保持空气压力稳定，应当使输送管道阀门、输送软管及接头处封闭严密，防止漏气。

表 4-17　风铲生产效率与压缩空气压力的关系

空气压力/kPa	冲击强度/%	冲击次数/%	风铲生产率/%
539	100	100	100
490	82	95	78
441	64	90	57
392	52	85	44
343	40	80	32
294	28	75	21

(2) 风铲铲头的选择。技术水平和经验相同的清理工人，其劳动生产率取决于风铲能力，铲头柄形状，铲刃的宽度、形状和刃磨角以及铲头的重量和耐用程度。

297. 怎样选择风铲的铲头柄形状?

铲头柄的形状，如图 4-25 所示，有圆柱形、锥形和六角形三种。圆柱形铲头柄制作简便而经济，但不能保证与衬圈接触很严密；锥形铲头柄能保证与衬圈接触得很严密，但需要热处理。铲头柄承受很大冲击负荷，很快就会变形和损坏。六角形铲头柄虽然制作费用高而且与风铲衬圈贴附不严，但其优点是，在不改变风铲操作方向的情况下，可以通过调整铲头柄改变铲头方向。

298. 如何选择铲刃的形状及尺寸?

铲刃的宽度和形状对铲头的生产率和寿命有很大影响，如图 4-26 所示。刃磨角 α 愈尖锐，生产效率愈高，但使用寿命降低。

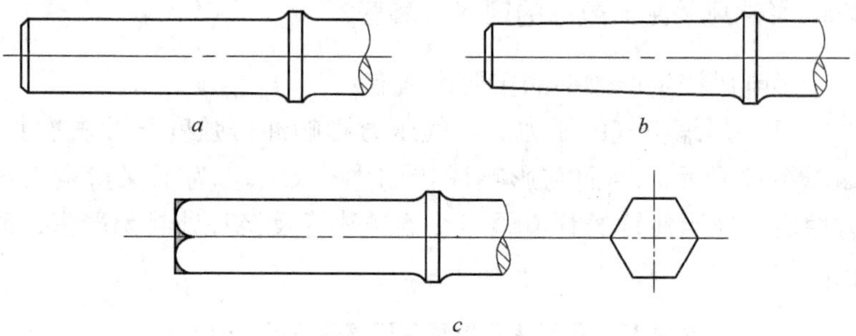

图 4-25 风铲铲头柄形状

a—圆柱形柄；b—锥形柄，锥度为 1∶10；c—六角形柄

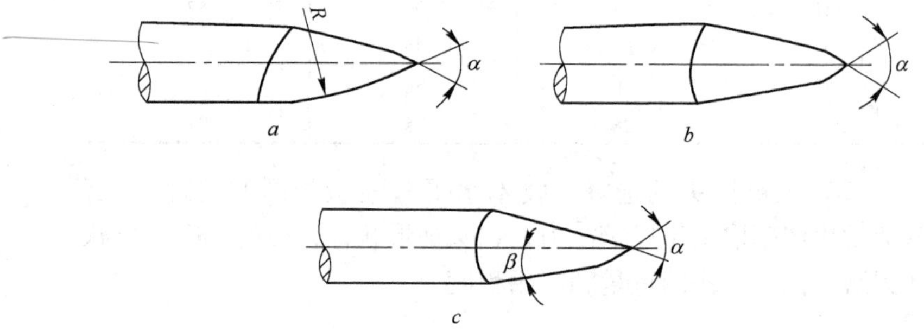

图 4-26 铲刃的形状

a—下部曲线形的；b—上、下部对称形的；c—上部直线形的

清理不同硬度的钢应采用不同的刃磨角。软钢采用 $\alpha = 40° \sim 50°$；中等硬度的钢采用 $\alpha = 50° \sim 60°$；硬钢采用 $\alpha = 60° \sim 75°$。铲刃的刃磨角、宽度及铲头重量与生产效率的关系，见图 4-27。

铲刃宽度一般是 20 ~ 23mm，如铲刃继续增宽，生产率将显著下降。实践证明当清理发裂缺陷或硬钢时，最合适的铲刃宽度是 15 ~ 22mm；当清理大片缺陷或软钢时，最适宜的铲刃宽度是 18 ~ 30mm。

用钝的铲头可在砂轮上重磨，铲刃重磨时应定时浸水冷却。

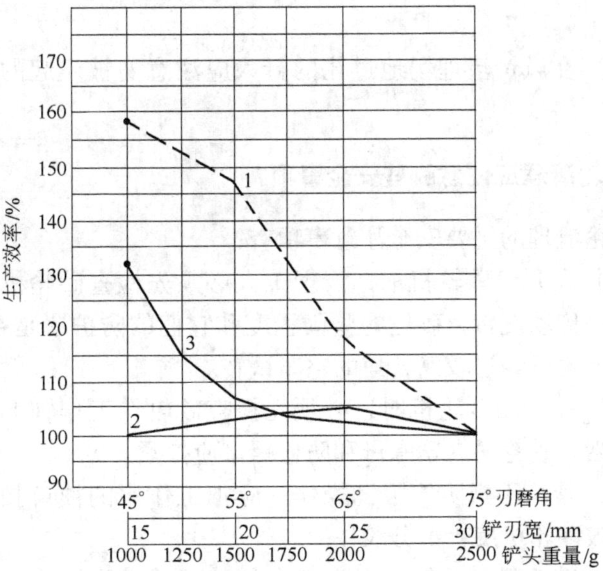

图 4-27　铲刃的形状、尺寸与生产率的关系
1—与铲刃角度的关系；2—与铲刃宽度的关系；
3—与铲头重量的关系

重磨 15 ~ 25 次后，铲刃失掉正确形状，这时应该用锻锤将铲头锻长后重新进行热处理。铲头修理 7 ~ 9 次后报废。

299. 风铲清理的安全注意事项有哪些？

风铲清理的主要安全注意事项有：

（1）清理缺陷时操作者应戴防护眼镜和有皮掌的手套，以防崩坏的铲头碰伤左手。禁止两个人同时对着清理缺陷，以免铲屑碰伤对方。

（2）在清理之前，风铲清理工人必须检查软管的金属套管是否完好。当软管的套管螺纹或空气阀和风铲螺丝接头的螺纹损坏时，软管若摇摆得厉害就可能自动脱节，把周围的人打伤。

（3）禁止开着空气管道阀门连接或拆卸软管，以防打伤自己。

（4）在风铲清理场地过往的行人应注意勿被飞起的金属屑打伤。

300. 砂轮清理应注意哪些安全事项？

砂轮清理的主要安全注意事项有：

（1）在开动砂轮机前，清理工人必须先检查砂轮机部件是否齐全；传动皮带、砂轮的坚固程度和它们的防护罩是否可靠，然后让砂轮机经过较高转速的空车试转。

（2）在开动砂轮机时，必须先检查砂轮在工作轴上安装得是否适当。砂轮的夹紧螺母和防松螺母应拧紧。

（3）禁止不戴防护眼镜操作。应把工作服的袖口扣好，以防袖口被砂轮机旋转部分绞住。

（4）禁止敲打砂轮，因为撞击易使砂轮破裂，碎片若被高速甩出，会给操作工带来严重伤害。

（5）砂轮清理场地四周应设置安全网，以防砂轮爆裂甩出打伤人。固定式砂轮机要设置抽风机；吊挂式及活动式砂轮清理场地要搞好除尘通风设施。

四、原料的管理和供应

301. 什么叫按炉送钢制度？为什么要按炉送钢？

按炉送钢制度，就是以炉为单位进行生产及检验组织的管理办法。

按炉送钢制度是科学管理轧钢生产的重要内容，是确保产品质量的不可缺少的基本制度。一般情况下，每一个炼钢炉号的钢水其化学成分基本相同，各种夹杂物和气体含量也都相近，大吨位炼钢炉（如大平炉）冶炼的沸腾钢和半镇静钢，每一个罐号的化学成分基本相同。为了确保产品质量均匀稳定，企业内部及供需双方都应执行按炉送钢制度。从铸锭到开坯、从成品检验到精整入库，都要求按炉（罐）号转移、堆放、管理、不得混乱。

对某些优质钢、合金钢来说，按炉送钢不但要求按冶炼炉号供应，而且还要求以铸锭的锭盘为单位供应，甚至要求将钢锭分段供应。

302. 什么是按批送钢？

按批送钢，就是指以批（同炉或不同炉）为单位进行生产及检验组织的管理办法。

对于小吨位转炉生产的普通碳素钢，技术标准中规定允许同钢种、不同冶炼炉号的钢组成混合批，但每批最多不得多于十个炉号（也有规定不得多于六个炉号），而且各炉号的含碳量之差不得大于0.02%、含锰量之差不得大于0.15%，每批钢坯（材）的总重量不得大于60t，为了适应现代的大炉子，每批由同一牌号，同一炉罐号，同一产品规格组成，每批钢坯（材）的总重量通常不得大于60t，超过60t的部分，每增加40t（或不足40t的余数），要求增加试样，同样可以作为一批。

303. 批与炉的区别是什么？

一炉钢是指一罐化学成分基本相同，各种夹杂物和气体含量也都相近的钢。从连铸坯到开坯、从成品检验到精整入库，都要求按炉（罐）号转移、堆放、管理。一批钢有混合批和单炉批两类。根据技术标准中规定的同钢种但不同冶炼炉号的钢组成的混合批，一批钢的碳含量，锰含量会有少量差别；由同一牌号，同一炉罐号，同一产品规格组成，重量受限，试样数量有要求的为单炉批。

304. 原料的堆放原则是什么？

原料应按照下述原则堆放：

（1）原料的堆放方法取决于坯料的形状。钢锭应头尾相间交叉堆放；方钢坯及矩形钢坯应一层一层地横竖交叉堆放；板坯应横竖交叉或重叠堆放；成卷的板料可重叠堆放，也可立着成排堆放。

（2）原料的堆放高度取决于安全条件及料场单位面积的允许负荷。表4-18列举了各类轧钢车间的原料堆放定额及堆放场每平方米的额定负荷。

表4-18 轧钢车间原料堆放负荷表

原料名称	堆垛高度/m		单位面积的额定负荷/$t \cdot m^{-2}$
	磁力吊车下	钳式吊车下	
初轧机用的大钢锭	3.0	2.0	7~8
小钢锭及短钢坯	2.0	2.0	6
长钢坯（长度大于4~5m）			
冷钢坯	4.0	2.0	12
热钢坯	2.5	2.0	12
扁钢锭及宽板坯	2.5	2.0	6
圆钢锭及圆钢坯	2.0	2.0	4

（3）堆放钢锭及钢坯的垫基（生产现场称做垛底）应坚固，以防堆垛下沉和歪斜。一般做垫基用的钢坯形状应规则，长度应大于原料。

（4）在堆放钢坯时，必须使有标志（钢印或写号）的一端朝向一侧，以便查找。

（5）垛与垛之间的距离应大于1m，垛与铁路或公路之间的距离应大于2m。

（6）钢锭及钢坯要堆放整齐，以保证吊运方便、安全。

305. 原料怎样切断？

轧钢车间使用的原料（钢锭、钢坯、连铸坯）除钢锭外，钢坯、连铸坯在进加热炉之前都需要根据设备条件和生产工艺要求切断。

切断设备的种类和剪切力应根据被切断金属的材质、断面尺寸、剪切支数选择。一般情况下，轧钢车间用平刃剪断机剪切原料。剪切力的计算见第513问。

根据被切件的材质及工艺要求选择切断温度。一般碳钢坯、合金钢坯及连铸坯在工艺上对剪切温度都没有特殊要求。电工用硅钢坯在切断时需要加热到一定温度，以免脆断。例如变压器硅钢坯的切断温度应不低于200～250℃；电机硅钢坯的切断温度应不低于150℃。无缝管坯的切断方法，要根据钢种特点确定，例如不锈钢管坯不应用火焰切断，以免产生热应力裂纹；碳钢管坯则可以用火焰切断。

306. 如何进行原料转移?

无论是钢锭还是钢坯，在厂与厂、车间与车间之间转送时，为了节约能源，凡有条件在热状态下转送的，都应当热送，并且要尽量提高热送的温度。不能或不便进行热送的原料才在常温下转送。原料必须带着质量保证书和转移单转送并严格遵循按炉送钢制度。原料的质量保证书应包括原料的冶炼炉号、钢种、技术条件（技术标准）、规格（或重量）、理化和表面质量检查结果及最终的质量判定结果。原料转送单是管理手续和财务结算依据。

原料在车间内部工序之间的转送，应依照作业计划的流动卡片进行。

307. 如何供应与管理试轧料?

供应试轧料是每个轧钢车间都经常遇到的事，但往往由于试轧料管理不当而造成生产事故，所以供应、管理试轧料应注意以下几点：

（1）试轧料的规格应与轧制生产用的坯料规格相同或接近，以便试验有真正的代表性。

（2）试轧料一般不用易切钢、弹簧钢、高碳钢及各种合金钢，也不用锻坯。试轧料既要保证试轧的安全、准确，又不要浪费好钢。

（3）试轧料不得使用钢种不明的钢坯和劈头料。

（4）试轧料要设专门的垛位堆放，进行单独管理，不得混入其他坯料。

308. 如何确定原料仓库的面积？

轧钢车间坯料仓库面积的确定，应考虑轧机的生产能力；坯料的钢种及尺寸；坯料的供应情况与供应单位的设备检修日期；因吊车工作特点及建筑结构的限制而不能堆放钢坯的空隙地方所占面积的大小；检验、清理、打印、标号等必须在坯料仓库中进行的作业面积；铁路运输线所占的面积；允许堆放的高度以及单位面积负荷等。

原料仓库面积可用下面的公式计算：

$$S_{库} = \frac{24A \cdot x_{d} \cdot k_{金}}{0.7g_{存放} \cdot h_{堆}} \tag{4-27}$$

式中 A——轧机平均小时产量，t/h；

24—— 一天的小时数，h/d；

x_{d}——存放天数，d；

$k_{金}$——金属消耗系数；

0.7——考虑仓库面积有20%用作垛间的安全间距以及受吊车吊钩位置限制，为铁路所占而不能利用；有10%的面积用于检查和清理作业也不能堆放坯料；

$g_{存放}$——单位空间能存放的钢坯重量，t/m³；

$h_{堆}$——每堆坯料高度，m³。

如果用框架存放堆料，还要考虑框架所占用的面积。

原料仓库存放天数主要取决于原料供应车间的大修期限和钢材生产特点（例如生产合金钢的轧钢车间，其存放时间要比生产碳素结构钢的存放时间长），一般波动在9～12d。

原料仓库中的单位面积负荷为：

大钢锭	7～8t/m^2
小钢锭及短钢坯	6t/m^2
长钢坯（长度大于 m）	12t/m^2
宽扁锭及宽板坯	6t/m^2
圆钢锭及圆钢坯	4t/m^2

第五章　钢的加热

一、钢的加热工艺

309. 钢的加热目的是什么?

钢的加热目的是提高塑性，降低变形抗力，以便于轧制。钢在加热过程中，可以消除铸锭带来的某些组织缺陷和应力。

不同的钢种有不同的塑性。同一钢种若温度不同，塑性也不同。碳钢和一般合金钢的塑性，随着温度的升高而提高。一些特殊高合金钢的塑性与温度的关系比较复杂，塑性会因出现第二相或其他原因而下降。

在室温下钢的变形抗力很高，随着温度的升高，一般变形抗力下降，轧制能耗减少。

例如：T12 在室温下变形抗力为 590MPa，当加热至 1200℃时，钢的变形抗力下降到 29MPa，只相当室温下变形抗力的 1/20。

正确的加热工艺，可以提高钢的塑性，降低变形抗力，消除或减轻组织缺陷。而加热不当对生产有极大的危害。加热温度过高或时间过长都会产生过热、过烧、严重脱碳等缺陷。加热温度过低，或时间过短则会造成断辊及缠辊等事故。合金钢的加热制度要求更严格。

钢的加热工艺与钢材质量、轧机产量、能量消耗、轧机寿命等各项技术经济指标有直接关系。钢的种类繁多，断面形状和尺寸大小又有不同，因此，加热工艺也不相同。为了达到高产、优质、低消耗的目的，必须认真研究钢的加热工艺。

310. 钢在加热时有哪些物理性能变化？

加热时钢的导热性、热容量和密度都发生变化。

（1）导热性的变化。导热性的好坏用导热系数表示。钢的导热系数就是钢在单位时间，温度每变化1℃在单位长度上传过的热量，其计量单位为 W/(m·K)（瓦［特］每米开［尔文］）。

钢的导热系数与钢的化学成分、结晶组织、温度、钢内夹杂物情况、加工情况等因素有关。计算导热系数 λ（W/(m·K)）的经验公式如下：

$$\lambda = 69.78 - 10.12C - 16.75Mn - 33.73Si \qquad (5\text{-}1)$$

式中　C——钢中含碳量的百分数；

Mn——钢中含锰量的百分数；

Si——钢中含硅量的百分数。

上式只适用于含碳量小于1.5%、锰和硅的含量小于0.5%的碳钢。

碳含量对导热系数的影响见图5-1。在合金钢中，合金元素及其含量对合金钢导热系数的影响也很大。

钢的组织状态与导热系数的关系是：珠光体钢的导热系数最

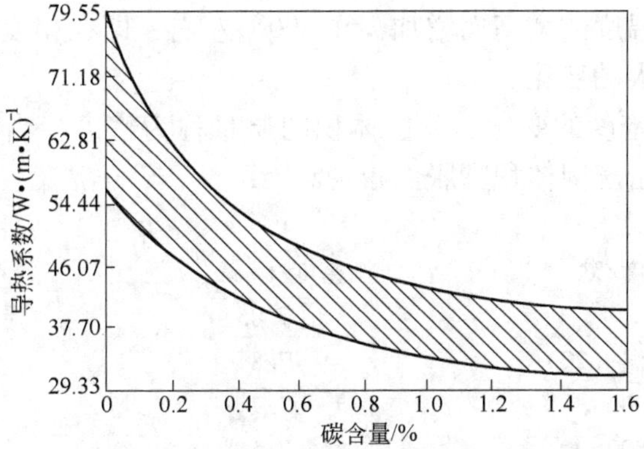

图5-1　碳钢导热系数与碳含量的关系曲线

大；铁素体钢和马氏体钢的次之；奥氏体钢的最小。

钢锭经退火后导热系数约增大50%，轧（锻）钢坯经退火导热系数约增加15%～20%，而淬火钢的导热系数则比较小。

各种钢的导热系数随温度而变化的规律是不一样的。在800℃以下碳钢的导热系数随着温度的升高而显著地下降，而且导热系数越大，下降越显著。在800℃以上，碳钢的导热系数随着温度的升高而升高。各种合金钢的导热系数随温度变化的情况与各钢种在室温下的$\lambda_{室温}$大小有关。如$\lambda_{室温}$为32.6～34.9W/(m·K)的合金钢，随着温度的升高，其λ是降低的；$\lambda_{室温}$为23.3～25.6W/(m·K)的合金钢，随温度的升高，其λ变动比较小；对$\lambda_{室温}$小于23.3W/(m·K)的合金钢，其λ随着温度的升高而升高。在高温下各种钢的λ相差无几（在23.3～30.2W/(m·K)之间）。

（2）热容量的变化。计算热容量的经验公式如下：

$$C_0 = 466.16 + 19.05C \tag{5-2}$$

式中　C_0——钢的平均热容量，J/(m·K)；

　　　C——钢中含碳量的重量百分数。

钢的热容量与钢的化学成分、组织结构、温度等因素有关。热容量随温度的增高而增加，在800℃左右，即在相变温度，热容量有较大的变化。

（3）密度的变化。单位体积的质量称为密度。当温度升高时，钢的密度因体积膨胀而减少。

例如：

温度/℃	密度/t·m^{-3}
0	7.85
室温（20）	7.8
<800	7.7
>800	7.5

碳素钢及合金钢的密度取决于其化学成分，也即取决于各种

合金元素的密度和含量（见附表4），同时与钢的组织状态有关，钢的密度按奥氏体→珠光体→索氏体→屈氏体→马氏体的顺序依次降低。

311. 什么是传导传热、对流传热和辐射传热？

热量的传递方式有传导、对流和辐射三种。

（1）传导传热。当温度不同的两个物体相接触或者一个物体的两端温度不同时，热量由高温端沿物体向低温端传递，这种传热方式叫做传导传热。热量传递的快慢与钢的物理性质（比热、密度、导热系数、膨胀系数等）有关。传热系数与温度差及导热系数成正比。温度差越大、导热系数越大、传导越快；与断面面积成反比，断面面积越大传导越慢。

（2）对流传热。靠气体或液体的流动，将热量由一处带到另一处的传热方式称为对流传热。对流传热的条件是有介质的流动和温差的存在。如在加热炉内热气流流过钢面使钢的温度升高。热气流动速度越大，则传热越快，热气流与金属温差越大传递热量越多。

（3）辐射传热。借助电磁辐射实现热交换的过程称为辐射传热。辐射传热不需要中间介质。具有一定温度的物体都能辐射热量。高温物体向低温物体辐射的热量是两者相互辐射热量之差。如果两个物体温差愈大，温度高的物体对温度低的物体的辐射热量就愈多。如果加热炉炉墙温度越高，它对钢锭、钢坯的辐射热量就越大。

钢锭（坯）在加热炉内就是靠炉底的传导热、炉气的对流热及炉气、炉墙、炉顶的辐射热这三种传热方式加热的。在低温下钢锭（坯）主要靠传导和对流方式加热，而在高温下（1100℃以上），主要靠辐射方式加热，对流传导的热量只占总热量的5%～10%。

312. 什么叫热应力、组织应力和铸造应力？

在加热时钢锭（坯）截面上的温度分布是不均匀的，因此钢锭（坯）截面各部位的热膨胀也不同。中心温度低，热膨胀小；表面温度高，热膨胀大。中心受到拉力，表面受到压力，导致各层之间产生内应力。这种由温差产生的内应力称热应力或温度应力。热应力值的大小取决于温度沿截面的传递情况。加热速度越快、截面面积越大、导热性越差，产生的热应力越大。当热应力超过该温度下钢的强度时，就会产生应力裂纹。

钢在加热或冷却过程中，当温度达到相变温度时，金属产生同素异构转变。由体心立方晶格转变为面心立方晶格时，体积膨胀。因此当出现两相或多相时钢的组织内部产生应力，称这种应力为组织应力。

浇注钢锭时由于表面冷却快，中心冷却慢所造成的温度应力、钢内气体产生的应力以及低温相变造成的应力，在钢锭完全冷却后仍保留在钢锭内部，称这些应力为铸造应力或叫钢锭的残余应力，其方向如果与其他内应力一致，加热时容易产生裂纹。例如滚动轴承钢锭加热时容易产生响裂（也称鸟巢裂口）缺陷，就是这个原因。

热应力、组织应力和残余应力，在金属加热、冷却及变形过程中统称为内应力。

313. 钢的加热工艺制度包括哪些内容?

加热工艺制度包括加热时间、加热温度、加热速度和温度制度。由于钢种不同、化学成分不同、技术特性不同、质量检验标准不同，所以加热工艺制度亦不同。

加热温度是指钢锭、钢坯的出炉温度，钢坯或钢锭的加热温度沿断面及长度应保证均匀。

加热速度是指钢在单位时间内的温度变化。

温度制度是指加热金属时，炉温随时间变化的情况。

因此加热工艺制度应满足以下几点要求：

（1）必须根据各钢种的性能、断面尺寸大小、形状以及具体加热条件，制定合理的加热工艺；

（2）钢的加热温度严格地控制在规定范围内；

（3）加热终了钢温必须均匀；

（4）防止产生加热缺陷。

314. 如何考虑钢的加热温度范围？

加热温度范围是指从钢的允许最高加热温度到允许最低加热温度。由于各种钢的成分和组织不同,所以其加热温度范围也不同。

根据钢在加热过程中的组织变化，碳钢最合适的温度范围是单相奥氏体区（见图 5-2），其中亚共析钢（含碳 <0.77%）的

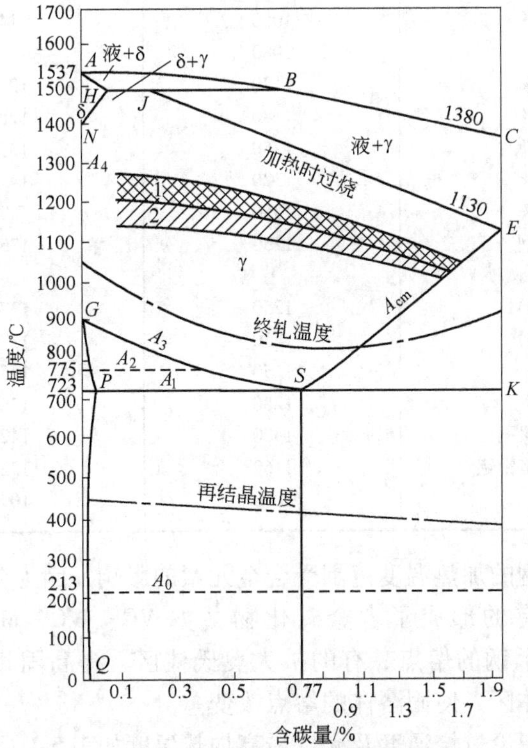

图 5-2 铁碳相图中钢的部分

1—轧前加热区；2—开轧温度区

加热温度范围是在铁碳相图中 Ac_3 以上 30 ~ 50℃ 与固相线 *HJE* 以下 100 ~ 150℃之间，一般在 800 ~ 1350℃之间；过共析钢的最高加热温度应比 *JE* 线低 50 ~ 100℃。

最高温度的确定主要应考虑防止过热、过烧。因为钢的碳含量越高，越容易过烧，所以随着碳含量的增加最高加热温度下降，如表 5-1 所示。

表 5-1　钢的加热温度表

钢　种	允许最高加热温度/℃	理论过烧温度/℃
碳钢		
C = 1.5%	1050	1140
C = 1.1%	1080	1180
C = 0.9%	1120	1220
C = 0.7%	1180	1280
C = 0.5%	1250	1350
C = 0.2%	1320	1470
C = 0.1%	1350	1490
硅锰弹簧钢	1250	1350
镍钢		
(3% Ni)	1250	1370
(8% Ni)	1250	1370
铬锰钢	1250	1350
高速工具钢	1280	1380
奥氏体铬镍钢	1300	1420
铬铝钢、铬钼铝钢	1160	1220
含铜钢	1050	1090

合金钢的加热温度范围受合金元素的影响，因为合金元素加入钢中，有的形成了合金碳化物（如 VC、WC、MoC、Cr_7C_3 等）提高了钢的熔点，有的扩大奥氏体区、提高固相线；有的缩小奥氏体区，使固溶体的熔点改变。

钢的理论过烧温度及允许最高加热温度如表 5-1 所示。

钢的加热温度范围的确定除考虑化学成分和组织状态外，还必须考虑以下几点：

(1) 钢锭的组织缺陷对加热温度的影响，例如为了消除钢锭的铸造组织偏析，可适当提高加热温度。

(2) 终轧温度对加热温度的影响。亚共析钢的终轧温度不能低于 Ar_3，否则轧制过程中析出的铁素体形成带状，降低成品性能，但在采用双相区轧制时，可低于 Ar_3 终轧。过共析钢的终轧温度如果高于 Ar_{cm}线，轧后会析出二次渗碳体，形成渗碳体网状组织，从而使力学性能下降。

(3) 氧化和脱碳对加热温度的影响。

(4) 断面尺寸大小、道次多少对加热温度的影响。一般断面尺寸大、道次多需要相应地提高加热温度，反之则应降低一些。

(5) 轧制速度对加热温度的影响。当轧制速度很高时，轧件在轧制过程中不仅不降温，还因产生变形热而升温，因此，轧件应适当降低加热温度。

(6) 轧制工艺对加热温度的影响。例如叠轧低碳钢板时，如果温度过高，钢板粘结严重。加热温度一般控制在 850 ~ 950℃之间，生产热轧硅钢片时，由于硅钢片不易粘结，并要求在加热时脱碳，所以可以提高加热温度。

影响加热温度的因素很多，有些是互相矛盾的，因此必须根据具体情况，抓住主要因素合理确定加热温度。

315. 如何考虑各类钢的入炉温度?

从合理利用能源及提高生产效率角度看，原料特别是钢锭最好能在热状态下装入加热炉加热。但是由于生产工艺过程的要求和各种具体条件的限制，原料不可能都在热状态下装炉，导热性质和原始应力不同的钢，其入炉温度是不同的。

控制入炉温度是为了调节各类钢的开始的加热速度，避免钢锭因加热速度过快产生应力裂纹。在连续式加热炉中加热与在均热炉中加热不同，控制入炉温度是为了既保证连续生产又确保钢的加热质量。此外，生产现场还经常利用控制连续加热炉炉尾温度的办法来调节各类钢的加热速度。

各种合金钢特别是高合金钢（例如高速工具钢、马氏体类莱氏体合金工具钢），需要先把炉尾温度降低到要求的温度方可装炉。各种钢的加热制度，都根据具体情况规定了装炉时的炉尾温度。

降低炉尾温度会降低加热炉的生产效率，因此，有些高合金钢装炉之前在预热炉中预热，当钢温达到要求温度时再装入加热炉，以达到优质高产的目的。

总之，钢的入炉温度要根据钢的种类及其导热性能、断面尺寸等因素来确定。

316. 如何考虑钢的加热速度？

所谓钢的加热速度可以理解为加热的快慢。加热速度以钢温在单位时间内变化的度数表示。从提高产量出发，我们希望加热速度愈快愈好。加热速度愈快，加热时间就愈短，炉子生产率就愈高，燃料消耗也相应减少。但加热速度不能任意提高，它主要受钢的允许断面温差的限制。一般情况下把700～800℃以下的加热阶段叫低温阶段或叫预热阶段。钢在低温阶段的特点是钢温低、塑性差，钢的内外温差大，在此段末期钢发生组织转变。这时钢的温度应力和组织应力大，当应力超过抗拉强度时，钢就会产生裂纹。因此，低温阶段的加热速度不宜太快，特别是大断面钢锭和塑性差、导热性能不好的钢，其加热速度更不能快，以免产生各种加热缺陷。

当钢的加热温度超过700～800℃时，一方面钢的塑性显著增加，某些导热性差的钢种，其导热性也有一定改善；另一方面钢温升高使氧化脱碳速度增加，这个阶段的加热时间愈短愈好。因此，这时应采取快速加热。这个阶段称加热阶段。

当钢的表面刚刚加热至要求温度时，其中心温度一般还未达到要求，特别是加热大断面钢坯时，内外温差更大。因此，为了使钢温均匀，当钢坯表面加热到要求温度后，还应继续保温一定时间，这个阶段又称均热阶段。

317. 如何确定钢的加热时间？

加热时间是指把钢加热到工艺要求温度（包括均热）需要的总时间。它受钢种、钢料形状和尺寸、炉内布料方式、炉型结构、供热能力、加热速度等许多因素的影响。确定加热时间要考虑加热的均匀性，保证钢在加热过程中消除或减轻铸锭造成的部分组织缺陷，尽可能减少氧化和脱碳、防止产生过热过烧等缺陷。

确定加热时间对实现正确加热，设计和核算炉子的生产能力都是非常重要的。

目前确定加热时间的方法有理论计算和根据实际资料用经验公式确定两种。在生产现场大都采用后一种方法确定加热时间。下面介绍几种经验公式：

钢在室状炉内的加热时间

$$T_{加} = \varphi KH\sqrt{H},\ \mathrm{h} \tag{5-3}$$

式中　H——码放在加热炉中的钢料高度（或圆钢坯的直径），m；

K——随钢种而变化的系数，见表5-2；

φ——考虑金属的炉内布置方式对加热时间的影响系数，它随钢的形状和布置方式而变（见表5-3）。

表5-2　系数 K 的数值

钢　种	加热温度范围/℃	K
铁和软钢	0～1200	10
合金钢	0～1200	20
铁和软钢	0～850	5
合金钢	0～850	13.3
铁和软钢	850～1200	5
合金钢	850～1200	6.5

表 5-3 系数 φ 的数值

钢坯的位置	φ	钢坯的位置	φ
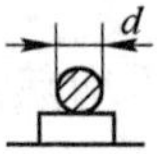	1		1.4
	1		4
	2	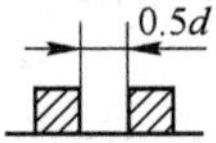	2.2
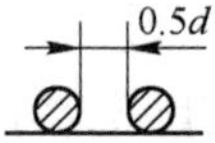	1.4	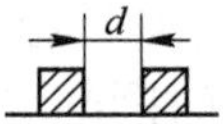	2
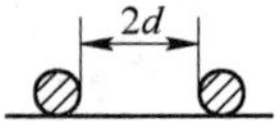	1.3	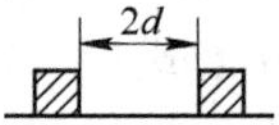	1.6
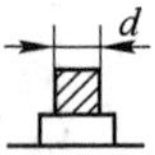	1		

钢在连续式加热炉内的加热时间常用下式计算：

$$T_{加} = (7 + 0.05H), \text{min} \qquad (5\text{-}4)$$

式中 H——方钢坯的高度（或圆钢坯的直径），cm。

式 5-4 适用于碳钢坯两面加热。

钢的加热时间也可以按加热单位高度金属所需时间的经验数据进行估算，即

$$T_{加} = CH, \text{h} \qquad (5\text{-}5)$$

式中 C——系数（加热单位高度金属所需时间），当加热低碳钢和低合金钢时，C 为 0.1 ~ 0.5；当加热中碳钢和一般的高碳合金结构钢时，C 为 0.15 ~ 0.20；当加热高合金钢和各种工具钢时，C 为 0.3 ~ 0.4。

318. 什么是热送热装？

热装是指从连铸机出来的温度较高的连铸坯直接或保温装入加热炉，然后再进行轧制的过程，它是一项节能降耗、增产增效的新技术。热装的前提是热送，热送是指从连铸机出来的温度较高的连铸坯切成定尺后直接运送到轧钢车间，以备入炉或进保温坑的工艺过程。

过去，由连铸或开坯工序生产的钢坯，都是经冷却和冷清理后，再在加热炉中重新加热到需要的开轧温度，送到轧机轧制。连铸坯的热送热装，在工艺流程中取消了冷装时连铸坯表面清理并取消了一些中间环节，从而缩短和简化了生产工艺流程，使生产线由传统的炼钢连铸与轧钢两个独立的生产工艺变革为炼钢与轧钢集约同步生产工艺。并且节省大量的能源消耗，提高生产率和成材率，降低了生产成本。国内新项目有条件的大都采用了此技术，许多老企业在现有的条件下，通过适当的改造都应用了这项工艺技术，并获得了巨大的经济效益。

319. 连铸坯热送热装有什么优点？

连铸坯的热送热装主要有以下几个方面的优点：

（1）利用钢坯的物理热，降低能耗。其节约的能量的多少与铸坯热装入炉温度有关。

（2）提高成材率，减少金属消耗。钢坯热装入炉缩短了加热炉的加热时间，减少了钢坯的烧损，可提高成材率0.5%～1.5%。

（3）减少了工序，简化生产工艺流程，缩短了生产周期，降低了生产费用。连铸坯冷装入炉，从炼钢到轧材的生产周期为24h左右；而钢坯热装入炉，从炼钢到轧材的生产周期为4h。

（4）采用无缺陷钢坯轧制，提高了产品质量。

（5）节约厂房面积和劳动力。热装取消了钢坯精整，减少了钢坯库存的厂房面积。

320. 采用热装的条件有哪些?

（1）炼钢车间应具备必要的设备和技术，以保证能够生产出无缺陷的连铸坯和生产过程的稳定和均衡。

（2）炼钢-连铸车间与轧钢车间应该按一定的生产计划组织生产，并尽可能地按照统一的计划检修。也可采用多条生产线之间协调及设置保温设备，以提高热送热装率。

（3）连铸机应与轧机小时产量匹配得当。若轧机的小时产量小于连铸机最大小时产量，则必然有许多热坯不能进入轧机而离线成为冷坯；反之，轧机的生产能力就不能发挥出来。

（4）为充分发挥热装效果，辊道与加热炉之间设缓冲区，以暂时储存钢坯。可避免轧机短时间停轧时，产生冷坯离线。

（5）加热炉应能灵活调节燃烧系统，以适应经常波动的轧机小时产量以及热坯与冷坯之间的经常转换。

（6）对于型钢轧机应有合理的孔型设计，应采用公用孔型系统减少换辊次数。

（7）条件允许时，应设置完善的计算机系统，对炼钢-连铸机和轧钢车间进行控制和协调。

321. 连铸坯热装应注意什么?

（1）连铸机应与轧机能力匹配。较容易实现热装的情况是一套连铸机和一套轧机相连。若一套连铸机和两套轧机相连或者两套能力较小的连铸机与一套轧机相连，虽然在设计看似可以，但实行起来较困难。

（2）缓冲装置的设置。缓冲装置的作用是当连铸机与轧机小时产量不同时起调节作用，并在轧机因事故或换辊而停车时存储热钢坯，以使热装不致中断。缓冲装置有多种形式，一种是设炉外缓冲区—保温室，采用绝热材料构筑，但不设烧嘴。还有一种缓冲装置是采用炉内缓冲区，即在加热炉口 3 ~ 4m 处作为缓冲区，同时需设一套装料机。

(3) 设置冷装台架。对热装率不能达到100%的轧机必须设有冷装台架，甚至对设计100%热装的轧机在大多数情况下也设置冷装台架，以提高生产的灵活性。

322. 直接热装与间接热装的区别是什么?

间接热装，是指如轧机短时间停轧，热连铸坯则从另一组坯料的运动辊道送入缓存保温室存放，并由保温室中的移送机将坯料移向保温室出口附近，当轧机重新运转后，存放的热连铸坯从其输出辊道逐根送出，经测长、提升、称重后入炉，同时从连铸机冷床来的连铸坯也沿统一辊道送入加热炉。此时轧机又恢复到正常的轧制状态，由于连铸坯不是直接从连铸机而是由保温室进入加热炉的，故称之为间接热装。在直接热装中，连铸坯不经过保温室而直接从连铸机进入加热炉进行加热。

323. 热送热装对加热质量有什么影响?

热送热装工艺的采用，由于减少了钢坯在加热炉里的加热时间，从而减少钢坯的氧化烧损，提高了金属的收得率，对低镇静钢及一些碳锰钢、碳铬钼钢，在采用连铸坯热送热装时，最终产品的表面质量取决于装入加热炉前的表面温度。特别是棒材生产，热送热装时，常常出现表面缺陷，这些表面缺陷是以晶间裂纹形式出现的，是由于钢坯塑性降低引起的。

324. 什么是加热炉的温度制度?

加热炉的温度制度是指钢在加热炉内加热时炉温随时间变化的情况。对于连续式和步进式加热炉来说，就是炉温沿加热炉长度的变化情况。

由于坯料的钢种、断面尺寸、装炉温度及轧制工艺不同，采用的温度制度也不同，目前应用的温度制度有一段式、二段式、三段式和多段式等。

一段式温度制度就是把钢放在恒温炉内加热。钢的表面和中心温度逐渐升到所要求的温度。其优点是加热速度快，加热时间短，炉子可以获得很高的生产率。缺点是不适用于导热性差、低塑性的钢种和断面尺寸大的钢坯。

二段式温度制度是钢先后在两个不同的温度区域内加热或者说先后以两个不同的加热速度进行加热。根据具体情况，二段式加热可以由加热段和均热段组成，也可以由预热段和加热段组成。前者适用于导热性较好，断面较大的钢坯，后者适用于导热性较差，断面较小的低塑性或中等塑性钢坯。

三段式温度制度是以三种不同的加热速度进行加热。这种温度制度由预热段、加热段、均热段组成。其优点是预热段的加热速度慢，温度应力小，炉尾温度低，燃料消耗低。加热段的加热速度快，可以减轻氧化和脱碳，提高炉子产量。在均热段，钢表面温度几乎不上升，可以长时间保温，便于消除或减轻钢的显微组织缺陷，并保证加热温度均匀。这种温度制度适合于加热各种钢，尤其适合于加热大断面、低塑性的合金钢。

325. 如何计算加热炉的产量?

加热炉的生产率就是单位时间内炉子的出钢量。加热炉生产率有很多表示法，如小时产量（t/h）、班产量（t/班）、日产量（t/d）等。它的计算式为：

$$A_{炉} = \frac{V_{容}}{T_{加}} \tag{5-6}$$

式中 $A_{炉}$——加热炉的生产率，t/h；

$V_{容}$——炉子容量，即加热炉内容纳的金属重量，t；

$T_{加}$——加热时间，h。

为了便于比较不同加热炉的能力大小，生产和工程设计采用的生产率指标以单位有效炉底面积每小时的产钢量（或称有效炉底强度、钢压炉底强度、炉底应力等）表示，它的含义是每平方米钢料覆盖的炉底面积的每小时产钢量，计算公式为：

$$\tau_{炉} = \frac{A_{班} \times 1000}{8S_{有效}} \tag{5-7}$$

式中　$\tau_{炉}$——炉底强度，kg/(m²·h)；

$A_{班}$——八小时（班）的总产量，t；

$S_{有效}$——有效炉底面积，m²。

［**例题**］　某轧钢车间的一座加热炉，一个班（8h）加热出来的合格钢坯是130t，炉子的有效长度为20m，炉子的有效宽度为2m，求炉子的炉底强度是多大?

解：

$$\tau_{炉} = \frac{130 \times 1000}{8 \times 20 \times 2} \approx 400\text{kg/(m}^2 \cdot \text{h)}$$

若加热炉的有效炉底面积相同，哪个炉子的有效炉底强度大，说明哪个炉子加热快，产量高。若加热炉的小时产量相同，有效炉底强度大的炉子，其炉底面积就小。

326. 如何计算均热炉炉坑的产量?

均热炉每坑的年产量取决于每坑平均装入量与一年每坑烧钢次数，即周转次数。其计算公式如下：

$$A_{坑} = A_{坑均} x_{炉} \tag{5-8}$$

式中　$A_{坑}$——每坑年产量，t/a；

$A_{坑均}$——每坑平均装入量，t/次；

$x_{炉}$——一年烧钢次数，即周转次数，次/a。

其中每坑平均装入量取决于钢锭尺寸和炉坑大小，应注意与炼钢炉的容量和钢水包的容量相配合。如果30t氧气顶吹转炉，每炉生产钢水30t左右，则均热炉每坑装入量应与它成倍数关系。如果装入钢锭规格不同，则按有代表性的规格计算。如果占比例较大的钢锭有几种规格，则分别计算各种钢锭的平均装入量，然后按它们占年产量的比例求出年产量。

年烧钢次数（即周转次数）$x_{炉}$ 按下式确定：

$$x_{炉} = \frac{年有效作业时间}{平均有效烧钢周期} \tag{5-9}$$

$$年有效作业时间 = 年日历小时 \times K_{炉1} \times K_{炉2}$$

$K_{炉1}$为均热炉的作业率，即考虑了炉子的大中小修及全厂检修和其他原因的冷停炉时间，目前国内普通钢厂的先进生产指标$K_{炉1}$为90%。

$K_{炉2}$考虑炉子的待轧、空炉、热修等热停炉时间，热停炉时间约占25%，即$K_{炉2}$约为75%。

$$有效作业率 = K_{炉1} \times K_{炉2} = 90\% \times 75\% = 68\%$$

所以均热炉每年有效工作时间 = 8760 × 68% ≈6000h。此数随各种条件的变化而改变。

平均有效烧钢周期取决于各种钢锭的加热时间、各种钢锭占总产量的比例数、冷热锭比例、装出炉时间以及清炉底时间等。

［**例题**］ 某均热炉加热4.5t和3t钢锭各一半，热锭率为90%，冷锭率为10%。前者的热锭加热时间为2.8h，冷锭加热时间为4.8h；后者的热锭加热时间为2.3h，冷锭加热时间为3.8h。每炉10根钢锭，每根钢锭装炉需1.2min，出炉需2.5min。求其平均有效烧钢周期是多长？

解：

$$\begin{aligned}4.5t锭的平均加热时间 &= (2.8 \times 90\%) + (4.8 \times 10\%)\\ &= 3h\end{aligned}$$

$$\begin{aligned}3t锭的平均加热时间 &= (2.3 \times 90\%) + (3.8 \times 10\%)\\ &= 2.45h\end{aligned}$$

两种钢锭按比例计算，冷热锭平均加热时间为

$$3 \times 50\% + 2.45 \times 50\% = 2.7h$$

每炉装钢时间为

$$\frac{10 \times 1.2}{60} = 0.2h$$

每炉出钢时间为

$$\frac{10\times 2.5}{60}=0.4\text{h}$$

每坑烧钢周期为

$$2.7+0.2+0.4=3.3\text{h}$$

327. 轧钢厂常用的加热设备有哪几种？

加热是热轧生产过程中的基本工序，钢料经过加热在轧机上完成塑性变形。在轧钢生产中，用作加热的主要设备有两类，即均热炉和各种形式的连续式加热炉。

均热炉在轧钢生产中主要用于初轧车间和特厚钢板车间。一般用来加热断面边长大于400mm以上的钢锭。均热炉的炉型很多，目前在我国各有关轧钢车间选用的均热炉主要有如下几种炉型：复座式均热炉、蓄热式均热炉、炉底中心供热的换热式均热炉、上部单烧嘴均热炉以及四角烧嘴均热炉等。近几年上部单烧嘴均热炉在我国得到较多的应用和发展。

用于轧钢生产的连续式加热炉的种类也很多，这是与加热钢料种类的多样性相联系的。连续式加热炉的主要类型有推钢式连续加热炉以及属于机械化炉底加热炉中的环形炉、辊底式炉、链式炉以及步进式加热炉等。其中推钢式连续加热炉是轧钢车间最常见的加热设备。但是，由于步进式加热炉具有加热制度灵活、加热温度均匀等优点，它已日益得到广泛应用，尤其在合金钢生产和新建的棒、线材生产车间，它已发展成为替代推钢式连续加热炉的主要炉型。

328. 均热炉有哪些特点？有哪些常见的类型？

初轧车间加热钢锭时使用均热炉。在钢铁联合企业中，大钢锭脱模后送到初轧车间时，其表面温度还有500～700℃，有些甚至高达1000℃左右，钢锭内部还没来得及全部凝固，只需经短时间加热和均热，就可以达到轧制要求的温度。连续式加热炉满足不了热装大钢锭的要求，因此在初轧车间必须采用均热炉。

均热炉的特点如下：

（1）在均热炉内钢锭直立放置。均热炉适合于加热内部尚未完全凝固的热钢锭；

（2）钢锭在均热炉内，四周都受热。钢锭表面的绝大部分都与燃烧火焰接触，因此加热时间短，生产率高，断面温度均匀，加热质量好，而且烧损低。

（3）在加热钢锭的过程中，均热炉的炉膛温度是随时间而变化的，并且工作是周期性的；加热完一批钢锭，出炉后又装入另一批钢锭，每炉一个周期，这是均热炉与连续式加热炉最主要的区别。

（4）均热炉在结构上的特点，是用一个活动的炉盖代替炉顶。钢锭用钳式吊车从炉子上部装入和取出。操作上比较方便，尤其便于热装。

均热炉的形式有蓄热式，中心喷嘴换热式、单侧上烧嘴式及四角烧嘴式等。

329. 连续式加热炉如何分类？

连续式加热炉是轧钢厂应用最为广泛的加热设备。因为轧钢生产品种多种多样，它们对加热的要求各不相同，所以连续式加热炉种类繁多。一般对连续式加热炉按以下方法进行分类：

（1）按温度制度和相应的炉膛形状分，有一段式、二段式、三段式及多段式连续加热炉；

（2）按炉子使用的燃料种类分，有燃煤加热炉、燃油加热炉、燃气加热炉和使用混合燃料的加热炉等；

（3）按钢料出炉方式分，有端进端出连续式加热炉、端进侧出连续式加热炉以及侧进侧出连续式加热炉等；

（4）按炉底结构及炉料运动方式分，有推钢式连续加热炉和机械化炉底连续加热炉（主要的有步进式加热炉、环形炉、辊底式炉、车底式炉及链带式炉等）；

（5）按加热钢料的特征分，有钢坯加热炉、管坯加热炉、板坯或薄板坯加热炉、钢管加热炉等。

此外，还可按照炉子的预热方式（空气预热还是煤气预热）、供热位置（上加热、下加热还是上下两面加热）以及坯料加热的排数（双排料或单排料）等来分类。

选择连续式加热炉类型要考虑的因素很多，主要有加热的钢种、坯料断面尺寸大小及形状、装料温度以及对炉子的产量要求和加热的质量要求等。其中根据生产需要确定的加热质量和产量要求以及加热钢料的特征是选择加热炉类型的主要依据。

330. 什么叫蓄热式加热炉？

蓄热式加热炉实质上是高效式换热器与常规加热炉的结合体，主要由加热炉炉体、蓄热室、换向系统以及燃料、供风和排烟系统构成。

蓄热室是蓄热式加热炉烟气余热回收的主体，它是内部填满蓄热体的室状空间，是烟气和空气流动通道的一部分。在加热炉中，蓄热室总是成对使用，一台炉子可以用一对，也可以用几对，甚至几十对。在国内的一些大型加热炉上，最多用到四十几对。

图 5-3 为空气单预热蓄热式加热炉工作原理示意图。首先，常温空气从进气管道换向阀进入左侧蓄热室 A，在蓄热室 A 内自下而上流经蓄热体（如陶瓷球），空气被蓄热体加热到较高温度（最高可达 800～1100℃）后进入炉膛，与煤气（或重油）混合燃烧。燃烧产物——烟气由右侧蓄热室 B 排出，烟气在蓄热室 B 内自上而下流经蓄热体，将热量传给陶瓷球并蓄热积在陶瓷球内，同时烟气本身被冷却到 150℃以下，经换向阀由普通钢制的烟囱排放到空气中。经过几分钟后，蓄热体内热量蓄积饱和后，控制系统操纵换向阀动作，使空气经换向阀后流向蓄热室 B，在蓄热室 B 内被加热后进入炉膛。与此同时，蓄热室 B 内的同时蓄热体被冷却，又重新获得了蓄热能力。热空气在炉膛内与煤气混合燃烧，产生的烟气由蓄热室 A 排出，被

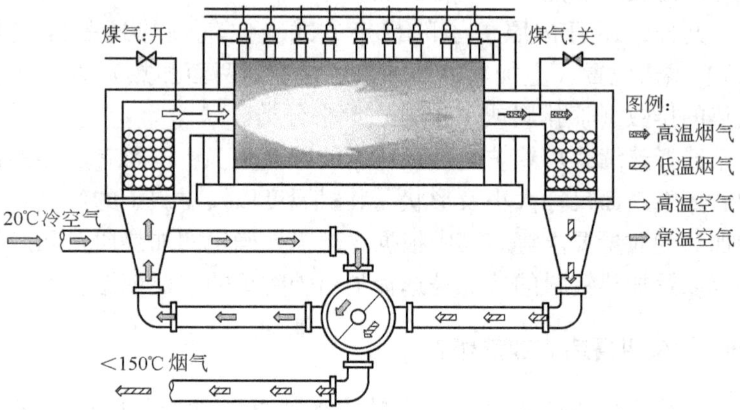

图 5-3　空气单预热蓄热式加热炉工作原理示意图

冷却的烟气经换向阀后由烟囱排放到空气中。两个蓄热室就这样周而复始地交替工作，陶瓷体在此过程中起到了暂时蓄积热量的媒介作用。

在蓄热式加热炉中，换向阀起到了至关重要的作用。为配合换向阀安全准确地工作，必须配备一套的控制系统。蓄热体通常采用直径 12 ~ 15mm 的 Al_2O_3 质陶瓷球或壁厚 1mm 以下的陶瓷蜂窝体。

331. 什么是可摆式（旋转）加热炉？

当采用两台连铸机、两台平行的辊底式隧道加热炉为一套轧机供坯时，不在轧线上的一台加热炉必须采用某种方式将炉内加热好的铸坯输送到轧线上。通常使用的办法是用摆动旋转连接法将两台加热炉相连。即第一台加热炉中部的一段炉体一端有旋轴，第二台加热炉炉尾的一段炉体一端有旋轴，当两台加热炉的相应两端炉体同时旋转时，其没有固定轴的一端就会转到相连接的位置，此时完成对接，实现将一台炉内的铸坯输送到另一台炉子内，这就是摆式（旋转式）加热炉。

332. 什么叫推钢比？

推钢式连续加热炉是轧钢厂常用的加热炉炉型之一。加热时钢料由炉尾推钢机推入加热炉，加热到出钢温度时，由炉尾推钢机或炉头出钢机推出炉外，送往轧钢机轧制。

推钢长度除以加热钢料中最小宽度即得推钢比。用公式表示即为

$$i_{推} = \frac{L_{有效}}{B_{min}} \tag{5-10}$$

式中　$i_{推}$——推钢比；

$L_{有效}$——推钢长度（有效炉底长度），mm；

B_{min}——钢料最小宽度，mm。

由式 5-10 可知，推钢式连续加热炉的长度受推钢比的限制。推钢比越大，要求加热炉的长度越长，虽然炉长增加对提高加热炉产量有利，但钢料在炉内运动时不稳，甚至会因推钢比过大而发生拱料事故。故推钢式连续加热炉推钢比一般控制在 250 左右。

我国有些推钢式连续加热炉，因采取适当降低推钢速度、注意料形规整、及时清理滑道上的炉渣，保持炉内滑道的平整以及炉底适当向出钢方向向下倾斜（如倾角为 7°）等技术措施，推钢比达到了 400 左右，为提高加热炉产量、满足轧机需要创造了较好的条件。

333. 有哪些机械化炉底加热炉？它们有什么特点？

常用的机械化炉底加热炉有步进式加热炉、环形加热炉、辊底式加热炉和链式加热炉等。这类炉子在温度制度上与推钢式加热炉没有根本区别，它们的共同特点是炉底不固定，炉底是由各种机械传动的。加热时钢料随可动的炉底一起移动，从装料端进，至另一端出，即完成了加热过程。

与推钢式加热炉相比，机械化炉底加热炉有下列优点：

（1）机械化操作代替了繁重的体力劳动，改善了劳动条件；

（2）炉长不受推钢比的限制，不会发生拱钢事故，从而可以提高加热炉产量；

（3）钢料在炉内运行速度可调，加热制度灵活，加热质量较好，加热温度比较均匀，一般不会产生推钢式加热炉中常见的滑轨黑印；

（4）能满足加热多品种钢料的要求，并且能加热一些形状特殊的钢料或很薄、很小的钢料。

机械化炉底加热炉的缺点是金属构件多，要求用耐热钢制造，投资较大；此外，设备的维护和检修比较复杂。

334. 步进式加热炉有哪几种？与推钢式加热炉相比，它有什么优点？

步进式加热炉是机械化炉底加热炉中使用较为广泛的一种，是取代推钢式加热炉的主要炉型。70 年代以来，国内外新建的许多大型加热炉大都采用了步进式加热炉，不少中小型加热炉也常采用这种炉型。

步进式加热炉的炉底基本由活动部分和固定部分构成。按其构造不同又有步进梁式、步进底式和步进梁、底组合式加热炉之分。一般坯料断面大于$(120 \times 120)mm^2$ 多采用步进梁式加热炉，钢坯断面小于$(100 \times 100)mm^2$ 多采用步进底式加热炉。

步进式加热炉最基本的特征是钢料的移动靠一套步进机构作矩形轨迹的往复运动来实现。步进机构的运动轨迹如图 5-4

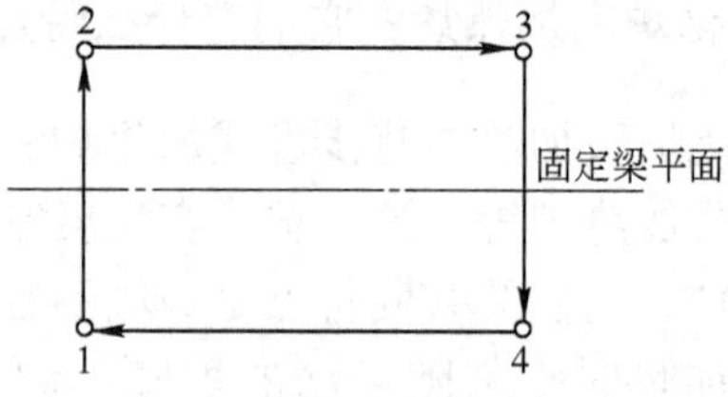

图 5-4 步进式加热炉的步进机构运动轨迹图

1→2：上升；2→3：前进；3→4：下降；4→1：后退

所示。

与推钢式加热炉相比，步进式加热炉有下列优点：

（1）加热的坯料不受断面形状和尺寸的限制，可以加热推钢式加热炉难以加热的大型板坯、异形坯以及细小和较薄的钢坯。

（2）加热制度灵活，适应性较大。在炉长一定的情况下，可以通过改变钢料之间的距离即可改变炉内装料的数目，以适应轧机产量和钢种变化的需要。而调整步进周期，即可变化钢料在炉内的加热时间，从而适应不同钢种不同加热速度的需要。

（3）加热质量较好，钢温比较均匀。因为在步进炉内钢料之间有一定距离，增加了钢料的受热面积，使钢料断面温差减小。另外，由于钢料的移动是靠炉底运动，不在炉底上直接滑动，因而钢坯的下表面不会有划伤。

（4）炉子长度不受推钢比的限制，不仅不会发生拱钢、粘钢等事故，而且可以增加炉长，提高炉子生产能力。大型步进式加热炉的炉底强度可达800～1000kg/(m^2·h)。

（5）与轧钢机配合比较灵活方便，可以根据需要将钢料退出炉外，以避免钢料长时间的停在炉内造成氧化和脱碳。也可以使钢料在炉内踏步不前，以适应轧机在产量上变化的需要。

（6）可以比较精确的计算和控制钢料在炉内的加热速度和加热时间，有利于实现整个加热过程的自动化。

步进式加热炉的缺点是炉子造价较高，在相同情况下一般比推钢式加热炉高20%～25%。另外，由于炉底水冷管较多，其冷却水和热能消耗都比推钢式炉的高。最后，这种炉子设备施工，安装要求严格，如安装不当容易发生坯料跑偏现象。

335. 什么是步进梁的速度控制?

步进式加热炉工作时，动梁要将钢坯托起并移位，为了做到轻拿轻放保护设备、避免弯钢，需要对步进梁的各阶段运行速度及加速度进行控制。加热炉步进梁前进有三种速度：慢加速前进、快速前进、慢减速前进。加热炉步进梁后退有三种速度：慢加速后退、快速后退、慢减速后退。加热炉步进梁上升有四种速度：慢加速上升、快速上升、慢速上升、慢减速上升。加热炉步进梁下降有四种速度：慢加速下降、快速下降、慢速下降、慢减速下降。在步进梁接近固定梁面时，放慢步进梁的上升速度，以使步进梁轻接触固定梁上的钢坯，同样下降时也是如此。动梁运行轨迹如图 5-4 所示，其运行速度如图 5-5 所示。

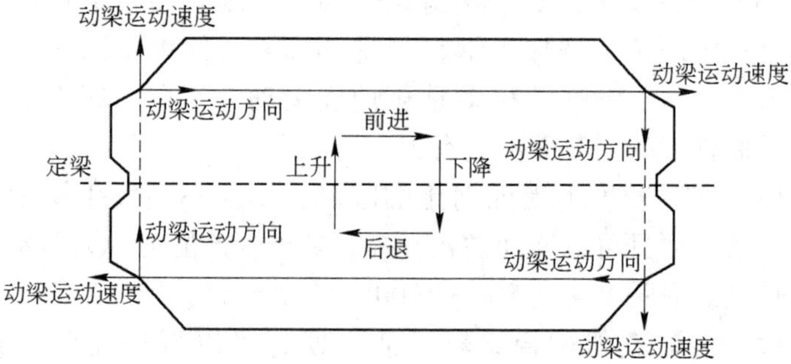

图 5-5　步进梁运行速度示意图

336. 加热炉步进机构工作原理是什么？

如图 5-6 所示，加热炉动梁支柱座落在步进框架上，步进框

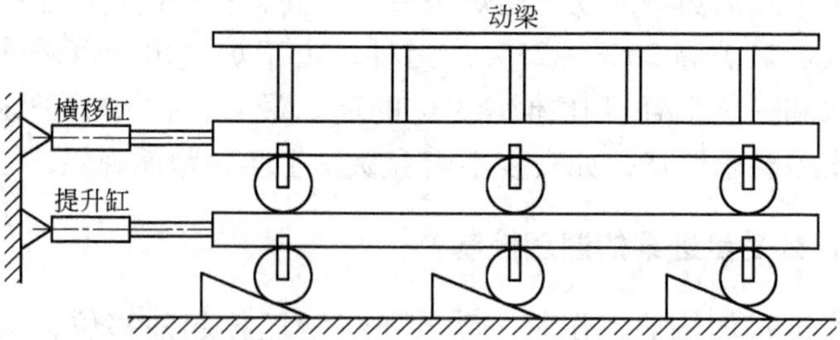

图 5-6　加热炉步进机构示意图

架座落在6个复合轮上。步进梁起步状态是当复合轮处于斜滑轨最低处时，第一步横移缸缩回，整个步进框架后退，此时提升缸不动，步进梁高度不变。第二步提升缸缩回，带动牵引臂使复合轮沿斜滑轨滚动上升，将步进梁顶起。当动梁上升高出定梁时，便将定梁上钢坯托起。第三步横移缸推出，使步进梁前进，到位后停止。第四步提升缸推出，牵引臂带动复合轮沿倾斜轨道滚动下降，带动步进梁下降，当动梁降至定梁平面以下时，钢坯放在定梁上，这样步进梁步进一个周期，钢坯也就前进一步。

337. 什么是三位一体加热炉？

随着加热技术的发展，加热炉分别出现了汽化冷却加热炉，步进梁（底）式加热炉，蓄热式加热炉。过去汽化冷却加热炉不能用于步进炉式，只能用于推钢炉式，步进梁（底）式加热炉能用水冷式，随着360°球形接头等先进技术的出现，三种加热炉已能紧密地结合在一体，用在同一座炉子上，厂家称作三位一体加热炉，它既具备了步进式加热炉加热均匀的特点，同时具备了汽化冷却加热炉的节能效果，更重要的是它同时引进了蓄热式加热炉可对高炉煤气（低发热值煤气）进行利用的特点，不但环保而且节能。

338. 加热炉事故或检修时为什么要用氮气吹扫？

加热炉多采用混合煤气为燃料，而煤气是易燃易爆有毒的气体介质，所以，在使用中，必须十分小心谨慎，一旦发生事故，其后果将是非常严重的。

煤气的主要成分是CO、H_2、CH_4等，它的燃烧温度可达2000℃以上，闪点为550℃，浓度达到0.01%时，只能安全工作半小时。在现场使用中，煤气是用管道输送的，而由于煤气中有一定杂质，以及各种阀门的结构特点，所有煤气控制阀门的密封性都不完全可靠，实际上生产中也如此。因此，我们所有安全工作的出发点就是要保证在不需要煤气的地方没有煤气或者煤气含量低于有害浓度极限。对于有煤气的地方就要把煤气清除，使之达到安全作业的条件。

氮气吹扫工艺在生产实践中被证明是一种非常有效的防治煤气爆炸的措施。氮气是一种无毒无害不可燃气体，是制氧过程中的副产品，来源广泛，成本低，因此是很理想的吹扫介质。吹扫的过程，实际就是气体置换的过程。在进行检修前或在事故状态下，我们必须把管道中的煤气全部清除。相对于抽真空来说，用氮气置换煤气的方法既安全又经济，也便于操作。相对于蒸汽置换来说，氮气置换效率高，安全可靠，不损坏设备。

339. 氮气吹扫前需要进行哪些工作？

（1）切断煤气来源，也就是关断阀或堵盲板，因为大量煤气不断涌来，将无法进行有效的置换。

（2）切断火源，也就是要先止火，关闭烧嘴阀，与管道相通的所有烧嘴火焰要全部熄灭。

（3）打开放散阀，避免憋压造成设备损坏。吹扫过程中必须注意煤气管道中的压力不得高于0.03MPa。

（4）确认氮气压力高于煤气压力，否则煤气倒灌有可能引起重大事故。

在吹扫过程中，要根据吹扫目的不同采用不同的吹扫顺序。在正常停炉检修时一般先从自身压差控制阀、换热器开始吹扫，而在事故状态下应先从各燃烧段开始吹扫。

氮气虽然是无毒气体，但在缺氧的高浓度氮气环境中，人会因窒息而死。因此在吹氮气的过程中也要注意环境通风和氮气外泄问题。

340. 加热炉风机维护保养有哪些要求？

对于风机叶片，要经常清灰，保证动平衡良好。对于轴承，要定期检查其温度、噪声及振动情况，定期清洗轴承、轴承座，更换新的润滑脂（油）或更换轴承。根据转速不同，保证电机与风机轴线的位段与角度偏差。

341. 光学高温计的构造原理是什么?

光学高温计是根据光度灯灯丝亮度与温度之间有对应关系的原理制成的。它用特制光度灯的灯丝发出的亮度与受热物体的亮度相比较的方法测得受热物体温度。图 5-7 是光学高温计的构造示意图，当合上按钮开关 *K* 时，光度灯 4 的灯丝由电池供电。灯丝的亮度取决于流过灯丝的电流大小，调节滑线电阻 *R* 可改变流过灯丝的电流，也就调节了灯丝的亮度。毫伏计 V 用来测量灯丝两端的电压。由于该电压随着流过灯丝的电流的变化而变化，而电流又决定灯丝的亮度，所以 V 的指示值间接地反映了灯丝的亮度。目镜 5 移动到可以清晰地看到光度灯灯丝的影像。物镜 1 移动到可以清晰地看到被测物体的影像，并使物体影像和灯丝的影像处于同一平面上。这样就可以将灯丝的亮度与被测物体的亮度相比较。当被测物体比灯丝亮时，灯丝相对地变为暗色。当灯丝和被测物体一样亮时，灯丝的影像就消失在被测物体的影像中。这时毫伏计指出的温

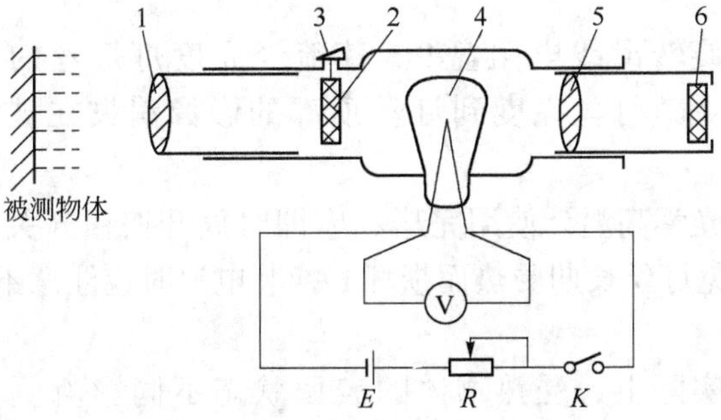

图 5-7　光学高温计的构造示意图

1—物镜；2—吸收玻璃；3—旋钮；4—光度灯；5—目镜；6—红色滤光片

E—电池；*R*—滑线电阻；*K*—按钮开关；V—毫伏计

度就相当于被测物体的温度。

342. 如何使用光学高温计?

轧钢生产用的光学高温计应选择 WGG2-201 和 WGG2-203 型，其测量温度范围为 700～2000℃，量程分两挡：第一挡测温范围为 700～1500℃；第二挡测温范围为 1200～2000℃。

常用的光学高温计是 WGG2 型（图 5-8）光学高温计，其使用方法如下：

（1）检查机械零点。如果电路接通前指针不指示起始刻度线，应当旋转零位调节器 8，将指针调节到零位。

（2）拨动转动片将红色滤光镜片 6 移至目镜 5 后面。按下按钮开关 13，旋转滑线电阻盘 9，使灯丝发红。前后移动调节目镜 5 直到光度灯 4 的灯丝清晰为止。此后须旋紧目镜定位螺母 7。

（3）目镜瞄准测温物体，前后移动调节物镜 1 使测温物体的影像清晰为止。光学高温计可以在物镜离开测温物体 0.7～5m 的距离内测量温度。

（4）根据被测物体的大致温度范围，将调吸收玻璃的旋钮 3 拨向对应的量程位置。指针的指示值应读相应量程的温度刻度值。

（5）旋转滑线电阻盘 9，使流经光度灯灯丝的电流均匀地增大，调节灯丝亮度到灯丝顶部的影像消失在被测物体的影像中。

（6）光学高温计使用完毕，应即时放开按钮开关 13，切断电源，以免灯丝长期受热而损坏。换装电池时应注意不要把正负极接错。

（7）实际上，受热物体的表面状态不同影响测温的精确度，所以应在测得的温度上再加一修正值。轧钢生产测温使用第一挡量程，其修正值在 10～22℃之间，测量的温度越高，其修正温度亦越高。因此被测物体的真实温度应用下式

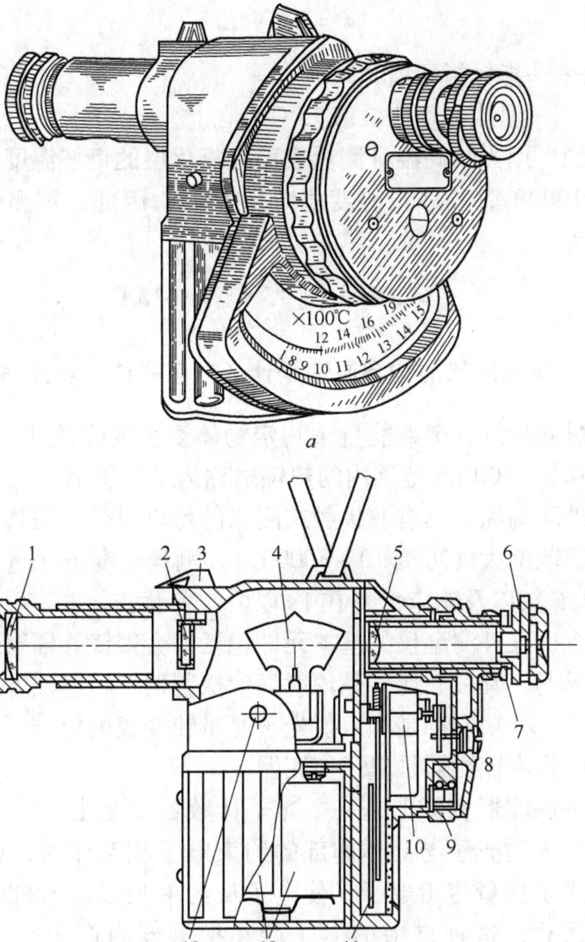

图 5-8 WGG2 型光学高温计

a—外形图；*b*—结构图

1—物镜；2—吸收玻璃；3—旋钮；4—光度灯；5—目镜；6—红色滤光镜；7—目镜定位螺母；8—零位调节器；9—滑线电阻盘；10—测温仪表；11—刻度盘；12—干电池；13—按钮开关

求得：

$$t = t_{表} + \Delta t \quad (5\text{-}11)$$

式中 t——指针指示值,℃；

Δt——温度修正值，取15℃为宜。

例如，用光学高温计测量表面有氧化层的钢坯温度，指针指示值为1000℃，其修正温度值应为15℃，因此，被测钢坯的真实温度为：

$$t = 1000℃ + 15℃ = 1015℃$$

343. 红外线测温仪的构造原理是什么？怎样选用红外线测温仪？

通过测量红外辐射能量来测定物体温度的方法叫红外测温。波长在0.8～100μm范围内的热辐射称为红外辐射。

红外测温除了具有非接触式测温的特点以外，还具有可以遥测，测温范围大（可测10～3000℃），测量温度精度高（偏差不大于±1%）以及响应快（在1s以内）等优点。

工业用红外测温仪的基本元件包括：会聚镜、辐射强度探测器及指示器。其核心元件是辐射强度探测器。辐射强度探测器有多种形式，其功能都是将入射光子通量转变成电信号。目前，先进的辐射强度探测器是量子探测器。

量子探测器实际上是一个光子计数器，是由一个半导体晶体组成，入射光子与晶体内部的约束电子相互作用，如果有足够大的光子能量传给电子，使电子从约束状态进入自由状态而运动，那么，这种自由的电子就在探测器内产生一个电压信号，在短暂的时间之后，电子又回到约束状态。因此，每一种量子探测器将对一个特定波长以内的所有光子呈完全一致的反应。超过这个波长的光子没有足够的能量使电子自由而发出电信号。

一个可见光波的光子和一个2μm红外光子，它们的唯一差别是其波长不同，也就是所携带的能量不同，光子的能量同其波长成反比。当探测红外辐射强度时，会受可见辐射的影响。所以，实际测温中并不采用足够宽的光谱区，而是采用辐射强度随温度升高变化率较大的红外光谱区，这样可以使温度的测量准确。另外，考虑到测温现场的水蒸气能吸收某些波长辐射，实际使用的辐射探测器只采用有限的红外光谱区，如3~4μm或5~5.5μm的光谱区。

选用红外测温仪时应注意以下问题：

（1）必须根据所测量的温度范围，选用合适型号的测温仪。

（2）由于不同型号的测温仪有不同的距离系数（*L/D*），其中*L*为测量目标物的距离，*D*为被测物体的边长。因此，要根据物体大小及所测目标距离来选用。

（3）红外测温仪对工作环境温度有一定的要求：无保护套水冷的，要求环境温度在0~50℃；有保护套水冷的，其环境温度可在0~150℃。

（4）不同型号的红外测温仪有不同的使用要求和操作方法。因此，测温前必须详细阅读使用说明书。

344. 如何用肉眼判断钢的加热温度？

正确地确定钢的加热温度，对于保证产品的质量和产量有着极密切的关系。一般可以通过仪表测量出钢温及炉温，但是仪表所指示出的温度是炉内几个测温点的温度，有一定的局限性。加热工人必须学会用肉眼观察钢的加热温度，以便结合仪表测量更正确地调整炉温。

实践证明，通过观察火焰颜色、钢的颜色和加热炉内各段炉墙的颜色，能够比较准确地判断出实际钢温。表5-4列出了钢在加热时的火色（受热物体的发光亮度）与实际温度的关系。

在实际生产中，加热工人还应经常检查钢料是否烧透。一般钢料内部（指钢与钢之间的缝隙）的温度与钢料两端的温度相同时，说明钢料本身温度已经比较均匀；若端部温度高于内部温度，说明钢料尚未烧透还须继续加热；若内部温度高于端部温度，则说明炉温有所降低，此时须警惕发生粘钢现象。

表 5-4　钢的表面温度与火色的对应关系

火　色	温度/℃	火　色	温度/℃
暗红色	550～600	淡黄色	1000～1100
红　色	700～800	白　色	1200～1350
橘红色	850～900	白亮刺眼	1400 以上

345. 什么叫加热炉的计算机控制？

加热炉的计算机控制是指用计算机系统对坯料出入加热炉的整个过程进行控制，是轧钢过程计算机控制的一个组成部分。

加热炉计算机控制系统一般具有对坯料温度进行控制、对空燃比和炉温进行控制的功能，同时具有对坯料进行跟踪、操作指导和技术信息等信息处理功能，并且可以根据轧机工作状况自动装、出料和控制出炉节奏。这一技术使加热炉的利用率提高，并在能耗、产品质量和产品成材率方面取得满意的效果。

图 5-9 是某钢管厂环形炉的计算机控制软件的构成，该系统有以下功能：

（1）对坯料温度进行控制。首先根据热传导理论建立坯料的温度模型，通过控制空燃比等参数控制炉温，达到控制坯料温度的目的，从而减少了坯料的各种加热缺陷。

（2）对坯料出炉节奏进行控制。该系统根据生产状况决定实际出炉节奏，提高了坯料温度的控制精度，同时还因无用燃烧时间的减少而使燃耗降低。

（3）该系统可以根据生产计划的变更及其他变化进行控制。

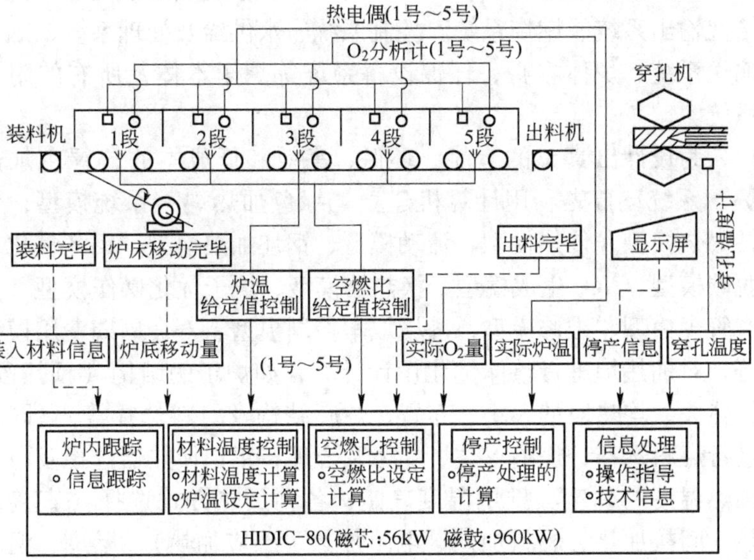

图 5-9 无缝钢管环形炉计算机控制软件的构成

（4）该系统能进行空气与燃料比的控制，可以提高燃烧效率。

要实现加热炉的计算机控制，除有计算机和控制软件外，还需有一系列自动化检测和控制仪表，如测温计、煤气指示调节计和调节阀、二次空气流量计和调节阀、炉压计等等。

346. 现代加热炉如何适应环保节能的要求？

现代加热炉是综合引入和充分利用专业技术和相关学科（如传热、流动、燃烧、热力学、电子学、物理学、化学、机械工程、材料科学、测试技术、信息与控制技术、经济学、管理科学、能源技术、环境科学、环保技术等）的最新科技成果，综合考虑能源、经济、技术和环境四个因素在内的“节能-高效-低成本-环保型”加热炉系统，即集低消耗（节能）、低污染（环保）、低成本和高效率为一体的“绿色加热炉”系统。这里所说的加热炉系统包括燃料处理及供给系统、空气供给系统、钢坯供给及输出系统、燃烧系统、控制系统、水供给及处理系统、烟气输送系统、炉体本身、环保设备系统等炉子本体及所有的附属系统。

为设计出真正的节能、环保、高效和低成本的“绿色加热炉”系统，首先利用计算机建立“绿色加热炉”系统模型，包括燃烧模型、传热模型、流动模型、钢坯加热模型、钢坯氧化与脱碳模型、NO_x 生成模型、换热器模型、炉子优化操作模型、生产管理模型、维修模型、环境成本控制模型、寿命周期费用模型等，对加热炉进行整体优化设计计算，如炉子的结构（预热段、加热段、均热段的大小、布置、炉膛结构及材料选择等）。同时进行燃料选择；烧嘴形式、能力及合理布置；换热器选择及空气预热温度的确定、排烟温度确定；各种加热方式选择（直接加热、间接加热、燃料加热、电阻加热、感应加热）；燃烧、温度及加热控制方式等。

二、燃料及其燃烧

347. 什么是燃料？用于轧钢生产的燃料有哪几种？

凡是能够燃烧并能应用于工业生产及满足生活需要的在技术上合理、经济上合算的可燃物质都称为燃料。在轧钢生产中常用的燃料有三类，即

固体燃料，如烟煤、无烟煤、煤粉等；

液体燃料，如重油（石油的残余物）、轻柴油等；

气体燃料，如天然气、高炉煤气、焦炉煤气、发生炉煤气等。

一般来说，用固体燃料劳动条件差、经济上不尽合理，钢温控制也比较困难，而用液体和气体燃料却正好相反，温度容易控制，劳动条件较好。但是我国各种资源都有，因此燃料选

择要从我国以及本地区的资源情况出发，因地制宜地确定，并考虑国家的能源政策和燃料的综合利用。

348. 固、液体燃料的基本成分是什么？

自然界中的固、液体燃料，都是由古代的植物和动物埋藏在地下经受长期的地质和化学变化而形成的，因而它们的基本组成物是呈各种化合形式的有机物质。组成有机物的主要元素是碳、氢、氧、氮和一部分硫。

此外，在固、液体燃料中还含有一些矿物杂质，称为灰分。在灰分中主要包含 SiO_2、Al_2O_3、CaO、MgO、Fe_2O_3、Na_2O 等物。

在固、液体燃料内还存在着一定的水分。

碳、氢、硫都是燃料中的可燃成分，当它们和氧化合时都能放出大量的热。但是，只有碳（C）和氢（H）是有益的可燃成分。它们燃烧时的化学反应式如下：

$$C + O_2 \longrightarrow CO_2 + 406kJ \tag{5-12}$$

$$2C + O_2 \longrightarrow 2CO + 221kJ \tag{5-13}$$

$$2H_2 + O_2 \longrightarrow 2H_2O + 572kJ(\text{液体水}) \tag{5-14}$$

$$2H_2 + O_2 \longrightarrow 2H_2O + 484kJ(\text{气体水}) \tag{5-15}$$

$$S + O_2 \longrightarrow SO_2 + 297kJ \tag{5-16}$$

碳是固、液体燃料的主要热能来源，煤的含碳量为 50% ~ 99%，重油的含碳量大于 86%。碳含量越多，燃料的发热量越大。

硫（S）在燃烧时虽然也放出热量，但它的燃烧产物 SO_2、H_2S 对加热工件和设备有腐蚀作用，并损害人体健康，因此，工业用燃料的含硫量一般不应超过 1%。

固、液体燃料中的氧（O）、氮（N）、水分、灰分都不可燃，所以这些物质的含量越多，燃料的质量就越差，燃烧过程越不好控制。因此，燃料的不可燃成分的含量越低越好。

固、液体燃料的成分以其组成物的重量百分数表示。

349. 气体燃料的基本成分是什么？

气体燃料是由多种简单化合物组成的机械混合物。其中可燃成分有 CO、H_2、CH_4、C_2H_4、C_mH_n、H_2S 等。在可燃成分中以 CH_4、C_2H_4、C_mH_n 等物的发热量较大，H_2 和 CO 的发热量较小。

气体燃料中的不可燃成分有 CO_2、N_2、SO_2、H_2O、O_2 等。不可燃成分的含量越少，燃料质量越好。同固体、液体燃料一样，气体燃料中 H_2S 的含量也是愈少愈好。

气体燃料燃烧时的化学反应式如下：

$$2CO + O_2 \longrightarrow 2CO_2 + 565kJ \tag{5-17}$$

$$CH_4 + 2O_2 \longrightarrow CO_2 + 2H_2O + 891kJ \tag{5-18}$$

$$2C_2H_2 + 5O_2 \longrightarrow 4CO_2 + 2H_2O + 2602kJ \tag{5-19}$$

$$C_2H_4 + 3O_2 \longrightarrow 2CO_2 + 2H_2O + 1410kJ \tag{5-20}$$

$$2H_2S + 3O_2 \longrightarrow 2H_2O + 2SO_2 + 1121kJ \tag{5-21}$$

气体燃料的成分以其组成物的体积百分数表示。

350. 什么是燃料的发热量？

燃料燃烧放出的热量与燃料的多少有关，单位燃料（每公斤或每立方米）完全燃烧时所放出的热量称为燃料的发热量。

燃烧放出的热量还与燃烧后物质的存在状态有关。例如煤中的氢燃烧生成水，如果生成的水不是液体，而是水蒸气，那么，因为由液体水变成气体水还要消耗热量，所以在同样条件下该反应所放出的热量就少了。正是由于这个原因，燃料的发热量有高发热量和低发热量之分。当燃烧产物的温度冷却到反应物的原始温度，燃烧产物中的水成零度水的状态时，单位燃料完全燃烧所放出的热量称为高发热量，以 $Q_{高}$ 表示。当燃烧产物的温度冷却到反应物的原始温度，燃烧产物中的水呈 20℃ 水蒸气状态时，单位燃料完全燃烧所放出的热量称为低发热量，以 $Q_{低}$ 表示。实际生产中常用 $Q_{低}$ 表示燃料发热量。

燃料的发热量是衡量燃料好坏的主要依据。天然气和重油具有比发生炉煤气和煤高得多的发热量，因此它们是轧钢加热炉的更理想的燃料。

由上可知，燃料的高发热量与低发热量之差等于水的汽化热，在热工计算中通常把 1kg 水的汽化热定为 2.51MJ，因此它们二者之间的关系可用下式表示：

$$Q_{低} = Q_{高} - 2.51(9H + W) \tag{5-22}$$

式中 $Q_{低}$——燃料的低发热量，MJ；

$Q_{高}$——燃料的高发热量，MJ；

H——燃料中含氢百分数，%；

W——燃料中含水百分数，%。

351. 燃料消耗如何表示？什么是标准燃料发热量？

加热炉的燃料消耗是评价炉子工作的重要指标，在轧钢生产中通常用单位燃料消耗量表示。所谓单位燃料消耗量是指生产单位重量（如 1t）产品所消耗的燃料。一般使用气体燃料的燃料消耗单位用 m^3(煤气)/t(钢)表示；使用固体或液体燃料的燃料消耗单位用 kg(燃料)/t(钢)表示。

因为成分不同的燃料其发热量不同，所以为了核算和比较炉子的燃料消耗，一般都将燃料消耗折合成“标准燃料”消耗量，即用 kg（标准燃料）/t（钢）表示燃料消耗。规定每 1kg 标准燃料的发热量为 29.3MJ。因此，各种燃料的发热量除以 29.3MJ 即得标准燃料的发热量。

各种燃料的发热值（即单位燃料的发热量）及折算成标准燃料发热值的折算系数如表 5-5 所示。

表 5-5　燃料发热值换算表

燃 料 名 称	发热值/MJ · kg^{-1}	折标准煤的系数 /kg · kg^{-1}
干洗精煤（灰分 10% ~11%）	29.7	0.014
干焦炭（灰分 13.5%）	28.5	0.97
无烟煤	25.1 ~26.4	0.86 ~0.9
动力煤	20.9	0.71
重　油	39.8 ~41.0	1.36 ~1.4
轻　油	41.8	1.43
焦　油	37.7	1.29
粗　苯	41.8	1.43
天然气	35.6 ~39.8/MJ · m^{-3}	1.21 ~1.36/kg · m^{-3}
焦炉煤气	17.2 ~18.4/MJ · m^{-3}	0.58 ~0.63/kg · m^{-3}
高炉煤气	3.5 ~4.186/MJ · m^{-3}	0.12 ~0.14/kg · m^{-3}
转炉煤气	8.4 ~8.8/MJ · m^{-3}	0.29 ~0.30/kg · m^{-3}
电　力	12.3/MJ ·（kW · h）$^{-1}$	0.42/kg ·（kW · h）$^{-1}$

注：焦炭灰分每增、减 1%，发热值相应减、增 0.335MJ/kg；洗精煤亦按此作相应增、减。

352. 什么叫燃料燃烧？什么叫完全燃烧和不完全燃烧？

无论什么物质与空气作用，只要能产生热或光，就称该化学反应过程为燃烧。燃料燃烧是有一定条件的。条件不同，燃烧的情况也不相同。

燃料在空气量充足，且混合良好的条件下燃烧，其可燃成分完全与氧气作用，放出所有的热量，燃烧产物中只有二氧化碳和水，这种燃烧称为完全燃烧。1kg 碳在完全燃烧时能产生 34.1MJ 的热量。

如果空气不足，或者燃料与空气的混合不好，燃料中可燃成分未能与氧气完全作用，燃烧后生成一氧化碳，这种燃烧称为不完全燃烧。1kg 碳在不完全燃烧时产生的热量只有 10.5MJ。

由此可知，同一燃料，不完全燃烧的发热量与完全燃烧的发热量可相差数倍。为了使燃料完全燃烧，必须提供以下燃烧条件：

（1）供给充足的空气；

（2）维持炉膛高温；

（3）燃料中可燃成分与空气充分混合；

（4）及时排除燃料燃烧生成物。

在实际生产中，加热工人是根据火苗的明亮程度、烟的颜色等来鉴别燃料燃烧情况的。如火苗明亮而无烟，说明燃烧完全，而火苗红暗并带有黑烟，说明燃烧不完全。

353. 什么叫理论空气量，如何计算？

燃料中可燃物质全部烧尽所需要的空气量叫理论空气量。

各种燃料的理论空气量是根据燃料的化学组成按化学反应式计算出来的。其计算过程是，首先算出供给燃烧所需要的氧气量，然后再求出空气量。

空气是氮气和氧气的混合物。空气的组成，按重量计算氧气占 23%，氮气占 77%；按体积计算氧气占 21%，氮气占 79%。据此可以算出，供给 $1m^3$ 氧气，需要 $1\times100/21=4.78m^3$ 空气，供给 1kg 氧气需要 $1\times100/23=4.34kg$ 空气。

固体燃料中的可燃物质主要是碳，其次是氢，还有极少量的硫。这些元素不论它们是以化合物状态存在，或是以游离状态存在，在燃烧时都可以按照碳、氢、硫单独燃烧计算，不会引起多大误差。固体燃料燃烧所需理论空气量的计算公式为：

$$V_0=[8.89C+26.54H+3.34(S-O)]\times100\% \quad (5\text{-}23)$$

式中 V_0——燃烧 1kg 燃料所需理论空气量的体积，m^3；

C，H，S，O——分别代表燃料中碳、氢、硫、氧的重量百分数。

［例题］ 已知煤中含 C 76%、H 5%、O 8.8%、S 1%、水

分 4.2%、灰分 5%，求燃烧 1kg 煤所需理论空气量是多少?

解:

$$V_0 = \frac{8.89 \times 76 + 26.54 \times 5 + 3.34(1 - 8.8)}{100}$$

$$= \frac{675.64 + 132.7 + 3.34 - 29.39}{100}$$

$$= 7.82\text{m}^3$$

答: 燃烧 1kg 煤所需理论空气量为 7.82m^3。

354. 什么叫过剩空气量及空气过剩系数?

各种燃料燃烧时，即使按计算出的理论空气量供应空气，但由于受具体设备条件、技术条件的限制也很难得到理想的燃烧效果。为了实现完全燃烧，实际需要的空气量往往大于理论空气量，多用的这部分空气量叫过剩空气量。

实际需要空气量与理论空气量之比值称为空气过剩系数。通常用 $K_{空}$ 表示。

$$空气过剩系数\ K_{空} = \frac{实际需要空气量}{理论空气量} > 1 \qquad (5\text{-}24)$$

空气过剩系数的大小与燃料种类、燃烧方法以及燃烧装置的结构特点有关。各类燃料燃烧时的空气过剩系数经验值如下:

气体燃料 $K_{空} = 1.05 \sim 1.15$

液体燃料 $K_{空} = 1.15 \sim 1.25$

固体燃料 $K_{空} = 1.20 \sim 1.50$

实际生产中空气过剩系数的大小可用分析废气成分的方法来测定。如废气里包含的 CO_2 越多，那么剩余的 O_2 就越少，空气过剩系数也越小。

空气过剩系数的大小对燃料燃烧有很大影响。如果过剩空气多，很显然废气中剩余的 O_2 就多，就会使炉温降低并增大废气带走的热量。若空气供给不足，燃料燃烧不完全，又会浪费燃料。

355. 如何提高加热炉的热效率？

加热炉的热效率是衡量炉子工作好坏的重要指标。提高加热炉的热效率是降低炉子燃料消耗的重要途径。加热炉的热效率以加热金属的有效热量占炉内燃料燃烧放出热量的百分数表示。热效率高表明炉子的热能利用情况好。轧钢生产常用工业炉的热效率 $\eta_{热}$ 大致如下：

连续加热炉	0.3～0.6
均热炉	0.2～0.3
室状炉	0.1～0.15
室状热处理炉	0.15～0.2

在实际生产中，影响炉子热效率的因素很多，如炉子产量、燃料种类、燃烧设备、燃料和空气的预热情况、废气排出量和出炉温度、炉子冷却及散热状况等。因此，要提高炉子热效率必须根据炉子的具体情况，针对影响炉子热效率的主要因素，采取有效措施。从分析炉子热平衡出发提出的主要措施有：

（1）减少烟气从炉膛带走的热量。如安装预热器，预热空气或者煤气。

（2）减少炉子冷却件带走的热量。如采用无水冷滑轨、炉底筋管应用可塑料包扎等。

（3）减少化学及机械不完全燃烧。如保证足够的空气，使燃料能够充分燃烧：燃煤加热炉采取勤加煤、少加煤等措施。

（4）减少炉墙传导散热和炉门开关的辐射散热。如采取炉墙绝热、减少炉门开启次数、防止和减少冷空气吸入等。

（5）提高炉子的生产率。

356. 加热过程中燃料燃烧的热量是怎样利用的？

衡量加热炉工作好坏的重要指标之一是加热单位重量的金属所消耗的燃料。燃料单耗主要取决于加热炉的热效率。加热炉的热效率越高表明炉子的有效利用热量占燃料燃烧放出热量的比重越大，热量损失越小，所以加热单位重量金属消耗的燃料也越少。

在加热炉内，燃料燃烧放出的热量的消耗情况示于图 5-10。

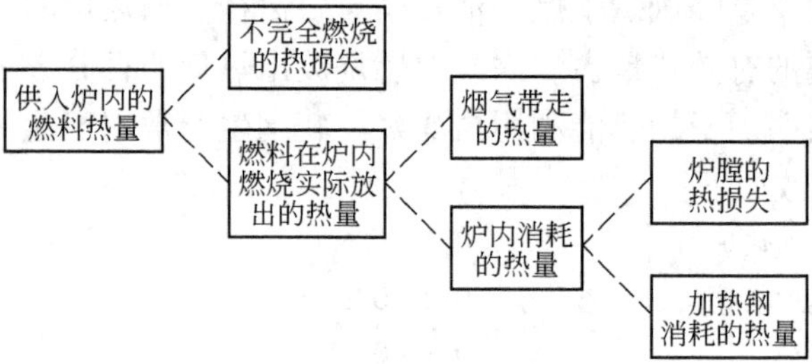

图 5-10　热量消耗情况图示

由图 5-10 可见，炉内的燃料由于燃烧不完全而损失掉一部分，如烟气中的可燃气体 CO、H_2 以及炭黑等。这部分燃料根本就没有发出热量。另一部分燃料虽然在炉内燃烧放出热量，但热量并没有得到充分利用，其中除了加热钢消耗部分热量外，还有相当一部分热量，不是被高温烟气、冷却水带走了，就是通过炉墙、炉门散失掉了。

生产中的实际测定或理论计算结果表明，一般轧钢加热炉的热能利用情况如表 5-6 所示。

表 5-6　轧钢连续加热炉热平衡表

热能收入	%	热能支出	%
燃料燃烧热量 煤气预热 空气预热 金属氧化热	70 ~ 100 0 ~ 25 0 ~ 5 1 ~ 5	金属加热 废气带走热 不完全燃烧热 冷却水带走热 炉体散热	30 ~ 40 40 ~ 50 3 ~ 10 10 ~ 15 5 ~ 10
热量收入总和	100	热量支出总和	100

357. 如何计算炉内燃料的需要量？

首先找出在要求温度下钢的比热（即使单位重量金属，温度变化1℃所需要的热量），再按下式求出钢的热含量：

$$Q_t = C_t \times \Delta t \tag{5-25}$$

式中　Q_t——热含量，kJ/kg；

C_t——t 度时钢的比热，kJ/(kg·℃)；

Δt——加热产生的温度变化，℃。

［例题］　含碳量为0.3%，在1200℃时其比热为0.7 kJ/(kg·℃)的碳素钢，加热到1200℃时其热含量为多少？

解：

$$Q_{1200} = C_{1200} \times \Delta t = 0.7 \times 1200$$

$$= 840\text{kJ/kg}$$

各种钢的热含量见附表5；比热见附表6。

然后，找出炉内热效率。所谓炉内热效率是指燃料在炉内所放出全部热量中有多少被钢料吸收。根据热效率定义，即钢料所吸收的热量占全部燃烧热量的百分比。

炉内热效率的关系式可写为：

$$\eta_{热} = \frac{Q_m}{Q} \tag{5-26}$$

式中　$\eta_{热}$——热效率，%；

Q_m——金属吸热量，J；

Q——燃料发热值，J。

炉内热效率的计算方法比较繁琐，经实际测定一般轧钢厂加热炉的热效率为30%～40%，半数以上的热量损失掉了，其中废气带走的热量最多，约占40%左右，其次是冷却水带走的热量约占10%，其他为炉门、炉墙等的热量损失。

［例题］　把碳素结构钢中的30钢，在产量为10t/h的连续式加热炉内加热，加热温度为1200℃，每1h需消耗标准煤多少？

解：取 $\eta_{热} = 37\%$，按式5-25得 $Q_{1200} = 840\text{kJ/kg}$，代入式5-25得

$$Q = \frac{Q_m}{\eta_{热}} = \frac{Q_{1200}}{\eta_{热}} = \frac{840}{0.37} = 2270\text{kJ/kg}$$

那么　1t 钢需要的全部热量为：

$$2270 \times 1000 = 2270\text{MJ/t}$$

取燃料的标准发热值为29.3MJ/kg，则每加热1t钢需要的标准煤为：2270/29.3 = 77kg。

因为加热炉产量为 10t/h，所以每 1h 耗煤量为：77 × 10 = 770kg。

358. 煤气如何回收并在轧钢中利用？

煤气（焦炉、高炉、转炉）净化回收与利用技术按净化方式分为湿法和干法两大类，湿法有 OG 法（Oxygen Converter Gas Recovery）和新 OG 法，干法技术即为 LT 法。LT 法由德国 LURGI 鲁奇公司与 THYSSEN 蒂森公司在 20 世纪 80 年代开发。作为成熟和可靠的技术，干法技术在欧洲得到广泛的应用。目前，国内已在宝钢、莱钢有所应用，宝钢第二套、莱钢第二套及太钢、江阴钢铁、天津天铁、包钢等正在建设中。相对湿法技术，干法技术主要优点有：

（1）除尘效率高。净化后烟气含尘浓度为 10 ~ 15mg/Nm^3，如果有特殊要求，可降至5mg/Nm^3。

（2）系统阻力小，耗能低，风机运行费低，寿命长，维修工作量少。

（3）不需要泥浆沉淀池及污泥处理设施。

（4）含铁干粉灰压块后可直接供转炉利用。

干法系统包括烟气冷却净化系统与煤气回收系统。由活动烟罩捕集并经汽化冷却烟道冷却至 1600℃ 左右的转炉烟气，首先进入蒸发冷却器降温和初除尘，温度降至 180 ~ 200℃ 左右，进入静电除尘器进行精除尘。然后根据 CO 含量、O_2 含量由阀门切换站进行煤气回收或放散操作。回收期煤气需经冷却器二次冷却，温度降至70℃后进入煤气柜回收；放散期煤气需点火燃烧，排放气体的含尘浓度不大于15mg/Nm^3。

煤气回收后在轧钢中多用来进行坯料的加热。一般焦炉煤气热值高可以直接燃烧，高、转炉煤气一般用在蓄热式加热炉。

359. 什么叫发生炉煤气？

发生炉煤气是可燃性气体之一。主要成分为一氧化碳、氢、氮、二氧化碳等。分空气煤气和混合煤气两种。前者由煤和空气作用制得；后者由煤用空气和水蒸气作用制得，发热值高于前者。用于金属加热炉、玻璃窑炉、炼焦炉的加热，也可作高热值煤气的掺混用气。

发生炉煤气的产生方法是将煤在发生炉中燃烧后，将炉底的空气加以限制，使煤不能完全燃烧，因而产生大量的一氧化碳，就是发生炉煤气。这种方法使炉中排出的气体主要是一氧化碳，二氧化碳和氮气。

根据工艺过程的不同，发生炉煤气可以分为：空气煤气、空气-蒸汽煤气、水煤气等。作为加热炉燃料的主要是空气-蒸汽煤气，通常泛指的发生炉煤气就是指这一种。

360. 影响空气过剩系数的因素有哪些，如何控制？

单位燃料燃烧时，实际需要空气量与理论空气量之比值称为空气过剩系数。通常用 n 表示。

$$\text{空气过剩系数}\ n = \frac{\text{实际需要空气量}}{\text{理论空气量}} > 1$$

空气过剩系数的大小与燃料种类、燃烧方法以及燃烧装置的结构特点有关。

使用烟气含氧量分析仪，进行烟气中过剩氧气含量分析，根据分析结果，自动调整风机的电机频率，以调整空气供给量，使空气过剩系数达到最佳值，氧含量最优，恰当配合燃料提高燃烧值。气体燃料 $n=1.05\sim1.15$；液体燃料 $n=1.15\sim1.25$；固体

燃料 $n=1.20\sim1.50$。

三、加热缺陷及其消除方法

361. 什么叫过热、过烧？产生过热、过烧的原因是什么？

过热就是当加热温度超过 Ac_3 继续加热达到一定温度时，钢的晶粒过度长大，从而引起晶粒间的结合力减弱，钢材的力学性能恶化的现象。晶粒长大程度与加热温度和加热时间有关。加热温度越高，停留时间越长，晶粒长得越大。当加热接近固相线时晶粒迅速长大而产生过热。过热的钢材在断口上呈现粗糙的颗粒。产生过热的原因有：

（1）钢在加热段的温度过高，在均热段的保温时间过长；

（2）钢的化学成分影响钢的过热敏感性，如锰元素使钢的过热倾向性增大：铝元素增加钢的过热敏感性尤为突出；钨、钼元素促使钢的晶粒长大；而硅的作用相反，促使晶粒细化。

常见的几种典型钢种的过热温度为：

碳钢（0.12%C）	1250℃
碳钢（0.50%C）	1150℃
铬钢（20Cr）	1200℃
铬钢（40Cr）	1150～1200℃
铬镍钢（20CrNi3A）	1150℃
铬镍钨钢（18Cr2Ni4WA）	1200℃
铬钼铝钢（38CrMoAlA）	1050℃

过热的钢锭或钢坯可以经过退火加以挽救，使之恢复到原来状态，但这样做严重地影响加热炉的产量，并增加燃料和人力的消耗，因此加热过程中，应尽量避免发生过热。

过烧就是当钢在高温下，在强烈氧化介质中加热时，氧渗透到钢内杂质集中的晶粒边界，使晶界开始氧化和部分熔化，形成脆壳，严重破坏晶粒间的连结的现象。

过烧的钢在轧制时产生严重的开裂甚至破裂成碎块。很多情况下过烧钢的断口会失去金属光泽。产生过烧的原因有：

（1）钢的加热温度过高，加热时间过长；

（2）在氧化性炉气中加热易产生过烧。炉气的氧化性越强，过烧越剧烈；

（3）钢的化学成分对过烧也有影响。低碳钢及中碳钢过烧的可能性小，合金钢特别是合金工具钢、各种高碳钢都有较大的过烧危险性，其中又以含铜钢最易过烧。

过烧的钢无法挽救，只能报废。各种钢的过烧温度就是表 5-2 中加热温度范围的上限。

362. 什么叫脱碳？它受哪些因素的影响？

在加热过程中钢的表层金属的含碳量减少，甚至完全不含碳的现象叫脱碳。钢材表面的脱碳部分叫脱碳层。脱碳与钢的化学成分（含碳高低、合金元素种类及含量）、加热温度、加热时间、炉内气氛有密切关系。炉内气氛是指炉气中的氧、氢、二氧化碳和水蒸气的含量多少。它们与渗碳体发生如下反应：

$$2Fe_3C + O_2 = 6Fe + 2CO \tag{5-27}$$

$$Fe_3C + 2H_2 = 3Fe + CH_4 \tag{5-28}$$

$$Fe_3C + CO_2 = 3Fe + 2CO \tag{5-29}$$

$$Fe_3C + H_2O = 3Fe + H_2 + CO \tag{5-30}$$

一般情况下，加热温度越高，时间越长，脱碳就越严重。钢在高温下长时间保温比低温下保温其脱碳层厚得多（见图 5-11、图 5-12）。碳素钢的含碳量越高越容易脱碳。

加热时，炉内气氛的氧化性越强，越容易脱碳。

363. 什么叫氧化铁皮？它对轧钢生产有什么影响？

加热时，钢表面与高温炉气接触发生氧化，生成氧化铁皮，称为一次氧化铁皮。在轧制过程中表面氧化铁皮脱落，热的金属

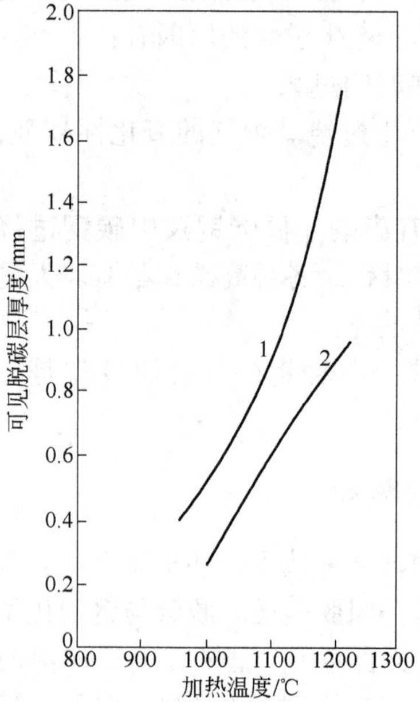

图 5-11 加热温度对脱碳的影响
1—T12；2—GCr15

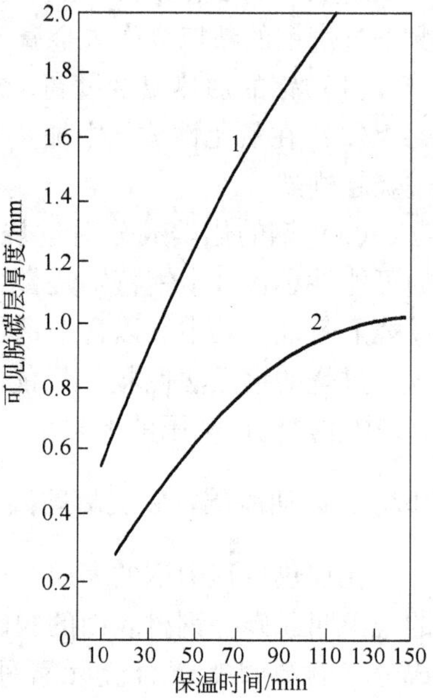

图 5-12 保温时间对脱碳的影响
1—T12 加热到 1220℃保温；
2—GCr15 加热到 1220℃保温

表面与水和空气接触，还会生成新的氧化铁皮，称为二次氧化铁皮。一般氧化铁皮由三层组成（见图 5-13），最外层是三氧化二

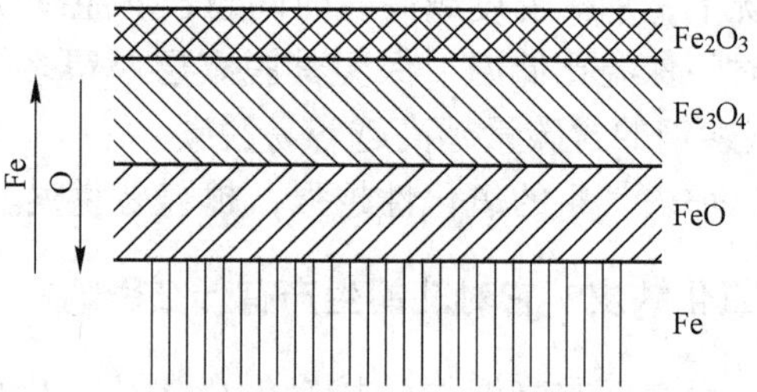

图 5-13 氧化铁皮结构的断面示意图

铁（Fe_2O_3），约占整个氧化铁皮厚度的2%；中层是四氧化三铁（Fe_3O_4），约占整个氧化铁皮厚度的18%；最里层是氧化亚铁（FeO），约占整个氧化铁皮厚度的80%。

热轧钢坯表面的氧化铁皮，其致密程度与钢坯的冷却速度有关。在空气中冷却时氧化铁皮比较疏松，裂纹很多；缓冷时氧化铁皮比较致密，裂缝也少。矫直可使钢材的氧化铁皮破碎或变得疏松。

合金钢的氧化铁皮除含氧化铁之外，还含有不同数量的合金元素氧化物，所以合金钢的氧化铁皮性质不同于碳钢。例如，不锈钢中含有铬、硅等元素使钢坯表面生成稳定的氧化膜，这种氧化膜不能用普通酸洗方法去除。

氧化铁皮的构造、特性除与钢的化学成分有关外，还受加热温度、加热时间及炉气成分等因素的影响。通常在低温阶段加热时生成的氧化铁皮较少；当加热到600～700℃时，氧化开始显著并生成氧化铁皮；钢在900～1000℃时氧化速度急剧增加，氧化铁皮生成量增加。一般来说，加热温度愈高，加热时间愈长、炉子的氧化性气氛愈强，生成的氧化铁皮就愈多（见图5-14、图5-15）。

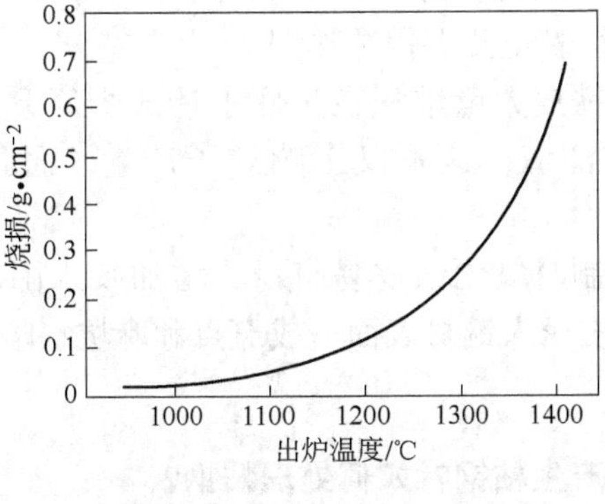

图5-14　加热温度与烧损（即氧化铁皮量）的关系

加热、轧制过程中产生氧化铁皮有以下害处：

（1）造成金属损失。钢坯加热时生成的一次氧化铁皮重量

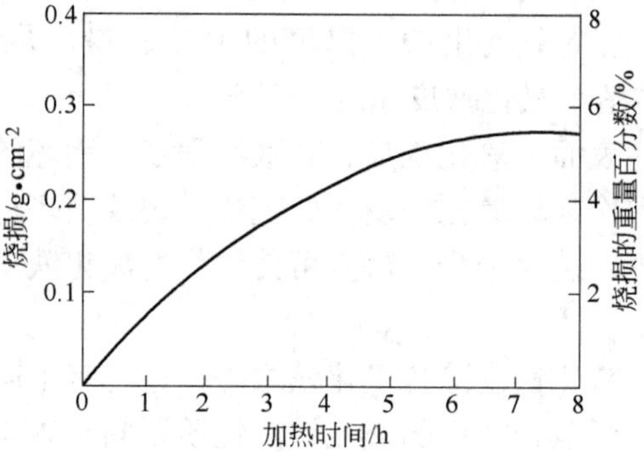

图 5-15　加热时间与烧损（即氧化铁皮量）的关系

约占钢坯总量的2% ~3%。一个年产 10 万吨钢材的轧钢车间，每年由于烧损（氧化铁皮造成的损失）而丢掉的钢就达2000 ~3000t。

（2）使加热炉生产率降低。因为氧化铁皮较钢的基体组织疏松得多，它覆盖在钢的表面降低钢的导热系数，影响加热速度。

（3）影响炉底材料寿命，使之容易损坏，因为氧化铁皮呈碱性，它对酸性黏土砖有侵蚀作用。

（4）氧化铁皮大量堆积在炉底上造成炉底升高、起包，迫使加热炉停炉清渣，这不仅影响炉子产量，而且使操作条件恶化。

（5）在轧制时氧化铁皮易打滑，增加咬入困难，增加孔型磨损。氧化铁皮压入钢材表面造成斑点和麻坑缺陷，降低产品表面质量。

364. 为什么会产生粘钢？如何处理粘钢？

一般情况下，产生粘钢的原因有三个：

（1）加热温度过高使钢表面熔化，而后温度又降低；

（2）在一定的推钢压力条件下，高温长时间加热；

(3) 氧化铁皮熔化后粘结。

当加热温度达到或超过氧化铁皮的熔化温度(1300～1350℃)时，氧化铁皮开始熔化，并流入钢料与钢料之间的缝隙中，当钢料从加热段进入均热段时，由于温度降低，氧化铁皮凝固，便产生了粘钢。此外，粘钢还与钢种及钢坯的表面状态有关。一般酸洗钢容易发生粘钢，易切钢不易发生粘钢。钢坯的剪口处也容易发生粘钢。

发生粘钢后，如果粘的不多，应当采用快拉的方法把粘住的钢尽快拉开，但切不可用关闭烧嘴或减少风量的方法降温，因为降低温度使氧化铁皮凝固，反而使粘钢更严重。一般情况下应当在处理完粘住的钢之后，再调整炉温。如果粘钢严重，尤其是两个以上的钢锭或钢坯之间发生粘钢，需用一定重量的撬棍在粘钢处进行多次冲击，方能撬开。

365. 加热温度不均对轧钢生产有什么影响？如何防止温度不均？

钢料上下温度不均，一般称为阴阳面。通常把低温面称阴面，把高温面称阳面。轧制时，有阴阳面的钢坯容易产生弯曲、扭转现象，因为阴面向上，则轧件出轧辊时向上弯，阴面向下时向下弯，向上弯易发生顶掉卫板和缠辊等事故。所以生产中一般把阴阳面预先翻到侧向位置。

钢料内外温度不均匀，轧制时延伸不均，使轧件产生应力，容易造成裂纹。

沿钢料长度上温度不均匀，如水管黑印(即钢与炉底水管接触处温度低于其他地方的加热缺陷)，轧制时造成辊跳值波动，而使同一轧件尺寸波动，给控制成品尺寸公差造成困难。

保证加热温度均匀的措施有：

(1) 在高温区加热时，由钢坯上部的烧嘴供热称为上加热，由钢坯下部的烧嘴供热称为下加热。应确保下加热温度高于上加热温度20～30℃，以减少上下面的温度差。

(2) 严格控制加热速度，防止速度过快造成钢料内外温差过大，并且一定要在低温阶段使温度均匀，然后再提高加热速度。

（3）经常观察炉内温度分布情况，正确调整炉内温度使沿炉宽各点的温度保持均匀，可减少沿坯料长度上的温度差。

（4）均热段要有足够的保温时间，以保证温度均匀，或者用翻钢的办法使钢温均匀。

366. 什么叫拱钢？

推钢式加热炉在推钢过程中坯料中部拱起的情况叫拱钢。

坯料在推钢机的作用下进入加热炉，由于坯料侧面不平直，有明显的弯曲或翘曲，坯料较薄，推钢比过大，相邻坯料的厚度相差悬殊，小断面坯料装在大坯料断面之后，滑道或均热段坑面不平等原因造成的坯料中部拱起的情况。

367. 减少氧化烧损的措施有哪些？

在钢坯加热过程中，钢坯表面的铁元素与炉气中的氧化性气体发生氧化反应，生成铁的氧化物，造成金属损失的现象称为钢坯的氧化烧损。

其不同的氧化程度反应的方程式分别为

$$2Fe + O_2 = 2FeO \tag{5-31}$$

$$3Fe + 2O_2 = Fe_3O_4 \tag{5-32}$$

$$4Fe + 3O_2 = 2Fe_2O_3 \tag{5-33}$$

影响氧化烧损的因素较多，其中炉内气氛和加热温度及加热时间的影响是主要因素。因此减少氧化烧损的措施有：

（1）控制炉内的氧化性气体含量。氧化性气体含量越多，氧化能力越强，钢坯氧化烧损量越大。

（2）控制炉温。钢坯的氧化速度随炉温升高而加速，900℃开始加剧，1100℃以上氧化速度急剧上升。

（3）控制加热时间。加热时间越长氧化生成的氧化铁皮量越多。

第六章　钢的轧制

一、轧前的准备

368. 轧制前要做好哪些准备工作?

生产每种产品，都应从换辊开始做好各项准备工作。为了保证轧制生产正常进行，在轧制之前必须对轧辊位置、轧机主辅部件及有关设备进行检查。轧机的构造不同，需要检查的项目也不同，一般必须检查的事项有：

（1）轧辊。考虑辊跳后的轧辊位置；

（2）轧机部件。按技术规程规定检查各种轧机部件；

（3）轧机辅件。按技术规范及实际经验检查轧机辅件；

（4）辅助设备。确保各辅助设备妥善无误。

369. 怎样检查轧辊及各部件的安装情况?

（1）轧辊水平位置的检查。首先利用测量器具（水平尺）检查下轧辊的水平情况，当下轧辊的中心线已被调整水平以后，再将上轧辊降低至最低位置，然后以斜尺（见图 6-1）测量轧辊两端辊缝是否相等，由此判断上辊是否处于水平位置。

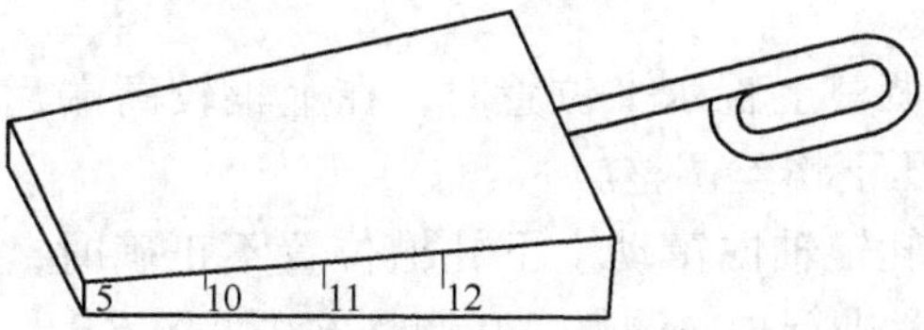

图 6-1　斜尺（刻度数字是表示相应位置的斜尺厚度的毫米数）

（2）轧辊轴向位置的检查。带轧槽的轧辊轴向位置是否正确用内卡钳测量孔型的对角线的办法来检查。如果孔型的两个对角线不相等，证明上下轧槽轴向位置没有对正，应当对上下辊进行轴向调整，达到尺寸一致为止。

（3）轧辊垂直位置的检查。铅锤线法是检查上下轧辊位置是否位于一个垂直面的常用方法（见图6-2）。在检查时把铅锤线悬在轧辊的两端，若所有的轧辊中心都与铅锤线重合，表明轧辊中心线位于一个垂直面上，如图6-2*a*。否则轧辊中心线就不在一个垂直面上，如图6-2*b*，*x* 表示偏差量。

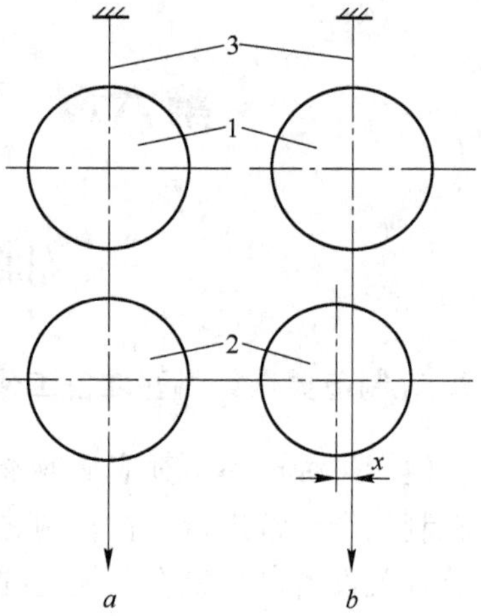

图6-2　用铅锤线检查轧辊的示意图
a—轧辊中心线在一个垂直面上；
b—轧辊中心线不在一个垂直面上
1—上辊；2—下辊；3—铅锤线

370. 怎样调整轧辊的水平位置、轴向位置和垂直位置？

调整轧辊位置的方法如下：

（1）当调整下辊的水平位置时，首先利用吊车将下辊吊起，然后在轧辊较低端瓦座下加垫板。或者更换新的较厚的下瓦。

（2）当调整上辊水平位置时，在上辊较高端瓦座上面加垫板，或利用压下螺丝调整。

（3）当轧辊轴向窜动上下轧槽位置不正确时，利用轧辊的轴向调整装置进行轴向调整。其调整方法见图6-3。

（4）当上下轧辊中心线不位于一个垂直面时，或不在要求的位置时，即上下轧槽不在一个垂直面上时，可以调整上辊瓦座

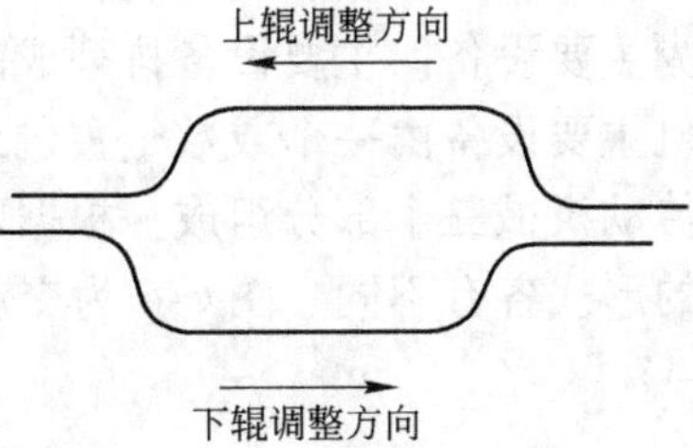

图 6-3 轧辊轴向窜动时的调整方法

或下辊瓦座两侧的侧瓦螺丝或垫以适当厚度的铁板，使上下轧辊的中心线保持在同一垂直面上。

371. 试轧的注意事项是什么？

试轧的主要注意事项是：

（1）按主电机启动运转管理制度及轧钢机运转技术操作规程，通知各有关岗位做到安全启动、安全运转。

（2）运转前给冷却水，经过一段时间的空转，检查轧机运转是否正常，检查各种轴承的温升是否正常，看有无过热及变形等不正常现象。

（3）提前准备试轧料、慢速出钢并不得轧制低于规定温度的轧件，以免引起主电机跳闸或安全装置损坏。

（4）试轧过程中要测量各道红坯尺寸，并按调整图表检查尺寸是否正确，表面质量是否良好。试轧合格后才可进入正常生产。

二、轧钢机的组成

372. 什么叫轧钢机主机列？它由哪些设备组成？

轧钢车间的机械设备，按其在生产中起的作用不同，可分为主要设备和辅助设备。凡用来使金属在旋转的轧辊中变形的那部分设备，通常称为主要设备。主要设备排列成的作业线称为轧钢机主机列。轧钢机主要设备由一个或数个主机列组成。主机列由主电机、轧机和传动机械三个部分组成。根据驱动方式和传动装置不同，主机列的形式各有不同。图 6-4 为交流电机驱动的轧机主机列示意图。

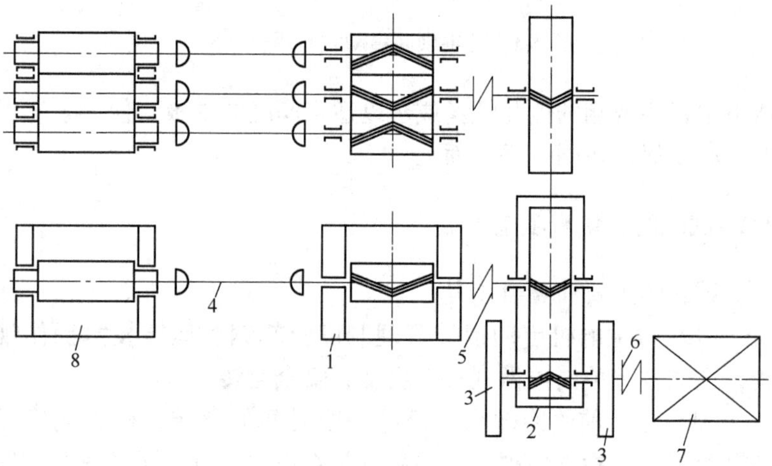

图 6-4　交流电机驱动的轧机主机列示意图

1—齿轮座；2—减速机；3—飞轮；4—连接轴；5—联轴节；6—电动机联轴节；7—主电机；8—轧机

主机列的各个部分，又由许多部件组成。轧机一般由轧辊、机架、轧辊的调整装置、轧辊平衡装置、轧辊轴承等构成（见图 6-5）。传动装置的作用是将电动机的动力传给轧辊，其组成形式与轧机的形式和工作制度有关。

在很多轧机上，传动装置是由减速机、齿轮座、连接轴和联轴节等部件组成的，有时还有飞轮。

主电机是为轧辊旋转提供动力的设备。在轧制过程中，不需要调速的轧机，通常采用交流电动机驱动；需要调速的轧机，采

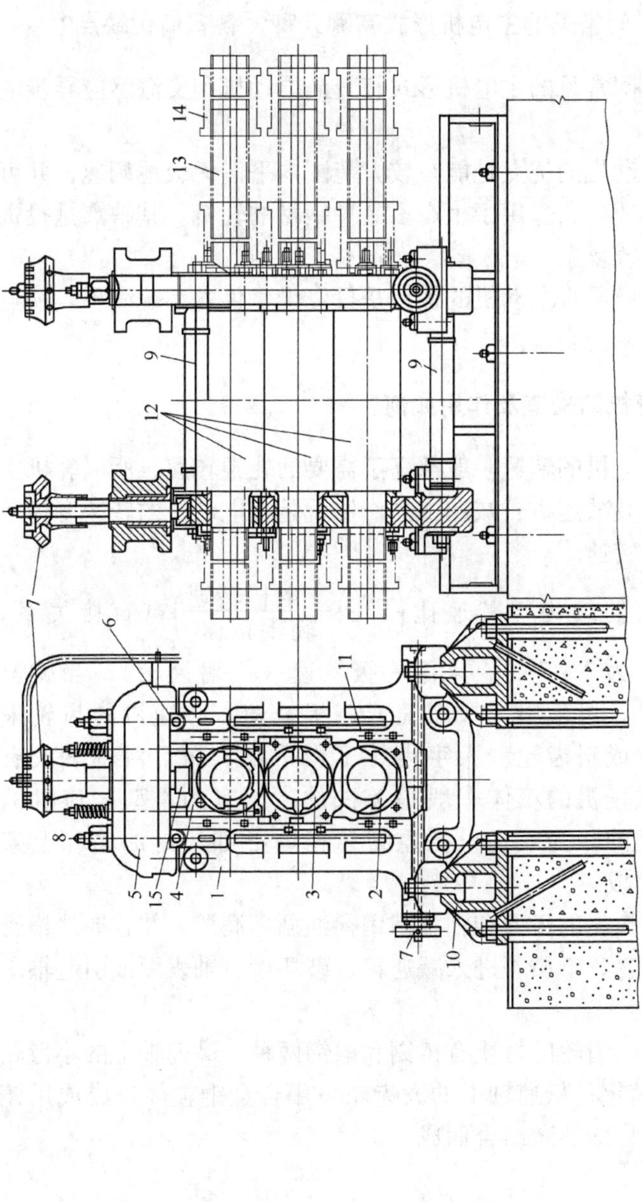

图 6-5 轧钢机的构成

1—机架（牌坊）；2—下辊轴承座；3—中辊轴承座；4—上辊轴承座；5—上横梁；6—侧向调整；7—压下、压上调整装置；8—吊瓦螺丝；9—拉杆；10—轨座；11—导板槽；12—轧辊；13—接轴；14—轴套；15—安全装置

用直流电动机驱动。直流电动机工作灵活，调速范围宽但造价比交流电动机高得多。

373. 轧钢车间常见的主电机形式有哪几种？各有何优缺点？

轧钢车间常见的主电机形式有直流电动机和交流感应异步电动机。

直流电动机的优点是能在较大范围内平滑无级地调速，并可在运行中调速。它适用于生产多品种钢材的轧机。其缺点是投资大，供电系统复杂。

交流感应异步电动机的优点是投资少、供电系统简单。缺点是效率低、调速困难。

374. 主减速机的构造及作用如何？

因为主电机的转速一般都高于需要的轧辊转速，所以轧机主机列必须安装减速机，减速机的作用就是将电动机的转速变为所需要的轧辊转速。

减速机的结构与减速比$\left(\text{即：}\dfrac{\text{主电机转速}}{\text{轧辊转速}}\right)$有直接关系。一般减速比为 2 ~ 7 时，采用一级减速（一对齿轮）。当减速比大于 7 时，可采用二级减速或三级减速。减速机的齿轮采用人字齿轮或斜齿轮。人字齿轮工作平稳，而且对轴承没有轴向力。减速机的箱体一般是铸铁的，但有的重型减速机的箱体是铸钢的。为减轻设备重量，箱体下部的封油箱和上盖可用钢板焊成。

减速机齿轮的齿面和轴承都用稀油循环润滑，并且要严格密封，以防污物、杂质等进入减速箱，破坏齿、轴表面或引起轴承发热。

减速机、齿轮的材质有铸钢和锻钢两种。高速轴上的小齿轮可用 45 号铸钢；低速轴上的大齿轮可用合金钢整体铸成或用铸铁心及锻钢齿圈热装组合而成。

375. 飞轮有什么作用？

为了使轧件通过轧辊时发生塑性变形，主电机就要使出一定的力量转动轧辊，这个转动轧辊的力量叫电动机的负载转矩。在轧制过程中电动机的负载转矩是不均匀的。当轧辊空转时，电动机的负载转矩最小，轧制时电动机的负载转矩增大，并随各道次的压下量、轧制温度、孔型形状等因素的变化而变化。一般横列式型钢轧机的间隙时间，即电机的空转时间，占周期时间的50%左右。如果依据某些负载力矩较大的道次选择电动机容量，就会形成只在过钢时，即纯轧时间，电动机才是满负荷的，而在电机空转时负荷不足，这就不能充分发挥电机的作用，造成电动机能力的浪费。为了解决这个矛盾，对纯轧时间较短、间隙时间较长，而且有短时间尖峰负荷的轧机，通常在与交流异步电动机相接的减速机高速轴上安装飞轮，飞轮在空载时储能，在高峰负荷时放出能量，可使电动机负荷均匀并降低最大负荷转矩。但纯轧时间长、间隙时间短、无尖峰负荷的轧机不宜安装飞轮，因为在这种情况下，飞轮的储、放能作用并不显著，而飞轮本身还消耗一定能量。目前新型轧机很少安装飞轮。

376. 人字齿轮座的构造及作用如何？

齿轮座的用途是将主电机轴输出的扭转力矩加以分配，并通过连接轴传递到工作轧辊上。近年来为了减少惯性矩，有以电动机分别直接驱动每个轧辊，取消齿轮座的趋势，特别是大型轧机采用直接驱动的更多。

齿轮是齿轮座中的重要零件，为使其传动力矩大，传动平稳，无轴向力，通常采用人字形齿轮，所以齿轮座又叫人字齿轮座。整个齿轮座是个箱形体，箱体下部装有回油孔，供齿轮及轴承润滑使用。

提高齿轮的使用寿命，是个十分重要的问题。影响齿轮使用寿命的主要因素有齿轮强度、齿面硬度及齿根强度。为了提高齿轮的使用寿命，通常对齿轮的材质、加工方法、加工精度、热处理方式等都有严格要求。齿轮的材质有35SiMn2MoV或35SiMn、20CrMnTi、42SiMnMoV、42MnMoV等。

现场生产的实际经验证明，齿轮座的维护保养也是直接影响其使用寿命的重要因素。如滑动轴承与齿轮轴颈接触部分以及齿面之间的润滑油应当纯净，因此润滑油必须定期过滤。

377. 轧机主传动装置有哪些种类，各有什么特点？

轧机的主传动装置主要有以下几种：

（1）梅花套筒式接轴。梅花套筒式接轴是轧钢设备最早的主传动接轴应用形式。目前一般用于轧辊调整量较小的轧机上，其传递力矩较小，转速较低。梅花套筒式接轴具有结构简单、换辊方便的优点。但通常情况下梅花套筒式接轴处于无润滑状态下运转，很容易磨损。由于制造精度低、易磨损，使得套筒与接轴配合间隙大，从而导致运转中冲击大，这不仅使噪声过大并对设备系统产生不利影响，而且直接影响轧制产品的质量。由于不适应轧制速度和产品精度日益提高的要求，梅花套筒式接轴正被逐步淘汰。

（2）滑块式万向接轴。滑块式万向接轴主要由铜滑块、扁头、叉头等部件组成。滑块式万向接轴具有传动扭矩大和倾角大的优点，适用于冲击较大的重载低速轧钢设备，如热轧的粗轧机组、初轧机组等。滑块式万向接轴也是目前使用较多的一种接轴形式。

滑块式万向接轴最大缺点是润滑条件差、密封困难，传动效率较低，一般仅为80%左右。在大扭矩或高转速轧制状态下，铜滑块表面易产生胶合，使接轴在回转中产生较大的轴向负载和窜动，直接威胁传动系统其他设备，如减速箱、电机等的正常运行。铜滑块磨损或胶合后，导致间隙加大，冲击增大、噪声增大，不仅影响了滑块式万向接轴的正常运转，而且还影响轧制精度和产品质量。

（3）鼓形齿联轴器和鼓形齿式接轴。鼓形齿联轴器主要用于电机和减速箱之间的联接，鼓形齿式接轴主要用于减速箱与分配箱和分配箱与轧辊之间的联接。由于两者结构和特点相近，故以鼓形齿式接轴为例进行分析。鼓形齿式接轴由外齿轴套、内齿圈及中间接轴等零件组成。与直齿式接轴相比，鼓形齿式接轴具有一定的接轴倾角、鼓齿的弯曲强度高、接触应力低、无棱边咬啃等优点。

鼓形齿式接轴具有润滑条件好、磨损小、传动平稳、噪声低、许用转速高、传递的扭矩大以及加工方便等优点而被日益广泛地应用于轧机的主传动装置。随着接轴倾角的增大，齿面接触应力将增大，接轴的承载能力明显下降。因此，鼓形齿式接轴的许用倾角较小，一般不超过2°30′，主要应用于板带轧机的精轧机组。鼓形齿式接轴属于滑动摩擦，其传动效率较十字轴式万向接轴低。

（4）十字轴式万向接轴。十字轴式万向接轴过去主要用于低扭矩、高转速的汽车工业。随着制造技术的发展，十字轴式万向接轴越来越多地应用于轧钢设备主传动，并有逐步取代滑块式万向接轴的趋势。与其他形式的接轴相比，其主要优点为传动效率高，达98.17%~99%；传递扭矩大，适用于高速运转；传动平稳，接轴的冲击和振动小，约为滑块式万向接轴的1/10~1/30，有利于提高产品质量；噪声低，十字轴式万向接轴使用时的噪声约30~40dB，远远低于滑块式万向接轴；润滑条件良好，一般采用脂润滑，密封容易，无漏油现象；允许较大倾角，一般可达10°~15°；使用寿命长，一次使用寿命可达1~2年，甚至更长。

与其他形式的接轴相比，十字轴式万向接轴的加工精度和装配要求高，特别是对锻造和热处理质量有较高的要求。

（5）液压安全联轴器。随着轧机的大型化、高速化和重载化，设备的过载保护显得更为重要。为了防止设备在过载时受到灾难性损伤，80 年代初 VOITH 公司率先发明了液压安全联轴器 SAFESET。

液压安全联轴器主要由空心钢套、注油口、剪断管、油密封、轴、轮毂、剪切环和剪断管等几部分组成。

液压安全联轴器的特点：结构紧凑、重量轻、转动惯量小；不受疲劳的影响，可长期保证所预定的限制扭矩，如图 6-6 所示；当传递扭矩稍微超过预定的扭矩时，会快速松开，起到安全保护的作用；靠摩擦联结传动，因此正反转时无冲击；除剪断管以外，没有其他消耗元件，修理和保养费用低。

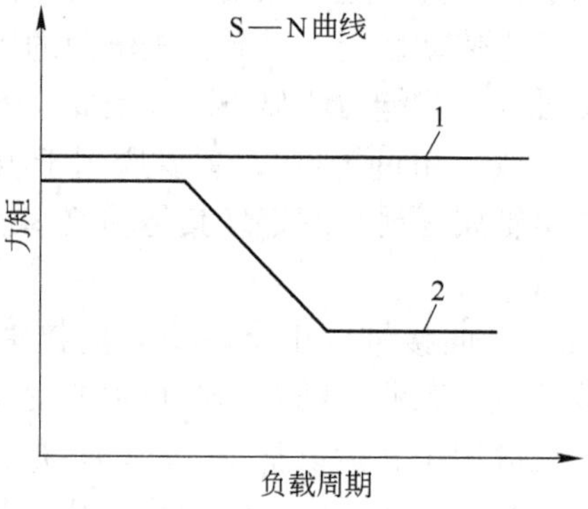

图 6-6　液压安全联轴器失效图

1—液压安全联轴器的 S—N 曲线；2—安全销联轴器的 S—N 曲线

378. 轧钢机有哪些连接装置？

连接轴是将动力由齿轮座传给轧辊，或由一架轧机的轧辊传送给另一架轧机的轧辊（如横列式轧机），或由主电机直接将动力传送给轧辊的一种装置。常用的连接轴有万向接轴和梅花接轴两种。

所有的轧辊直径都有一定的变化范围。从装上新轧辊到轧辊报废，轧辊的轴线位置要上下变化，而齿轮座中的人字齿轮的轴线位置是不变的。万向接轴允许轧辊轴线对人字齿轮的轴线有较大的倾斜角（8°~10°），可以平稳地传动扭转力矩。而梅花接轴允许的倾斜角度只有1°~2°，只适用于工作轧辊中心线之间距离变化不大的轧机。它拆卸方便，便于换辊（见图6-5）。

梅花接轴和梅花轴套要与轧辊轴颈尺寸相适应，以便换辊时拆卸、承受较大冲击载荷和延长使用寿命。轴套一般用铸铁制成，在受力很大的情况下用铸钢制作。轧辊直径大于500mm的型钢轧机其接轴和轴套重量较大，为了使梅花接轴和万向接轴的重量不作用在梅花轴套或万向接轴的铰链上，通常在接轴的中间装有接轴托架，以平衡接轴的重量，使接轴平稳地转动。

由于梅花接轴与万向接轴各有优缺点，所以近来出现一种联合式接轴，即在接轴与齿轮座连接的一端采用万向接轴连接，而接轴与轧辊连接的一端则采用梅花接轴连接。另外还有弧形齿接轴等。

传动轴之间的刚性联轴节——法兰盘，在轧钢机主传动中用得比较少。轧机主传动大多采用齿形联轴节，因为它允许被连接的两根轴之间有一些偏移或歪斜，并且它的结构紧凑，制造简单。

379. 常见的机架形式有哪几种?

常见的机架（又称牌坊）形式有开口式、闭口式及半闭口式三种。

开口式机架由机架底座和上横梁组成，如图6-7*a*所示。其优点是制造简单，装卸、换辊方便。其缺点是强度和刚度较低，轧辊辊跳值（参看第419问）较大。

由于型钢的品种规格繁多，型钢轧机，尤其是中小型轧机，大部分选用开口式轧机。

闭口式机架为一整体铸件制成，如图6-7*b*所示。其优点是强度和刚度较高，辊跳值较小。其缺点是制造较困难，装卸、换辊不方便。轧制压力较大或对轧件尺寸要求较严的轧钢机常用闭

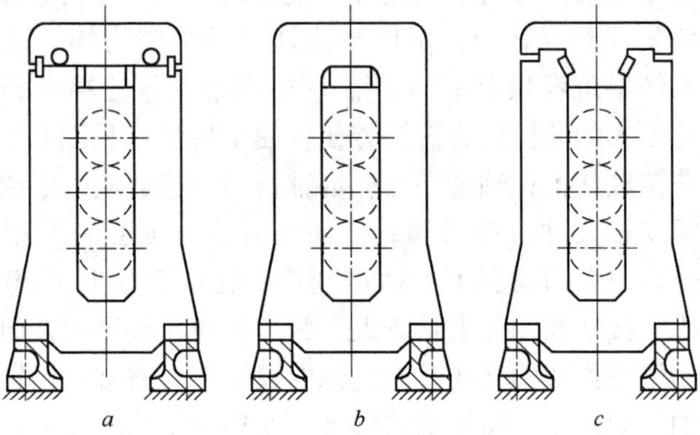

图 6-7　轧钢机机架

a—开口式；*b*—闭口式；*c*—半闭口式

口式机架，例如初轧机、钢板轧机、冷轧机等。

半闭口式机架与机架盖之间用斜楔连接，如图 6-7*c* 所示。它兼有开口式和闭口式两种机架的优点，装卸、换辊方便，制造容易，有较大的刚性。一般大中型型钢轧机多采用这种形式的机架。

除上述几种形式外，还有无牌坊轧机，它具有重量轻、刚性好、轧制精度高、调整操作方便等优点。

380. 什么是短应力线轧机？什么是无牌坊轧机？

轧钢机在轧钢过程中由轧制力所引起的内力沿机座各承载零件分布的应力回线，简称为应力线。为了提高轧机刚度，采取各种技术措施将应力线缩短了的轧机，就是短应力线轧机。短应力线轧机是一种高刚度轧机。

短应力线轧机取消了普通轧机中长度较大的受力件机架，而在轧辊的每侧用两个拉紧螺栓将刚性很大的两个轴承座固定在一起，大大缩短了轧机应力回线的长度（图 6-8），使轧机具有较大的刚性。

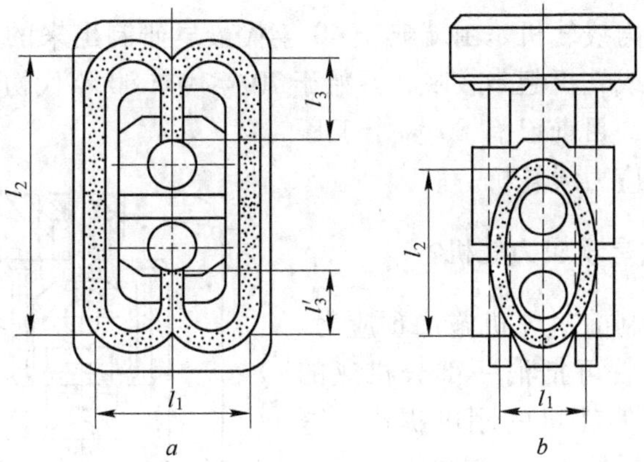

图 6-8　两种轧机的应力线比较

a—普通轧机；*b*—短应力线轧机

短应力线轧机发展到了取消轧机机架牌坊，所以一般也称为无牌坊轧机。

短应力线轧机具有以下特点：

（1）容易实现负公差轧制。因为轧机的高刚度保证了产品的高精度；

（2）能实现对称调整。这对于稳定操作，提高作业率，节省检修和更换导卫横梁时间，减少操作事故，避免轧件弯头、冲出、缠辊等工艺事故，提高导卫寿命具有重要意义；

（3）改变了力的传递途径，将压下螺丝的集中载荷改变为分散在轴承座两侧的分散载荷，使轴承和轴承座受力情况更好，轴承寿命较普通轧机提高 1.5 倍以上；

（4）轧机的辊系在换辊前可以预安装，调整好，停车后 10 分钟左右即可换上新辊系，而预调好的新辊系轧过一、二根钢后即可保证产品合格。因此该轧机预调性能好、换辊快、成材率高。

短应力线轧机可制成二辊、三辊或四辊形式，用于线材、型钢、中厚板和板带生产。

短应力线轧机是由瑞典于40年代最早研制出来的。我国研制短应力线轧机起步较晚，开始于70年代末80年代初，但发展速度很快，目前已有80多个工厂安装了短应力线轧机。

381. 什么是预应力轧机？

在轧制前对轧机施加预应力，在轧制时就可抵消一部分机座的变形量而使轧机的刚度提高，这种类型的轧机称为预应力轧机。

图6-9为一种预应力热轧钢板轧机结构示意图。这种轧机比一般钢板轧机增加了预应力压杆5和预应力加载液压缸8。在轧制前，先把辊缝调至要求的位置，然后使液压缸8充液进行预应力加载，施加的最小预紧力 P_0 为轧制力的1.5倍。

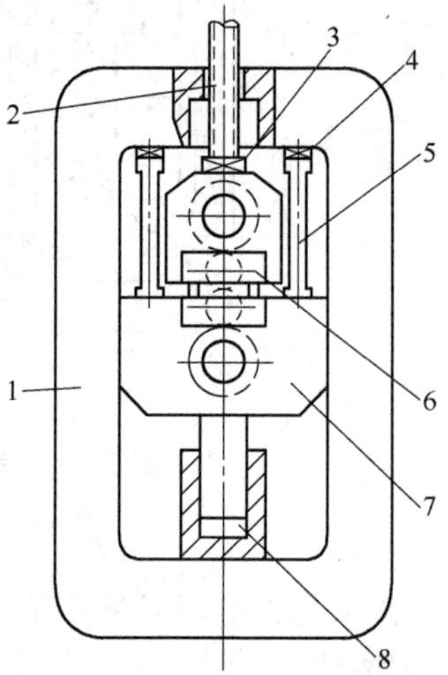

图6-9　预应力热轧钢板轧机
1—机架；2—压下装置；3，4—测压仪；5—预应力压杆；6—上轴承座；7—下轴承座；8—预应力加载液压缸

在预紧力 P_0 的作用下，机架产生拉伸变形 l_1，受压零件产生压缩变形 l_2。一般情况下，l_1、l_2 与 P_0 成正比（见图6-10）。

$$l_1 = P_0/K_1 \tag{6-1}$$

$$l_2 = P_0/K_2 \tag{6-2}$$

式中　K_1——机架的刚度系数，$K_1 = \tan\alpha$；

K_2——受压零件的刚度系数，$K_2 = \tan\beta$。

图6-10中的直线 AB 表示机架受力与变形的关系，直线 CD 表示受压零件受力与变形的关系。轧制时，在轧制力 P 的作用下，机架的作用力由 P_0 变为 P_1，变形由 l_1 变为 l_1'，增加了 δ；

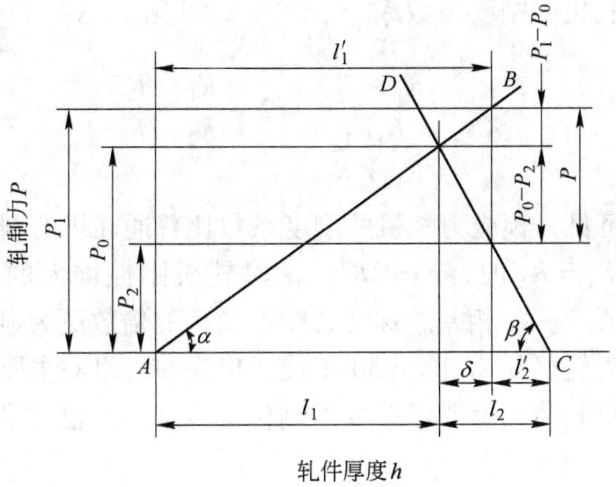

图 6-10　预应力轧机的力和变形的关系

受压件的作用力由 P_0 变为 P_2，变形由 l_2 变为 l_2'，减少了 δ。由图 6-10 知。

$$\begin{aligned}P &= (P_1 - P_0) + (P_0 - P_2) \\ &= \delta K_1 + \delta K_2 \\ &= \delta(K_1 + K_2)\end{aligned} \tag{6-3}$$

所以由轧制力 P 引起的轧机的弹性变形为：

$$\delta = \frac{P}{K_1 + K_2} \tag{6-4}$$

此时，预应力轧机的刚度系数 $K = K_1 + K_2$。

对于没有预应力的轧机，在轧制力 P 作用下，机架和受压零件的弹性变形之和即为轧机的弹性变形 δ：

$$\begin{aligned}\delta &= l_1 + l_2 = \frac{P}{K_1} + \frac{P}{K_2} \\ &= \frac{P}{\dfrac{K_1K_2}{K_1 + K_2}}\end{aligned} \tag{6-5}$$

因此一般轧机的刚度系数 $K' = \dfrac{K_1K_2}{K_1 + K_2}$，可见

$$\frac{K}{K'} = \frac{K_1 + K_2}{\dfrac{K_1K_2}{K_1 + K_2}} = 2 + \frac{K_1}{K_2} + \frac{K_2}{K_1} \tag{6-6}$$

由式 6-6 可见，预应力轧机的刚度系数比普通轧机的刚度系数大得多，当 $K_1 = K_2$ 时，$K = 4K'$，这时轧机刚性增大的倍数为最小，而当 K_1 与 K_2 相差悬殊时，刚性增大的倍数更为显著。

预应力轧机是 20 世纪 50 年代初出现的，目前主要用于生产小型、线材和薄板等要求精度高钢材，生产厚板也有采用预应力轧机的。

382. 轧辊的构造如何？

轧辊是轧钢机的重要组成部分，它是直接加工金属的主要工具。轧辊质量的好坏关系到轧材质量的优劣。而轧辊寿命的长短，则关系到轧机生产率的高低。所有轧辊都由辊身（进行轧制的工作部分）、辊颈（在轴承中的支撑部分）和用来传送扭矩的轴头组成。轴头应与连接轴的形式相应，做成扁头或梅花头。图 6-11 为用梅花连接轴传送扭矩的带十字轴头的平面轧辊构造图。

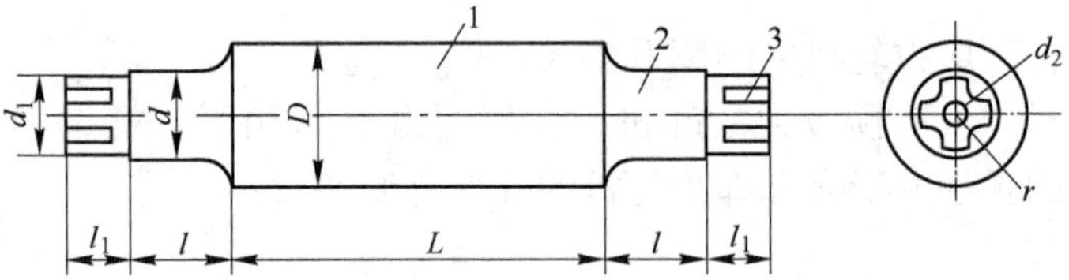

图 6-11　平面轧辊构造图

1—辊身；2—辊颈；3—轴头（十字形轴头）

D—辊身直径；d—辊颈直径；d_1—轴头外径；L—辊身长度；

l—辊颈长度；l_1—轴头长度；d_2—轴头内径

383. 如何确定轧辊各部分的尺寸?

轧辊各部分的尺寸是指：辊身直径、辊身长度、辊颈（或辊脖）直径与轴头的长度和内外径等。在确定轧辊主要尺寸时要考虑轧辊的抗弯强度和允许挠度，以保证轧辊安全和轧制产品精确，此外还要考虑轧件的顺利咬入。

通常轧辊辊身直径的选择，主要考虑允许的咬入角及轧辊强度。根据咬入条件确定辊身直径的公式如下：

$$D \geqslant \Delta h/(1 - \cos\alpha) \tag{6-7}$$

式中 D——辊身直径，mm；

Δh——压下量，mm；

α——咬入角，(°)。

而冷轧机的轧辊辊身直径则根据轧件的最小可轧厚度确定，即

$$D < 1000h_{min} \tag{6-8}$$

式中 h_{min}——轧件最小可轧厚度，mm。

在不同轧制条件下辊身直径与咬入角之间的关系如表 6-1 所示。

表 6-1 不同轧制条件下的最大允许咬入角和 $\Delta h/D$ 的关系

轧 制 条 件	咬入角/(°)	$\Delta h/D$
磨光辊，带润滑液冷轧（单张轧制）	3 ~4	$\frac{1}{700} \sim \frac{1}{400}$
磨光辊，轧件进入轧辊后才压下（成卷轧制）	6 ~8	$\frac{1}{170} \sim \frac{1}{100}$
冷轧带钢的粗轧	5 ~8	$\frac{1}{250} \sim \frac{1}{100}$
热轧钢板	15 ~22	$\frac{1}{30} \sim \frac{1}{50}$
热轧型钢	22 ~24	$\frac{1}{15} \sim \frac{1}{12}$
刻痕或堆焊轧辊，热轧	27 ~34	$\frac{1}{9} \sim \frac{1}{6}$

辊身长度的确定除了考虑轧辊的强度、挠度外，还要考虑不同轧机对辊身的不同要求。型钢轧机要考虑可能配置的孔型数目；钢板轧机要考虑轧制钢板的最大宽度；而生产钢管的穿孔机及均整机则要考虑管坯及荒管的咬入条件和钢管的产量。轧辊长度与轧辊直径应有相应的比例关系（见表6-2）。

表6-2 各类轧机的L/D值

轧机名称	L/D	轧机名称	L/D
初轧机	2.30~3.00	三辊劳特式轧机上下辊	1.32~2.94
板坯轧机	1.65~2.33	三辊劳特式轧机中辊	1.48~3.50
深槽连轧机	1.70~2.20	四辊轧机工作辊	2.50~4.00
浅槽连轧机	2.20~2.70	四辊轧机支撑辊	1.30~2.50
深槽型钢轧机	1.65~2.33	二辊式薄板轧机	1.30~1.70
浅槽型钢轧机	2.40~2.80	穿孔机	0.55~0.70
厚板轧机	3.00~3.50	自动式轧管机	1.45~1.55
二辊可逆式中厚板轧机	1.85~3.50	均整机	0.80~0.90

384. 轧钢机的轴承有哪几种？

轧钢机常用的轧辊轴承有滑动轴承和滚动轴承两大类。一般的滑动轴承结构简单，价格低廉，维护方便，但摩擦系数高(0.03~0.1)，刚性较差，寿命不长。滑动轴承又有金属轴承衬的和非金属轴承衬的两种。金属轴承衬的一般用铜、巴氏合金或耐磨铸铁制成。铜轴承衬的工作温度为200~300℃，它适用于热轧叠轧薄板轧机，用焦油或沥青润滑。巴氏合金轴承衬的工作温度不超过80~100℃，它适合于小型带钢冷轧机使用。

非金属轴承衬一般用夹布酚醛树脂（夹布胶木）做成，即胶木瓦。它是用布或纸在17.4~29.4MPa、130~150℃温度下加酚醛树脂压成，用水而不用油润滑，适合于开坯机、型钢轧机和厚板轧机使用。

滚动轴承的优点是摩擦系数小（一般为0.002~0.005），有较高的精度及寿命。所以目前它已在各种轧机上得到广泛应用，但滚动轴承的外形尺寸较大，配置滚动轴承的轧辊辊颈尺寸受到很大的限制，因而削弱了轧辊的强度。

液体摩擦轴承，它利用轴颈和轴承间那层薄薄的润滑油膜做轴承衬，其摩擦系数为0.001～0.005。在摩擦系数、精度及寿命等方面，液体摩擦轴承和滚动轴承接近，但外形尺寸比滚动轴承小得多，这有利于增加辊颈尺寸，同时它比滚动轴承更适合在高速轧制条件下使用。因为轧制速度愈高愈有利于形成油膜。但液体摩擦轴承的制造及维护比较复杂。

385. 什么是油膜轴承，其工作原理和特点是什么?

油膜轴承，又称液体摩擦轴承，是一种流体动力润滑的闭式滑动轴承，其工作原理是：在轧制过程中，由于轧制力的作用，迫使辊轴轴颈发生移动，油膜轴承中心与轴颈的中心产生偏心，使油膜轴承与轴颈之间的间隙形成了两个区域，一个叫发散区（沿轴颈旋转方向间隙逐渐变大），另一个叫收敛区（沿轴颈旋转方向逐渐减小）。当旋转的轴颈把有黏度的润滑油从发散区带入收敛区，沿轴颈旋转方向轴承间隙由大变小，形成一种油楔，使润滑油内产生压力。油膜内各点的压力沿轧制方向的合力就是油膜轴承的承载力。当轧制力大于承载力时，轴颈中心与油膜轴承中心之间的偏心距增大。在收敛区内轴承间隙沿轴颈旋转方向变陡，最小油膜厚度变小，油膜内的压力变大，承载力变大，直至与轧制力达到平衡，轴颈中心不再偏移，油膜轴承与轴颈完全被润滑油隔开，理论上形成了全流体润滑。目前已广泛应用于中、厚板轧机及冷、热连轧机、线材轧机。其基本特点如下：

（1）摩擦系数低，可减少能耗。由于轴承的加工非常精密并有良好的密封，能在很高的单位压力下（达24.5MPa以上），处于液体摩擦状态。辊颈在轴承中旋转时，被一层油膜与轴承衬套分隔开来。轴承中的能量消耗只是用来克服润滑油层间很小的内摩擦，所以摩擦系数很低（0.001～0.008）。

（2）使用寿命长。因摩擦系数低，所以轴承工作面几乎没有磨损。如果使用维护适当，寿命可达十年以上。

（3）刚性大而弹性变形极小。因此轧制精度较高。

（4）结构紧凑。在承受相同载荷情况下，液体摩擦轴承的径向轮廓尺寸相对较小，有利于采用较粗的轧辊辊颈。

但是，液体摩擦轴承的制造精度和成本较高，安装精度要求严格，使用维护也复杂。根据油膜形成方法的不同，油膜轴承可分为动压轴承、静压轴承和动—静压轴承三种类型。

386. 轧钢机的上辊调整装置有哪几种？

上辊调整主要用来使上辊压下或抬起。常用的上辊调整有三种形式：

（1）手动压下，有齿轮螺杆结构的（图6-12），有螺杆螺母结构的（图6-13），主要用于型钢轧机。

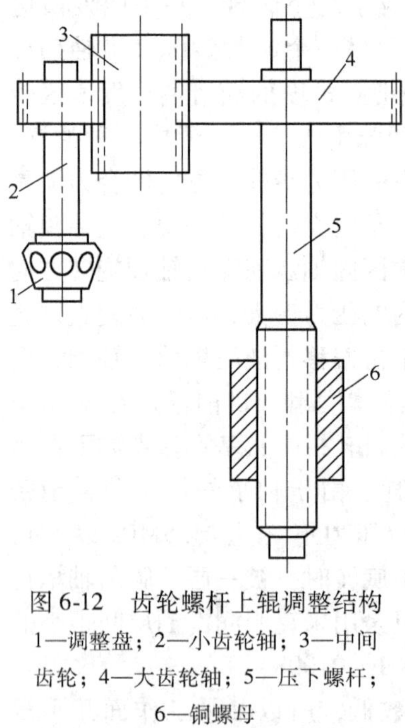

图6-12　齿轮螺杆上辊调整结构

1—调整盘；2—小齿轮轴；3—中间齿轮；4—大齿轮轴；5—压下螺杆；6—铜螺母

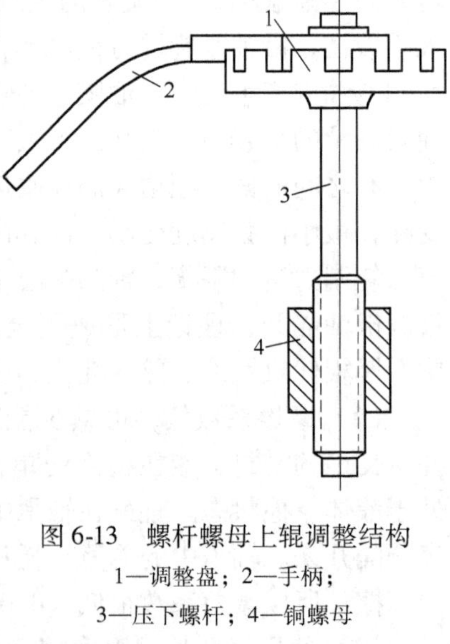

图6-13　螺杆螺母上辊调整结构

1—调整盘；2—手柄；3—压下螺杆；4—铜螺母

（2）电动压下，有图 6-14 所示的电动上辊调整机构，也有通过一级蜗轮蜗杆和两级圆柱齿轮进行调整的。一般初轧机、钢板轧机等采用电动上辊调整机构。

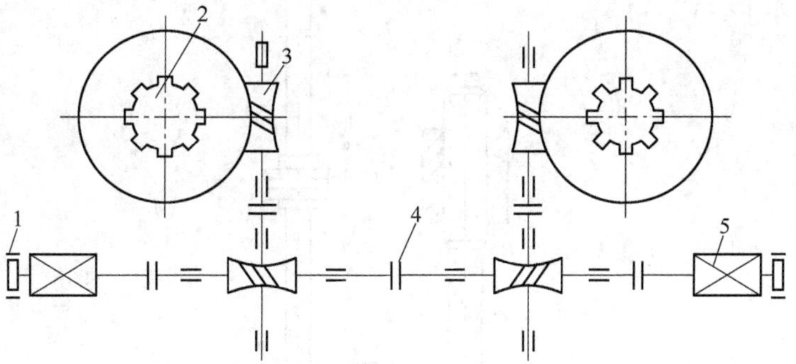

图 6-14　电动上辊调整机构
1—制动器；2—压下螺杆；3—蜗轮蜗杆减速器；
4—电磁摩擦离合器；5—电机

（3）液压压下，随着轧钢机的高速化而得到发展。因为轧制速度越高，对轧辊调整机构的要求也越高。特别是带钢轧机要求轧辊调整机构又快又准。而电动压下装置的电机和机械传动系统的惯性及摩擦都比较大，很难满足快速调整的要求。液压压下的速度比电动压下要快 3 ~10 倍，因此液压压下装置得到发展。

387. 轧钢机的中、下辊调整装置有哪几种?

轧钢机下辊调整机构主要用以使下辊抬起或落下，常用的结构形式有两种：

（1）齿轮螺杆下辊调整结构，如图 6-15 所示。

（2）斜块螺杆下辊调整结构，如图 6-16 所示。

三辊式型钢轧机的中辊一般是固定不动的，但由于辊颈和轴瓦的磨损，中辊会有较大的松动，使下轧制线孔型发生较大的变化，所以要用中辊调整机构（见图 6-17）来保证中辊位置

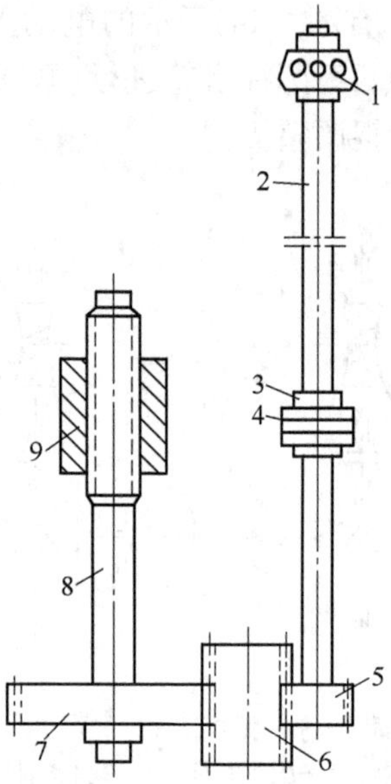

图 6-15　齿轮螺杆下辊调整结构

1—调整盘；2—调整杆；3—半接手；4—滑块；5—齿轮轴；6—中间齿轮；7—大齿轮；8—压上螺杆；9—铜螺母

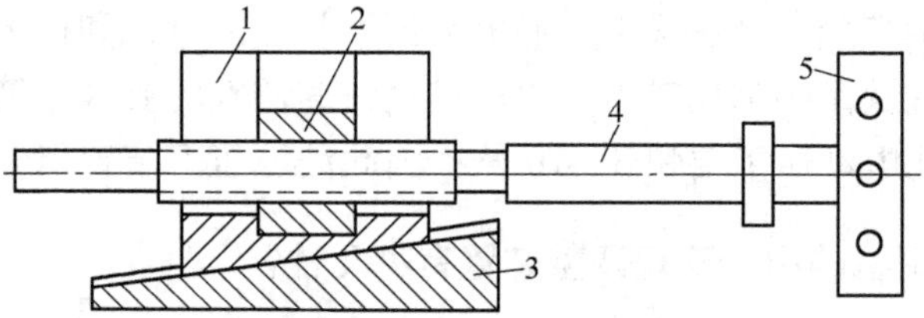

图 6-16　斜块螺杆下辊调整结构

1—上楔块；2—方螺母；3—下楔块；4—螺杆；5—调整盘

固定。

388. 什么是轧机用弹性胶体平衡装置？

弹性胶体平衡装置是以弹性胶体为主要填充介质制作而成

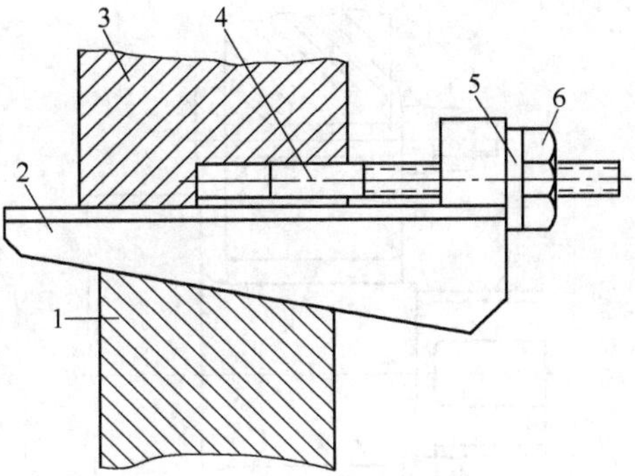

图 6-17　中辊调整机构

1—垫板；2—斜楔；3—上盖；4—圆头螺栓；5—垫圈；6—螺母

的。该装置柱塞承受外力时，胶体膨胀，从而与外力相平衡，当外力撤销时柱塞恢复到原始位置。它是一种高效的用于平衡的新型装置。

弹性胶体平衡装置在轧机上的应用，具有轧辊平衡和轧辊分离的功效。可取代传统的钢弹簧和橡胶垫等，具有结构紧凑，结构简单，生产中不用调整和维修，承载能力大，使用寿命长和节省换辊时间等优点。弹性胶体平衡装置与液压平衡装置相比较，它不需要液压系统设备，也省去了液压系统维修的工作量。

轧机用弹性胶体平衡装置，一般安装在轧机的上轧辊箱两侧下端面上向内嵌装弹性胶体减震器，弹性胶体减震器的缸体顶在下轧辊箱的上端面上。

389. 轧钢机的轴向调整有哪几种？

轴向调整主要用来使轧辊沿轴线方向移动。常用的结构形式有两种：

（1）侧压板，是目前使用最多的一种轴向调整结构；

（2）钩头螺栓，如图 6-18 所示。

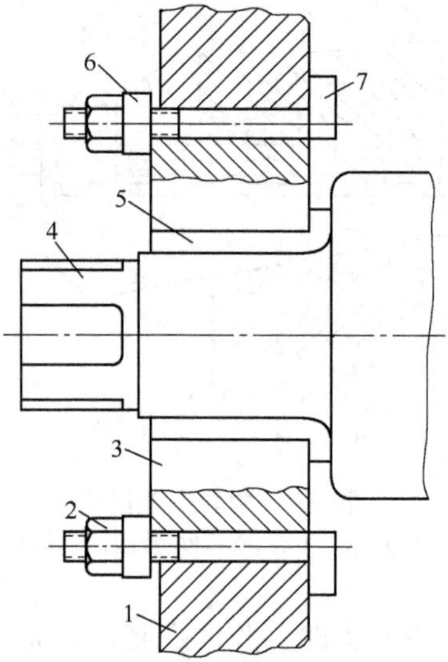

图 6-18　钩头螺栓结构

1—机架；2—螺母；3—轴瓦座；4—轧辊；
5—胶木瓦；6—垫圈；7—钩头螺栓

390. 轧钢机有哪些安全装置?

下述部件可作为轧机的安全装置：

（1）安全臼，装在轧机的压下螺丝与上下轧辊轴承之间，并装有保护外罩。当轧制力超过允许值时，安全臼破裂使轧辊距离增大，从而保护了轧辊。安全臼的材质一般用硬而脆的铸铁。其强度应低于轧辊强度，不可滥用铸钢及锻钢。在一般中型、小型轧机上使用的安全臼形状如图 6-19 所示，各部位的尺寸建议按下列各式确定：

$$h_1 = 0.7d_0(\text{mm}) \tag{6-9}$$

$$h_2 = 0.5d_0(\text{mm}) \tag{6-10}$$

$$d_1 = 1.2d_0(\text{mm}) \tag{6-11}$$

$$d_2 = 0.9d_0 (\mathrm{mm}) \tag{6-12}$$

式中 d_0——压下螺丝外径，mm。

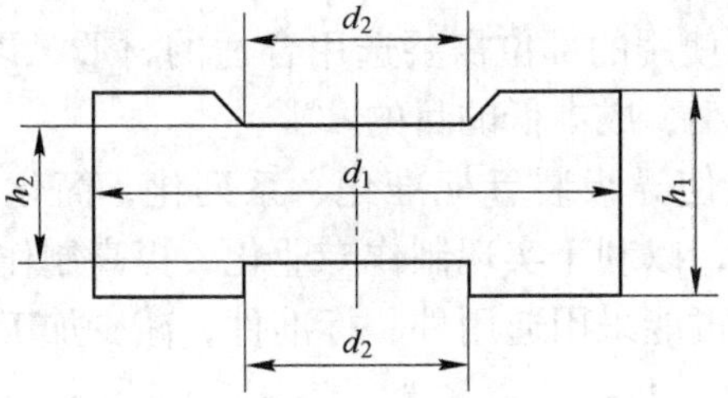

图 6-19 安全臼

（2）梅花轴套，装在轧辊的梅花头上。当轧制扭矩超过允许扭转力矩时，梅花轴套先破裂，从而起到保护轧辊的作用。

（3）联轴节，装在传动机构的轴与轴之间的连接处（参看图 6-4、5），当电机过载时，联轴节中的销子被剪断，从而起到保护电机的作用。

（4）过电流继电器和热继电器，位于电机的电源输入处。当输入电流超过负荷时，它能自动切断电源，起保护电动机的作用。

391. 型钢轧机对导卫设计有什么要求？

轧制任何断面形状的型钢，几乎在所有轧辊的进口和出口都要使轧件能按照所需要的状态进出孔型，保证轧件按既定的变形条件进行轧制。尽管孔型设计合理，如果导卫装置的设计或使用不当，也不能轧出合格的产品，并可能造成刮切轧件、挤钢、缠辊，甚至造成断辊或严重的设备事故和人身事故。因此，要求导卫装置应具有结构合理、坚固耐磨、固定牢靠、装卸方便安全、调整灵活等特点。故而导卫装置的设计要求是：

（1）根据孔型形状、尺寸及在轧辊上的配置使用情况，正确设计导卫装置的形状和尺寸，以保证导卫装置实现其作用。

（2）确定合理的导卫装置结构和外形尺寸，使其安装拆卸简便、位置准确、固定牢靠，使用中不移动、不变形，调整灵活、安全。

（3）根据使用的部位需要选用合适的材质，以达到耐磨损、寿命长、消耗小、成本低的目的。

（4）尽量使导板装置标准化、系列化，简化制造工艺，减少机械加工量，以利于实现制作专业化，提高制作水平和导卫装置的质量；尽可能采用通用件、标准件，减少加工量，减少备件的储备量。

392. 轧钢机有哪些导卫装置？

导卫装置是型钢轧机中不可缺少的重要部件，为了使轧件按照规定的位置、方向和所需要的状态准确地进出孔型，避免轧件缠辊，轧件被刮切和挤钢并保证工人和设备安全，轧辊前后都要安装导卫装置。导卫装置包括导卫板、导板盒、固定横梁、导管、扭转导板、扭转辊及正反围盘等。

导板用来引导轧件正确进出孔型，使轧件在水平方向不致左右偏斜和歪扭。装入口处的导板称入口导板，装在出口处的称为出口导板（见图 6-20）。有时把导板装在导板盒中。

卫板安装在出口侧用来防止发生缠辊事故。下卫板装在导板横梁上（图 6-20）。上卫板固定较难，而且它不像下卫板那样工作可靠，其顶端可能因机架振动而离开轧辊，也可能因轧件撞在卫板尖上造成事故（图 6-21）。在孔型设计时采用上压（参看第 422 问），是避免这种麻烦的有效措施。

钢板轧机不用导板，它的卫板又叫护板。开坯轧机可采用整体铸造的导板。专用型钢轧机也可采用适于几个孔型的整体导板。钢管穿孔机的导板上下布置，与轧辊一起构成孔型并参与变形。

三辊式轧机需要有升降台或翻钢导板以及各种专用翻钢机、移钢机、反围盘、正围盘、立围盘等装置。

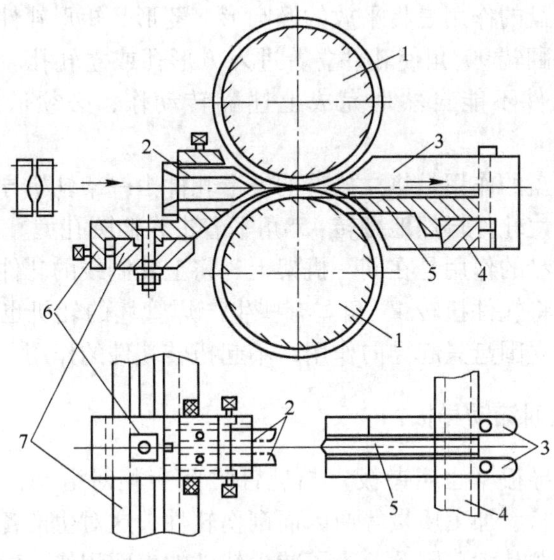

图 6-20 导卫板安装结构图

1—轧辊；2—入口导板；3—出口导板；4—出口固定横梁；
5—下卫板；6—导板盒；7—入口固定横梁

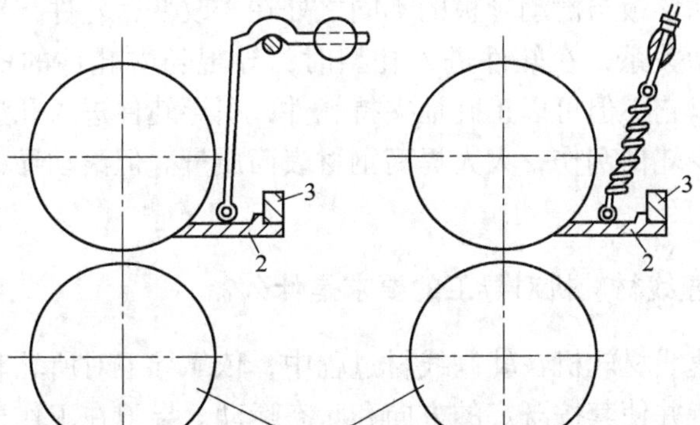

图 6-21 上卫板的平衡

a—对重式平衡；*b*—弹簧式平衡；
1—轧辊；2—上卫板；3—固定横梁

反围盘的作用是将平放的椭圆形、菱形、矩形轧件导向下一机架，并翻转90°角使轧件立着进入方形孔或立轧孔。在围盘的跑槽内轧件不能自然地完成上述翻转动作，必须借助于扭转导管。

正围盘的作用是将立放着的方形轧件由一架轧机导向另一架轧机，并使轧件自然地翻转45°角平着进入椭圆孔型。

立围盘的作用是在同一机架上，将上轧制线的轧件导向下轧制线，并将轧件扭转45°角。有些生产焊管坯的轧机也使用立围盘，这种立围盘只起导向作用，不起扭转轧件的作用。

393. 什么叫滚动导板？

滑动导板（也叫夹板）与轧件之间有相对滑动，常因导板材质、形状、加工质量等原因而刮伤轧件，这对生产各种合金钢材的影响尤其大。因此，为了减少轧件的表面刮伤，确保轧件质量，近年来在特殊钢厂及小型和线材轧机上广泛地采用了滚动导板，尤其在成品孔及成品前孔滚动导板应用得更普遍。

滚动导板是由一对或几对辊子组成的导板（见图6-22）。

滚动导板与滑动导板的不同之处在于改变了轧件与导板间的相对滑动关系，在轧件进入孔型时，导辊随着轧件的前进而转动，所以它不但可以正确地夹持轧件，引导轧件进入孔型，而且可以减少轧件刮伤，大大提高钢材表面质量。但滚动导板的体积较大。

394. 高速线材轧机对导卫的要求是什么？

高速线材轧机在轧制线材过程中，依靠导卫对所轧制的轧件进行扶持并使其按既定的方向和状态运动。导卫在工作过程中与轧件直接接触，其工作环境极其恶劣，要承受高温、冲击、摩擦、腐蚀等物理与化学作用。因此，导卫必须满足以下几点要求：

（1）具有较高的强度与刚度。能承受较大的冲击载荷，一

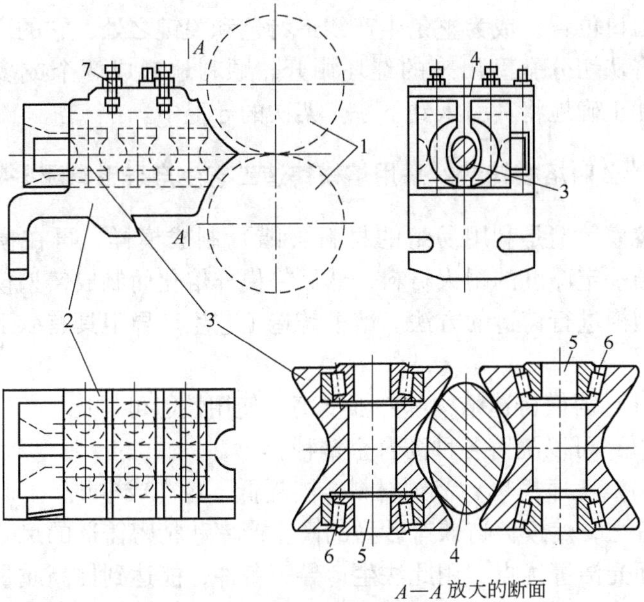

图 6-22　滚动导板

1—轧辊；2—导板盒；3—导辊；4—轧件；5—导辊轴；6—导辊的滚动轴承；7—固定螺丝

般材料的抗拉强度达 980MPa；

（2）具有较高的硬度与红硬性。一般粗、中轧导辊硬度 HRC 为 50 ~ 55，预精轧导辊硬度 HRC 为 55 ~ 58，精轧导辊硬度 HRC 为 58 ~ 62；

（3）具有良好的耐磨和耐腐蚀能力；

（4）导卫必须便于拆装、调整。

395. 什么是切分导卫？切分导卫在切分轧制中起什么作用？

采用切分轧制时，使从切分孔型出来的轧件完全分开的辅助设备统称为切分导卫。它包括：切分轮、切分盒和切分刀。切分导卫是保证切分轧制顺利进行的辅助装置，它安装在切分道次轧机的出口位置，成为整条生产线最特色和关键之处，它的主要作用是将从切分孔型出来的红坯撕开，顺利地形成两个或多个条形，并正确地将其引入到下一个架次的导卫中。

396. 什么叫熔模铸造？采用熔模铸造工艺生产导卫有哪些特点？

熔模铸造是利用易熔的材料（蜡）制成模样，再在模样表面黏结一定厚度的耐火材料，然后将模样熔化而制成铸型模，再用此型模进行铸造的方法。熔模铸造工艺生产导卫具有以下一些特点：

（1）熔模铸造结构部件强度高，使用性能可靠；

（2）可以浇铸各种高合金钢种；

（3）工序简单，节约材料，能耗低，生产成本低。

总之，熔模铸造兼有砂型的高生产率和精密铸造的尺寸精度与表面光洁等优点。用此法生产导卫备件，能达到提高质量、降低成本、提高成材率的目的。

397. 提高作业率对导卫管理有哪些要求？

导卫装置的管理工作分为导卫装置图纸资料的管理和导卫装置实物管理两部分。

图纸资料的管理内容包括：

（1）导卫装置分类图纸目录的建档及管理；

（2）导卫装置与孔型系统配置目录的建档与管理；

（3）图册、加工图、底图、档案图的管理；

（4）建立严格的图纸借阅、修改、报废和补充制度。

导卫装置的实物管理又分为在库导卫管理和在用导卫管理。在库导卫装置的管理环节有：入库验收、分类码放、入库登账、出库发放、定期清查和按储备定额及时补充等。在用部分的管理环节包括：领用后的登账和分类码放保管，按实际生产的工艺要求提供质量良好、数量充足的导卫装置，组织导卫装置的清理、检修等。

以上提到的各个环节是对导卫装置日常管理的起码要求，而做好导卫装置的管理工作还需要各有关单位和人员的密切配合，最终达到图物相符、账物相符、供需相符的目标。

398. 轧钢机有哪些主要的附属设备?

轧机的附属设备按用途分有以下四种：

(1) 辊道，又分为工作辊和运输辊道，前者布置在轧机前后用来将轧件送入轧机和将轧件引出轧机；后者指各轧机之间和轧机与辅助设备之间的辊道，它们承担输送轧件的任务。

(2) 横向移送设备，在初轧机和型钢轧机上，当轧件在不同机架和不同孔型中轧制时，用来使轧件横向移动。一般常用的横向移送设备有推床、爪式或链条式移钢机以及既能纵向运输，又能横向移送的交叉辊道等。

(3) 升降设备，在三辊轧机的轧制过程中用来将轧件由下轧制线送至上轧制线。常见的升降设备有升降台、双层辊道等。

(4) 翻转设备，在型钢和初轧机的轧制过程中用来翻转轧件。型钢轧机常见的翻转设备有翻钢门、翻钢辊、翻钢机等。初轧机则借助推床上的翻钢钩和推床本身的移动实现翻钢。

轧钢机的附属设备在轧制过程中是不能缺少的。附属设备的多少、使用的合理与否，不仅直接影响轧机的生产能力，而且对工人的劳动条件也有重要影响。

399. 什么是 PC 轧机?

PC 轧机为 Pair Cross 的缩写，即板带轧机上下工作辊（包括支撑辊）轴线有一个交叉角，上下轧辊（平辊）当轴线有交叉角时将形成一个相当于有辊型的辊缝形状，此时边部厚度变大，中点厚度不变，形成了负凸度的辊缝形状（相当于轧辊具有正凸度）。因此 PC 辊为了得到正凸度辊缝形状就必须采用带有负辊凸度的轧辊。

轧辊交叉调节出口断面形状的能力相对说比较大，但是由于轧辊交叉将产生较大的轴向力，因此交叉角不能太大否则将影响轴承寿命，目前一般交叉角不超过1°。PC 辊在应用中的另一个问题是轧辊的磨损，为此目前 PC 轧机都带有在线磨辊装置以保持辊缝形状的稳定。

400. 什么是 HC 轧机？

HC 轧机（High Crown Control Mill）也叫做高性能轧辊凸度控制轧机。HC 轧机在工作辊和支撑辊之间增设了可以沿轴线移动的中间辊。若将中间辊的辊身端部调整到与带钢边缘相对应的位置，这样，在非传动端，上工作辊上下两面的接触长度几乎相等，上工作辊的挠度相应减小。在传动端，情况相同，只是上、下辊间的关系颠倒了。

HC 轧机有下列优点：

（1）增强了弯辊装置的效能。由于工作辊的一端是悬臂的，所以用很小的弯辊力就能明显改变工作辊的挠度。

（2）扩大了辊形调整的范围。由于中间辊位置可以移动，即使工作辊原始辊形为零（即轧辊没有凸度），配合液压弯辊也可以在较大范围内调整辊形，因此可减少备用轧辊的数量。

（3）带钢板形稳定性好。实践表明，当中间辊调整到某一位置时，轧制力波动和张力变化对板形的影响很小。这样，可减少冷轧张力，也能控制良好的板形，并减少板形控制的操作次数。

（4）可以显著提高带钢平直度，可以减小带钢边部变薄和裂边部分的宽度，减少切边损失。

（5）可加大压下量。这是由于压下量不受板形限制的缘故，从而提高了轧机产量。HC 轧机目前有 HCW、HCM、HCMW、UCM 等几种类型，主要用于热轧与冷轧板带材的生产。

401. 什么是 WRS 轧机？

WRS 轧机（Work Roll Shifting Mill）是由日本川崎制铁公司

设计的用于板凸度和边部变薄的控制技术，是 HCW 轧机的改进型。

WRS 轧机特点是在轧辊一侧的端部呈锥形的工作辊沿轴向移动。将工作辊锥度移动到轧材最合适的位置，可获得沿板宽度方向均匀的板厚精度。WRS 将工作辊横移和工作辊弯曲相结合，在自由程序轧制中用于改善板凸度和平直度的控制。WRS 利用凸度控制、锥度调节、锥度振荡和周期横移控制中板断面形状。其中，锥度振荡法是 WRS 所特有的，它通过使单侧锥形工作辊在一个小行程内往返横移来减小凸度，并防止与带钢边部接触产生的轧辊局部不正常磨损。

三、轧钢机的分类及布置

402. 轧钢机如何按用途分类?

轧钢机按用途分类，其实质也就是按轧制产品的特点分类，可以分为半成品轧机和成品轧机两类。半成品轧机包括：各类初轧机、钢坯连轧机及中小型开坯机。成品轧机包括型钢轧机（轨梁、大、中、小型和线材轧机）、钢板轧机、钢管轧机及特殊用途轧机（如车轮轮箍轧机等）。

半成品轧机和型钢轧机的大小常用轧辊的名义直径即人字齿轮座齿轮的节圆直径表示。钢板轧机的大小用轧辊辊身长度表示，并按所轧钢板厚度分为厚板、中板、薄板轧机。钢管轧机一般以所轧的钢管外径表示。轧钢机按用途的分类情况如表 6-3 所示。

403. 轧钢机如何按布置形式分类?

轧钢机按轧机布置形式可以分为以下几种：

（1）单机座轧机，轧制从开始到结束都在同一架轧机上进行（图 6-23*a*）；

表 6-3 轧钢机按用途分类

轧机类别		轧辊尺寸/mm		用途
		直径	辊身长度	
开坯机	初轧机	750 ~ 1500		将钢锭轧成方坯
	板坯机	1100 ~ 1200		将钢锭轧成板坯
	钢坯轧机	450 ~ 750		将方坯轧成(50mm × 50mm) ~ (150mm × 150mm)钢坯
型钢轧机	轨梁轧机	750 ~ 900		轧制 43 ~ 50kg/m 标准钢轨，高度 240 ~ 600mm 钢梁
	大型轧机	550 ~ 750		轧制大型钢材：80 ~ 150mm 方钢、圆钢、高度 120 ~ 240mm 工字钢、槽钢
	中型轧机	350 ~ 500		轧制中型钢材：40 ~ 80mm 方钢、圆钢、高度 120mm 以下工字钢及槽钢、(50mm × 50mm) ~ (100mm × 100mm)角钢
	小型轧机	250 ~ 350		轧制小型钢材：8 ~ 40mm 方钢、圆钢、(20mm × 20mm) ~ (50mm × 50mm)角钢
	线材轧机	200 ~ 250		轧制直径 5 ~ 25mm 线材
钢板轧机	厚板轧机		2000 ~ 5000	轧制厚 4 ~ 50mm 或更厚钢板
	热带钢轧机		500 ~ 2500	轧制 400 ~ 2300mm 宽热带钢卷
	薄板轧机		700 ~ 1300	热轧厚度 0.2 ~ 4mm、宽度 500 ~ 1200mm 薄板
冷轧板带轧机	冷轧钢板轧机		700 ~ 2800	轧制宽度 600 ~ 2500mm 冷轧板或板卷
	冷轧带钢轧机		150 ~ 700	轧制厚度 0.2 ~ 4mm、宽度 20 ~ 600mm 带钢卷
	箔材轧机		200 ~ 700	轧制厚度 0.005 ~ 0.012mm 金属箔
	钢管轧机			轧制直径达 650mm 或更大的无缝管
特种轧机	车轮轧机			轧制铁路车轮
	轮箍轧机			轧制轴承环及车轮轮箍
	钢球轧机			轧制钢球
	周期断面轧机			轧制变断面轧件
	齿轮轧机			轧制齿轮，即滚压齿轮的齿形

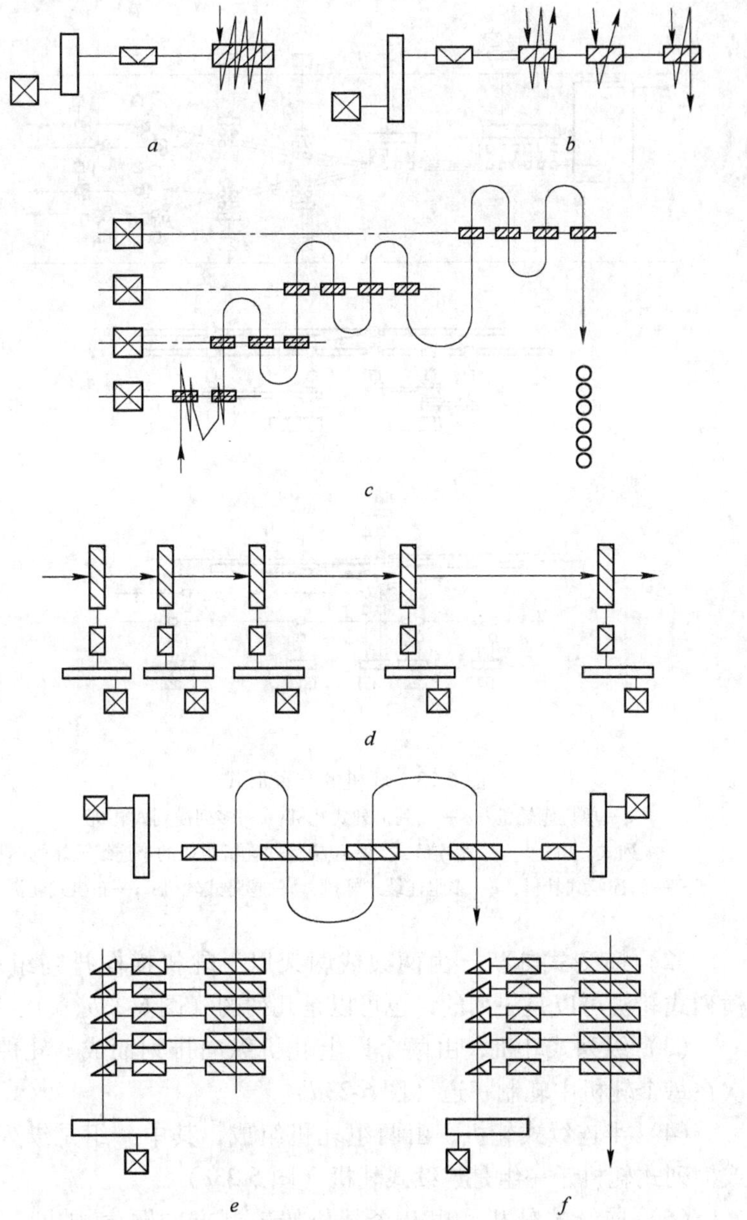
a
b
c
d
e
f

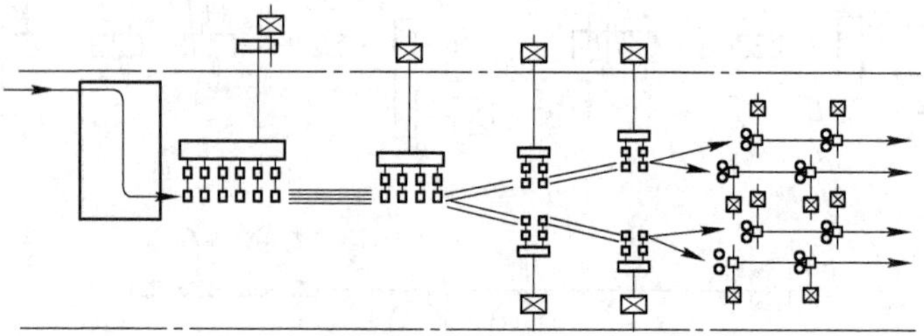

g

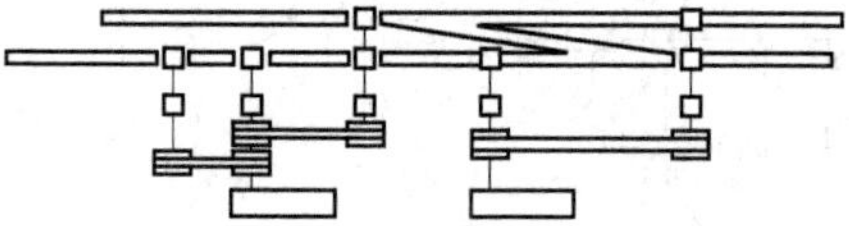

h

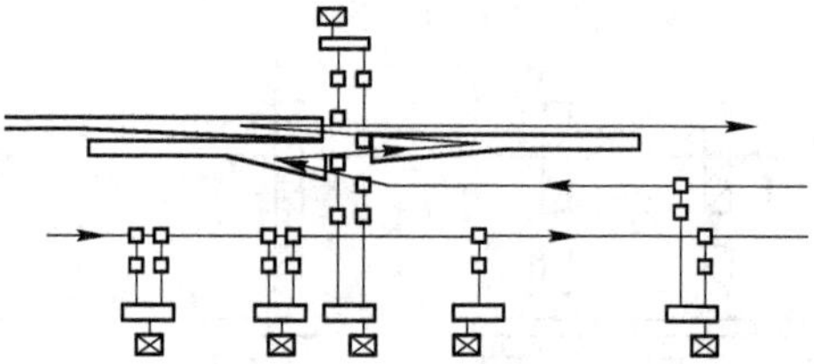

i

图 6-23 轧机的布置形式

a—单机座轧机；*b*— 一列横列式轧机；*c*—多列横列式轧机；
d—纵列式轧机；*e*— 一组连续式与一组横列式轧机组成的半连续式轧机；
f— 一组连续式轧机；*g*—多组连续式轧机；*h*—越野式轧机；*i*—布棋式轧机

（2）横列式轧机，由两架或两架以上轧机横向排列组成。横列式轧机可以是一列的，也可以是几列的（图 6-23*b*、*c*）。

（3）纵列式轧机，由两个以上轧机纵向排列而成。轧件依次在每个轧机中轧制一道（图 6-23*d*）。

（4）半连续式轧机，由两组轧机组成，其中一组是纵列式或横列式轧机，一组是连续式轧机（图 6-23*e*）。

（5）连续式轧机，由几个轧机按轧制方向顺序排成一行，轧件同时在几个轧机上轧制，并保持连轧关系，即各架轧机单位时间内的金属流量相等（见图 6-23*f*、*g*）。

（6）越野式轧机，由两列或两列以上的纵列式轧机组合而成。轧件依次在各个轧机轧一道（图 6-23*h*）。

（7）布棋式轧机，由几列纵列式与单机架轧机组成。它形似象棋子在棋盘上的布置，故取名布棋式轧机（图 6-23*i*）。

轧机的各种布置形式如图 6-23 所示。

404. 轧机如何按轧辊的数量分类？

按轧辊数量分类，轧机有五类，即二辊式、三辊式、四辊式、多辊式及万能式轧钢机，分述于下：

（1）二辊式轧钢机（也叫二重式轧机），又可分为可逆式与不可逆式两种。二辊不可逆式轧机的轧辊转动方向在轧制过程中是不变的，轧件在轧辊间只往一个方向通过，例如叠轧薄板轧机（见图 1-8）。二辊可逆式轧机，其轧辊可以正反转，轧件可以来回轧制。这种轧机采用直流电机驱动。轧制钢锭的初轧机就是这种形式。

（2）三辊式轧机（也叫三重式轧机），轧辊转动方向固定不变，轧件从中下辊间轧过去，又从中上辊间轧过来，进行所谓的往复轧制，又称穿梭轧制。在这类轧机中有三个轧辊直径相同的型钢轧机；有上下辊径相同而中辊较细的三辊劳特式钢板轧机（见图 1-10）。另外，还有一种三辊轧机，它虽然也有三个轧辊，但轧件只从两个轧辊，即上、中辊或中、下辊之间轧过。在横列式小型或线材车间的粗轧机组中，轧件依次交替从相邻机座的中、下辊和上、中辊之间通过，各机座中不承担轧钢的那一根轧辊只起传动作用。轧件从中、下辊通过时叫下轧制线轧制，从上、中辊之间通过时叫上轧制线轧制。为区别于一般三辊轧机，通常称这类轧机为二辊交替式轧机。

（3）四辊式轧钢机（也叫四重式轧机），其中间两个轧辊为工作辊，上下两个轧辊为支撑辊，工作辊直径比支撑辊直径小

（参见图1-11）。四辊轧机有两种传动方式：一种是传动工作辊，支撑辊靠摩擦带动；另一种是传动支撑辊，工作辊靠摩擦带动，前者多用于热轧钢板和较厚的冷轧钢板生产。

（4）多辊式轧钢机，有六辊、八辊、十二辊、十四辊、十六辊、二十辊轧机等（见图1-13）用于轧制极薄带钢。此外还有行星式轧机（见图1-21），用于带钢、钢板生产。

（5）万能轧机，其特点是带有立轧辊（见图1-12）。轧制时轧件可同时或先后进行上下及两侧方向的加工。万能式轧机可分成二辊式、三辊式和四辊式的。立轧辊安装在轧钢机的前边或后边。

405. 轧机如何按轧辊布置形式分类？

轧机按轧辊布置形式及位置分类，可分为：

（1）轧辊水平布置的轧机，一般初轧机、型钢轧机、钢板轧机、线材轧机都属于这一类；

（2）轧辊直立布置的轧机，在连续式型钢及钢坯轧机、钢板轧机、带钢轧机及线材轧机中都有直立布置轧辊的机座，它专门用于轧制轧件的侧面（图6-24*a*）；

（3）水平轧辊及直立轧辊混合布置的轧机，如二辊式、三辊式万能轧机及万能式钢梁轧机的轧辊都是水平及直立混合布置的（图6-24*b*、*c*、*d*、*e*、*f*）；

（4）轧辊斜置的轧钢机，生产无缝钢管的穿孔机、钢球轧机等都属于这一类（图6-25）；

（5）轧辊以特殊形式布置的轧机，如各机架轧辊互成90°，并分别与地面成45°或15°/75°的线材轧机。它取消了一般线材轧机的扭转导板，称为无扭转线材轧机。又如轧辊按“Y”形布置的线材轧机，工作辊既自转又绕支撑辊旋转的行星轧机等。

406. 横列式轧机有哪些特点？

目前，横列式轧机我国一般在中小型轧钢企业中应用。它主

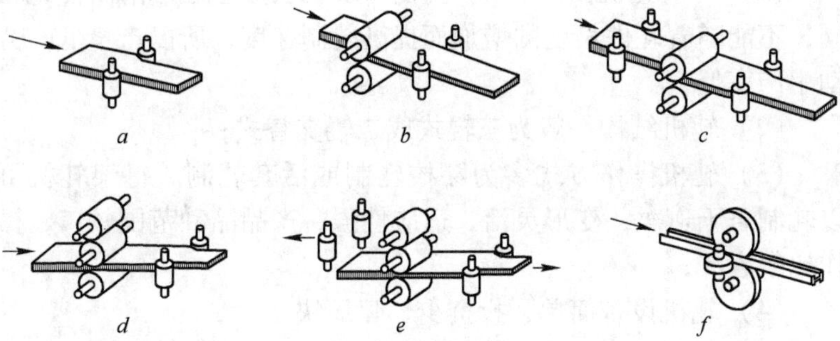

图 6-24　轧辊水平及直立布置的轧机

a—直立轧辊机座；*b*—二辊万能式轧机（有一对直立轧辊）；
c—有两对直立轧辊的二辊万能轧机；*d*—有一对直立轧辊的三辊万能式轧机；
e—有两对直立轧辊的三辊万能式轧机；*f*—万能式钢梁轧机

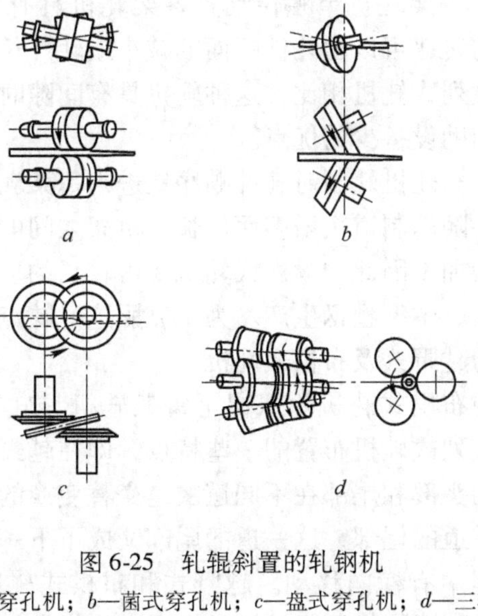

图 6-25　轧辊斜置的轧钢机

a—斜辊式穿孔机；*b*—菌式穿孔机；*c*—盘式穿孔机；*d*—三辊轧管机

要用于生产各种型钢、线材窄热带和小钢坯等。它的主要特点是：

（1）一列轧机由一台电动机驱动。各架轧机的轧辊转速相同，不能随着轧件长度的增加而提高轧制速度，所以产量低、劳动生产率低；

（2）轧机结构一般为三辊式或二辊交替式；

（3）轧机操作方式多为穿梭轧制或活套轧制。每架轧机可以轧制若干道次，变形灵活，适应性强，产品品种范围较广，操作比较容易；

（4）轧机设备简单，投资少，建厂快。

为了克服横列式轧机速度不能调节的缺点，出现了多列横列式轧机。常见的有二列横列式、三列横列式轧机等。

407. 纵列式轧机有哪些特点？

纵列式轧机按轧件轧制方向顺序排成一行，轧件在每架轧机上只轧一道，每架轧机单独传动，各架轧机具有不同的轧制速度，即轧辊的转速可以随轧件断面的减小或轧件长度的增加而增加。因而与横列式轧机相比，这种轧机具有间隙时间短、生产效率高、需用辅助设备少的优点。

但是，此类轧机轧制时轧件顺序地进入每架轧机而不构成连轧关系，轧件随轧制道次增多而加长，机架之间的距离随轧件长度的增加而增加，因此，纵列式轧机要占较长的厂房。这类轧机只适合用于大、中型型钢生产。为了克服这一缺点，从纵列式轧机进而发展为越野式及布棋式轧机。

越野式与布棋式轧机除保留了每架轧机只轧一道这一特点外，还具有横列式轧机布置的一些特点，即在越野式和布棋式轧机上，轧件的头部和尾部在不同道次是交替变换的，即上一道的头部变成这一道的尾部，这一道的尾部又成了下一道的头部。轧件在轧制过程中有横向移动。越野式和布棋式轧机布置比较集中，克服了纵列式轧机厂房过长的缺点。这类轧机的轧制速度也较快，适用于生产大、中、小型复杂断面钢材，如工字钢、槽钢和 H 型钢等。

这类轧机如安装立辊就构成万能孔型，还可生产特殊产品（见图6-26）。

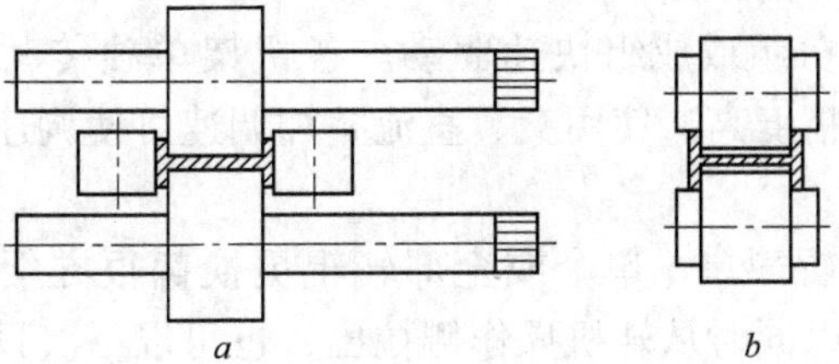

图6-26　轧制钢梁的万能式轧机

a—主机座；*b*—辅机座

408. 什么是紧凑式轧机?

紧凑式轧机就是机座密集排列的连轧机组，它是一种高成材率、节省能源的高效轧机。

紧凑式轧机具有以下特点：

（1）缩短了机组的总长度，减少了基建投资。紧凑式轧机一般将4~6个短应力线轧机按平—立—平—立交替装置在一列C型结构的机架中，组成无扭连轧。这样既可用平辊轧制进行开坯，又可利用平立孔型进行成品轧制。在组合机座中，每个机架中心间距约1m左右，如$\phi 520 \times 4$紧凑式连轧机中心距总长只有3m，可代替普通分散布置的6架轧机（轧制线长18m）。

（2）鉴于紧凑式轧机采用高压下率轧制（如四机架总压下率可达80%~85%，四机架轧机的总延伸系数可达5~5.5，最大咬入角达40°~50°），其电气和机械设备的投资明显降低。

（3）由于机座紧凑，压下率大，轧件的温降很小，几乎达到了恒温轧制，有利于金属的塑性变形和保证产品精度。

（4）由于紧凑式轧机采用了无活套无张力控制系统（SNTC），操作简单，轧废率低，提高了轧机作业率与成材率。

（5）采用了无孔型轧制技术，既避免了一般有槽轧制中发生的孔型过分充满和轧件折叠现象，又使轧辊的重磨容易，对磨辊设备要求不高。无孔型轧制缩短了辊身长度，轧辊的刚性提高，有利于提高产品精度。

（6）可分组或成组快速驱动。各机架单独传动时，调速范围广，调速精度高。使用交、直流叠加调速可使调速幅度增加到5倍以上。

（7）换辊简单，单个或全部轧辊更换都很方便。所有机架内的轧辊可以同时从轧机操作侧拉出，也可以一次只更换一个机架内的轧辊。而且换辊时间短，有利于提高轧机作业率。

紧凑式轧机是由美国摩根公司首先提出来的。随后美国的布兹波罗公司、瑞典的摩根哈玛公司和意大利的波米尼法雅尔公司都研制了各种类型的紧凑式轧机，并且已在美国、韩国和法国等地建厂投产。我国于20世纪80年代中期开始引进，目前有多家钢铁公司应用此项技术。

409. 连续式轧机有哪些特点？

连续式轧机几个机座按轧制方向顺序排成一行，轧件同时在几个机座内轧制变形，各架轧制速度，随着轧件长度的增加而增加，并保持金属在每架轧机中的秒流量相等或有轻微的堆拉钢关系。这类轧机是现代化的轧钢机，它的生产率很高。钢坯轧机、宽带钢热轧机、小型轧机、线材轧机和冷轧带钢轧机等常使用这种轧机。

连续式轧机的机械化、自动化程度很高，其成品的轧制速度也很高，如无扭转连续式线材轧机的出口速度已达140m/s。

410. 如何确定轧机的布置形式？

轧机布置形式的确定主要取决于钢材种类和产量。例如：

（1）型钢轧机的机架数及布置形式取决于轧制的品种及产量；轧机形式；轧制道次；原料重量。

（2）钢板轧机机架数及布置形式取决于轧机产量；轧机形

式；钢板种类；轧制道次。

（3）钢管轧机机架数及布置形式取决于钢管生产方法和钢管规格。

（4）每个机架只轧一道的新式轧机（跟踪式、半连续式的连轧部分、连续式等）的机架数是比较容易确定的，因为机架数不能少于轧制的道次数。

（5）当每个机架的轧制道数多时，机架数的确定就比较复杂。一般按照轧制节奏及轧制一根钢的全部延续时间之间的关系来确定机架数。

411. 如何正确地称呼轧机?

称呼轧钢机的方法很多，通常型钢轧机以轧辊名义直径表示轧机的大小。钢板轧机以轧辊辊身长度来命名。而钢管轧机则以所轧钢管外径尺寸表示。但是，这样称呼轧机并没有完全反映出轧机的特征，既没有反映出轧机布置的特点，又没有反映出轧机产量的大小和它所能生产的产品品种。例如，轧辊名义辊径同样为 $\phi300$ 的小型轧机，若轧机布置形式不同（如连续式和横列式），其生产能力和产品范围相差十分明显。因此，轧机的正确称呼不仅应指出轧辊名义直径的大小，而且还应说明轧机的布置特点。

例如“横列式 800 ×3 轨梁轧机”，其中“横列式”表示轧机的布置特点，“800 ×3”表示轧辊直径为 800mm 的轧机共三架，成一列布置，“轨梁轧机”说明轧机的用途。又如“横列式 $\phi400\times2/\phi300\times5$ 小型轧机”表示该机组由一列二架轧辊名义直径为 400mm 的轧机和一列五架轧辊名义直径为 300mm 的轧机组成。

四、轧制工艺参数的确定

412. 轧制工艺制度包括哪些内容?

轧制工艺制度主要包括变形制度、速度制度和温度制度。

（1）变形制度。在一定的轧制条件下，完成从坯料到成品的变形过程称为变形制度。其主要内容是确定总的变形量和道次变形量。变形量的分配是工艺设计的重要参数，它是轧制设备选择和辊型设计的主要依据。变形制度对轧机产量、产品质量起重要作用。

初轧机的压下规程、型钢轧机的孔型设计、钢板轧制的压下规程以及钢管轧机轧制表的部分内容都属于变形制度。

（2）速度制度。速度制度的主要内容是选择轧制速度，也就是确定各道次的轧制速度以及每道中不同阶段的速度。轧制速度高，轧机产量就大。因此提高轧制速度是现代轧机提高生产率的主要途径之一。但是轧制速度的提高受到轧机结构及其强度、电机能力、机械化与自动化水平等一系列因素的限制。

初轧机的速度规程、连轧机各架速度的确定，以及不调速轧机轧制速度的确定都属于速度制度内容。

（3）温度制度。温度制度规定了轧制时的温度区间，即开轧温度和终轧温度。温度制度是否合理对轧机产量、设备安全及产品质量有直接影响。

以上三个工艺制度既相互联系，又相互制约。

413. 怎样根据既定产品选择原料规格？

正确地选择原料（钢锭或钢坯）规格是确保轧机高产、优质、低消耗的先决条件。因为如果原料断面尺寸过大，会造成轧制道次增多，使轧制温度下降太多，影响对成品尺寸公差的控制，增加热轧废品；若原料尺寸太小，则造成轧机小时产量降低设备能力浪费，所以根据既定产品正确地选择原料规格有重要意义。

选择的方法是：首先根据轧钢机布置等具体条件确定轧制道次，然后再根据成品规格和平均延伸系数的经验值（轧制带钢时则为压下系数的经验值求原料断面尺寸）。

因为平均延伸系数（$\mu_{平均}$）等于总延伸系数（$\mu_{总}$）开 x 次

方（x 为轧制道次），即

$$\mu_{平均} = \sqrt[x]{\mu_{总}} \quad (6\text{-}13)$$

而总延伸系数等于原料断面面积（S_0）与成品断面面积（S）的比值，即

$$\mu_{总} = \frac{S_0}{S} \quad (6\text{-}14)$$

所以原料断面面积等于成品断面面积与平均延伸系数的 n 次方的乘积，即

$$S_0 = S \cdot \mu_{平均}^{x} \quad (6\text{-}15)$$

若选择钢锭作为原料，则 S_0 为其平均边长的平方；若选择方钢坯作为原料，则 S_0 是钢坯边长的平方。

［**例题**］ 在 250×5 横列式轧机上，轧制 ϕ12mm 圆钢需选择多大的钢坯作为原料？

解：若确定轧制道次为 7 道，平均延伸系数取 1.43，按式 6-9 计算，得

$$\begin{aligned} S_0 &= 0.785 \times 12^2 \times 1.43^7 \\ &= 113.1 \times 1.43^7 \\ &= 1380\text{mm}^2 \end{aligned}$$

钢坯断面边长 $H = \sqrt{S_0} = \sqrt{1380} \approx 38\text{mm}$

答：应选边长为 40mm 的方坯作为生产 ϕ12mm 圆钢的原料。

414. 什么叫孔型？什么叫孔型设计？

在型钢生产中，为了得到要求的产品形状及尺寸，钢坯在一系列由上下辊组成的环形孔中变形。把轧辊上的环形沟槽称为轧槽，由上下轧辊的两个轧槽所组成的环形孔称孔型。孔型设计是型钢轧制的工具设计。其任务是使钢锭或钢坯经过若干道次的轧制获得所要求的断面形状、尺寸和一定的产品性能，孔型设计应包括以下三部分：

（1）断面孔型设计，就是根据原料及成品的断面形状、尺寸及产品性能要求，确定出轧件连续变形所需要的道次及道次变形量，以及完成此变形过程所需要的每个孔型的形状和尺寸。

（2）轧辊孔型设计，就是根据设计出的断面孔型，确定孔型在每个轧机上的分配。轧辊孔型设计应能满足轧件正常轧制、轧辊具有足够的强度并且轧制节奏时间最短等各种要求。

（3）轧辊导卫设计，就是保证轧件能顺利出入孔型的工艺配件设计。

415. 什么是计算机辅助孔型设计？

计算机辅助孔型设计就是利用电子计算机辅助进行孔型设计，简称孔型设计 CARD 或 CAD。它利用计算机系统高速计算及快速绘图等特点来帮助孔型设计人员完成各环节中的计算工作和绘图工作，包括利用计算机逻辑判断能力及计算能力来选择孔型系统；确定轧制道次；完成各道次孔型和轧辊各结构要素几何尺寸的选定和计算；计算各道次轧件的宽度、前滑、轧制力及轧制力矩；进行设备能力及塑性条件的校核；选择轧制最优程序；绘制孔型图和配辊图；并可直接指挥数控机床进行加工。

416. 计算机辅助孔型设计有什么特点，其发展方向是什么？

计算机辅助设计（CAD）应用于轧辊孔型设计始于 20 世纪 80 年代初，它有以下特点：

（1）轧辊孔型 CAD 技术能同时发挥计算机和人的各自优势。计算机运算速度快、精度高、人经验丰富、能直观判断设计结果（数据或图形）、修改设计模型，因此 CAD 技术可以大大缩短设计周期。

（2）设计效率高，虽然轧制过程受各种因素影响较为复杂，难以构成目标函数，进行最优化设计，但由于 CAD 设计效率高，故仍可构思几个方案，即改变不同的参数，甚至不同设计路径的选择、分析。如需要还可将相邻两孔型按轧制的实际情况重合，以供直观判断沿孔型宽度压下和宽展的情况。设计过程中还可以进行实时修改，直至获得满意结果为止。

（3）提高企业经济效益。

轧辊孔型 CAD 的发展方向如下：

（1）建立 CAD 程序库和图形库。任何孔型图和配辊图一般都是由直线和曲线组成二维图形，所有孔型设计工作均可应用 CAD 技术来完成。若想这些技术得到普遍推广，应将金属压力成形所用的轧辊、工模具所需的理论计算公式、经验公式和有关计算图表等编成程序，建立孔型辅助设计应用程序库。同时将各种轧制产品按标准规定的断面几何形状和尺寸，使图形数据化存放在计算机中，以便设计时调用。

（2）发展 CAD/CAM 联合系统。轧辊孔型计算机辅助设计的发展方向是计算机辅助加工，简称 CAD/CAM 联合系统。把计算机辅助设计的结果存入磁盘组，再通过计算机控制数控机床，以加工成轧辊的最终孔型，或控制数控切割机或电火花加工电极用以加工孔型样板。这种 CAD/CAM 相联合的系统，从设计到制造无需通过工程图纸，就能组成一体化生产。

（3）轧机计算机辅助调整。在 CAD/CAM 的基础上，可进一步发展轧机计算机辅助调整。根据轧制某种产品可能出现的轧制缺陷或废品种类，以及行之有效的对策，运用逻辑判断语句，把理论与实践经验有机地结合在一起，编成一个有人工智能的程序供辅助调整用。这样既可缩短调整时间、少出废品、节约金属，又可统一轧钢调整工的技术，这对新工人多、技术水平低、缺乏实践经验的厂家尤为实用。

417. 什么是无孔型轧制？其有什么特点？

无孔型轧制是指在无轧槽的平辊上轧制钢坯或棒材，即按照常规法将有轧槽的轧辊改为平辊轧制，轧件不与孔型侧壁接触的轧制，或称为无槽轧制。

该方法的特点如下：

（1）轧辊的实际直径小；

（2）由于轧辊无轧槽，因此轧辊的车削和回修较容易；

（3）由于轧辊没有轧槽，轧辊辊身长度可以充分利用，其工作表面的利用率可以提高20% ~30%左右；

（4）由于没有轧槽形成的辊径差，因而轧件也没有辊面速度差，从而可使轧辊磨损均匀，磨损量大为减小；

（5）轧辊为平辊，可以轧出多品种规格产品；

（6）导卫装置简化；

（7）产品质量好，成材率高；

（8）轧机作业率高，可减少轧制道次，变形均匀；

（9）无孔型轧制的工艺难点主要是轧件无孔型的侧向作用力，还要使轧件在两辊之间轧制稳定，轧件不发生翻倒或扭转，轧件脱方不能超过一定值。因此要求轧件断面形状、尺寸及变形参数更加准确；要求导卫必须确定合理的入口导板与入口轧件的间隙；

（10）因无孔型对侧面的作用，轧件形状稳定性差，尺寸精度不高。

无孔型轧制主要应用在钢坯和简单断面型钢的生产中，在粗轧机组和中轧机组采用无孔型轧制，精轧机组对产品尺寸要求严格，采用常规孔型轧制，从而大大降低了生产成本。

418. 什么叫辊缝？它与孔型设计有什么关系？

轧制时，在型钢轧机上，同一孔型上的两个轧辊辊环之间的距离叫做辊缝；在钢板轧机上，则上下工作轧辊之间的距离叫做辊缝。

辊缝的作用，第一是使辊环或上下辊相互间不摩擦；第二是调整孔型高度，以免因轧辊跳动及孔型磨损而造成产品断面尺寸超差。钢板轧机的辊缝若沿辊身不均时，则造成轧件断面厚度不均，厚的一侧延伸小，薄的一侧延伸大，形成镰刀弯。

在孔型图纸上的辊缝，应等于轧制轧件时的辊跳值加上轧辊空转时的缝隙总和。用胶木轴瓦的轧辊辊缝一般取下列值：

孔型名称	辊缝值
精　轧	轧辊直径的0.5%～1.0%
毛　轧	轧辊直径的1.0%～2.0%
开　坯	轧辊直径的2.0%～3.0%

419. 什么叫辊跳？它对轧钢生产有什么影响？

在轧制过程中，轧机的各部件受轧制力的作用发生弹性变形，如机架窗口高度扩大、轧辊弯曲、压下螺丝和轴承受到压缩等等。这些弹性变形最后反映在两轧辊之间的缝隙增大，轧制中这种辊缝增大的现象叫做辊跳。辊缝增大的总数值称为辊跳值。轧机刚性越好，辊跳值越小。轧件的变形抗力越大，辊跳值越大。

辊跳值的大小取决于轧机的性能、轧制温度以及轧制钢种等。例如ϕ280轧机轧辊辊颈安装在油膜轴承中，其辊跳值为0.5～1.0mm；而安装在胶木瓦轴承中其辊跳值，则增至1.0～2.5mm。钢种、轧制温度等都对辊跳值有影响。所以调整工人必须注意生产过程中辊跳值的实际变化情况，及时进行调整。

420. 怎样分配各道次的延伸系数？

在总延伸率及总轧制道次确定后，各道次延伸系数的分配要根据温度和轧件尺寸对变形条件的影响来确定。就轧件变形难易而言，用钢坯做原料时，开始道次的温度高，延伸系数应大些。随着道次的增加后面道次的延伸系数可逐渐变小。即开始道次的延伸系数大于平均延伸系数；后几道的延伸系数小于平均延伸系数（见图6-27*a*、*b*）。但是在大多数情况下，由于钢坯断面大开始道次的延伸系数受到咬入角和电动机、轧辊强度的限制，它并不是最大的道次延伸系数（见图6-27*c*）。对某些异型孔型，不便于按预定好的延伸系数设计，最好是在孔型设计完成后算出延伸量，把它画成曲线，检查各道延伸系数分配得是否均匀。

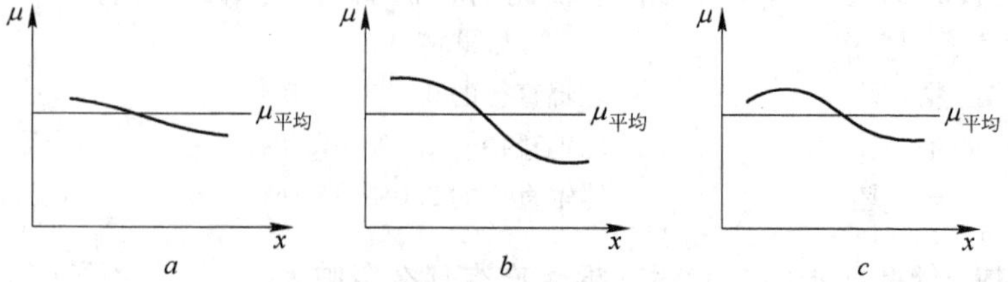

图 6-27　延伸系数分配原则示意图
a，*b*—理想的延伸系数分配；*c*—实际的延伸系数分配
x—轧制道次；μ—延伸系数

421. 怎样根据平均延伸系数求轧制道次？

当原料规格与成品尺寸一定时，可以先选择适当的平均延伸系数，再利用下面公式确定轧制道次：

$$x = \frac{\lg\mu_{总}}{\lg\mu_{平均}} \tag{6-16}$$

式中　lg——以 10 为底的对数符号；

x——轧制道次。

［**例题**］　指定用 55mm 方坯，轧制 4mm × 40mm 扁钢，求需轧制多少道？

解：

$$\mu_{总} = \frac{55 \times 55}{4 \times 40} = 18.9$$

取 $\mu_{平均} = 1.33$

$$x = \frac{\lg 18.9}{\lg 1.33} = \frac{1.28}{0.124} \approx 10$$

答：需轧制 10 道。

在实际生产中，已知平均压缩率或平均延伸系数及总延伸系数，轧制道次可从表 6-4 查得。若在表中找不到完全一样的数值，可取近似数值。

表 6-4 总延伸系数与轧制道次关系表

轧制道次	平均压缩率/%							
	5	10	15	20	25	30	35	40
	平均延伸系数							
	1.050	1.110	1.180	1.250	1.330	1.430	1.540	1.670
1	1.053	1.111	1.177	1.250	1.333	1.429	1.538	1.667
2	1.108	1.235	1.384	1.563	1.777	2.041	2.367	2.779
3	1.167	1.372	1.628	1.953	2.369	2.916	3.642	4.630
4	1.228	1.524	1.915	2.441	3.160	4.165	5.610	7.720
5	1.293	1.694	2.254	3.052	4.215	5.950	8.625	12.870
6	1.361	1.882	2.650	3.815	5.620	8.500	13.270	21.400
7	1.432	2.090	3.120	4.770	7.490	12.150	20.400	35.700
8	1.508	2.323	3.670	5.960	9.980	17.350	31.000	59.500
9	1.587	2.581	4.320	7.450	13.320	24.800	48.300	99.200
10	1.670	2.868	5.080	9.310	17.750	35.400	74.200	166.000
11	1.758	3.188	5.980	11.640	23.650	50.500	114.000	276.000
12	1.851	3.540	7.030	14.550	31.500	72.200	176.000	460.000
13	1.948	3.930	8.270	18.200	42.000	103.000	271.000	765.000
14	2.051	4.370	9.720	22.750	56.100	147.500	417.000	1280.000
15	2.159	4.860	11.430	28.400	74.800	211.000	640.000	2120.000
16	2.273	5.400	13.470	35.500	99.600	301.000	985.000	3530.000
17	2.392	6.000	15.820	44.200	133.000	430.000	1515.000	5900.000
18	2.518	6.660	18.620	55.500	177.000	615.000	2320.000	9800.000
19	2.651	7.400	21.900	69.300	236.000	880.000	3580.000	
20	2.791	8.230	25.800	86.700	315.000	1260.000	5500.000	
21	2.938	9.140	30.400	108.000	420.000	1790.000	8500.000	
22	3.092	10.150	35.700	135.500	560.000	2560.000		
23	3.255	11.290	42.000	169.000	745.000	3650.000		
24	3.427	12.530	49.400	211.000	990.000	5210.000		
25	3.607	13.920	58.100	264.000	1325.000	7420.000		
26	3.798	15.500	68.200	331.000	1760.000	10600.000		
27	3.997	17.200	80.300	412.000	2350.000			
28	4.210	19.100	94.500	517.000	3125.000			

422. 轧辊设计为什么要给定上压力或下压力？

一般情况下一对轧辊的工作直径相等，但也有的不相等。一对轧辊每分钟的转数相同，若上下轧辊辊径不等，必然造成轧辊线速度不同，这将导致轧件出轧辊时向线速度低的轧辊一边弯曲。在孔型设计中所说的压力，就是指上下两个轧辊工作直径的差值。所谓上压力就是上轧辊直径比下轧辊直径大；所谓下压力就是下轧辊直径比上轧辊直径大。

从理论上讲，在上下辊直径相同的轧辊中轧制，即在没有上压力或下压力的情况下轧制，轧件出轧辊时应该是笔直的，但是实际上由于许多因素的影响，如温度不均、轧件尺寸不等，轧件出轧辊后的方向很难掌握，经常发生顶导卫、缠辊等事故，给生产带来很多麻烦。

所以，在孔型设计中人为地给定一定压力，按照需要控制轧件出轧机的弯曲方向，这样既可以减少生产事故，又可以减少轧钢操作中许多不必要的麻烦。

通常型钢轧机都采用上压力，并安装下卫板，使轧件能贴着下卫板自轧辊中平直轧出。因为安装上卫板比安装下卫板复杂。

因为初轧机的轧件断面大，一般不发生缠辊事故，所以初轧机多采用下压力，这样能减小轧件前端对轧机前第一个地辊的冲击力。

轧制异形型钢（如工字钢、槽钢、钢轨），当闭口腿部的轧槽车削在下（上）辊时，采用下（上）压力，以保证轧件能顺利地脱离闭口轧槽。

上、下压力要根据生产的具体情况选择。上压力应该力求不超过轧辊平均直径的2%～3%。最后几道的上压力要减小到1%以下，精轧孔型的辊径差最好等于零。

423. 什么叫板形？有哪些因素影响板形？

板形是板、带材平直度的简称，一般是指浪形、瓢曲或旁弯的有无及其程度。常见的板形缺陷有“镰刀弯”，浪形和瓢曲（“肋状皱”和“眼睛”属于特殊的浪瓢缺陷），如图6-28所示。

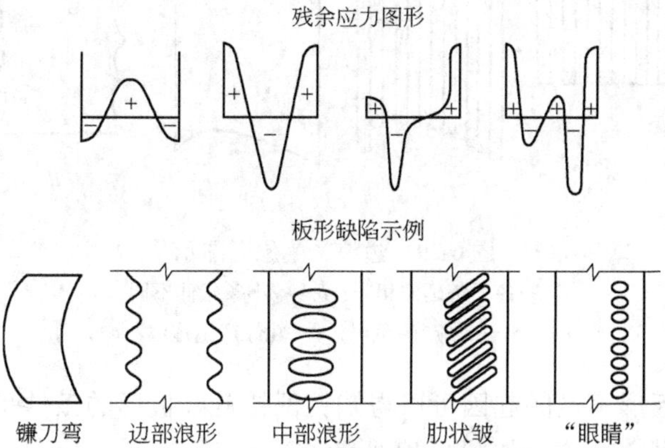

图6-28 板形缺陷

对所有板带钢产品，都不允许有明显的浪形和瓢曲。

严格地说，板形缺陷又可分为视在的和潜在的两类。视在板形缺陷可用肉眼辨别；潜在板形缺陷在轧制后不能立即发现，在后部工序中才会暴露。例如，有时轧出的板材看起来并无浪瓢，但一经纵剪后即出现旁弯或者浪瓢，这便是潜在板形缺陷。板形控制的总目标是将上述两类缺陷都控制在允许范围之内。

通常意义上的板形还包括板、带材横向断面分布的均匀度，一般用板材中央与边部厚度之差的绝对值或相对值来表示，此差值越小，均匀度越好。实际轧出的板材断面有时呈鼓形、楔形、中凹形或其他不规则形状，这都是板形不良的表现。

板形不良会限制轧制速度的提高及轧机所能轧出的最薄规格，板形严重不良会导致勒辊、轧卡、断带、撕裂等事故的出现，甚至可能损坏轧机。

一般认为，板形缺陷的出现来源于板宽方向上各点纵向纤维的延伸不均。图6-29为边浪产生原因图示。

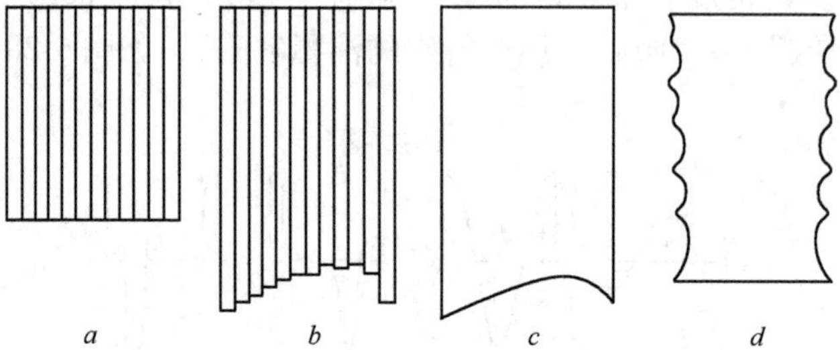

图 6-29　边浪产生原因图示

a—各小条延伸相同；*b*—各小条延伸不同；

c—头尾产生鱼尾；*d*—轧件产生边浪

由板形不良的起因可以得知：保持良好板形的条件是横向各点延伸系数一致，如图 6-30 所示。

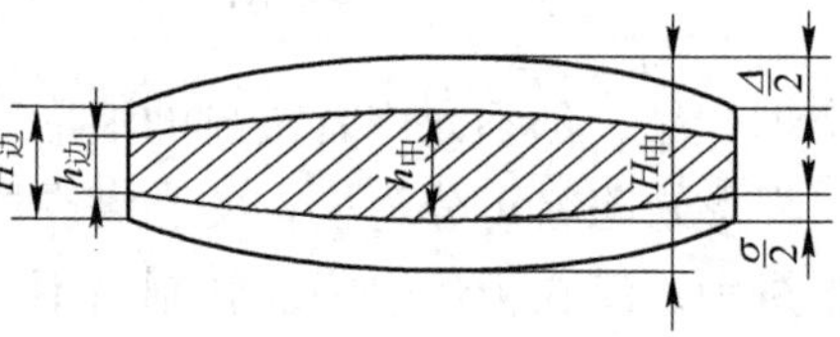

图 6-30　轧前、轧后的板、带横断面示意图

实现板形良好的条件公式为：

$$\frac{H_{边}}{h_{边}} = \frac{H_{中}}{h_{中}} = \frac{\Delta}{\delta} = \mu \qquad (6\text{-}17)$$

式中　$H_{边}$——轧前板带断面边部厚度；

$H_{中}$——轧前板带断面中部厚度；

$h_{边}$——轧后板带断面边部厚度；

$h_{中}$——轧后板带断面中部厚度；

Δ——轧前板带断面中部与边部的厚度差，$\Delta = H_{中} - H_{边}$；

δ——轧后板带断面中部与边部的厚度差，$\delta = h_{中} - h_{边}$。

式 6-17 表明消灭或缩小断面厚度差与保证板形良好是矛

盾的。

影响各点延伸系数的因素都会影响板形。这些因素主要有三类：

（1）原料断面形状。由良好板形条件可知，只有当来料的断面形状和承载辊缝形状（可认为是轧后板带断面形状）相“匹配”时，才能获得良好板形。因此，在其他条件不变时，若来料断面形状发生变化，必然引起板形的变化。保证来料的断面厚度差及板形控制在一定的范围内，是获得良好板形的前提。

（2）承载辊缝的断面形状。当入口板带钢条件一定时，工作辊的承载辊缝断面形状是决定板形的首要因素。它取决于三个方面：

1）工作辊、支撑辊的弯曲挠度和剪切挠度；

2）支撑辊、工作辊和带钢的压扁；

3）工作辊本身的凸度。

凡是能影响上述三方面的因素均会影响板形，其中比较主要的有：

①设备因素：包括工作辊直径、工作辊原始凸度以及支撑辊直径和原始凸度；

②工艺因素：包括钢板宽度、轧制压力、张力、轧制速度、轧辊热凸度、轧辊磨损等。

这些因素互相影响、交叉作用，使板形成为一个比较复杂的问题。

（3）压下规程的变化。当压下规程变化时，压下量、速度等均发生变化，因而影响到压力、热凸度等等。这些因素的变化，使承载辊缝形状变化，从而引起板形变化。

此外，被轧金属本身力学性能的均匀程度，有时也对板形有较大影响。这种不均匀性主要来源于内部组织不均，其后果是板带钢出现意外的局部浪皱。检测表明，冷轧薄带的“眼睛”缺陷（即小的局部浪皱，见图6-28）出现的部位往往正是粗晶、断面特厚的地方。

424. 什么叫辊型？什么叫辊型设计？怎样控制辊型？

钢板生产中为了获得平直及厚度均匀的钢板，在轧制过程中沿轧辊长度两轧辊之间各点的距离应当相等，即保持辊缝均匀，但在实际轧制过程中，有许多因素影响两个轧辊之间的距离。因此必须根据有关情况预先考虑将轧辊设计为一定的形状，以保证在轧制过程中辊缝均匀。这种轧辊形状称为辊型，设计轧辊形状的过程称为辊型设计。

在轧制过程中影响轧辊辊型的主要因素有：

（1）轧辊的弹性变形。圆柱体的轧辊在轧制过程中受力产生弯曲，造成钢板中部厚，边部薄（见图 6-31）。为了弥补这种变形不均，应把轧辊做成凸形。

（2）轧辊辊身温度不均匀引起的轧辊不均匀热膨胀。一般在钢板生产过程中轧辊中部温度高，边部温度低，这种温度不均导致轧辊变为凸形（见图6-32），因此预先考虑的轧辊形状应为凹形。

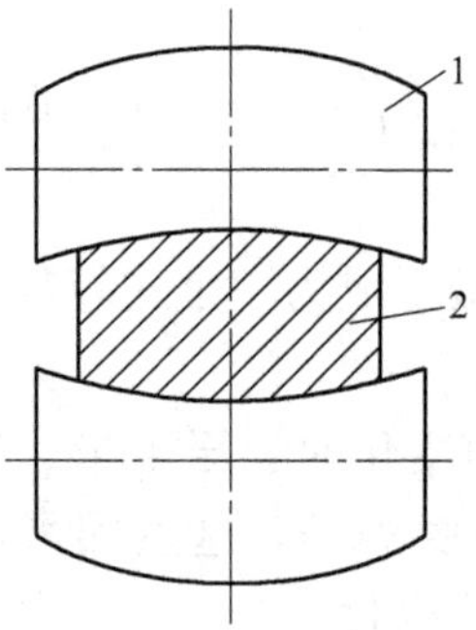

图 6-31　轧辊弯曲对辊型的影响

1—轧辊；2—轧件

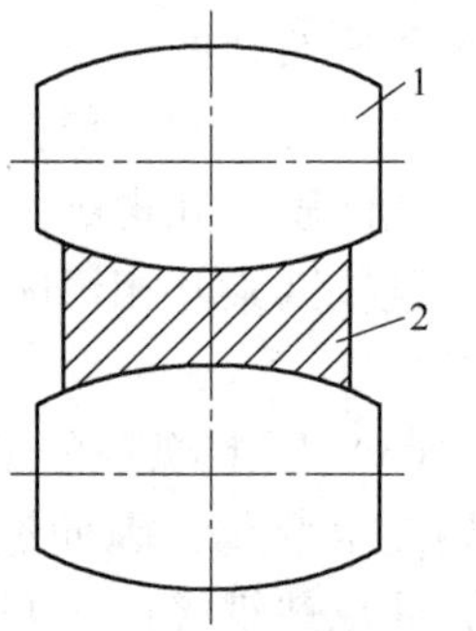

图 6-32　轧辊温度对辊型的影响

1—轧辊；2—轧件

（3）轧辊的不均匀磨损。一般轧辊中部磨损快，边部磨损慢。这种磨损不均也使轧辊形状发生变化。实际生产过程中，轧辊形状往往受上述因素的综合影响。

辊型设计的主要步骤是：

（1）求出弥补轧辊变形造成钢板厚度不均所需要的辊型值(凸度或凹度)；

（2）选择合理的辊型形式，并分配总辊型值；

（3）合理设计辊型曲线；

（4）根据轧辊磨损的速度设计合理的换辊制度。

在实际生产中，由于轧制条件的变化，辊型相应改变。因此能否根据轧制条件的变化控制辊型是能否得到良好板形的关键。

目前控制辊型的主要方法有两大类：

（1）通过调温控制辊型。人为地对轧辊的某些部位供热或吸热，改变辊温分布，以达到控制辊型的目的。例如将轧辊冷却水分段，沿着轧辊长度控制各段冷却水量，或采用分段控制辊身各部位的润滑条件，从而实现对辊型的控制。

（2）通过改变轧制过程中的弹性变形来控制辊型。目前现代化轧机采用 HC 轧机、弯辊装置、轧辊凸度连续可变装置（又称 CVC 装置），控制轧制过程中的辊型。

425. 什么是钢板的压下规程？影响压下量分配的主要因素是什么？

钢板的压下规程就是从原料到轧制成成品钢板的变形制度。压下规程的内容包括根据成品钢板尺寸选择原料，确定轧制方法，计算总变形量，确定轧制道次，分配各道次的压下量等。在完成上述工作之后，还必须根据轧机的具体条件，进行设备强度验算和电机能力校核，并检查工艺参数是否合理，如检查咬入条件，温度制度等。

轧机的布置形式不同，所采用的压下规程也不同，例如厚板轧机压下规程大致可以分为四个阶段：去除氧化铁皮阶段，采用小压下量；轧制展宽阶段，采用角轧或横轧将板坯轧制到要求宽度；轧长阶段，采用尽可能大的压下量，使钢板迅速达到所要求的厚度;精轧阶段,一般用小的压下量,以便精确地控制板形和尺寸。

在连续式钢板轧机上，压下量大致可按以下比例分配：粗轧机组的压下率占总压下率的70% ~80%；精轧机组的压下率占总压下率的20% ~30%。这种高温时的大压下操作规程，既有利于减少能耗，又能保证钢板的板形和表面质量。

压下量的分配是压下规程的主要内容，各道次压下量的确定，除应考虑成品质量、轧辊磨损等因素外，还应考虑最大压下量受轧辊强度、电机能力以及咬入条件的限制。

426. 钢板连轧时压下量分配的方法有哪些，各有什么特点？

制定连轧机组压下规程的方法很多，主要包括经验分配法、能耗曲线法、Newton-Raphson 法、优化单目标分配法和优化多目标分配法。最常用的是利用现场经验资料直接分配各架压下率或厚度以及分配各架能耗负荷两种方法。

（1）经验分配法。这种方法简便、可靠，能确保设备安全，且对设备的自动化程度依赖性小，但需要不断校核和修正，易导致各架负荷不均，造成负荷向前架或向后架积累的现象，从而不仅影响整个机组能力的发挥，而且影响带钢的质量。

（2）按能耗曲线分配。能耗分配法克服了经验分配法各机架负荷不均现象，能够较充分地发挥机组的能力，简化后的能耗模型比较简单，在现代化连轧机组上常用它设定轧制规程。按能耗曲线分配负荷的最大缺点是必须制定能耗曲线。需要大量的实测数据，并经过复杂的计算才能完成；而且能耗曲线随轧机工艺和所轧材质与坯料及成品规格等条件的不同而不同，即使上述条件基本相同，也有10%左右的误差。按能耗曲线分配负荷使设定的精度受到影响，也给开发新产品带来了一定的困难。

（3）用 Newton-Raphson 法。通过求解非线性方程组得出解的精度很高，对提高设定精度非常有利。但用 Newton-Raphson 法求解时，需要计算各机架功率对厚度的偏导数；由于轧制力和轧辊压扁半径互为函数，计算功率对厚度的偏导数变得非常复杂；并且还需要求 Jacobi 矩阵的逆矩阵，这就使算法不但复杂而且计算程序设计不便。

(4) 优化单目标分配法。这种分配方法的优点从理论上讲是唯一的。但用目前的算法很难得到最优的唯一解。此外，因只考虑一个目标函数，只会使一种负荷最优化，而别的约束条件有可能非常接近其极限（如能耗最小中可能出现某一机架的轧制压力过大等），这不利于提高成品质量和产量。再者，在连轧时，通常追求的目标不是单一的，而是多个目标的均衡，如考虑到能耗、轧制压力、板形等多目标时，优化单目标分配是很难做到的。

(5) 优化多目标分配法。人工智能分配法的优点：

1）人工智能可避开过去那种对轧制过程深层规律的无止境的探索，转而模拟人脑来处理那些实实在在发生的事情；它不是从基本原理出发，而是以事实和数据作根据，来实现对过程的优化；

2）有很强的容错性；

3）网络所记忆的信息是以分布方式存储的，而计算结果并行处理，故有较快的速度，适于“在线”计算；

4）有很强的学习功能，网络中的连接权和连接的结构都可通过学习而得到；

5）终止时，每一个个体都是一个较好的解。

不足之处：

1）网络空间非常大，需要有大容量的计算机，并要求有较快的运行速度，否则很难实现在线预测与控制；

2）要有合理的算法组合和与其相匹配的支持软件。

427. 什么是初轧的压下规程？

初轧机的压下规程也就是将大断面钢锭轧制成小断面钢坯的变形制度。其内容包括由钢锭到钢坯的轧制道次、各道次的压下量分配以及翻钢次数和顺序。压下规程是初轧机轧制操作的主要依据。制定合理的压下规程对发挥初轧机生产能力有决定意义。各道次的压下量分配是初轧机压下规程的核心，在分配道次压下量时为了充分发挥设备潜力，要争取有最大的允许压下量，以减少轧制道次，提高轧机产量。初轧机最大道次压下量主要取决于咬入条件、设备强度和电机能力。

428. 什么是初轧机的速度制度？

钢锭在初轧机上的轧制特点是，轧件往复轧制，轧辊正反转动，随着轧件的咬入、轧制、抛出、轧辊转速不断变化。这种轧辊转速随轧制道次及在每一道次中随轧制过程而发生变化的规律称为初轧机的速度制度，如图 6-33 所示。

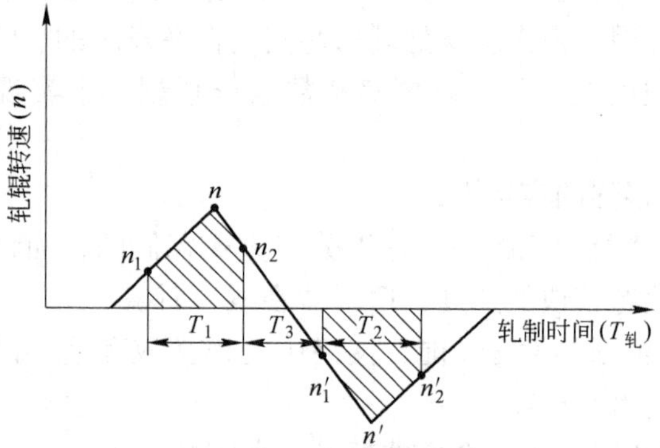

图 6-33　初轧机的速度制度

图 6-33 中，n_1 为轧件咬入时轧辊转速，n 为轧制时的最大轧辊转速，n_2 为轧件抛出时的轧辊转速，T_1 表示该道次的纯轧时间。同样 n_1'为下一道轧件咬入时的轧辊转速，n'为下一道轧制时的最大轧辊转速，n_2'为下一道轧件抛出时的轧辊转速，T_2 表示该道次的纯轧时间。T_3 是相邻两道次间的间隙时间。

各类初轧机，因工艺设备条件不同而有不同的速度制度（如梯形速度制度），但是研究初轧机速度制度的目的都是为了尽量缩短轧制节奏，从而提高初轧机的产量。

429. 什么叫开轧温度？什么叫终轧温度？

开轧温度是第一道的轧制温度，一般比加热温度低 50 ~ 100℃。生产现场总是希望开轧温度高一点，以便提高轧件的塑性，降低变形抗力，节省动力，易于轧制变形。

开轧温度的上限取决于钢的允许加热温度，开轧温度的下限主要受终轧温度的限制，钢件在轧制过程中一般应保持单相奥氏体组织。

近年来世界各国都在研究控制轧制和低温轧制等技术，因此，如何确定合适的开轧温度又增加了新的限制因素。

终轧温度是指热轧生产的终了温度。终轧温度的高低对产量及质量有显著的影响。终轧温度过低时保证不了轧制在奥氏体单相区进行，不但增加了钢的变形抗力而且也降低了钢的塑性，容易产生尺寸超差和耳子，折叠等缺陷。终轧温度过高造成钢的实际晶粒增大，降低钢的力学性能。同时，影响钢的显微组织，如温度过低生成碳化物带状组织等。

一般情况下，亚共析钢的终轧温度应当高于 Ac_3 线 50 ~ 100℃，以保证钢材的力学性能和表面质量，防止产生带状组织；过共析钢的终轧温度在 $A_{cm} \sim A_1$ 线之间。若终轧温度过高，网状碳化物得不到破碎；若终轧温度过低，有较多的带状碳化物析出影响力学性能，影响塑性和变形抗力。此外，终轧温度的确定，还必须考虑钢种与产品形状的特点。如为了使高速钢有足够的塑性，其终轧温度应在 900℃ 以上；无相变的铁素体不锈钢 Cr25 终轧温度应在 750 ~ 800℃，以保证晶粒细小。叠轧薄板时，为了避免粘结，开轧温度较低，散热又快，因此终轧温度控制在 650 ~ 750℃。

430. 什么叫轧钢机工作图表？常见的轧钢机工作图表有几种形式？

轧钢机的工作图表或称轧制图表是研究和分析轧制过程的工

具。轧制图表反映了轧制过程中道次与时间的相互关系。通过轧制图表可以看出：轧制过程中的轧制时间、各道次间的间隙时间、轧制一根钢所需要的总的时间、交叉轧制的情况以及轧件在任一时间所处的位置。轧机的布置形式不同，轧制方式不同，其轧制图表的形式也不同。下面介绍几种典型轧制图表：

（1）单机座可逆式轧机的工作图表，如图 6-34 所示。初轧机是这类轧机的典型代表。

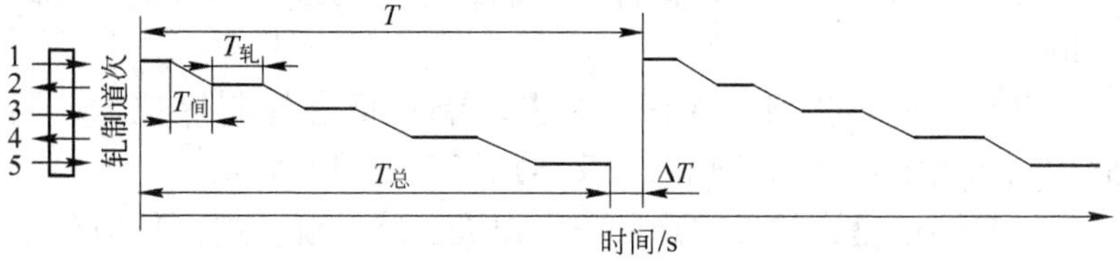

图 6-34　单机座可逆式轧机的工作图表

由图 6-34 可以看出：

$$T = T_{总} + \Delta T \tag{6-18}$$

式中　T——轧制节奏，s；

$T_{总}$—— 一根钢锭开始轧制到轧制完毕所需要的总时间，s；

ΔT——上根钢轧完到下根钢开始轧制的空隙时间，s。

而

$$T_{总} = \Sigma T_{轧} + \Sigma T_{间} \tag{6-19}$$

式中　$\Sigma T_{轧}$——各道次纯轧时间之和，s；

$\Sigma T_{间}$——各道次间的间隙时间之和，s。

单机座可逆式轧机的纯轧时间随轧制道次的增加而增加，其间隙时间没有固定的变化规律。

（2）横列式轧机的工作图表，其形式如下：

交叉轧制的轧机工作图表如图 6-35 所示。

由图 6-35 可知：

$$T = T_{总} - T_{交} \tag{6-20}$$

式中　$T_{交}$——两根钢同时轧制的时间，s。

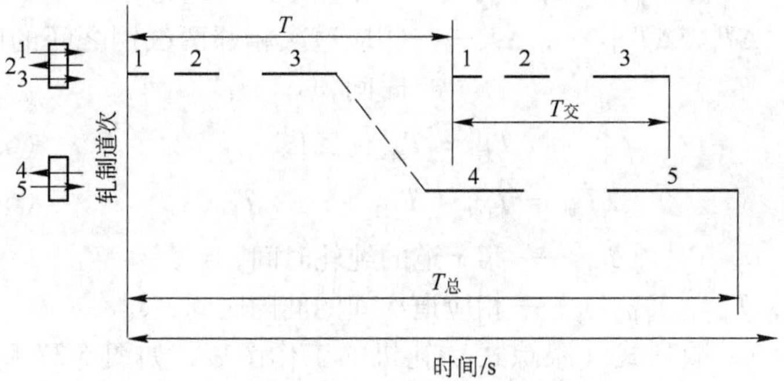

图 6-35　交叉轧制的二架横列式轧机工作图表

由式 6-20 可以看出，两根钢交叉轧制的时间越长，轧制节奏就越短，轧机产量就越高。

横列式轧机的纯轧时间也随轧制道次增加而增加，其间隙时间也没有固定的变化规律。

活套轧制的轧机工作图表如图 6-36 所示。

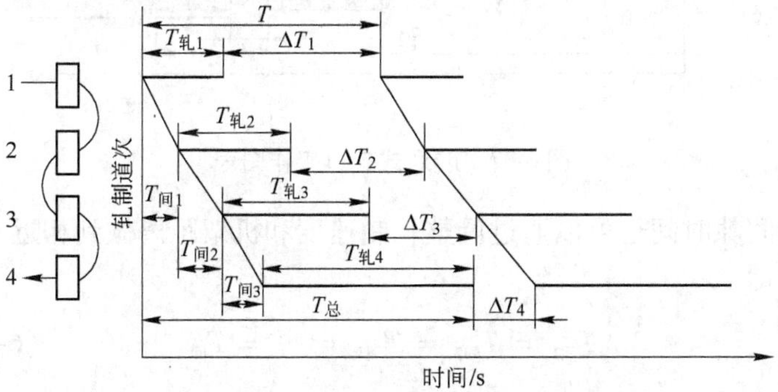

图 6-36　活套轧制的横列式轧机工作图表

由图 6-36 可知：

$$T = T_{轧1} + \Delta T_1 \quad (6\text{-}21)$$

或

$$T = T_{轧2} + \Delta T_2 = T_{轧x} + \Delta T_x$$

式中　$T_{轧1}$，$T_{轧2}$，…，$T_{轧x}$——各相应道次的纯轧时间，s；

ΔT_1，ΔT_2，…，ΔT_x——相应道次相邻两根钢之间的间隙时间，s；

$$T_{总} = T_{轧x} + \Sigma T_{间} \tag{6-22}$$

$$\Sigma T_{间} = T_{间1} + T_{间2} + \cdots + T_{间(x-1)} \tag{6-23}$$

式中　$T_{轧x}$——第 x 道的纯轧时间，s；

$T_{间1}$，$T_{间2}$，$T_{间(x-1)}$——相应道次间的间隙时间，s。

（3）顺列式（跟踪式）轧机的工作图表，如图 6-37 所示。在顺列式轧机上每架轧机只轧一道，各道次的轧制时间，因为轧机的轧制速度可调，所以近于相等，即

$$T_{轧1} = T_{轧2} = T_{轧3} = \cdots = T_{轧} \tag{6-24}$$

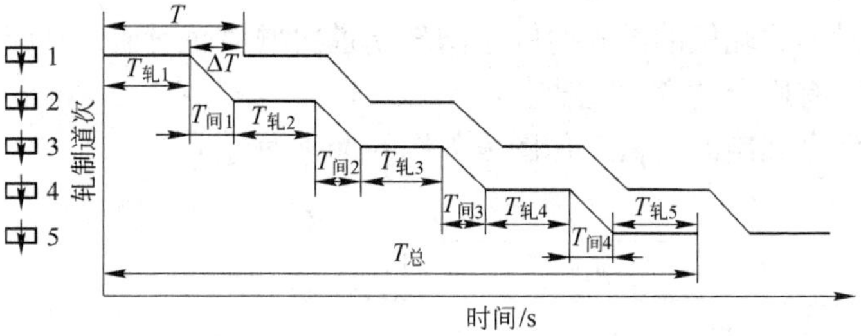

图 6-37　顺列式轧机工作图表

间隙时间也可以通过调整轧制速度和机架距离做到相近或相等，即

$$T_{间1} = T_{间2} = T_{间3} = \cdots = T_{间} \tag{6-25}$$

所以，顺列式轧机的轧制节奏为：

$$T = T_{轧} + \Delta T \tag{6-26}$$

也就是说，轧制节奏等于一道的纯轧时间加上前后两根钢之间的间隔时间。

轧制一根钢所需要的总时间为

$$T_{总} = \Sigma T_{轧} + \Sigma T_{间}$$

或改写成

$$T_{总} = xT_{轧} + (x-1)T_{间} \quad (6\text{-}27)$$

（4）连续式轧机的工作图表，如图 6-38 所示。因为构成连轧关系的各架轧机，必须保持单位时间内金属流量相等的原则，即各道次纯轧时间相等，其表达式为

$$T_{轧} = K \quad (6\text{-}28)$$

式中　K——常数。

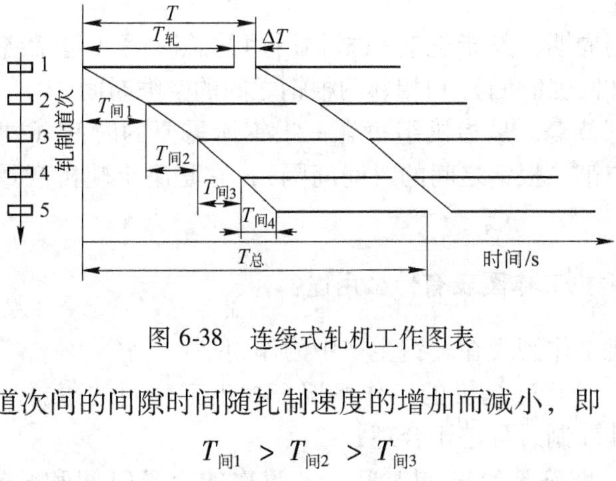

图 6-38　连续式轧机工作图表

各道次间的间隙时间随轧制速度的增加而减小，即

$$T_{间1} > T_{间2} > T_{间3} \quad (6\text{-}29)$$

轧制节奏时间为

$$T = T_{轧} + \Delta T \quad (6\text{-}30)$$

轧制一根钢所需总时间为

$$T_{总} = T_{轧} + \Sigma T_{间} \quad (6\text{-}31)$$

431. 什么是轧制时间、间隙时间、周期时间和轧制节奏？

轧钢机工作图表表示和反映了轧制道次和时间的关系。在轧制图表中所标明的轧制时间（$T_{轧}$）、间隙时间（$T_{间}$）、轧制节奏（T）和轧制周期（$T_{总}$）我们称之为轧制图表的特征时间。轧制

图表形式不同，也就是这四个反映轧制过程的特征时间的变化规律不同。

轧制时间，即钢的纯轧时间，可以实际测定，也可以用公式计算：

$$T_{轧} = \frac{l}{v} \tag{6-32}$$

式中 l——轧件轧后长度，m；

v——轧制速度，m/s。

间隙时间，是指相邻道次间的时间间隔，它随轧制的具体情况而变化。

轧制周期，是指轧制一根钢所用的总时间（包括各道次轧制时间和间隙时间）和相邻两根钢之间的空隙时间。

轧制节奏，是指机组每轧一根钢所需要的时间（即轧制第一根钢与第二根钢之间的时间间隔），它是决定轧机产量的主要因素。

432. 轧钢机工作图表有什么用途？

轧机工作图表在轧钢生产中的作用是：

（1）分析轧钢机的工作情况，找出工序间的薄弱环节加以改进，使轧制过程趋于合理；

（2）准确计算轧制时间，各道次的交叉时间和轧制节奏，用以计算轧机的产量；

（3）计算轧制过程中轧辊所承受的轧制压力和电动机传动轧机所承受的负荷。这些都是验算轧机等设备强度及电机能力的必要数据。

433. 什么叫切分轧制？

切分轧制是近二十年来国内外广泛研究和应用的一项新技术。所谓切分轧制就是在轧制过程中，一个钢坯通过孔型设计轧制成两个或两个以上断面形状相同的并联件，然后经切分设备将坯料沿纵向切分成两条或两条以上断面形状相同的轧件，并继续轧制直至获得成品的轧制工艺。切分轧制的轧件如图 6-39 所示。

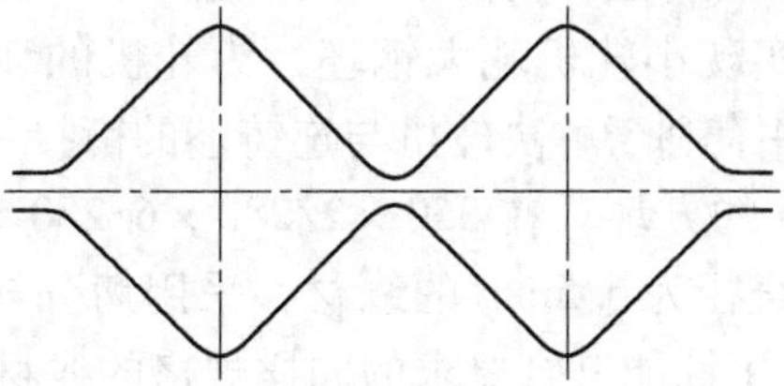

图 6-39　某厂切分轧制的轧件图示

按照切分设备结构特点的不同，目前有如下几种不同的切分方法：

（1）辊切法。利用轧辊切分孔型使轧件在孔型中变形的同时被切分；

（2）切分轮法。先通过孔型将轧件轧成两个或两个以上形状相同的并联件，然后再由安装在轧机出口侧的切分轮将轧件切开；

（3）圆盘剪切法。先将轧件轧成准备切分的形状，然后由安装在轧制线上的圆盘剪将轧件沿纵向切开。

除上述切分方法外，也有采用火焰切分的。

与传统的单根轧件轧制工艺相比，切分轧制具有许多优点，主要有：

（1）减少机架数目，节省车间投资。在坯料和产品规格相同的条件下，应用切分轧制技术的轧制道次比普通的单根轧制道次少（例如应用 130mm 的方坯生产直径为 12mm 的钢筋，其轧制道次可从单根轧制的 16 道减少为切分轧制的 14 道），为减少机架数目缩短厂房长度，节省车间投资创造了条件。

（2）可以缩短轧制节奏，大幅度地提高轧机产量。例如国外某厂生产钢筋时（轧制速度为 14m/s），单线轧制的产量为 22t/h，而使用双条切分轧制后，轧机产量提高到 40t/h 以上。又如国外另一厂的一套连轧机用 130mm 方坯生产 16mm 圆钢，原工艺精轧速度为 12m/s 时，产量为 60t/h。采用切分轧制工艺后，精轧速度只有 7.3m/s，轧制同样规格的圆钢产量可达 60t/h 以上。

（3）可以实现小轧机轧大钢坯，为轧机的坯料选择提供了充分的余地，并有利于解决轧机与连铸坯的衔接和匹配问题。如某厂原用 68mm 的方坯，在 350 × 2/280 × 6/280 × 8 轧机上，经 21 道次轧制成直径为 6.5mm 的线材，采用切分轧制技术后，用 90mm 方坯轧出了性能符合要求的同样规格的线材。

（4）能较多地降低生产成本。据统计在型钢轧机、线材轧机和管坯轧机上采用切分轧制技术后可以降低轧制电耗 15% ~ 30%；可以降低钢坯加热燃料消耗 1.8% ~ 2%；还可减少轧辊消耗量；轧材的成本可降低 10% ~ 20%。

根据国内外许多工厂的实践经验，应用切分轧制技术要从以下三个方面把关：

（1）孔型设计合理能保证轧出形状相同的并联轧件；

（2）切分设备工作可靠，能按照要求正确地切分轧件；

（3）保证切分后轧件截面形状的一致性和产品的质量。

切分位置的选择可以根据不同的切分目的确定。有在粗轧机列后进行切分的，有在中轧机列或精轧机列进行切分的，也有在精轧机列成品再前孔后进行切分的。

434. 什么叫液芯轧制？

待液芯铸坯出结晶器以后，在零号扇形段及其余扇形段内施以软压下，使其厚度逐渐变小，并达到最终进轧机的合理尺寸，这项技术称为带液芯铸轧技术。带液芯铸轧技术可以使结晶器出口尺寸加大，由于在扇形段进行了合理的软压下（铸轧），有效提高了薄板坯的质量，又达到了浇铸薄板坯的最终目的。

435. 什么叫低温轧制，其有什么优缺点？

所谓低温轧制是指在稍高于被轧制合金的再结晶温度下的轧

制，如对于低碳钢，在800～850℃进行的轧制。优点主要有：

（1）在加热工序中节约能耗，综合平衡后，可节能15%左右；

（2）减少氧化铁皮的生成量；

（3）减少轧辊由于热应力而造成的断裂现象，减少氧化铁皮对轧辊的磨损；

（4）细化晶粒组织，提高钢材的组织性能。

缺点主要有：

（1）增加扭矩、轧制力和轧制功率；

（2）降低产品的塑性；

（3）恶化咬入条件。

436. 什么是超细晶钢？生产超细晶钢的方法及其特点是什么？

超细晶钢是指将钢材基体组织细化至微米数量级的新一代钢材。主要生产方法及特点如下：

（1）用大塑性变形技术制备超细晶材料。目前大塑性变形技术有：叠轧法、等通道挤压法及高压旋转法等。用大塑性变形技术制备超细晶方法的最大优点是：1）无污染；2）制备的超细晶材料内部无残留孔；3）超细晶材料内部组织均匀；4）无机械损伤和裂纹。叠轧法采用传统轧制工艺，对设备无特殊要求且适合于高效率工业生产。

（2）低温轧制变形应变诱导铁素体相变技术。形变诱导相变是将低碳钢加热到稍高于奥氏体相变（Ac_3）温度以上，对奥氏体施加连续快速大压下量变形，从而可获得超细的铁素体晶粒。由于相变是在变形过程中，而不是在变形之后的冷却过程中发生的，因而又被称为动态相变（这与传统的TMCP相变发生在轧后的冷却过程中不同）。在铁素体形成过程始终受到形变的作用，对进一步变形时铁素体动态再结晶的出现创造了有利条件。铁素体发生再结晶，即可形成等轴的铁素体晶粒。

但是超细晶粒钢生产也存在以下的问题，形变诱导铁素体相变方法生产超细晶粒钢，因为要在低温度下进行大变形，设备能力，特别是棒材生产线设备能力不能满足要求，使其生产的工业化受到制约。

（3）TMCP 技术（热机轧制），即弛豫-析出-控制相变技术（RPC），是利用微合金元素在热机械处理（控制轧制）过程中各阶段的复合作用实现两阶段控轧，在终轧后经过一段控制温度和时间的弛豫过程，利用变形奥氏体中缺陷的回复及位错网上的应变诱导析出，形成完整、强化的位错胞状结构或亚晶，这些类似小晶粒的位错胞状结构在中温转变时能促进晶内铁素体或不规则粒状贝氏体的形成以及贝氏体在原奥氏体晶内形核，并限制贝氏体板条的长大，起到细化相变产物的作用。

除上述生产超细晶粒钢技术外，还有一些关键技术，如多向变形和交叉辊轧制等细化晶粒技术。

437. 对连轧的温升怎么进行控制？

在轧制过程中，温度是直接影响产品尺寸精度、轧机负荷合理分配的重要因素，同时，轧件温度对金属的微观组织变化，以及轧后产品的性能有极其重要的影响。因此，必须对带钢在不同位置上的温度进行精确预测和控制，才能有效地提高最终产品的质量。

连轧过程中各个环节的温度变化：（1）带钢（钢坯，板坯）在辊道上或机架间传送时的温降；（2）喷水或高压水除鳞时的温降；（3）轧制时的带钢产生的变形温升即变形热；（4）轧制时的带钢与轧辊接触时产生的温度变化；（5）轧制时的带钢与轧辊间的摩擦所产生的温度变化。

按照上面的分析，对连轧不确定温升主要来源于变形热，不确定温降主要来源于喷水，也就是说喷水的控制决定着对温升的控制，过去采用一定的工艺设定一定的喷水量，或采取测量轧机出口温度在线调整喷水量。随着以下几项关键技术的发展：（1）热连轧生产线采用计算机控制；（2）机架间不同工况下的温度模型得到了优化和提高；（3）机架间喷水冷却控制精度得到了提高；目前对温升控制的主要手段是根据不同的温升进行精确的喷水冷却控制。

438. 连轧过程的张力控制有什么作用？

（1）防止轧件在轧制过程中跑偏；
（2）使所轧轧件保持平直和良好的板形；
（3）降低金属变形抗力，便于轧制更薄的产品；
（4）可以降低轧机主电机负荷。

439. 什么叫负公差轧制？

目前很多产品是按照尺寸公差交货。如果产品公差符合国标或厂标，则可认为产品尺寸精度满足交货要求。负公差轧制就是使终轧成品厚度或直径比目标值偏小，但终轧成品厚度或直径在成品负公差范围。负公差轧制有利于提高成材率，降低轧制成本，而且对设备没有提出附加要求。

440. 什么叫电动机过载？过载的原因有哪些？

电动机应有一定的过载能力，以保证短时间过载时能正常运行。过载能力用最大转矩与额定转矩之比表示，其比值通常为1.8～3.0。

如果电动机的功率比所拖动机械的功率要小（即小马拉大车），则电动机是在过载工作，时间一长，电机就会过载烧损。另外，如果工艺不合理，电动机的启动和制动次数多，而提高了启动、制动中的能量损耗，进而提高了电动机的额定工作温度，则电动机就会出现过载现象。

441. 变频调速有什么特点？

变频调速是指通过改变电动机工作电源频率达到改变电机转速的技术。变频调速是改变电动机定子电源的频率，从而改变其同步转速的调速方法。变频调速系统主要设备是提供变频电源的变频器，变频器可分成交流-直流-交流变频器和交流—交流变频器两大类，目前国内大都使用交—直—交变频器。其特点：效率高，调速过程中没有附加损耗；应用范围广，可用于笼型异步电动机；调速范围大，特性硬，精度高；技术复杂，造价高，维护检修困难。

442. 什么叫控制轧制？

所谓控制轧制，就是适当控制钢的化学成分、加热温度、变形温度、变形条件（包括每个道次的变形量、总变形量、变形速度）及冷却速度等工艺参数，从而大幅度提高热轧钢材综合性能的一种轧制方法。它是既能提高钢材强度，又可以改善钢材韧性的最有效的工艺之一。控制轧制钢材的性能可以达到或超过现有热处理钢材的性能。

443. 控制轧制有什么优点？

控制轧制的主要优点如下：

（1）提高钢材的综合力学性能。例如控制轧制可使铁素体晶粒细化，从而使钢材的强度得到提高，韧性得到改善。

（2）简化生产工艺过程。控制轧制可以取代常化等热处理。通常一张钢板常化处理需数十分钟，淬火-回火处理需数小时。

（3）降低钢材生产成本。在得到与热处理钢材具有同样性能的控制轧制钢材，耗用能源和合金元素都少，从而降低了成本。

此外，用控制轧制钢材制造的机械设备重量轻，有利于设备轻型化。

控制轧制因为具有上述优点，所以得到日益广泛的应用。

444. 控制轧制有哪几种类型？

控制轧制是以细化晶粒为主提高钢的强度和韧性的方法。控制轧制后奥氏体再结晶的过程，对获得细小晶粒组织起决定性作用。根据奥氏体发生塑性变形的条件（在再结晶过程、未再结晶过程或 γ-α 转变的两相区变形）控制轧制可分为三种类型：

（1）再结晶型控制轧制，是将钢加热到奥氏体化温度，然后进行塑性变形，在每道次的变形过程中或者在两道次之间发生动态或静态再结晶，并完成其再结晶过程。经过反复轧制和再结晶，使奥氏体晶粒细化，这为相变后生成细小的铁素体晶粒提供了先决条件。为了防止再结晶后奥氏体晶粒长大，要严格控制接近终轧几道的压下量、轧制温度和轧制的间隙时间，终轧道次要在接近相变点的温度下进行。为防止相变前的奥氏体晶粒和相变后的铁素体晶粒长大，特别需要控制轧后冷却速度。这种控制轧制适用于低碳优质钢和普通碳素钢及低合金高强度钢。

（2）未再结晶型控制轧制，是钢加热到奥氏体化温度后，在奥氏体再结晶温度以下发生塑性变形，奥氏体变形后不发生再结晶（即不发生动态或静态再结晶）。因此变形后的奥氏体晶粒被拉长，晶粒内有大量变形带，相变过程中形核处多，相变后铁素体晶粒细化，对提高钢材的强度和韧性有重要作用。这种控制轧制工艺适用于含有微量合金元素的低碳钢，如含铌、钒、钛的低碳钢。

（3）两相区控制轧制，是钢加热到奥氏体化温度后，经过一定变形，然后冷却到奥氏体＋铁素体两相区再继续进行塑性变形，并且在 Ar_1 温度以上结束轧制。实验表明：在两相区轧制过程中，当变形量足够大时，可以发生铁素体的动态再结晶；当变形量中等时，铁素体只有动态回复而不引起再结晶；当变形量较小（15%～30%）时，回复程度减小。在两相区的高温区，铁素体易发生动态再结晶，在两相区的低温区只发生回复。经轧制的奥氏体相变后转变成细小的铁素体和珠光体。由于碳在两相区的奥氏体中富集，碳以细小的碳化物析出。因此在两相区中只要温度、压下量选择适当，就可以得到细小的铁素体、珠光体混合物，从而提高钢材的强度和韧性。

在实际轧钢生产中，由于钢种、使用要求、设备能力等各不相同，各种控制轧制工艺可以单独应用，也可以把两种或三种控制工艺配合在一起使用。

445. 为什么控制轧制能提高钢材的强度及韧性?

控制轧制使钢材强韧化的实质是，通过调整各轧制工艺参数（如加热温度、变形量、终轧温度、轧后冷却等）来控制钢在整个轧制过程中的冶金学过程（如奥氏体的再结晶、合金元素及其碳、氮化物的固溶和析出、相变、加工硬化、织构等），最后达到控制钢材组织和性能的目的。

控制轧制提高钢材强度及韧性的三个主要机理。

（1）晶粒细化。对于亚共析钢来说，铁素体晶粒越细，钢材的强度越高，韧性也好。相变前的奥氏体晶粒越小，相变后的铁素体晶粒也越小。控制轧制可以通过两种方法使奥氏体晶粒细化：一种是奥氏体加工和再结晶交替进行使晶粒细化；另一种是在奥氏体未再结晶区轧制。

降低钢坯加热温度得到较小的原始奥氏体晶粒，加大每一道次的变形量，降低终轧温度，都有利于奥氏体再结晶晶粒的细化。

为了实现在奥氏体未再结晶区轧制，需要提高奥氏体的再结晶温度，当钢中含铌、钒、钛等微量元素时，就具有这样的效果。因这些元素的碳化物和氮化物由奥氏体析出可以明显地抑制奥氏体的再结晶，从而有效地提高奥氏体再结晶温度使轧制过程能在未再结晶区域进行。

（2）弥散（沉淀）强化。铌、钒、钛是比铁强得多的碳化物或氮化物形成元素，它们的碳化物或氮化物对钢的组织和性能发生强化作用。

碳化物和氮化物在高温时溶解于奥氏体，奥氏体向铁素体转变后析出，对钢直接起弥散强化的作用。

（3）亚晶强化。奥氏体晶粒的变化，在奥氏体+铁素体两相区轧制时与在奥氏体区再结晶温度以下轧制时相同。已相变的铁素体晶粒经轧制（变形）产生亚晶粒、位错等使钢强化。在两相区轧制的钢材相变为铁素体晶粒（先形变后相变）和含有亚晶粒的铁素体晶粒（先相变后形变）的混合组织，从而使钢的强度和韧性提高。

446. 什么是轧钢过程的计算机控制？

轧钢过程的计算机控制就是用电子计算机对轧钢生产过程进行管理、控制和优化的技术。随着轧钢生产日益向大型化、高速化、连续化与自动化的方向发展，轧钢过程计算机控制技术的应用日益广泛。其目的是提高产品产量与质量、充分发挥机械与电气设备的潜力、减轻工程技术人员和工人的劳动强度。

目前轧钢过程计算机控制一般采用多级计算机控制系统，并分为管理级控制及过程级控制，如图 6-40 所示。

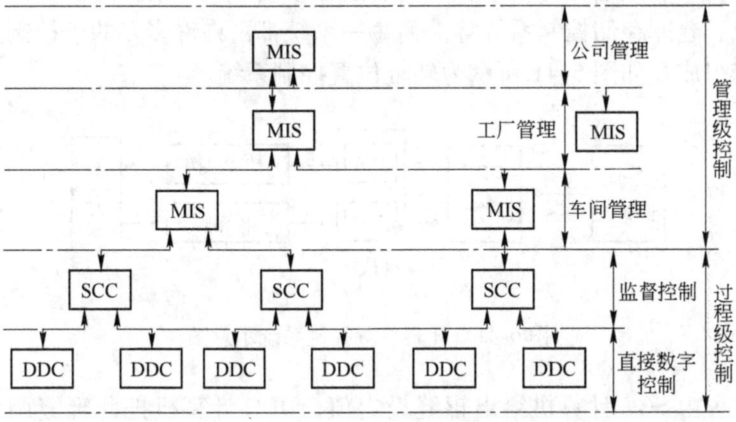

图 6-40　多级计算机控制系统

（1） 管理级控制系统 MIS。MIS 的任务是进行生产计划的管理和调度，具体地说，是指挥和管理下一级计算机的工作。MIS 又分为若干级，如公司级管理、工厂级管理及车间管理等。

MIS 计算机都是大中型的通用计算机，要求数据处理和科学计算的能力强，内外存的容量大，特别是工厂级或公司级的 MIS 计算机，通常都有一个数据库。数据库是一个巨大的外存系统。

（2）过程级控制系统。过程级控制系统由监督控制系统 SCC、直接数字控制系统 DDC 和过程输入、输出 PI/O 装置等组成。

SCC 主要进行设定值计算，实行工艺最优控制，指挥下一级计算机 DDC 的工作，调整常规控制器的设定位，给操作人员发出操作指令等。DDC 计算机接受 SCC 计算机给出的设定位，从生产过程获得实际值，二者进行比较，经过控制算法的计算，发出控制信号，输出实际的调整值。PI/O 装置把生产过程的模拟信号转换成数字信号输入给计算机，把计算机处理完的数字信号转换成模拟信号，输出给生产过程，对目标值进行计算机控制。

根据轧钢过程的特点，其计算机控制又可分为综合生产管理系统、加热过程控制系统、轧制过程控制系统、精整过程控制系统、仓库存储控制系统等。而每一系统都由许许多多的子控制系统组成。如图 6-41 所示为轧辊位置控制系统。

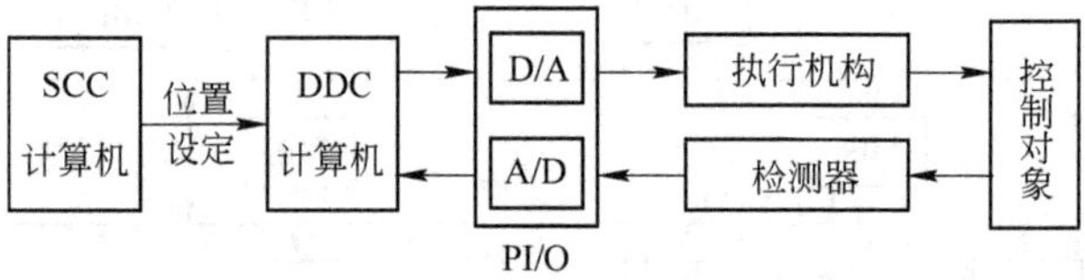

图 6-41　轧辊位置控制系统示意图

由 SCC 计算机给出辊缝设定值，DDC 计算机把此辊缝调节值转换成电机速度值，输入执行机构——压下电机，把辊缝调节到设定值上。检测器——辊缝仪对辊缝进行测定，把实测值回输给 DDC 计算机，DDC 对设定值与实测值进行比较，若二者相等，则辊缝调节便告完成。若有差别，则 DDC 计算机可再次进行调整。

447. 什么是数学模型？轧钢过程中有哪些主要数学模型？

任何一个客观的物理、化学过程都涉及一系列的参数。这些参数可分为：

(1) 常量，是在整个过程中固定不变或在控制过程的一定时间内不变的参量。例如辊径、刚度等。

(2) 调节参量，是用来控制过程的调节量，亦称输入量。例如辊缝、转速等。

(3) 目标参量，是经过调节最终要达到的目标值，亦称输出量。例如成品厚度、终轧温度等。

(4) 限制参量，是在过程中有所限制的量。例如允许压力、扭矩与功率等负荷参数。

过程中的输入量与输出量之间、或调节参量与目标量之间，总存在着一种固有的关系。随着过程条件的变化，这些关系的变化也有一定的规律性。为了清楚地揭示这种规律性，把具体的对象或过程抽象化，用数学关系式描述被控过程中各参量之间的客观关系，称这样的数学关系式为对象或过程的数学模型。

以函数关系的表示方法分，数学模型可分为公式法和表格法。公式法是反映过程中各有关参量间的数量关系用理论方程或经验方程，它可以是单一的代数方程式，也可以是一个有机联系的数学方程组。表格法是表征过程中各参量间的关系用表格。

数学模型又分静态模型和动态模型。把过程各有关参数不随时间而变化的平衡状态称为系统的静态。把各有关参数随时间而变化的不平衡状态称为系统的动态。把反映静态过程和动态过程中输入量与输出量之间的关系式分别称为静态模型和动态模型。动态模型中输入量和输出量一般都是时间函数。

轧钢生产过程主要是一个物理过程，最基本的工艺制度是：温度制度、速度制度及变形制度等。轧钢生产用的数学模型就是围绕这三个制度建立的。可以认为轧钢生产过程必须具有三个方面的数学模型。

（1）关于温度控制方面的数学模型——温度设定模型及温度控制模型。

对某些纯工艺性的数据可以直接以参数形式输入计算机——用表格法（参数设定法）。例如终轧温度和卷取温度，这些参数是根据钢种、产品规格确定的，很难找到一个合适的数学公式来确切表达其函数关系，于是就以表格形式直接输入计算机，在使用时以设定值的形式输出。

对某些互相之间有制约的数据，可以用公式法（计算设定法）确定。当知道约束条件时，即可得到另一个条件。例如：

1）钢坯出炉温度，应根据轧制的需要、终轧温度的要求和钢的化学成分确定，用建立的模型公式进行计算。

2）加热炉温度制度的设定，应该根据钢坯的出炉温度、钢的加热时间及加热炉构造情况而定，用建立的加热炉燃烧过程数学模型计算。

3）钢材终轧温度的控制，应根据对钢材终轧温度的要求，控制轧制过程中的轧制速度、冷却水量等。

4）卷取温度的控制，可根据对卷取温度的要求，对轧后冷却速度、水量、输送速度等一系列参数建立数学模型进行控制。

上述参数的设定与控制之间相互制约。

（2）关于变形制度方面的数学模型——负荷分配模型与轧辊位置设定模型。

负荷分配模型与轧辊位置设定模型是为保证变形制度的要求而制定的数学模型，其工作步骤是：

1）把变形制度改造成负荷分配模型；

2）为了保证负荷分配模型的实现，用轧辊位置设定模型计算出轧辊的精确位置。

（3）关于工艺制度方面的数学模型——自学习及自适应模型。

自学习及自适应模型是为提高模型的计算精度及模型预报的准确性而设计的。以板带冷连轧机为例，要实现生产过程的计算机控制，要求建立下述基本的工艺方面的数学模型：弹跳模型、压力模型、扭矩模型、能耗模型、前滑模型以及板形模型等，这些都属于自学习及自适应模型。

448. 如何实现轧钢过程的计算机控制?

要实现轧钢过程的计算机控制，必须具备计算机本体、控制软件、执行和调节系统和检测仪表，这些缺一不可，否则轧钢过程计算机控制便不能实现。

计算机是实现控制的首要条件。应根据轧钢过程的复杂程度和控制水平选择容量、速度合适的计算机及其配件。

执行和调节系统是计算机控制中的实施机构，它们将计算机发出的指令用于目标值，使目标值到达设定值。例如，当用计算机控制辊缝时，压下电机便是执行和调节系统，压下电机根据计算机的指令将辊缝调到设定值。

检测仪表用来检测控制的精度，并把信号送回计算机。例如控制辊缝时，检测仪表就是辊缝仪。辊缝仪将辊缝的实际数值测定下来，并送回给计算机。计算机可根据实际值与设定值的差别大小决定是否再次进行调节。

控制软件（主要是数学模型）是实现轧钢过程计算机控制的必要条件，是影响计算机控制效果的关键因素。

在轧钢过程计算机控制中，首先要把轧钢工艺制度优化，并以数学模型的形式存入监督控制系统计算机（SCC）中，SCC 就可以根据建立的数学模型，按时输出各类设定值给直接数字控制系统计算机（DCC），对生产过程进行控制。

把轧钢工艺制度改造成计算机可以执行的数学模型的工作称之为“数学模型的建立工作”。轧钢过程中最基本的模型有温度模型、速度（前滑）模型、变形模型等一系列模型。在工艺制度中包括一系列工艺参数，在数学模型的建立中，要具体分析参数之间的关系，以便在控制某一变量时，达到控制另一变量的目的。

建立数学模型有四个步骤：

（1）确定最佳的试验方案和方法；

（2）确定合理的模型结构；

（3）确定模型中的最佳参数；

（4）试验验证。只有经验证具有一定可靠性和稳定性的数学模型才可用于计算机控制。

在模型建立后，还需用计算机所能接受的算法语言编制各种相应的计算机应用程序，如最优化程序、设定计算程序、自适应程序、作各种顺序控制（如依次打开水冷器阀门）的程序，以及巡回检测、打印、报警程序等等。然后，计算机才可按事先编制好的动作顺序程序或时间顺序，自动地控制轧钢生产设备的工作。

目前，我国已有许多轧机实现了计算机控制。图 6-42 是某连轧管机组的综合控制系统，表 6-5 是制管过程计算机控制的主要功能。

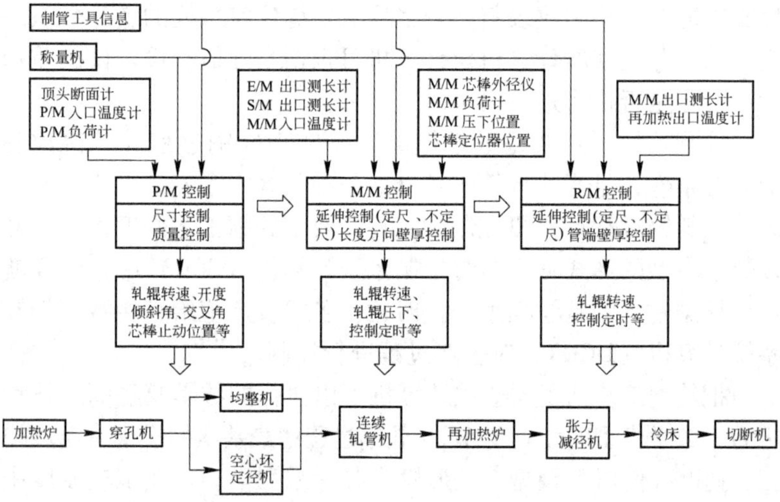

图 6-42　轧机综合控制系统

1—加热炉；2—穿孔机；3—均整机；4—空心坯定径机；5—连续轧管机；6—再加热炉；7—张力减径机；8—冷床；9—切断机

表 6-5 自动设定和控制的主要功能

工 序	主 要 功 能
加热炉	（1）控制炉温；（2）自动装料（多排）和出料；（3）控制气体流动；（4）控制出炉节奏
穿孔机	（1）控制尺寸；（2）控制质量；（3）芯棒的自动装入和抽出；（4）设定推钢机
连续轧管机	（1）控制延伸（定尺、不定尺）；（2）控制壁厚均匀；（3）控制管端壁厚；（4）控制芯棒突出长度；（5）自动装入和抽出芯棒
再加热炉	（1）控制炉温；（2）控制装入位置；（3）控制出炉节奏
减径机	（1）控制延伸（定尺和不定尺）；（2）控制管端壁厚
冷 床	（1）自动装入（多排）；（2）供给切断机的分配控制
剪切机	（1）控制剪切长度（定尺和不定尺）；（2）集中控制每个切断部位
自动仓库	（1）控制输送；（2）决定最佳存放方式
矫直机	（1）控制弯曲矫直；（2）减少矫直压痕的控制
切管机	控制切断长度（定尺和不定尺）
其他及精整	（1）打印机、涂油机、成形机、打捆机的设定；（2）优良品、再检查品的分类、合并的设定；（3）设定改变规格（或钢种）和停工

五、合金钢及优质钢的轧制特点

449. 合金钢及优质钢的轧制特点是什么？

钢中碳的含量及各种合金元素含量不同，导致各种钢有不同的轧制工艺特点。例如：

（1）碳素结构钢的导热性比合金钢的导热性好，所以碳钢的装炉温度、加热速度及极限加热温度的范围都较宽，而合金钢有较严格的具体要求。而且有些合金钢加热到相变温度时还要有一定的保温时间。

（2）碳素结构钢的热塑性好，变形抗力较小，热轧温度范围较大，一般可采用较大的变形量轧制。生产中即使遇到钢温不均或钢温较低的情况，也可以继续轧制。而合金钢的热塑性规律不一，一般变形抗力较大，咬入困难，只能采用较小的变形量，确保均匀变形才不致产生应力裂纹。

（3）在相同的轧制条件下，一般合金钢比碳素钢的宽展系数大，所以轧制铬镍不锈钢及莱氏体钢需要采用单独的轧辊孔型系统。

（4）由于某些合金钢的热轧温度范围很窄，所以轧制速度要快，间隙时间要短。有些合金钢经一次加热不能轧出成品，还须再加热进行第二次、第三次轧制。

450. 为什么有的轧辊在轧钢前必须预热？

一般情况下，轧制时轧辊用水进行冷却，这是保证成品质量，延长轧辊使用寿命，提高轧机生产率的必要措施。正确的冷却可使轧辊在低温下工作，以减少轧辊的磨损和应力，还可以起轧制润滑作用。

然而，有时轧辊不用冷却，甚至有时还要加热。因为有些合金钢（例如莱氏体钢），高温下具有较高的硬度，变形抗力很大、加工温度范围较窄（约 200℃），塑性差，容易产生裂纹，所以，轧制这类钢之前，轧辊必须预热。其具体做法是，在轧制这些钢种之前，先轧别的钢种，待轧辊温度升高后再轧制这些钢种。这种操作称为烫辊。这时轧槽的冷却水应当完全关闭，以免带走热量。轧制完毕，轧槽不能立即给水，应当在空气中空转一段时间再逐渐给冷却水，免得轧辊由于急冷急热产生应力而断裂。

生产叠轧薄板时，为了不使薄板冷却过快并控制辊型，也要对轧辊进行预热。轧辊在安装前可采用电加热，安装后可采用煤气加热，开轧时可先轧制窄而厚的钢板，轧辊温度升高后再轧宽而薄的钢板。

451. 合金结构钢的轧制特点是什么?

合金结构钢按其组织分类有珠光体、珠光体+马氏体、马氏体类钢，由于它们的含碳量不同，钢中过剩相（铁素体、碳化物）的多少也不同，所以合结钢有不同的轧制工艺特点：

（1）含碳0.10%～0.25%的合结钢其基体组织多是铁素体+珠光体，其轧制工艺过程和优质碳结钢一样；

（2）含碳量在0.30%～0.45%的合结钢多属珠光体、珠光体+马氏体、马氏体类钢，轧制生产过程中倾向于形成白点（参见第543问）及不同程度的淬火裂纹。珠光体钢则只有白点敏感性，没有淬裂的危险。

（3）所有的合金结构钢都有较好的高温塑性，因而在孔型系统、压下规程、工具及孔型设计等方面均可与碳钢相同，它们的变形抗力与碳钢相同或略大。加热时间$T_{加}$(h)可以按下式进行计算：

$$T_{加} = (0.11 \sim 0.20)a \qquad (6\text{-}33)$$

式中　a——方坯（或方锭）的边长或圆坯（圆锭）的直径，cm。

合金元素含量低的钢种，系数用较小的数值，合金元素含量高的钢种系数用较大的数值；

（4）一般合金结构钢易产生过热，加热温度不宜过高；

（5）轧后冷却应按其组织分类特性分别对待。

马氏体类合结钢需进行缓冷及热处理，以防止白点及淬裂的形成。

珠光体类合结钢对白点比较敏感，但淬裂不显著，所以轧后应缓冷，防止白点。断面较小的型钢（直径小于50mm）、钢管及薄板等，不需缓冷。

珠光体+马氏体类钢大多数可与马氏体类钢相同对待，而低含碳量的钢可与珠光体类钢相同对待。

452. 18Cr2Ni4WA 钢的轧制特点是什么？

18Cr2Ni4WA 钢在合金结构钢中是含合金元素最多的，是典型的马氏体钢，这种钢的钢锭倾向于枝晶偏析，是树枝状结晶严重和对轴心晶间裂纹敏感的钢种。因此这种钢与一般马氏体合结钢相比，有以下突出特点：

（1）钢锭一般进行均匀化扩散退火，加热时最好是热装炉，表面清理时应当进行消除应力的高温回火或等温退火。冷装炉时炉尾温度不得高于 800℃，或经预热后入加热炉，以免产生热应力裂纹。

（2）钢的高温塑性良好，在 900～1300℃范围内都有良好的塑性。但是由于这种钢过热敏感性很大，而且一旦产生过热，很难用热处理方法消除，只有依靠变形量在 40% 以上的轧锻加工才能挽救，因此这种钢的最高加热温度不应高于 1220℃。

（3）轧制时可以采用大变形量轧制，以消除或减小轴心晶间裂纹缺陷，破碎树枝状结晶组织以提高材料的使用寿命。

（4）严格控制终轧温度。终轧温度过高将得到粗大晶粒，使成品的塑性和力学性能急剧下降，终轧温度过低使变形抗力明显增加，终轧温度一般控制在 850℃左右。

（5）为了防止白点及淬火裂纹，轧后的钢坯及大于 75mm 的钢材，必须在缓冷坑中冷至 150℃，然后进行高温回火，或者轧后直接进行高温回火。

（6）钢材出厂前必须进行高温回火热处理。

453. 弹簧钢的轧制特点是什么？

弹簧钢材表面的脱碳层一般要求不超过直径或边长的 1%，在轧制中弹簧钢有如下特点：

（1）碳素弹簧钢的加热工艺与含碳量相同的碳工钢一致，主要应防止脱碳，其轧制工艺与相同含碳量的碳素结构钢生产相同。

（2）合金弹簧钢钢锭的装炉温度热装时不限，冷锭（退火后的）入炉时炉尾温度不得高于800℃。最高加热温度不应超过1150℃，终轧温度不应低于800℃，否则变形抗力成倍增加。

（3）由于含硅弹簧钢具有很大的脱碳倾向，因此在成品轧制时必须采用最快的加热速度加热钢坯，以确保脱碳层不超过标准规定。生产实践证明，对这类钢的成品生产采用高温快速加热可以获得不超过标准规定的脱碳层深度。最高加热温度可达1150℃。

（4）大规格钢坯（边长160mm以上）轧后应缓冷到300℃再空冷；小于ϕ50mm的钢材及小规格钢坯可以在空气中堆冷。

454. 滚珠轴承钢的轧制特点是什么？

滚珠轴承钢包括GCr6、GCr9、GCr15、GCr15SiMn等是过共析珠光体类钢，其轧制特点为：

（1）钢锭可以热装炉也可以冷装炉，但由于其导热性较差容易产生组织应力和热应力，加热速度不宜过快，以免产生裂纹，形成鸟巢裂口。

（2）由于这类钢在浇注后的冷却过程中产生碳和铬的偏析，钢锭中心部分的碳化物以莱氏体共晶体存在，一般称为碳化物液析。因此钢锭在1150～1200℃温度下要进行较长时间的高温扩散退火，以消除或降低碳化物液析级别。

（3）钢锭的加热温度过高，超过1220℃时，产生内部过烧缺陷。所以这类钢的加热极限温度是1220℃。

（4）钢坯比钢锭的加热温度低一些，一般在1050～1100℃之间，在高温带加热时间尽量短，主要是为了防止脱碳和过热。

（5）这类钢高温下塑性较好，变形抗力较低，可以采用较大的压下量轧制。终轧温度应严格控制在800～850℃之间，以利于破碎网状碳化物。当终轧温度不小于900℃时，钢材应快速冷却至600～650℃（以防止网状碳化物继续析出）然后再进行缓冷。终轧温度低于800℃时，钢材易形成带状碳化物组织，并且容易因塑性降低而产生裂纹。

(6) 轧后的大断面钢坯（边长大于150mm）及 ϕ50mm 以上的型钢应进行缓冷，小规格钢材可以在空气中堆冷。缓冷的目的是消除白点缺陷，缓冷速度为20℃/h，冷至100℃终了。

(7) 钢材出厂前的热处理是球化退火，目的在于改善冷加工和切削加工性能，并为轴承零件热处理做好组织准备。

(8) 为了防止产生网状碳化物，热轧轴承钢管生产需要在均整之后由 850℃ 快冷（50 ~ 90℃/min）至 650℃ 或增加正火工序。

455. 莱氏体类工具钢的轧制特点是什么?

按钢的组织分类表莱氏体类工具钢包括 Cr12、Cr12Mo、Cr12W 等合金工具钢和高速工具钢，含有较多的莱氏体共晶碳化物。这种碳化物不能用热处理方法消除，只能用锻、轧等压力加工方法破碎，一般铸成小型钢锭。其轧制特点为:

(1) 莱氏体钢的导热性比其他钢都差，因而加热应当极其缓慢，小型钢坯加热也需要预热，并且要有足够的保温时间和均热时间。在有水冷滑铁管的连续式加热炉中加热时，最好将莱氏体类的钢坯托在其他钢坯之上，以确保钢坯温度均匀。

(2) 莱氏体钢容易过热、过烧，铸造状态又有很不均匀的组织及较低熔点的共晶偏析区，所以加热极限温度应低于莱氏体共晶碳化物的熔点，否则在轧制过程中由于液相及固相同时存在会促使轧件开裂。一般情况下加热温度为: Cr12、Cr12W 钢不超过 1170℃; W9Cr4V 钢不超过 1190℃; W18Cr4V 钢不超过 1230℃。

(3) 莱氏体钢塑性低，变形抗力高。虽在900℃至1200℃有较好的塑性及较低的变形抗力，但仍比一般碳钢的塑性低、变形抗力大。因此终轧温度应控制在 850 ~ 900℃，以免产生劈裂。为了确保终轧温度及轧件不受急冷，轧制时辊面不用水冷却，并且在轧莱氏体钢之前应先轧其他的钢预热轧辊。

（4）莱氏体钢轧后即使很缓慢地连续冷却（10℃/h）也能得到马氏体组织，产生应力裂开，因此轧后应进行等温退火处理。

（5）由于莱氏体钢的轧制加工温度范围很窄（约 200 ~ 250℃），钢锭开坯必须采用多火次锻造，轧材可用两火或多火轧成。

456. 珠光体类合金工具钢的轧制特点是什么?

珠光体类合金工具钢按钢的组织分类有珠光体、珠光体 + 马氏体两类；还有过共析、共析和亚共析之分。它们共同的轧制特点有：

（1）钢的导热性较低，热应力及组织应力较大，因此钢锭最好是热装炉。低温阶段应以低速加热，并在相当于相变温度时给予足够的时间保温。

（2）这类钢对过热倾向比较敏感，加热温度不宜过高，但要有足够的均热时间。一般加热温度规定为：钢锭不高于 1180℃；钢坯不高于 1150℃。

（3）这类钢的变形抗力较大，要求轧制温度尽可能高，但为了防止网状碳化物形成，一般终轧温度不能过高，即最后一道轧制要等到钢温降至 A_{cm} 以下再进行，为了解决此矛盾，开坯的终轧温度可以高一些，成品的终轧温度则应低一些。

（4）轧后根据断面大小不同分别进行缓冷或等温退火。边长 150mm 以上的方钢坯应及时退火以利表面清理，小断面钢材可以缓冷后精整，但出厂前都需要进行热处理。

457. 铁素体类耐热钢的轧制特点是什么?

含铬 25% ~28%、含碳小于或略大于 0.1%（有的加 0.8% 左右的钛；有的加 5% 左右的铝）的铁素体类耐热钢，在任何固态温度下都是铁素体单相组织。其导热性较差，导热系数只有一般低碳钢的一半，并且热膨胀系数较大，容易产生热应力，因此要求加热时采用慢速加热并要有足够的均热时间。这种钢的高温塑性与一般低碳钢没有什么不同，有以下几项特点：

（1）钢锭或钢坯最好是热装炉（钢温不低于300℃），以免产生应力裂纹及影响加热炉产量。

（2）冷钢锭或大断面钢坯，要先预热后加热。

（3）钢锭加热温度不应高于1200℃，钢坯的加热温度不应高于1100℃，以免晶粒过分粗大。

（4）合适的终轧温度为750～850℃。终轧温度过高，得不到细晶粒组织，终轧温度过低则导致塑性过低，变形抗力过高。

（5）钢锭及钢坯的表面缺陷可以用机械方法清除，不要用砂轮研磨法清除，以免产生研磨裂纹。

458. 奥氏体不锈钢的轧制特点是什么？

常见的奥氏体不锈钢有00Cr18Ni10、0Cr18Ni9、1Cr18Ni9等，这类钢在任何固态温度下都是奥氏体单相组织。当钢中碳含量超过0.02%时，则钢中的铬形成复杂碳化物，影响钢的高温塑性。这类钢有如下的轧制特点：

（1）钢的导热性低但无组织应力产生，因此钢锭的装炉温度不限，但为了提高加热炉的生产能力，应当经过预热后装炉。

（2）在900～1250℃这类钢有良好的塑性。奥氏体不锈钢的热变形抗力很大，随着温度下降，变形抗力急剧增高，因此，要控制终轧温度与变形程度。终轧温度不应低于850℃。

（3）在型钢轧制中这类钢的宽展系数几乎是碳钢的1.5倍，应当采用与轧碳钢不同的单独的孔型系统。

（4）这类钢轧后不需缓冷或热处理，无组织应力产生，为了保证冷加工及焊接性能，可以采用高温固溶处理（1050～1100℃水中淬火）。

（5）这类钢的表面氧化铁皮用单一盐酸或硫酸洗不掉，需用特殊溶液酸洗，如采用硫酸、硝酸、盐酸及氢氟酸的混合溶液。有时需采用碱洗。

459. 1Cr18Ni9Ti 钢的轧制特点是什么?

这种钢是奥氏体-铁素体类钢的典型钢种，铁素体组成成分（α 相）的数量随着化学成分的变化（奥氏体形成元素和铁素体形成元素在上、下限范围内的变化）而增减。α 相的存在为热轧变形增加了困难，为了控制钢材的质量而将 α 相的多少分成五级，无缝管坯的 α 相级别应在 1.5 ~ 2.0 级以下，轧制钢板的在 3.0 级以下，热轧型钢的在 4 ~ 5 级以下。1Cr18Ni9Ti 钢有以下轧制特点：

（1）钢的导热性差，导热系数相当于低碳钢的 27%，随着温度的升高，这种差别逐渐减少，但无组织应力产生，可以冷状态下装炉，钢的加热速度较慢（130℃/h），并且需要有足够的保温时间（大于 1h）。

（2）这种钢的塑性很好，但这类钢的塑性与钢锭质量和钢中 α 相的多少有关。当 α 相增加时，塑性降低。α 相除与成分有关外，还与加热温度和加热时间有关。加热极限温度一般为 1250℃，对于 α 相在 4 级以上的钢应为 1200℃，以免降低高温下的塑性。

（3）这种钢的变形抗力高，特别当温度较低时，变形抗力急剧升高，因此，终轧温度不应低于 950℃，以免变形抗力成倍增加，为了保证有较高的终轧温度，轧制时轧辊辊面不用冷却水。

（4）因为这种钢宽展系数相当于一般碳钢的 1.35 ~ 1.5 倍，所以轧制圆钢，要采用万能孔型系统，以便得到良好的表面质量。又因为这种钢的变形抗力大，所以轧制钢板不得不采用小压下量，这又会使钢板侧面出现“双鼓形”，导致侧面产生分层缺陷，因此要严格控制终轧温度和必要的变形渗透深度。

（5）因为这种钢不产生组织应力，所以轧后不需要缓冷或热处理。这种钢需要固溶处理，即将钢加热到 1050 ~ 1100℃，而后置于 25℃ 的循环水中。

（6）这种钢需要在硫酸、硝酸、盐酸及氢氟酸溶液中去除氧化铁皮。

460. 马氏体不锈钢的轧制特点是什么？

常见的马氏体不锈钢有2Cr13、3Cr13、4Cr13、Cr5Mo、9Cr18等，它们有以下轧制特点：

（1）钢的导热性能较差，导热系数仅稍高于1Cr18Ni9Ti钢，而且有较大的组织应力和热应力，因此钢锭需要热装炉。冷钢锭进行表面清理前应先进行消除应力退火。

（2）钢锭装入加热炉之前，需先预热到550℃，温度在800℃以下时要缓慢加热，最高加热温度不应超过1250℃，并应使加热温度均匀（即把钢烧透）。

（3）轧制时变形抗力较大，4Cr13的变形抗力为含碳量约0.10%的碳素结构钢的1.6倍，为滚动轴承钢的1.3倍，所以不宜采用大压下量轧制。加热温度和终轧温度应尽量高一些。因为这种钢一般在900～1200℃有较好的塑性。所以终轧温度应在900℃以上，以保证变形抗力不增加并有较好的高温塑性。

（4）热轧后在轧件表面形成许多裂纹是马氏体不锈钢的一个特点。马氏体不锈钢对热应力很敏感，因此其冷却速度应根据钢种、规格及用途确定，3Cr13、4Cr13要求轧后在850℃以上进缓冷箱，缓冷终了温度应低于150℃。

（5）清理表面缺陷之前，钢锭、钢坯应进行软化退火，以免产生研磨裂纹。

六、轧辊的材质、使用及维护

461. 轧辊应符合什么技术要求？

不论热轧或冷轧，轧辊都是实现轧制过程中金属变形的直接工具。因此，对轧辊质量要求严格。其主要质量要求有强度、硬度以及一定耐热性。轧辊强度是最基本的质量指标，在满足强度要求的同时，还必须有一定的耐冲击韧性。要使轧辊具有足够的强度，主要从选择轧辊材质以及确定合理的轧辊结构与尺寸上考虑。强度足够与否，可根据轧辊强度计算确定。硬度通常是指轧辊工作表面的硬度，也是轧辊的主要质量指标。它决定轧辊的耐磨性。在一定程度上它决定轧辊的使用寿命。可通过材料选用及对轧辊表面进行某种热处理来满足硬度要求。另外，当轧辊在热轧条件下工作时它还应具有一定的耐热性，以保证产品精度。

462. 轧辊如何按硬度进行分类?

轧辊按其辊面硬度可分为:

（1）软辊。萧氏硬度（HS）约为30~40，用于开坯机、大型型钢轧机的粗轧机、穿孔机等。轧辊材料一般为铸钢、锻钢，当载荷不大时可用灰口生铁。

（2）半硬辊。萧氏硬度（HS）约为40~60，用于大型、中型、小型型钢和钢板轧机的粗轧机，大型型钢轧机的精轧机和钢坯轧机。轧辊材料为半冷硬铸铁、铸钢和锻钢。

（3）硬面辊。萧氏硬度（HS）约为60~85，用于薄板、中板、中型型钢和小型型钢轧机的精轧机及四辊轧机的支撑辊。材料是冷硬铸铁和合金钢。

（4）特硬辊。萧氏硬度（HS）约为85~100，用于冷轧机。材料是含有铬、镍的锻造合金钢。

轧辊在砂模或铁模中铸造，软面轧辊直接在砂模中进行浇注，得到灰口生铁；半硬辊在有涂料的铁模中铸造，用这种方法铸的生铁轧辊叫做半冷硬铸铁轧辊；硬面辊在没有涂料的铁模中铸造，用这种方法得到的生铁轧辊叫冷硬铸铁轧辊。

冷硬层的深度取决于生铁中含硅和锰的比例。冷硬层的硬度主要取决于碳的含量及某种合金元素的含量。

463. 制造生铁轧辊的材料有哪些?

生铁（也叫铸铁）轧辊分为软轧辊（灰口铸铁）和硬轧辊。硬轧辊根据制造方法不同分为半冷硬轧辊和全冷硬轧辊。除此之外还有合金铸铁轧辊和球墨铸铁轧辊，以及带有铸造轧槽的全冷硬铸铁轧辊。制造轧辊的生铁化学成分如表6-6所示。

表6-6 制造轧辊的生铁成分表

轧辊名称	化学成分/%							
	C	Si	Mn	P（不大于）	S（不大于）	Cr	Ni	Mo
软辊	2.2~2.8	0.5~1.3	0.5~1.2	0.3	0.12			
半硬轧辊	1.8~2.7	1.0~1.5	1.0	0.07	0.07			
全冷硬轧辊	2.8~3.3	0.5~0.9	0.25~0.45	0.3	0.15			
薄板轧机工作轧辊	2.7~2.9	0.5~0.7	0.25	0.45	0.09			0.35~0.4
薄板轧机精轧辊	3.25~3.4	0.5~0.7	1.25	0.05	0.05	1.0	3.5~4.5	
型钢轧机精轧辊	3.25~3.50	0.85~1.20	0.4~0.5	0.1	0.12	0.75~0.95		0.25~0.35

464. 制造钢轧辊的材料有哪些?

钢轧辊用各种钢号的铸钢和锻钢制成，也有的用耐磨性好和强度较大的合金钢制成。初轧机、板钢轧机、大中型型钢轧机的开坯机轧辊，多用合金锻钢轧辊。制造轧辊的碳钢以50~60号优质碳素结构钢较普遍。制造轧辊的合金钢成分如表6-7所示。

表 6-7　制造轧辊的合金钢成分表

轧辊名称	化学成分/%							
	C	Si	Mn	P (不大于)	S (不大于)	Cr	Ni	Mo
初轧机轧辊(锻)	0.5 ~ 0.55	0.3 ~ 0.35	0.6 ~ 0.75	0.025	0.025	1.1 ~ 1.4		
开坯机轧机轧辊(铸)	0.7 ~ 0.8	0.35	0.8	0.06	0.045	1.0		0.45
型钢精轧辊(铸)	1.5 ~ 1.65	0.5 ~ 0.65	0.4 ~ 0.55	0.06	0.045	1.0		0.45
型钢粗轧辊(锻)	0.9 ~ 1.0	0.3 ~ 0.4	0.7 ~ 0.9	0.06	0.045	1.0		0.45
热轧薄板支撑轧辊(铸)	1.6 ~ 1.8	0.3 ~ 0.4	0.8 ~ 0.9	0.05	0.05	0.9	1.5	0.35 ~ 0.4
冷轧机轧辊	1.0 ~ 1.1	0.2 ~ 0.3	0.25 ~ 0.3	0.03	0.03	1.5 ~ 1.75		0.2 ~ 0.25
冷轧机轧辊	0.82 ~ 0.95	0.18 ~ 0.3	0.27 ~ 0.4	0.027	0.018	1.7 ~ 2.0		0.1 ~ 0.9
冷轧机轧辊	0.82 ~ 0.95	0.2 ~ 0.3	0.25 ~ 0.4	0.027	0.018	1.1 ~ 2.2		

465. 如何确定轧辊的使用期限？

轧辊报废除考虑轧辊表面被磨损的情况外，主要取决于最后工作辊径的大小，辊径过小影响轧辊强度和轧件咬入，还受连接轴与轧辊中心线倾斜角度的限制。

当使用万向接轴时，接轴与轧辊中心线的允许倾斜角为8°~10°；而使用梅花接轴时，接轴与轧辊中心线的允许倾斜角为1°~2°。因此当使用万向接轴时，轧辊报废的主要依据是轧辊冷硬层的深度和咬入情况；而当使用梅花接轴时，轧辊报废的主要依据是轧辊中心线与梅花轴的倾斜角大小，倾角过大会损坏人字齿轮座。

一般常用的型钢轧机轧辊直径范围为：

轧机名称	轧辊直径变化范围/mm
650 轧机	630 ~ 680
500 轧机	480 ~ 540
430 轧机	410 ~ 455
300 轧机	290 ~ 325
280 轧机	260 ~ 290
250 轧机	240 ~ 270

466. 什么叫轧辊的磨损？

轧辊在轧制过程中，由于与轧件接触而发生的物理摩擦作用，和冷却水在高温高压下接触而发生的化学腐蚀作用和氧化作用所引起轧辊表面的质量和数量变化，叫做轧辊的磨损。

在研究轧辊磨损的时候，应该区别以下各点：

（1）绝对磨损。磨损时掉落的物质质量数。

（2）磨损性。掉落物质质量数与物质掉落所消耗功的比值。

（3）耐磨性是磨损性的倒数。

绝对磨损或称磨损，可以理解为孔型或轧辊辊面尺寸的改变。

467. 影响轧辊磨损的因素有哪些？

影响轧辊磨损的主要因素有：

（1）型钢轧辊的孔型表面在轧制时孔型先与热钢接触，随后又被水冷却，因而交替地受到加热和冷却作用，结果在轧辊表面上出现网状裂纹，裂纹处金属发生强烈氧化，使裂纹扩展。轧辊表面发生氧化使摩擦系数增大，导致磨损加快。

（2）轧辊冷却不当同样会使轧辊表面磨损和破坏。当轧件出口处有充足的冷却水时，既能充分冷却轧辊，又能防止冷却水随同轧件进入孔型，这种冷却方法可以使孔型的使用期限大大延长。当冷却水随轧件进入轧辊时，水在变形区的高温高压下变成水蒸气，能使轧辊表面磨损和破坏。

（3）热轧时，轧件与轧辊之间存在一个中间层物质，这个中间层的成分是：覆盖在轧件表面的二次氧化铁皮、磨损生成物和水蒸气。这些物质对孔型的磨损有重要影响。

（4）轧件的化学成分对孔型的磨损也有影响。与软钢相比，高碳钢容易使孔型磨损。轧制合金钢和硅钢时孔型磨损特别快，其原因是轧制温度比较低，变形抗力比较大。

（5）轧辊的材质对自身的磨损同样有影响，这主要表现在轧辊表面硬度与磨损的关系上。不同的材质、不同的热处理制度和不同工艺生产的轧辊，在相同轧制条件下，其磨损是不相同的。

以冷硬铸铁轧辊为例，轧辊的硬度与磨损之间的关系如图6-43所示。随着金属组织中灰口铸铁成分的出现，硬度降低而磨损增加。在过渡层与轧辊灰口层之间磨损最大，因为灰口层中

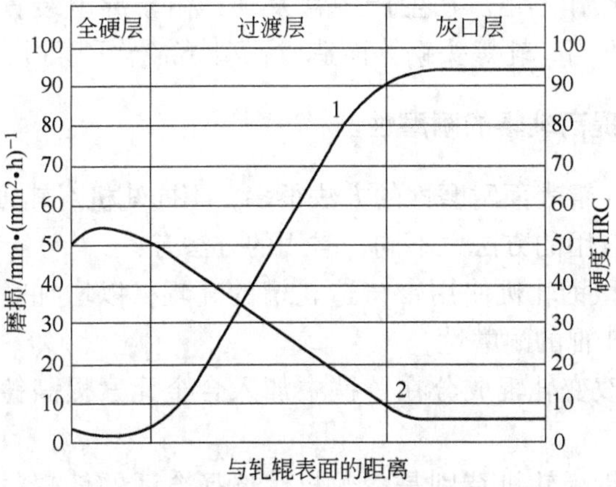

图6-43 铸铁轧辊的磨损曲线

1—磨损曲线；2—离轧辊表面不同距离上白口铸铁的硬度曲线

只有细小的片状石墨，而碳化物颗粒消失了。

(6) 孔型设计与压下规程也影响轧辊的寿命。随着单位压力的增加，磨损速度大大增加，精轧孔型中的压下量通常取8%～12%，这样做是为了防止轧辊很快磨损，减少轧机的弹性变形从而得到尺寸精确的钢材。另外，在孔型中轧辊工作半径不同，孔型表面的金属流动不均匀等都是造成孔型各部位磨损不均匀的原因。

468. 造成轧辊磨损不均的原因是什么？

造成轧辊磨损不均匀的主要原因是：

(1) 轧件断面的温度不均。例如工字钢的腿端比其他部位冷却得快，所以腿部轧槽比腰部轧槽磨损严重。

(2) 工作辊面的硬度不同。如光面轧辊车出轧槽的深浅不同，其耐磨性也不同，一般轧槽越深，硬度越低，耐磨性就越差。

(3) 压下量不均。如成品前孔磨损不均会引起轧件在成品孔中各部位压下量重新分配，压下量大的部位磨损严重。

(4) 操作不当。在生产中常发现，由于导卫装置不正确或轧机调整不当、轧黑头钢等而造成孔型局部严重磨损。

469. 如何提高轧辊的耐磨性？

提高轧辊表面耐磨性的方法很多，不同轧机对轧辊耐磨性要求不同，应用的方法也不同，常用的方法有：

(1) 型钢轧机使用带铸造轧槽的轧辊，以增加轧槽的冷硬层来提高轧辊的耐磨性；

(2) 改变轧辊成分在铸铁中加入合金元素提高铸铁轧辊的耐磨性；

(3) 钢板轧机特别是冷轧机，选择合适的轧辊材质作为提高轧辊耐磨性的手段，如用铬钢轧辊，或用锰、钼、钒、硅无铬合金轧辊；

(4) 采用淬火处理提高轧辊的耐磨性，目前工频淬火已广泛应用；

(5) 轧制极薄带钢采用硬质合金轧辊。为了节约合金材料，硬质合金轧辊通常做成复合式，即由辊套和辊芯组成，辊套用硬质合金制造，辊芯用线膨胀系数和辊套一样的材料制成。

470. 什么叫轧辊堆焊?

轧辊是轧钢厂的主要生产工具，它是承受轧制压力的主要零件。轧辊在使用中主要因表面磨损报废，而轧辊表层仅占轧辊总重的10%左右。用堆焊的方法修复轧辊的磨损部位，使轧辊能重复使用，从而提高轧辊使用寿命的工艺就叫轧辊堆焊。该工艺只适用于覆盖厚度为厘米级的钢轧辊。一般堆焊一次，表面层厚度可增加3~5mm。若堆焊轧辊表面约20~30mm，则需重复堆焊5~6次。经堆焊的轧辊表面硬度（HRC）可达50~55，甚至超过60。用堆焊方法可以对轧辊进行重复修复。

用于堆焊的表面覆盖材料称为堆焊材料。堆焊材料以断面形状分有焊丝、焊带。焊丝中又有实心焊丝（一般直径为0.8~5mm）及管状（粉芯）焊丝。粉芯焊丝是用08F薄带作外皮，将粉末材料（例如碳化钨粉末）包裹起来制成的。管状焊丝适用于难变形的覆盖材料。

目前我国常用的焊丝材料有25Cr3Mo2WV、3Cr2W8V、30CrMnSiA和Cr13系列的焊丝。Co基和Ni基的合金焊丝现已有多家工厂用水平连铸的方法生产。

虽然轧辊堆焊只适用于钢轧辊，而不能用于铸铁轧辊，但它仍然具有很大的经济效益，因为全国每年的轧辊消耗量约55万吨，总价值近百亿元，其中钢轧辊占1/2以上。轧辊单耗每降低1kg/t，一年就节省5万吨合金钢，其经济效益十分可观。

471. 什么叫球墨铸铁轧辊?

球墨铸铁轧辊是将铁水用镁进行球化处理后，浇入衬砂冷型或冷型内制成的一种轧辊。由于进行了球化处理，铸铁内部的石墨碳由片状变为球状，消除了片状石墨引起的石墨尖端应力集中现象，使铸铁强度显著提高，强度与铸钢轧辊相近，而耐磨性却比铸钢轧辊高得多。目前所用球化剂有镁、铈和钙三种，其中以镁作为球化剂较普遍。

球墨铸铁轧辊可以用在各种型钢和板钢的开坯轧机、粗轧机和精轧前的轧机上。成品轧辊在载荷不大的情况下也可以用。当成品轧辊承受载荷很大时，最好采用带铸造轧槽的、强度高耐磨性好的球墨铸铁冷硬轧辊。

472. 什么叫半钢轧辊?

20 世纪 40 年代末，美国冶金学家研究开发了碳含量介于铸铁和铸钢之间的轧辊新材料，称之为“ADAMITE”，其碳含量在 1.3% ~2.2% 范围内，力学性能处于钢和铁之间。它既具有铸钢轧辊的高强度和韧性，又兼有铸铁轧辊的良好耐磨性，国内通称为“半钢”。当半钢轧辊的碳含量大于 1.8% 时，又称之为高碳半钢轧辊。

473. 什么叫高速钢轧辊?

高速钢轧辊材质是在高速工具钢材质基础上发展而来的。早在 20 世纪 80 年代，锻造高速钢材质已开始用于冷轧辊的制造，使用的是标准类型钨钼高速钢，如美国 M2、M4 和 T15 等，但由于大型高速钢轧辊在锻造和热处理过程中难度很大，而且由于合金元素量多，其生产成本很高，因此锻造高速钢轧辊的推广使用很难。为推广高速钢轧辊的应用，充分发挥高速钢轧辊的性能优势，20 世纪 80 年代末，开始开发铸造高速钢复合轧辊，这种复合高速钢轧辊是以碳含量较高的钢和锻钢作为工作层材料，以球墨铸铁、铸钢或锻钢作为轧辊心部材料，将工作层材料和心部材料以冶金结合方式复合而制成的，所以，目前人们所称的高速钢轧辊除特指外均为铸造高碳高速钢复合轧辊。

474. 什么叫碳化钨辊环？其在棒线材轧机上的应用有哪些优缺点？

碳化钨硬质合金具有良好的热传导性能，在高温下硬度下降少，耐热疲劳性能好，耐磨性能好，强度高等特点。因此，为了满足棒线轧制过程中的高温、高应力、高冲击力、高温腐蚀条件，用碳化钨材料做成的轧辊和辊环称为碳化钨辊环。

碳化钨辊环由于具有硬度高、耐磨性好等特点，在棒线轧机上的应用体现出如下优点：

（1）提高钢材产品质量，使钢材表面质量和公差尺寸得到彻底改善，负偏差控制非常精确；

（2）减少换槽、换辊次数和停机时间，提高轧机生产率和产量，使轧机在同样时间内创造出更大的经济效益；

（3）降低产品的废品率，减轻生产车间劳动强度；

（4）降低生产成本，是企业增效的有效途径；

（5）有利于无头轧制技术的应用。

缺点是：由于碳化钨辊环硬度高、脆性大，对裂纹的敏感性高，导致加工异常困难，在使用中对冷却水的要求较高，而且不能承受急冷急热，否则易导致破坏性事故。

475. 什么叫组合轧辊？

组合轧辊是由辊颈、辊身、辊套组成，其特征在于：辊身的外径尺寸是小于接近报废的轧辊的辊身直径尺寸，在辊身的外部过盈配合镶嵌一个采用耐磨合金钢材料制成的辊套。

476. 什么是轧辊的滚压强化？

提高轧辊疲劳强度和耐磨性的有效方法是对轧辊进行表面强化处理。滚压的方法就是轧辊表面强化方法的一种。所谓滚压就是用辊子对轧辊进行加压而使轧辊表面有一定冷变形。滚压设备简单，各厂可自制。例如：用一个直径为30mm的GCr15钢淬火后（硬度HRC为60）制成的辊子，安装在专用托架上（见图

6-44），借轧辊车床带动轧辊转动，辊子在轧辊表面上滚动。辊子滚压轧辊所必需的压力，由校准螺丝弹簧产生。

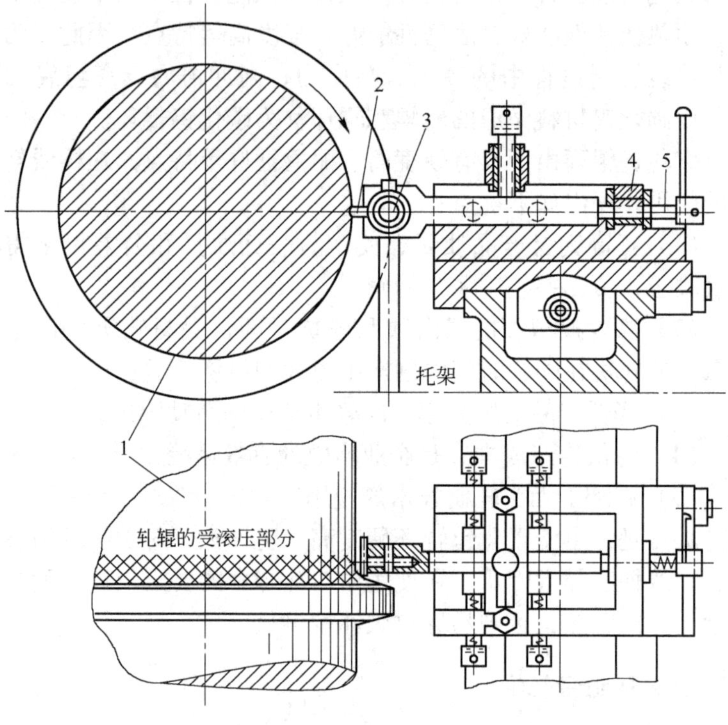

图 6-44　安装在轧辊车床刀架上的滚压设备

1—要进行滚压加工的轧辊工作面；2—滚压辊子；3—支撑辊；4—校准螺丝的弹簧；5—校准螺丝

滚压后轧辊表面光洁，轧辊表面受到一定的压缩，这种冷加工的结果，使轧辊表面硬度提高，从而增加了轧辊的耐磨性。

滚压设备简单，可安装在轧辊车床的刀架上，能使车光的轧辊立即进行滚压。滚压的辊子与被滚压的轧辊之间是滚动摩擦接触，因此在受力不大的情况下能得到很大的变形。

滚压强化，适用于初轧机和大型开坯机简单孔型的钢轧辊。

477. 如何车削轧辊孔型？

车辊应按照断面孔型设计和配辊图进行。车削轧辊的工人应按事先做好的孔型样板磨车刀（包括粗车刀和精车刀）。为了保证孔型上下轧槽对正，一般都采用叠辊车削的办法（即将构成孔型的上下两个轧辊重叠起来进行车削），这样便于加工和修正。

车辊工人根据配辊图上的最大直径，先将轧辊毛坯车光（一般要求车三刀：第一刀粗车；第二刀消除辊身锥度；第三刀精车）。

车辊的步骤为：

（1）依据轴向尺寸将孔型尺寸标画在车光的辊身上，这时还应将槽底宽度画出。

（2）按槽底宽度进行切槽，用深度尺或外圆卡尺测量，在达到要求后，再依斜度尺寸将轧槽由槽底向槽口扩宽及车圆角。

（3）用孔型样板卡量，进一步对侧壁进行精加工。在车削过程中，除了槽底圆弧用样板刀加工外，其余部分可用通用刀具车削即可达到要求。

根据实践经验，在普通车床上车削孔型（一般不用样板刀），尺寸误差在0.7mm以内而表面粗糙度可达1.6μm。

478. 轧辊断辊的常见形式有哪些？

在轧钢生产中轧辊的破坏主要指断辊，因为其他形式的破坏如裂纹、掉块等，一般均可以通过重车的方法予以修复。断辊的破坏形式归纳起来有四种：

（1）超负荷断辊。一般在辊颈处断裂，断口为折断状。主要是因为轧件温度过低；轧机压下量过大；轧制时有异物咬入孔型。

（2）强度不足断辊。一般在轧槽处断辊，断口呈折断状。主要是因为孔型切入深度大，造成最小辊径处强度不足；孔型尖角过于锐利；轧辊制造质量存在问题。

（3）冷却不良断辊。一般在轧槽处断裂，断口呈折断状，沿轧辊直径方向从表面向中心有一定深度的烧蓝层。主要是因为轧辊冷却水水量不足、水压过低或由于各种原因造成的冷却水中断；换辊或换槽后，冷却水管未对正使用的轧槽。

（4）疲劳断辊。断裂位置不固定。主要是因为轧辊的铸造质量或化学成分存在问题。

479. 为什么会断辊?

造成断辊的原因有以下几种情况：

（1）轧辊冷却不适当。如闭水轧制结束后过早过快地给冷却水。

（2）轧辊安装不正确，造成工作时受力不均。

（3）由于缠辊、喂错孔、多条轧制变形量过大；或轧制温度过低，使变形抗力增加，轧制力超过了轧辊的强度极限。

（4）轧辊的内在质量不好，原始应力未消除或存在铸造缩孔；轧辊在某些地方强度低，造成应力集中。

（5）轧辊刻槽较深，轧辊的工作直径太小，轧辊强度不够。

上述各种情况都会引起断辊。但是断辊一般都是几种情况综合引起的，而且是一个由量变到质变的过程。

为了避免不必要的断辊事故，延长轧辊的使用寿命，应当认真执行技术操作规程，加强技术管理，要及时从每次断辊事故中认真分析原因，总结经验教训。

480. 怎样分析断辊原因?

根据生产现场的实际情况，检查轧辊的断裂部位及断口形态是分析断辊原因的主要方法。以热轧型钢生产为例：

（1）当轧制温度偏低或压下量偏大使变形抗力增大时，轧辊可能在孔型的工作辊径上折断。这时的断裂断口是剪应力断口。

（2）当发生误操作，轧件进入较小规格孔型，轧件进入辊环或缠辊，造成扭转力矩大于轧辊本身强度时，轧辊在辊身与辊径接触处被扭断，这时的断裂断口是扭应力断口。

（3）当轧辊磨损不均匀、受不均匀冷却的交变作用，造成局部缺陷并逐渐扩大时，轧辊发生疲劳断裂。断裂部位不一定在轧制道次的孔型内，也可能在相邻孔型内。这时的断口为疲劳断口。

上述分析仅限于轧制生产过程，还没有考虑轧辊制造及热处理质量的影响。

481. 怎样管理轧辊？

轧辊是轧钢车间的主要备品。轧辊消耗量是轧钢生产技术经济指标之一，是考核轧钢生产的重要内容。轧辊管理得好坏对降低轧辊消耗量有重要意义。

轧辊要设专人管理并建立轧辊管理卡片。轧辊管理卡片的内容应包括轧辊的化学成分、机械性能、制造条件等原始情况；轧辊工作时间的长短（车削次数、工作直径）；所轧钢材种类和每车削一次的轧钢量以及其他材料。这对整理分析轧辊的各种技术性能是非常必要的。

轧辊的堆放、涂油保护等同样是轧辊管理的重要内容。轧辊不应随意在潮湿土地上乱放，应当在专门的轧辊存放架上存放。在堆放轧辊时辊颈应当涂油并用纸包好。车削后暂时不用的轧辊辊身应当涂上一层防锈漆，以免轧辊生锈而降低精确度。

七、钢材的轧后冷却

482. 钢坯、钢材有几种冷却方式？

根据钢的化学成分、组织状态，产品断面尺寸，冷却后可能产生的缺陷，以及轧机产量、冷却场地和冷却设备等条件，热轧后的钢材可采用不同的冷却方式冷却到室温。

（1）空冷，这是在空气中自然冷却的方法，它应用得很普遍。凡是在空气中冷却后，其金相组织不是马氏体或半马氏体的钢，热轧后多采用空冷，如低碳钢、普通低合金高强度钢、大部分碳素结构钢和合金结构钢，以及奥氏体类不锈钢等，都用这种方式冷却。

（2）快冷，这是鼓风、喷雾、穿水的强制冷却方法，其工艺特点是使钢材在一定时间内骤冷到某一温度后再自然冷却。例如要求检验碳化物网状缺陷的钢种采用这种冷却方式。普碳钢盘条也采用轧后快冷，以提高线材综合力学性能。

（3）缓冷，其特点是热轧后的钢坯或钢材堆在一起使之缓慢冷却，以防止白点缺陷的产生。缓冷的具体方法根据生产条件而定，可以在专用的缓冷坑内进行，可以在特制的可以移动的缓冷箱中进行，也可以在地上堆放，上面盖上砂子、石棉渣等保温物进行缓冷。这种冷却方式适用于马氏体、半马氏体以及莱氏体类钢，如高速工具钢、马氏体不锈钢、部分高合金工具钢以及高合金结构钢等，它们对冷却时产生应力的敏感性很强。

（4）热处理，热轧后常用的热处理方法有退火、高温回火、正火等。

483. 什么叫控制冷却？控制冷却的原理是什么？

控制冷却是通过控制热轧过程中和轧后钢材的冷却速度，达到改善钢材的组织状态，提高钢材性能，缩短钢材的冷却时间，提高轧机生产能力的冷却工艺。轧后控制冷却还可以防止钢材在冷却过程中由于不均匀收缩，使钢材扭曲或弯曲。

钢材采用完全再结晶型的高温控轧，高温终轧后的慢冷或空冷则使变形后奥氏体晶粒在再结晶完成之后的冷却过程中长大，这使相变后钢材的铁素体组织粗大。对低、中碳钢、低合金钢和微合金化钢，由于热形变的影响，促使钢的变形奥氏体向铁素体转变温度 Ar_3 点升高，也就是说，铁素体在较高的温度提前析出。高温下形成的铁素体晶粒容易长大，冷却后常温得到粗大的铁素体组织。另外，奥氏体晶粒粗大及 Ar_1 温度的升高，会使珠光体尺寸粗大，片层间距加厚。这种组织的力学性能较差。

如果变形奥氏体终轧是在部分再结晶区，轧后空冷容易引起奥氏体晶粒严重不均。相变后的室温组织，也形成粗细不等的混晶组织。如果终轧处于未再结晶区温度，由于形变诱导相变的作用，使奥氏体向铁素体转变温度升高，则轧后很快相变析出铁素体，慢冷时铁素体晶粒长大，因而降低了钢材的强韧性能。

因此，热轧或控轧后必须配合控制冷却工艺，加快热轧后钢材的冷却速度，防止奥氏体晶粒长大；降低奥氏体向铁素体和珠光体转变的相变温度，防止铁素体晶粒长大；细化珠光体组织，才能收到钢的强韧化效果。这就是控制轧制必须与控制冷却相结合的原因，也是热轧后必须进行控制冷却的主要原因之一。

484. 控制冷却有哪几种？

控制冷却的主要目的是改善钢材的组织状态，提高钢材的性能。控制冷却已在钢板、钢管、型钢线材生产中得到广泛应用，其工艺方法很多，主要的有以下几种：

（1）轧后余热淬火，如厚钢板的轧后余热淬火、钢筋的轧后余热淬火、钢轨的轧后余热淬火和石油管的轧后余热淬火等，就是使钢材的表层或整个断面淬火，得到马氏体组织，然后利用回火处理或余热自回火得到良好的金相组织，达到改善性能的目的。

（2）轧后的快速冷却，如轴承钢的轧后快冷、板带的层流冷却或水幕冷却、线材的二次冷却等，其作用是将轧材从终轧温度快速冷却到一定的中间温度，如铁素体转变温度稍低或珠光体转变温度，阻止铁素体、珠光体在高温形成和晶粒变粗大，最后获得细小的室温金相组织，改善钢材的力学性能。

（3）中间控制冷却，如板带轧机的机架间冷却，线棒材生产的终轧前的加速冷却，轧制中各段冷却，是为了获得准确的终轧温度，结合控制轧制改善钢材的组织和性能。

（4）轧后余热正火，如锅炉管的余热正火，是控制冷却的应用，旨在改善锅炉管的持久性能。

控制冷却的种类较多，而且同一种控制冷却，其开冷温度、终冷温度、冷却速度等也会因生产工艺和钢种的不同而有较大的差异。

485. 常用的冷却设备有哪些？

冷床是轧钢生产的主要冷却设备。冷床的作用在于将800℃以上的轧件冷却到150～100℃以下，同时使轧件按既定方向运行，在运输过程中应保证轧件不弯曲。由于轧制产品形状相差悬殊，因此轧钢车间的冷床形式是多种多样的。

按照冷床结构的特点冷床大致可以分为以下几类：

（1）设有钢绳拉钢机的冷床，这类冷床以固定的导轨为床面，配以带往复运动的多爪式拉钢机。这类冷床用于大型及中型钢材生产。

（2）设有链式运输机的冷床，这类冷床将轧件置于链带上，使轧件横向运行。这类冷床多用于轧件表面怕擦伤的钢管、钢板和带钢生产。

（3）齿条式冷床，由齿条和导轨组成。活动齿条相对于固定导轨做周期运动。每上下前后运动一次，轧件向一侧运行一段距离。这种冷床适用于冷却过程中容易产生弯曲和扭转的小型钢材生产。

（4）辊式冷床，由多组的细长辊子组成。辊子轴线与轧件运行方向成一定角度，使轧件在其上一面作横行移动，一面相应地转动，这样轧件不仅冷却均匀而且不发生弯曲和扭转。此类冷床造价较高，用于要求较高的小型型钢生产。

（5）钩式运输机，将盘条挂起来一边运输，一边进行冷却。主要用于线材生产。

486. 为什么有的钢材冷却时会产生弯曲?

钢材的断面形状有的是对称型的，如工字钢，也有的是非对称型的，如钢轨、槽钢等。一般对称断面钢材在冷却过程中不易产生弯曲，但由于操作不当也会造成钢材的局部弯曲，例如头部锯弯，由输送辊道推向冷床时，由于交错不齐而造成弯曲等。非对称断面钢材由于组成断面的各部位金属温度不同，所以冷却后的收缩也不相同。这种钢材冷却后将产生弯曲。

为了减少异形型钢冷却后产生的弯曲，有的工厂采用局部喷水（见图6-45）的措施，使型钢断面各部分冷缩一致，以求减轻矫直工序的负荷。试验证明，这种冷却方法对喷水部位的硬度与力学性能并无很大影响。

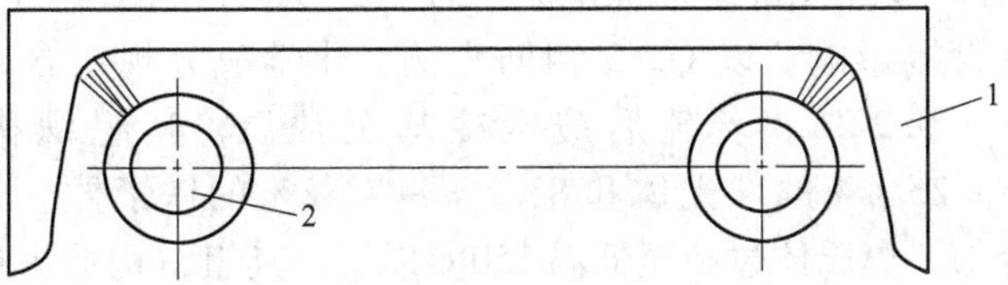

图6-45 槽钢的局部喷水冷却
1—槽钢；2—喷水管

487. 为什么有的钢材冷却时会产生裂纹?

马氏体+珠光体、马氏体、莱氏体类钢坯或钢材，轧后放在空气中冷却将会由于自身在冷却过程中产生的组织应力和冷缩时产生拉应力从而导致产生裂纹。

上述钢材，尤其是大断面产品，在冷却过程中外层较内层先冷，组织转变不可能在同一时间发生，马氏体钢的表层先转变成马氏体，体积胀大；仍然是奥氏体而未转变的钢的内层将阻止它膨胀，这便使钢的外层受压应力，内层受拉应力。当继续冷却时，内层也转变为马氏体，体积增大，但已失去塑性的外层要阻止其膨胀。这时外层受拉应力，而内层却受压应力。这种因相变而引起的应力叫组织应力。

在冷却过程中，表面和中心冷却速度不一样，一般表面冷却快而中心冷却慢，因而中心对表面产生拉应力。当组织应力与拉应力相叠加超过金属的强度极限时，钢材就产生应力裂纹。这种现象又叫淬火裂纹敏感。为了防止莱氏体类及马氏体类钢应力裂纹的产生，轧后要缓冷并且在缓冷后限定时间（根据当地自然气候而定）进行热处理或轧后直接热处理；或开坯后热送到下工序继续轧成小规格（直径或边长在50mm以下）钢材。

488. 为什么喷水冷却能够提高碳素结构钢材的力学性能？

碳素结构钢材的力学性能检验是在轧后自然冷却条件下进行的。因此，轧后钢材的实际晶粒大小、组织构造状态对力学性能指标有直接影响。以Q235钢筋为例，化学成分规定含碳量为0.14%～0.22%，若轧后缓慢冷却至常温，其组织构造为16.8%～26.4%的珠光体和83.2%～73.2%的铁素体。若轧后喷水冷却，奥氏体过冷至低温550℃以下，其组织构造为连续冷却的产物——屈氏体（也叫托氏体）组织，其强度及硬度均比索氏体高，比珠光体更高，抗拉强度可以达到Q275钢的水平。

碳素结构钢采用喷水冷却可以使沸腾钢代替镇静钢。

489. 什么是线材的斯太尔摩控制冷却工艺？其包括几种类型？各有什么特点？

斯太尔摩控制冷却工艺是由加拿大斯太尔柯钢铁公司和美国摩根公司于1964年联合提出的，目前已成为应用最普遍、发展最成熟、使用最为稳妥可靠的一种控制冷却工艺。据统计，该冷却线在世界上已投产约208条。该工艺是将热轧后的线材经两种不同冷却介质进行不同的冷却速度的两次冷却，即一次水冷，一次空冷。

斯太尔摩控制冷却工艺具有三种冷却形式，即标准型冷却、缓慢型冷却和延迟型冷却。它们的特点如下：

（1）标准型。标准型斯太尔摩控冷的运输机上方是敞开的，吐丝后的散卷落在运动的输送链上，由下方风室鼓风冷却。在线材散卷运输机下面，分为几个风冷段，其段数根据产量而定，一般为5～7段。当搭接状态的线圈通过运输机时，可调节风门控制风量，经喷嘴向上对着线材强制吹风冷却。其运输速度为0.25～1.4m/s，冷却速度为4～10℃/s，适用于高碳钢线材的冷却。

（2）缓慢型。缓慢型斯太尔摩控冷是为了满足标准型斯太尔摩控冷无法满足的低碳钢和合金钢之类的低速要求而设计的。它与标准型冷却的不同之处是在运输机前部加了可移动的带有加热烧嘴的保温炉罩。由于采用了烧嘴加热和慢速输送，缓慢冷却斯太尔摩运输机可使散卷线材以很缓慢的冷却速度冷却。其运输机的运输速度为0.05～1.4m/s，冷却速度为0.25～10℃/s，它适用于处理低碳钢、低合金钢及合金钢线材。

（3）延迟型。延迟型斯太尔摩控冷是在标准型冷却的基础上，结合缓慢型冷却的工艺特点加以改进而成的。在运输机的两侧装上隔热的保温层侧墙，并在两侧保温墙上方装有可灵活开闭的保温罩。当保温罩打开时，可进行标准型冷却；若关闭保温罩，降低运输机速度，又能达到缓慢型冷却效果，它比缓慢型冷却简单经济。由于它在设备构造上不同于缓慢型，但又能减慢冷却速度，故称为延迟型冷却。其运输速度为0.05～1.4m/s，冷却速度为1～10℃/s。适用于处理各类碳钢、低合金钢和某些合金钢。

490. 高速线材轧机机组中水箱的作用是什么？

水箱是现代高速线材轧机全线温度控制轧制技术的关键设备。水箱分布在预精轧机组到吐丝机之间。由于高速轧机在轧制过程中产生大量的变形热，使轧件温度上升。如不控制温度就会使轧件金相组织发生变化，轧线水箱各自配有两条或三条水冷线，所有水箱可以有一个由一个双筒液压缸整体移动到所需的冷却线过钢，冷却线配有不同的冷却管线；每个水箱用于正向和反向清扫的喷嘴各有一个，冷却喷嘴有三个，用于空气清扫反向喷嘴一个。各个水箱主体供应的冷却水由一个切断阀控制，其切断阀由气缸驱动，气缸则由一个两位三通气动换向阀控制动作；水箱的冷却或清扫水嘴开闭是通过集成于喷嘴内的快速响应阀来完成的，快速响应阀是由压缩空气来驱动。

正向和反向清扫喷嘴的作用是为了防止水顺着轧件外流；冷却喷嘴则可根据线材温度调节的需要确定开启数量，为充分保证冷却效果，水压可以通过几个水箱中安装的自动调压阀调整到一个恒定量（0.1～2.5MPa 范围），另外为了防止系统产生水锤效应，当正在使用的水嘴关闭时，与其相对应的另一条冷却线的水阀必须打开；空气清扫喷嘴，可将轧件通过水冷线残留在表面的水清除。

491. 什么是层流冷却？

层流冷却是以大量虹吸管从水箱中吸出冷却水，在无压力情况下流向带钢，使带钢表面覆盖一层处于层流状态下流动的最佳厚度的冷却水。冷却水不反溅并紧贴在带钢表面按一定方向做宏观运动，利用热交换原理使带钢冷却至卷取温度，因为它具有某些层流特点，所以称为层流冷却。

492. 常用的缓冷设备有哪几种？

常用的缓冷设备有两种：缓冷坑及缓冷箱。缓冷坑除了应具有足够强度承受缓冷钢坯的全部重量外，还应确保金属在坑内不受潮湿气体侵蚀，冷却速度低于空冷并能根据需要进行调整。

一般情况下，缓冷坑采用不加热式的，容量分别为 100t、70t、50t、30t 不等。缓冷坑的长度可以做成 7m 的，也可以做成 3.5m 的。宽度可做成 2m、4m、6m。高度可做成 900mm、1350mm 和 2200mm。总之缓冷坑的具体尺寸要根据实际需要和砌筑的实际可能确定，不应强求一致。

缓冷箱是用来缓冷小批量、小规格或特殊用途产品的装置。钢材装入缓冷箱后一边冷却一边转移，出缓冷箱后能够及时进行退火。缓冷箱的形状也应根据钢材缓冷的实际需要设计。例如生产高合金钢盘条，需要圆筒形的缓冷箱；生产超标准长度的特殊型材，缓冷箱要做成适应钢材长度的长方形。由于产品是小批量的，所以缓冷箱的容积不宜过大。

缓冷箱的构造应当坚固，轻便，一般是用两层钢板中间夹石棉构成。

493. 缓冷操作有哪些注意事项？

缓冷操作的主要注意事项是：

（1）钢坯、钢材装坑（箱）前应先检查缓冷设备的使用状态是否完好（密闭、干燥情况等）。

（2）装坑量不得少于设计容量的75%，允许用其他钢坯、钢材补充装坑，但不得混号。

（3）由开始装坑到装完，钢坯（材）表面温度不得低于600℃。为保证缓慢冷却，每装一批应及时加盖保温。

（4）缓冷坑盖与缓冷坑之间必须密闭。调整冷却速度时可以打开盖上的小孔或把坑盖抬起60～150mm。

（5）缓冷过程中要在装完最后一批钢坯（材）盖上坑盖20min之后进行第一次测温，以后每隔2h测温一次，并将结果记录在钢坯冷却记录上。

（6）钢材在砂中缓冷时，砂子应保持在100℃以上，以使砂子保持干燥，也可以减少砂子吸热，从而降低钢材的冷却速度。

（7）在堆放钢坯（材）之前，先在地上铺上一层厚度约为100～150mm的干热砂子，然后堆放缓冷钢材。钢材上面覆盖的砂层厚度，要根据当地气候条件确定，砂层厚度不应小于200～250mm。可以用增减砂层的办法调整冷却速度，允许在同一砂堆中缓冷不同钢种和不同规格的钢材，但冷却制度应当按缓冷时间最长和终了温度最低的钢种进行。

八、特殊轧制与特殊加工

494. 什么叫不对称轧制？

变形条件不对称于轧件水平中心平面的轧制过程叫不对称轧制。轧制的变形条件包括变形区中金属的外力作用情况和变形金属所处的实际内部状态。前者包括轧辊的压力、轧件所受的前、后张力或后推力、外摩擦以及变形区外区的作用等。后者指轧件的温度、组织和性能等的分布状况。在轧制过程中，由于各种因素在不同方向上对变形的影响并不一致，所以不对称轧制也是一种在轧制中常见的普遍现象。广义地讲，轧件上下层材质不同（如复合板）以及上下辊表面粗糙度不同等都属于不对称轧制。不对称轧制作为一种技术在纵轧中应用有多种情况：速度不对称轧制即异步轧制；轧辊直径或上下辊驱动不对称轧制，如生产厚板的三辊劳特式轧机，生产叠轧薄板用的单辊传动轧机，生产薄带的多辊异径轧机以及型钢生产中的上下压力轧制和初轧生产的下压轧制等。

495. 什么叫薄板坯连铸连轧？

薄板坯连铸后或连续铸轧后的直接轧制和直接热装轧制叫薄板坯连铸连轧。就大宗板带钢产品而言，薄板坯厚度以 10 ~ 60mm 为佳，这样经连铸连轧既可保证产品质量，又可有一定规模的产量，便于炼钢、连铸和轧钢生产能力的均衡匹配，并且显著简化工艺和设备，大大降低基建投资和生产成本。这一技术为冶金企业成卷生产板带钢提供了更有效的途径。

薄板坯连铸连轧方式是从进一步节能、提高热轧板卷的成材率和增大热轧板卷重量的出发点产生的。薄板坯由于单位重量的表面积成倍增加，如果是用冷坯再加热轧制，其氧化铁皮损失也将成倍增加，并且还将使带钢卷重成倍减小，经济效益下降。因为实际生产中卷重增大，不仅可以提高产量、质量和成材率，而且也便于在轧制与精整以及深加工使用过程中高速自动化操作。因而，现代化热轧宽带钢厂有意将铸坯厚度由 150～200mm 增加到 250～300mm。这就为薄板坯连铸连轧发挥优越性提供了应用前景。

496. 什么叫异步轧制？

上下工作辊表面线速度不等的一种轧制方式叫异步轧制，也称搓轧。异步轧制时，上下轧辊的速度差是通过机械传动方式或电气传动方式得到的。由于上下工作辊表面速度不等，在变形区内形成有表面接触摩擦力反向的区段（即所谓“搓轧区”），改变了变形区内的压应力状态，增加了剪切变形。因此，异步轧制与常规轧制相比，可以明显地降低轧制压力；增大一个轧程的总变形量，减少轧制道次和中间退火次数；提高轧机的轧薄能力和轧制精度。异步轧制还会造成上下传动转矩不等，慢速辊有时会出现负转矩。

根据辊系及穿带方式不同，异步轧制主要有包辊异步轧制、拉直异步轧制、异步恒延伸轧制和单机异步连轧 4 种类型。包辊异步轧制时在稳定轧制条件下，入口带材速度等于慢速辊的速度，出口带材速度等于快速辊的速度。变形区整个由“搓轧区”组成。此时压下装置已失去调节厚度的作用，只起调节张力的作用。在稳定条件下，辊速比越大，所需张力差也越大。包辊异步轧制很难满足大速比条件下对张力差的要求，因而只适用于小延伸量的平整轧制。同时包辊轧制使穿带麻烦，润滑困难。拉直异步轧制不受速比等于延伸的限制，可实现大变形量轧制，提高轧机的轧薄能力和效率，用于极薄带材生产。异步恒延伸轧制可以保持延伸系数恒定，轧制过程中延伸系数不受轧辊偏心、带坯厚度波动和变形抗力不均的影响，可生产高精度带材。单机异步连轧最大的特点是单机多道次连轧，一次总变形量可达 78% 以上。

异步轧制用于板带的冷轧复合，可增加材料接触面的剪切变形，有助于破碎表面氧化膜，促进新鲜金属表面暴露和产生摩擦热，提高表面能，有利于减小冷轧时的变形量。

497. 什么叫异径辊轧制？

在两个线速度基本相同而直径相差悬殊的轧辊之间进行的板带轧制叫异径辊轧制。它有别于两个轧辊线速度不同的异步轧制。异径辊轧制可以灵活地采用一个很小的工作辊来大幅度降低轧制压力和能量消耗，利用另一个较大的工作辊来传递力矩和提供咬入能力，并达到提高产品厚度精度和板形质量的目的。这样就能在薄板带生产中实现大压下轧制，简化工艺及其设备，节省能量消耗，提高产品质量和轧机生产能力。只减小一个工作辊直径的异径辊轧制，同两个工作辊辊径都减小的普通对称的同径辊轧制相比，两者轧制压力降低差别并不很大，但前者却收到两个工作辊直径都减小的效果，并减少了后者在传递力矩和咬入等技术操作方面的困难。

异径辊轧制时大工作辊直接由电动机单独驱动，而小工作辊则必须靠紧大工作辊通过辊面接触摩擦带动。异径辊轧制时降低轧制压力和能量消耗的主要原因是由于轧制变形区长度的减小，即接触面积的大幅度减小和单位压力的显著降低。而单位压力的降低主要是由于异径辊轧制时正压力水平分量与正压力的比值大于普遍对称同径辊轧制时的比值，降低了应力状态影响系数，即减弱了体应力状态。

498. 什么叫超薄壁管生产？

超薄壁管生产是指生产直径与壁厚之比在 100 以上的管材。超薄壁管主要用作弹性元件波纹管的坯料或换热管坯料等。它的生产方法有冷轧、冷拔和旋压等方法。其中冷轧法生产率较高，尺寸精度高，表面质量好，因此得到广泛采用。

1954 年苏联研制的多辊式冷轧管机适于轧制超薄壁管，在这种轧机上，可以轧制最小壁厚0.03mm的管材。

在多辊冷轧管机上轧制超薄壁管的关键有3点：

（1）减径量不能过大；

（2）轧辊开口角不能过大，否则会出现轧出的管子呈竹节状；如果开口角过小，会出现棱面，影响管子精度；

（3）轧制成品道次管材不能过硬，即在成品前道次应该退火。

用冷拔管法生产超薄壁管时，一般均采用超声波振动，无超声波振动拔管生产的管子直径与壁厚之比不超过50，而带超声波振动时可达500。

499. 什么叫复合管生产？

由两种或两种以上金属（合金）通过热或冷塑性加工而结合在一起生产管材的方法称复合管生产。复合管不仅可以节省贵重金属和降低成本，而且还兼有复合金属各自的性能，可扩大管材的使用范围。

复合管主要用作酸性介质运输管道、海水热交换器用的配管、酸性油井和气井用管、水力发电锅炉过热器用管，大型电站锅炉超临界压力管道等。

500. 什么叫回转成形？

用工件回转或工具回转或者两者同时回转的方法使坯料变形成机械零件或零件毛坯的金属塑性加工工艺叫回转成形。它多半以初次塑性加工过的金属材料为原料进行再次塑性加工制成机械零件或毛坯，是一种金属深加工工艺。

回转成形用工具和工件间的相对转动代替锻造时的工具和工件间的往复直线运动，可大大提高生产率并改善劳动条件，易于实现机械化自动化。回转成形用连续的局部小变形代替锻造时的整体变形，则金属的变形力大大降低，能提高模具寿命，降低能耗，减轻设备重量。同车削加工相比，回转成形属于少切屑或无切屑的塑性加工工艺，金属利用率高，产品的性能好。

501. 什么叫摆动辗压？

利用一个绕中心迅速滚动的圆锥形上模（摆头）对金属毛坯端面局部加压，使其逐步成形的一种回转成形工艺叫摆动辗压。摆动辗压按其辗压温度不同可分为热摆动辗压、冷摆动辗压和温摆动辗压3种。热摆动辗压省力，辗压效率高，但模具由于受热时间长而寿命短。冷辗压锻件精度高，工序简单，模具寿命长并可提高锻件力学性能，但辗压力较大。温辗压介于冷热辗压之间，兼备两者之优点。

摆动辗压适于加工各种盘类、环类、法兰类以及带法兰的长轴类回转体锻件。如齿轮坯、法兰盘、汽车半轴及推力轴承套圈等。此外，摆动辗压还可以实现圆头、平面、扩孔等铆接工序——摆动铆接，也可以粉末冶金烧结体为预制坯摆辗成形各种致密度很高的金属制品——粉末摆辗。

502. 什么叫环形件辗轧？

在专用的轧环机（或称扩孔机、辗环机）上将环形毛坯壁厚减薄、直径扩大的一种回转成形工艺叫环形件辗轧，简称为轧环、辗环或环形件扩孔。

环形件辗轧时，先将环形毛坯套在芯辊上，在液压缸的推动下，芯辊和主辊逐渐靠拢，毛坯被压在旋转的主轧辊型面上，并在摩擦力作用下与芯辊一起旋转。毛坯受压而产生变形，壁厚减薄，沿切线方向延伸（轴向少量宽展），直径扩大，并形成所需截面形状。导向辊起着诱导工件成圆和增加轧环过程的稳定性的作用，并随环形件的扩大而远离轧件中心。工件达到预定尺寸时同信号辊接触，信号辊发出精辗，随后发出停辗信号。然后，主轧辊退回，卸料机构卸下工件。环形件辗轧工艺具有生产效率高、材料利用率高、轧件尺寸精度高、设备简单、投资费用低及劳动条件好等优点。环形件辗轧工艺在轴承、火车车轮、宇航产品及化工机械等环形件制造中应用十分广泛。

503. 什么叫旋压？

利用旋压工具（旋轮或擀棒）和芯模使毛坯边旋转边成形，生产金属空心回转体件的一种回转成形工艺叫旋压。旋压时，金属毛坯随芯模旋转或旋压工具绕毛坯和芯模旋转，旋压工具相对芯模作进给运动，从而使毛坯受压并产生连续局部变形以获得空心回转体零件。

旋压时，旋压工具与毛坯接触面积小，毛坯只局部产生塑性变形，所需变形力小，可用小吨位的设备加工大型空心回转体制品。旋压产品具有较高的尺寸精度和较低的表面粗糙度，力学性能好。旋压工具制造简单，更换容易。但旋压产量较低，品种受到一定限制，多适用于小批量多品种的产品。

504. 什么叫辊锻？

用轧辊上的扇形模块进行长轴类或板片类工件纵轧的回转成形工艺叫辊锻。辊锻时，毛坯从装有扇形块具的一对反向旋转的轧辊中通过，借助模槽使金属连续地产生局部塑性变形，从而获得所需的锻件或锻坯。辊锻工艺是将轧制工艺引入锻造生产的一种金属塑性加工工艺。辊锻集中了轧制和模锻两种工艺的优点。辊锻时，金属连续地局部变形，所需变形力小，设备吨位小。辊锻生产率高，工艺过程简单，易于实现机械化自动化。辊锻件具有良好的金属流线，质量好，但形状复杂的制件难以辊锻成形。

辊锻工艺按用途可分为制坯辊锻和成形辊锻两类。制坯辊锻又分为单型槽辊锻和多型槽辊锻两种；成形辊锻又分为完全成形辊锻、预成形辊锻和部分成形辊锻 3 种。辊锻按温度范围分为冷辊锻和热辊锻。辊锻按坯料送进方式，可分为顺向送进和逆向送进两类。前者是毛坯从辊锻机的一侧送进从另一侧辊锻出来，多用于成形辊锻中。逆向送进则是坯料的送进与辊锻件出口同在辊锻机的一侧。制坯辊锻多采用这种方式。

505. 什么叫旋转锻造？

在多锤头对击的旋转锻机上生产精密轴类件的一种回转成形工艺叫旋转锻造。旋转锻造又称径向锻造，它属于轴类精密锻造（精锻）工艺。旋转锻造时，毛坯受到几个锤头沿径向对称高速锤打，直径减小，轴向延伸。在锻造时，毛坯与锤头之间有相对的旋转运动和轴向运动。

旋转锻造兼有脉冲加载和多向锻打两个特点，这有利于金属均匀变形和提高塑性。因此此工艺不仅适用于一般钢材，而且也适用于高强度低塑性的高合金，尤其难熔金属如钨、钼、铌等及其合金的开坯和锻造。旋转锻造具有锻件质量高、尺寸精度高、生产效率高和自动化程度高等特点。旋转锻造的锻件尺寸范围较广，但其设备结构复杂，专用性强。

旋转锻造按其锻造温度可分为冷锻、温锻和热锻 3 种。空心件的锻造可分为无芯棒锻造和有芯棒锻造。旋转锻造过程可分为逐级锻造和连续锻造。前者可在径向送进不可调节的锻机上进行，锻件的外形由闭合状锤头来保证。目前广泛采用的是连续锻造。它是在径向送进量可调的锻机上进行的，锻件的外形由改变锤头锻打的行程和毛坯的轴向送进量来保证。这种方法适用于锻造截面较大、长度较长的多台阶锻件。

旋转锻造已普遍用于机床、汽车、飞机、枪炮和其他机械的实心台阶轴、锥形轴、空心轴、带膛线的枪管和炮管等零件的生产。一台或两台精锻机可同多机架型钢连轧机配合用于合金钢锻轧结合的连锻连轧加工线上，用 90 ~ 130mm 连铸方坯生产ϕ28 ~ 70mm 的圆钢。

506. 什么叫摆锻？

借助摆锻式轧机的上下、左右两对摆动的锤头或工作辊，快速交替锤击或轧制轧件，使其承受大的塑性变形的金属塑性加工工艺叫摆锻。摆锻工艺具有变形量大的特点，即一次延伸系数可达 8 ~ 9。摆锻工艺还具备高度灵活的特点；例如摆锻机可以置于连铸机之后，形成连铸连轧，起到连铸和线材生产的中间调节作用；也可以把摆锻机放在加热炉后，将钢坯或小钢锭轧成方、矩、六角、圆等断面供给后面的线材轧机，从而取代整个线材粗轧机组。

摆锻式轧机分为砧式摆锻机和辊式摆锻机两种。砧式摆锻，电机通过伞齿轮驱动 4 个曲柄连杆机构，使水平的和垂直的两对锤头来回摆动，轧件四面受到加工，有利于金属塑性的提高。锤头的摆动既可使轧件前进而无需送料设备又对轧件进行压缩使其产生塑性变形。虽然每锤击一次轧件变形量不大，但由于锤击频率达 220 次/min，故一道积累的延伸系数可达 8 ~ 9。用这种工艺将 180mm 的方坯在不经中间加热的条件下与线材轧机配合可轧出 ϕ11. 5mm 重 5000kg 的盘条，金属收得率达 98% 。辊式摆锻机与砧式相似，水平、垂直两对由大辊支撑的工作辊往复运动，把轧件拽入轧辊间并使其变形。由于轧辊相对轧件滚动，故轧件表面较好，轧辊磨损小。

第七章　钢材的精整及检验

507. 钢材为什么要精整？精整包括哪些主要内容？

钢材精整是轧钢生产过程中不可缺少的工序。精整的目的是最终保证产品质量。精整包括轧后的钢材冷却（如缓冷等)、热处理、矫直、酸洗、清理、分级、包装一直到交成品库为止的全部操作过程。由于产品的技术要求不同，精整工序的内容也有很大差别。

钢材精整的基本过程如图 7-1 所示。

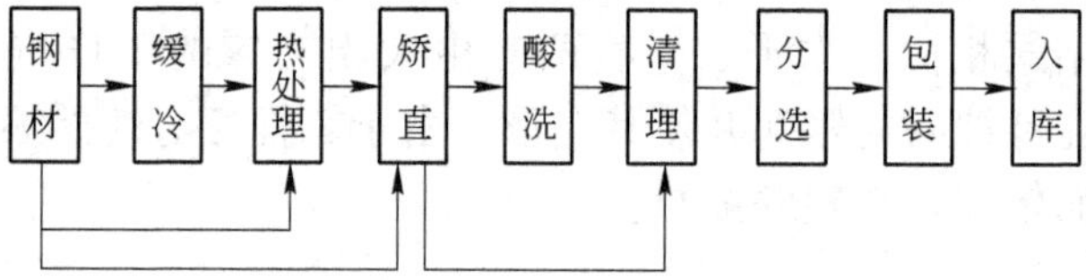

图 7-1　钢材精整的基本过程

为了保质保量地完成国家计划和订货合同，降低金属消耗和产品成本，轧钢生产的最后工序——钢材精整工序，应当严格认真地按照各种规章制度进行。

在精整过程中钢材的合理堆放和科学管理也很重要。如果管理不善会造成成品钢材混炉乱号，甚至成批报废。

一、钢材的剪切

508. 为什么钢坯和钢材要切头、切尾及切断？

轧制后的钢坯必须切头、切尾及切断，这是因为：（1）要切除钢锭的缩孔部分或者劈头部分；（2）要切掉钢锭尾部的不均匀变形部分；（3）为了满足成品的定尺长度要求，钢坯必须切成定尺长度；（4）由于受车间工艺及设备条件的限制钢坯也需要切断。而钢材的切头、切尾及切断则主要是为了切除钢材两端变形不规则部分和获得规定的定尺长度。

钢坯及钢材都在剪切机上剪切，根据工艺要求不同，有的在轧制之前剪切，有的在轧制过程中剪切，有的则在轧制后剪切。

按照剪切钢材温度不同，剪切可分为热剪和冷剪两类。热剪大部分都在作业线上进行，而冷剪则可以在作业线外进行。

509. 有哪些常用的剪切设备？

轧钢车间应用的剪切机种类很多，根据剪切机刀片形状与配置以及轧件形状的不同，剪切机可以分为：平行刀片剪切机、斜刀片剪切机、圆盘式剪切机和各种类型的飞剪机。

平行刀片剪切机的两个刀片彼此是平行的，其特点是两剪刃同时与被剪金属相接触。剪切过程在很短时间内一次完成，剪切效率高，剪机承受负荷大。通常用于横向热剪切初轧坯（方、板坯）和其他方形及矩形断面钢坯。

斜刀片剪切机的两个刀片成一定角度，一般上刀片是倾斜的，下刀片是水平的。这类剪切机常用于冷剪和热剪钢板、钢带、薄板坯及焊管坯等，有时也用来剪切小型钢材。

圆盘式剪切机的刀片做成圆盘状，轧钢车间使用的圆盘剪有两类：一类用于钢板和带钢的纵向剪切；一类用于小型或线材生产中的切头。它们的共同特点是通过旋转的成对圆盘剪刃在钢材运行过程中完成剪切任务。

飞剪主要用于横向剪切运动着的轧件。在型钢生产、钢坯生产和钢板生产中都应用飞剪。飞剪的剪切特点是，在钢材运行过程中完成剪切任务，因而要求钢材运行速度大致与剪刃圆周速度相同。这类剪机大都布置在半连续式或连续式轧机的作业线上。

近来为解决剪切一次负荷较大的问题，又出现了步进式剪机。这类剪机的特点是，剪切过程分段进行。前面所述各类剪切机，都是偏心轴转一圈或小于一圈完成一次剪切动作，而步进式剪切机是偏心轴转若干圈才完成一次剪切动作。步进式剪切机上偏心轴的偏心值较小（一般为 5 ~ 10mm）。步进式剪切机是利用一套步进机构不断改变刀台位置来完成整个剪切过程的。

510. 什么叫冷飞剪？

有调速功能，能跟踪轧件速度，可进行冷态剪切的在线剪切设备叫冷飞剪，一般用于切定尺，当与矫直机联合工作时，其剪切速度比较低，一般在 2 ~ 4m/s 左右，可以同时剪切数根轧件。

511. 为什么要规定钢坯、钢材的剪切温度？

剪断钢坯时影响剪切力的主要因素是钢的抗拉强度、轧件的横断面面积和剪切温度。当轧件的钢种及规格一定时，剪切温度就是主要影响因素。因此在剪切钢坯、钢材时必须规定剪切温度。当被剪切钢材的温度过低时，设备在超负荷下运转，影响设备使用寿命。另外，有些钢在低温时变脆，因此亦必须控制剪切温度。

每种钢的抗拉强度在不同温度下各不相同，如表 7-1 所示。一般情况下热剪的剪切温度不小于 750℃。

表 7-1　轧件在不同温度下的抗拉强度(σ_t)/(MPa)

钢　种	温度/℃						
	1000	950	900	850	800	750	700
合金钢	84	98	118	132	157	196	225
高碳钢	79	88	108	118	147	167	216
低碳钢	69	79	88	98	103	118	147

512. 钢坯的剪切温度与最大剪切断面有什么关系？

大家知道，钢在不同温度下有不同的抗拉强度，温度越低抗拉强度越高。此外，钢材的横断面面积越大，剪切力也越大。为了热剪机工人操作方便，将剪机在不同温度下剪切不同钢种时的最大剪切面积列于表7-2～表7-4。

表7-2 在不同温度下剪切低碳钢的最大剪切面积（mm^2）

剪机剪切力/kN(t)	剪切温度/℃					
	950	900	850	800	750	700
981(100)	—	115×115	110×110	105×105	100×100	90×90
1569(160)	—	150×150	140×140	135×135	130×130	115×115
2452(250)	—	190×190	180×180	175×175	160×160	145×145
3923(400)	—	240×240	230×230	220×220	205×205	185×185
6178(630)	—	300×300	280×280	275×275	250×250	230×230
7845(800)	360×360	340×340	325×325	315×315	290×290	—
9807(1000)	400×400	380×380	365×365	350×350	320×320	—
15691(1600)	500×500	480×480	465×465	440×440	—	—
24517(2500)	400000	360000	325000	310000	—	—

表7-3 在不同温度下剪切合金钢的最大剪切面积（mm^2）

剪机剪切力/kN(t)	剪切温度/℃					
	950	900	850	800	750	700
981(100)	—	100×100	95×95	90×90	80×80	75×75
1569(160)	—	130×130	120×120	110×110	100×100	95×95
2452(250)	—	160×160	155×155	140×140	125×125	110×110
3923(400)	—	205×205	195×195	180×180	160×160	145×145
6178(630)	—	250×250	240×240	220×220	195×195	180×180
7845(800)	—	290×290	275×275	255×255	230×230	210×210
9807(1000)	365×365	320×320	300×300	280×280	255×255	—
15691(1600)	455×455	410×410	390×390	360×360	320×320	—
24517(2500)	325000	262000	490×490	450×450	—	—

表 7-4　在不同温度下剪切高碳钢的最大剪切面积（mm^2）

剪机剪切力/kN(t)	剪切温度/℃					
	950	900	850	800	750	700
981(100)	—	105×105	100×100	90×90	85×85	75×75
1569(160)	—	135×135	130×130	115×115	110×110	95×95
2452(250)	—	170×170	160×160	145×145	135×135	120×120
3923(400)	—	215×215	205×205	185×185	170×170	150×150
6178(630)	—	265×265	250×250	230×230	210×210	190×190
7845(800)	—	300×300	285×285	265×265	245×245	215×215
9807(1000)	370×370	340×340	320×320	295×295	270×270	—
15691(1600)	470×470	430×430	410×410	375×375	—	—
24517(2500)	350000	290000	260000	470×470	—	—

513. 如何计算剪切力?

当剪切条件一定时，钢材断面尺寸与剪切温度的变化是影响剪切力的主要因素。剪切力可用下式计算：

$$P_{剪} = R_1 R_2 \sigma_t S \tag{7-1}$$

式中　$P_{剪}$——剪切力，N；

R_1——考虑由于刀刃磨钝刀刃间隙增大使剪切力提高的系数，可按剪断机的能力，在下列值中选取：

小型剪断机（$P_{剪}$≤1569kN，即 160t）　$R_1=1.3$

中型剪断机（$P_{剪}$≤2452～7845kN，即 250～800t）　$R_1=1.2$

大型剪断机（$P_{剪}$>9807kN，即 1000t）　$R_1=1.1$

R_2——τ_t 与 σ_t 的比值，$R_2=\tau_t/\sigma_t$，一般情况下取 $R_2=0.6$；

σ_t——在相应剪切温度下，被剪切钢料的抗拉强度（见表 7-1），MPa；

S——被剪钢料的横断面面积，mm^2；

τ_t——被剪切金属在相应温度下的最大单位剪切阻力，MPa。

514. 剪切钢坯时为什么要规定剪刃的间隙？

当剪切钢坯时，剪刃的间隙不得过大，否则形成如图 7-2 所示的剪口不齐，在横断面上就是剪口肥大。一般使用的剪刃间隙为：

$$\Delta_{剪} = (0.01 \sim 0.02)h \qquad (7\text{-}2)$$

式中　$\Delta_{剪}$——剪刃间隙，mm；

h——钢坯厚度，mm。

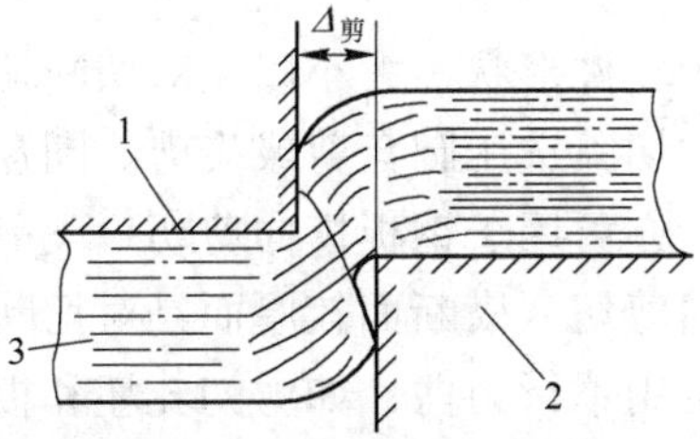

图 7-2　剪刃的间隙

$\Delta_{剪}$—剪刃的间隙；1—上剪刃；2—下剪刃；3—钢坯

515. 为什么要规定剪刃斜度？

用来横向或纵向剪切钢板的剪切机,其上刀片一般都是倾斜的,刀片倾斜是为了减少剪切负荷。因为斜剪刃在剪切过程中不同时与被剪金属接触,即刀片与金属在同一时间内接触长度小(见图 7-3),这就大大降低了剪切力,但延长了剪切时间,降低了效率。

刀片的倾斜角度一般在 2°~12°。刀片倾角的大小与被剪金属厚度有关，当剪切薄钢板时，刀片倾角选用小值，通常选2°~6°。当剪切厚钢板时，倾角选大值，可选 8°~12°。

516. 怎样选择和确定切断设备的类型和数量？

轧钢车间的剪机种类很多，选择的主要依据是：切断时钢料

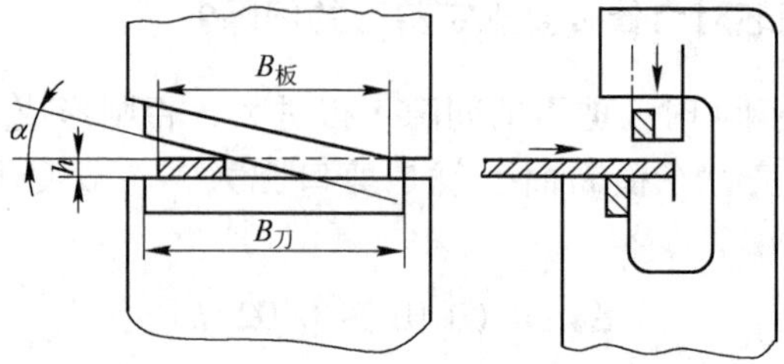

图 7-3　斜刀片剪切机的剪切示意图

α—刀片倾斜角；h—钢板厚度；$B_{刀}$—刀片宽度；$B_{板}$—钢板宽度

是否运动；要切的轧件形状、大小以及对切断端面的质量要求。

轧件在运动中切断选用圆盘剪或飞剪。圆盘剪多用于钢板或带钢的纵向剪切，亦可用于钢板横向剪切；飞剪则多用于小型钢材和板带材的横向剪切。横断面较厚而且对切断端面的几何形状要求不高的轧件可用平行刃剪，如剪初轧坯和板坯等。钢板、带钢、薄板坯及焊管坯则用斜刃剪，斜刃剪亦用来剪切成束的小型钢材。

各种剪断设备的数量是根据切断设备的小时产量必须与轧机小时产量平衡计算出来的，剪断机的小时产量计算公式如下：

$$A_{剪} = \frac{3600x_1 g}{(x_2 + 1)t + \frac{l}{v}x_2 + 2t_0 + T_{间}} \tag{7-3}$$

式中　$A_{剪}$——剪切机的小时产量，t/h；

x_1—— 一次剪切钢料的平均根数；

g——剪切之前钢料的单重，t；

x_2——1 根钢料切成的定尺根数；

l——剪切后钢料定尺长度，m；

t——剪刃每剪切一次的动作时间，s；

v——剪切后钢料的移送速度，m/s；

t_0——剪切的对正时间，s；

$T_{间}$——前后两根钢料或两组钢料剪切之间的间隔时间，s。

517. 如何调整剪刃间隙？

剪刃间隙是影响被剪轧件质量的重要因素，同时也关系到剪切力的大小及剪刃的寿命。间隙太小会使剪切力增加，可能导致设备超载，也会导致剪刃磨损严重，被剪料部分断面还会出现二次剪断现象；间隙太大时，会使被剪料剪切面不平整，产生毛刺等端部缺陷。因此剪刃间隙的调整必须保证剪切面平整，无毛刺等端部缺陷产生，设备转动灵活。一般调整完后，可以试剪细铁丝，能够顺利剪断即可。

剪切机下剪刃的座架与固定靠座之间一般留有5mm左右的间隙，可以在此加不同厚度的垫板。当剪刃间隙过大（或剪刃修磨变薄）时加垫板，当换上新剪刃时，由于剪刃变厚，应相应减少垫板厚度。

二、钢材的锯切

518. 有哪些常用的锯切设备？

复杂断面型钢不适宜用剪机切断，尤其是在热状态下剪断易产生变形。因此在生产复杂断面钢材的成品机架后面装有热锯。

热锯是按照所用锯片的最大直径来命名的。例如900热锯表示所用的锯片最大直径为900mm。

钢铁厂常用的热锯按锯片直径可分为1000mm、1200mm、1500mm、1800mm、2000mm热锯。

热锯按锯片的送进方式可分为摆式锯、杠杆式锯、滑座式锯和四连杆式锯。

摆式锯刚度差，振动大，现已不再制造。杠杆式锯只适用于生产率低的小型车间或专用于小断面轧件的取样。滑座式和四连杆式两种热锯目前应用广泛。

519. 什么是飞锯？

有调速功能，能跟踪轧件速度，可对移动着的轧件进行在线锯切的锯机叫飞锯。飞锯一般分为两类，一类是具有直线往复同步机构的飞锯机，一类是具有回转运动同步机构的飞锯机。飞锯机可在轧件运动的状态下进行精确的锯切，一般用于连续焊管生产线，将运行的焊管切成定尺长度，也用来锯切型钢定尺或倍尺。当轧线采用飞锯后，工艺线可以大幅度缩短。

520. 热锯有哪些主要参数？

热锯的主要参数有：

（1）锯片尺寸。锯片的主要尺寸是直径 $D_{锯}$ 和厚度 $H_{锯}$，锯片直径可根据被锯轧件断面尺寸的大小在 800 ~ 2300mm 的范围内选取。锯片直径的重磨率一般为 5% ~ 10%。当锯片沿水平方向前进时，必须保证锯轴及上滑台底部能在轧件上面自由通过，并使锯片下缘比辊道的标高最少低 40 ~ 80mm（新锯片可低到 100 ~ 150mm）。如图 7-4 所示为锯片沿水平方向前进的各种基本

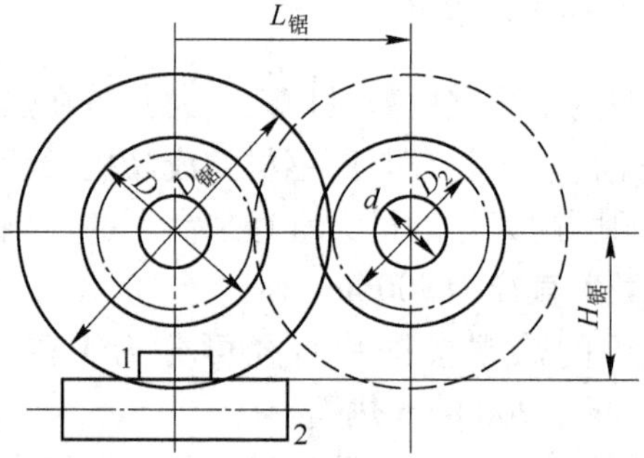

图 7-4　锯片前进时的基本参数

$D_{锯}$——锯片直径，mm；D_1—锯片夹盘直径，mm；D_2—锯片螺孔中心线的圆周直径，mm；d—配合孔直径，mm；$H_{锯}$—锯片中心到辊道的辊子上表面的距离，mm；$L_{锯}$—锯片最大行程，mm

1—轧件横截面；2—辊道的辊子

参数。

锯片的厚度可按下式求得：

$$H_{锯} = (0.18 \sim 2.2)\sqrt{D_{锯}} \tag{7-4}$$

式中　$H_{锯}$——锯片厚度（一般为 5～10mm），mm；

$D_{锯}$——锯片直径，mm。

（2）夹盘直径。为了减小锯片的轴向振动，希望夹盘直径尽可能大些，一般取：

$$D_1 = (0.35 \sim 0.50)D_{锯} \tag{7-5}$$

（3）锯片圆周速度。增加速度可以提高生产率，但锯片圆周速度的增加将使锯片产生过大的应力，在实际生产中采用的圆周速度为 80～120m/s。

常用热锯的基本参数如表 7-5 所示。

表 7-5　热锯的基本参数

锯片直径/mm		锯片厚度/mm	锯片最大行程/mm	锯片中心到辊道的辊子上表面的距离/mm	锯片夹盘的最大直径/mm	被锯切轧件		
最大名义直径	重磨后的最小直径					最大高度/mm	最大宽度/mm	
							在锯片直径为最小时	在锯片直径为名义尺寸时
1000	900	6	800	410	500	180	450	470
1200	1080	7	1000	490	570	160	560	600
1500	1350	8	1200	625	750	200	660	740
1800	1620	9	1400	760	900	260	730	880
2000	1800	10	1500	850	900	350	730	930

521. 如何延长锯片的使用寿命？

延长锯片使用寿命的措施有：

（1）避免锯片急剧发热而产生应力裂纹的切实可行的办法是浇水冷却。

（2）选择合适的锯片材质，确保其力学性能指标是延长锯片使用寿命的重要条件。锯片通常用 6CrW2Si、3Cr2W8V、

65Mn 等钢种制造，其主要性能指标为：抗拉强度（σ_b）785～930MPa；伸长率（δ）12%～13%。

（3）当更换、安装锯片时，一定要使锯片对准中心，以免锯片运转时发生振动产生裂纹。

（4）锯齿淬火是延长锯片使用寿命的有力措施。

522. 锯片淬火是怎么一回事？

锯片淬火时由交流低电压变压器输出的约 5V 的低电压供电，以炭精棒做电极与锯齿接触，通电后在电极到锯片间产生 250～300A 的强电流。炭精棒与锯齿尖端接触部分在 5～6s 以内加热到 800℃以上，然后使炭精棒与锯齿分开。齿尖锯齿借助其他部分的低温，在空气中自然淬火。炎热的夏天，需要吹风冷却。

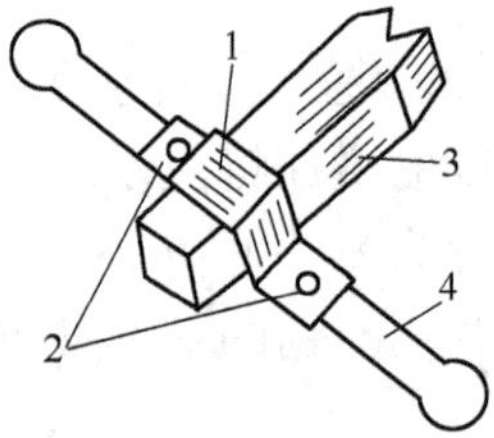

图 7-5　炭精棒电极固定示意图

1—钢夹；2—接触电源的螺丝；3—炭精棒；4—电木手柄

炭精棒电极与锯齿接触的形状应与齿尖相适应，如图 7-5 所示。每个齿尖的淬火深度约 1mm 即可（一般只能使锯齿烧红 2/3）。

三、钢材的矫直

523. 钢材为什么要矫直？

轧制后的成品钢材，特别是型钢往往不够平直，其断面形状也不够正确。钢材在输送过程中还会因顶撞挡板或其他障碍物而造成弯曲或端部扭偏。在台架上冷却时，由于冷却不均会使钢材发生弯曲或瓢曲。弯曲或瓢曲程度超过技术标准规定的钢材必须进行矫直。钢材矫直的目的，一是使钢材长度方向上平直，二是给钢材断面整形，三是使钢材表面的氧化铁皮变得疏松。所以，钢材的矫直工序一般都在酸洗之前进行。

钢材的矫直按其方式不同可以分为压力矫直、张力矫直和辊压矫直。

524. 有哪些常用的矫直设备？

轧钢车间的矫直设备是多种多样的，按其结构特点，矫直机可以分为四类：压力矫直机、带平行辊的型钢或钢板矫直机、斜辊矫直机和张力矫直机。其中以辊式矫直机应用最普遍。

压力矫直机靠冲头的垂直往返运动对钢材进行矫直，生产效率低，用途不广。只有在矫直大断面的钢轨、工字钢以及直径在 200 ~ 300mm 以上的钢管时，用它作局部弯曲的补充矫正。

张力矫直机主要用于矫直那些靠辊式矫直机难以矫直的材料，如厚度小于 0.6mm 的薄钢板和有色金属板材。

辊式矫直机可以连续工作，便于实现机械化，具有较高的生产率，因而应用广泛。

525. 在线矫直有什么特点？

随着轧钢生产连续化的要求越来越高，在线矫直正在得到应用，特别是在型钢生产线上，在线矫直将大大提高型材的生产效率。在线矫直的特点如下：

（1）采用在线矫直可使车间布置紧凑，工艺流畅；

（2）可提高生产效率，避免多线离线矫直占地面积大、人工多等缺点；

（3）一般要求矫直能力大，速度高；

（4）下冷床未剪切直接矫直咬入次数少，矫直质量高；

（5）容易实现自动化；

（6）有些产品下冷床温度尚高，直接在线矫直容易产生蓝脆。

526. 型钢矫直机有哪些主要工艺参数?

型钢矫直机的主要工艺参数有:

(1) 矫直辊的数量。大型钢材矫直机的矫直辊为 5 ~ 9 个,中型及小型矫直机的矫直辊为 7 ~ 11 个。

(2) 矫直辊辊距。简单断面型钢及异型型钢矫直机的辊距如表 7-6 所示。

表 7-6　型钢矫直机的辊距

辊距/mm	矫直钢材的断面形状及尺寸					
	方钢及圆钢边长或直径/mm	工字钢号	槽钢号	角钢(边长×边长)/mm×mm	丁字钢(宽×高)/mm×mm	钢轨/kg·m^{-1}
220	15 ~ 40	6	6.5	60×60	50×50	—
300	20 ~ 50	6 ~ 10	10	80×80	65×65	
400	25 ~ 60	6 ~ 12	12	100×100	75×75	9
450	30 ~ 75	6 ~ 14	14	120×120	100×100	12
520	40 ~ 90	8 ~ 18	18	130×130	120×120	15
600	50 ~ 100	10 ~ 22	22	150×150	140×140	22
700	55 ~ 115	12 ~ 30	30	200×200	—	30、33
800	60 ~ 125	14 ~ 36	36	240×240	—	38
900	65 ~ 135	16 ~ 45	40	—	—	43
1000	70 ~ 145	20 ~ 50	—	—	—	50
1100	75 ~ 160	24 ~ 55	—	—	—	60
1300	80 ~ 175	30 ~ 60	—	—	—	65 ~ 75

(3) 矫直辊直径。其计算如下式:

$$d_{矫} = (0.75 \sim 0.90) l_{矫} \tag{7-6}$$

式中　$d_{矫}$——矫直机辊径,mm;

$l_{矫}$——矫直机辊距,mm。

(4) 矫直速度。简单断面型钢及异型型钢的矫直速度见表 7-7。

表 7-7 简单断面型钢及异形型钢的矫直速度

钢材断面形状及尺寸			矫直速度 /m·s^{-1}
方钢和圆钢边长或直径/mm	工字钢/号	钢轨 /kg·m^{-1}	
50 以下	10 以下		1.4~2.0
50~90	12~18	9~18	1.2~1.6
100~125	18~36	20~38	1.0~1.4
135~160	40~55	44~55	0.6~1.0
	60	60	0.4~0.8

527. 钢板矫直机有哪些主要工艺参数?

钢板矫直机的主要工艺参数有:

(1) 矫直辊的数量。厚板矫直机有 5~7 个矫直辊。中板矫直机有 7~11 个矫直辊。薄板矫直机有 9~29 个矫直辊。

(2) 矫直辊辊距。一般情况下钢板矫直机的辊距如表 7-8 所示。

表 7-8 钢板矫直机矫直辊辊距

钢板厚度/mm	辊距/mm	钢板厚度/mm	辊距/mm
0.4~1.5	50	4.0~1.6	200
0.6~2.5	65	5.0~20	220
1.0~4.0	80	8.0~30	300
2.0~8.0	125	12~50	400

(3) 矫直辊直径。矫直辊直径与辊距有如下关系:

$$d_{矫} = (0.9 \sim 0.95) l_{矫} \tag{7-7}$$

式中 $d_{矫}$——矫直机辊径,mm;

$l_{矫}$——矫直机辊距,mm。

(4) 矫直速度。钢板矫直机的矫直速度可参考表 7-9 提供的数据。

表 7-9 钢板的矫直速度

矫直的种类	钢板尺寸/mm		矫直速度/m · s^{-1}
	厚	宽	
冷 矫	2 ~ 10	500 ~ 1500	0. 15 ~ 0. 20
	10 ~ 20	1500 ~ 2500	0. 1 ~ 0. 15
	20 ~ 30	2000 ~ 4000	0. 06 ~ 0. 1
热 矫	4 ~ 25	1000 ~ 1500	0. 7
	4 ~ 25	1500 ~ 2000	0. 5

528. 钢管矫直机有哪些主要工艺参数?

钢管矫直都是在斜辊矫直机上进行。当钢管断面尺寸变更时，不用换辊只需改变上下辊之间的距离和调整矫直辊倾斜的角度（图 7-6）。

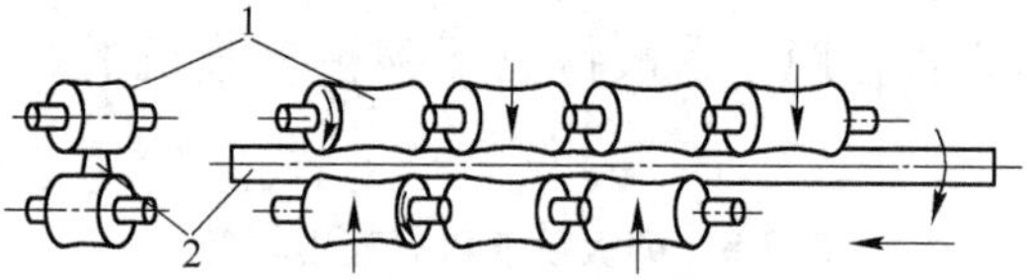

图 7-6 斜辊矫直机示意图
1—矫直辊；2—钢材（或钢管）

斜辊矫直机的矫直辊，其外形是凹的双曲线形，圆形钢材在辊子之间一面前进，一面绕自己的轴线旋转。

矫直辊的倾斜角与被矫直的圆钢或钢管的直径有直接关系，一般情况下可按表 7-10 调整矫直辊的倾斜角。

表 7-10 矫直不同钢管及圆钢时矫直辊的倾斜角

钢管或圆钢直径/mm	38	50	70	89	108	133	140
矫直辊倾斜角	25°12′	26°7′	27°1′	27°58′	28°45′	29°35′	30°

529. 辊式矫直机如何操作？

无论哪一种辊式矫直机，都有共同的操作调整方法，即：

（1）零位调整。各矫直辊互相对正并与钢材接触（但对钢材无压力）时的位置，称为零位。不论矫直什么钢材，都要先进行零位调整，然后再根据钢材的弯曲程度进行其他必要的调整。

（2）确定矫直压力。为了矫直弯曲的钢材，必须使钢材在矫直机内受到反复的弯曲。为了使钢材在矫直辊之间产生这种弯曲，矫直辊需要压下，矫直辊相对于零位的压下量称为矫直压力（平辊式矫直机矫直示意图见图 7-7）。

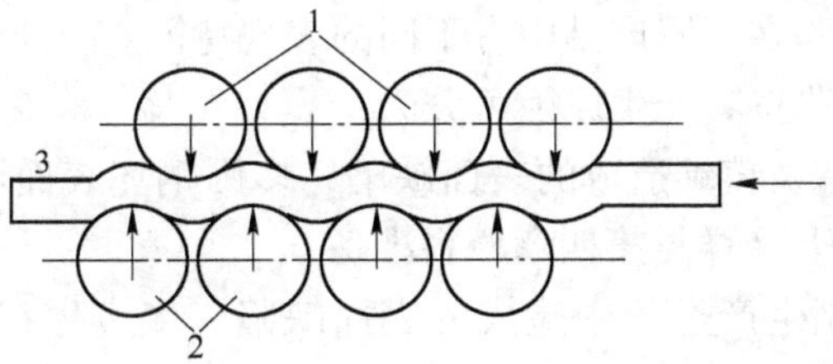

图 7-7　平辊矫直机矫直示意图

1—上矫直辊；2—下矫直辊；3—钢材

矫直需要的压力大小，取决于钢材的原有弯曲度。钢材的弯曲度愈大需要的矫直压力亦愈大。每对矫直辊之间的压力应顺钢材的前进方向逐渐减少。

（3）矫直操作。矫直型钢的矫直机，为了使钢材易于进入矫直机，除下辊是主动辊外，入口方向的第一个上辊也是主动的；为了保证各个矫直辊的圆周速度相等、防止矫直辊与钢材相对滑动造成表面缺陷，其他各辊是从动的。为适应钢材不同弯曲情况而进行调整时，通常只调整入口方向的第 1、2 个上辊。

辊式矫直机不但能矫直钢材主要弯曲方向的弯曲，也可以使矫直辊在轴向略有错动，以矫直弯曲度不大的侧弯。

四、常见的成品钢材缺陷和质量问题

530. 成品钢材缺陷和质量问题怎样分类？

成品钢材缺陷和质量问题按其检验方法分有：

（1）由化学分析中发现的化学成分不合格。

（2）由物理性能、力学性能、工艺性能及金相组织等检验发现的性能和组织不合格。

（3）由尺寸测量和表面检验发现的尺寸、外形不合格和表面缺陷。如断面尺寸超差、形状不正、钢材长度超差以及其他表面缺陷。这里的表面缺陷系指轧制生产工艺过程中造成的表面缺陷。这种缺陷在不同产品中有不同的表现特征。

表面缺陷按其产生原因可分为：

1）冶炼及铸锭造成的表面缺陷，多因钢坯表面清理不净而遗留在钢材上（详见第四章原料准备）。

2）轧制生产过程中造成的表面缺陷，多产生在钢材表面。本节后边介绍了由精整工序责任造成的缺陷，例如矫直裂纹、内部裂纹等。

531. 残余缩孔的特征及成因是什么，如何判定和处理？

特征：

（1）横向低倍试片的中心部位呈现不规则裂纹或空洞，附近往往出现严重的疏松、偏析及夹杂物的聚集，残余缩孔分布在钢锭上部的中心部位（图 7-8*a*）；

（2）纵向断口试片上呈现中心夹层（图 7-8*b*）；

（3）高倍组织能观察到严重的非金属夹杂，呈带状分布（图 7-8*c*）。

成因：

（1）铸锭过程中钢液冷凝收缩产生的缩孔，在热加工过程

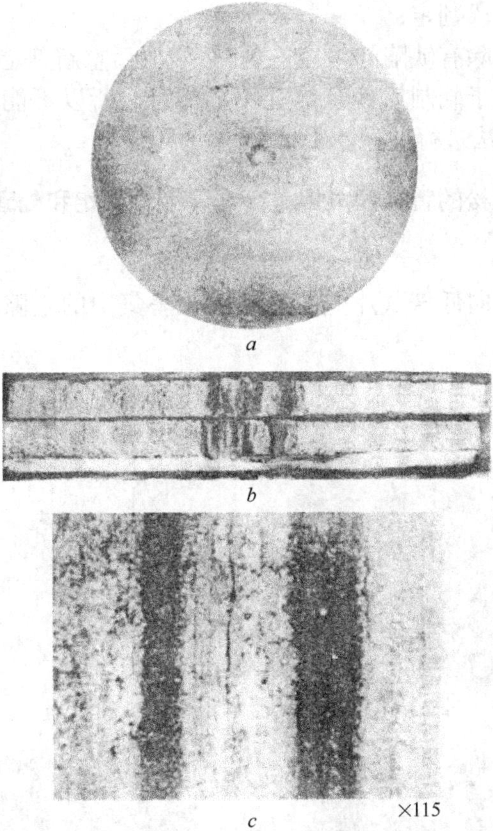

a　*b*　*c*　×115

图 7-8　残余缩孔

a—相当于钢锭头部的钢坯，低倍试样上的缩孔；*b*—断口上的残余缩孔缺陷—夹层；*c*—显微镜下残余缩孔处的带状组织（4% HNO_3 酒精溶液腐蚀）

中没有切净；

（2）锭型设计不正确或浇注工艺不当。如果钢锭上部先凝固，锭心钢液后凝固，则在钢锭中部产生缩孔（称第二次缩孔）。

判定及处理方法：

（1）分段判定；

（2）切除有缺陷的钢坯（材），复验后重新判定；

（3）由于轧制后残余缩孔不能焊合，所以不能用改轧小规格产品的方法进行处理。

532. 中心疏松的特征及成因是什么，如何判定和处理？

特征：

（1）横向低倍试片上的中心部位呈集中的空隙和暗黑小点（图 7-9*a*）；

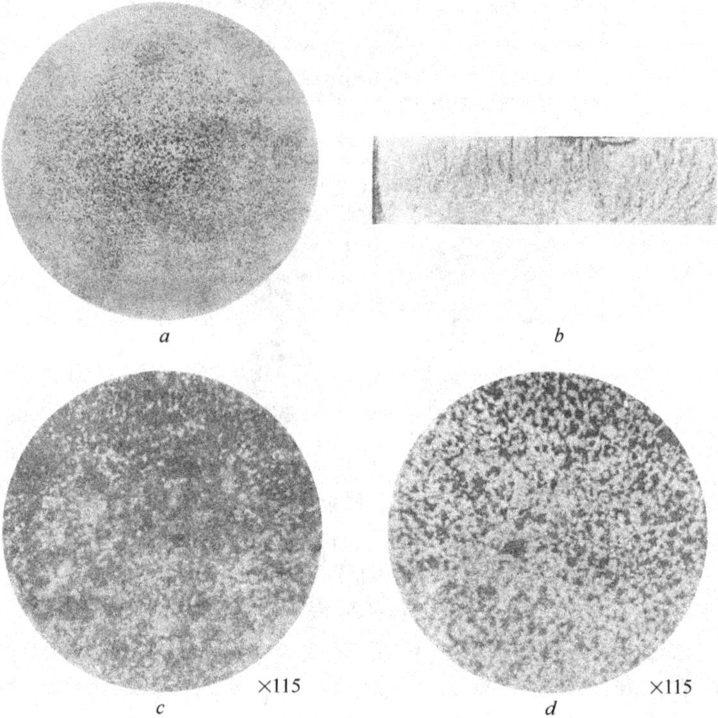

图 7-9　中心疏松

a—横向低倍试片上的中心疏松；*b*—纵向断口试片上的中心疏松—轻微夹层；
c—显微镜下的中心疏松处的高倍组织（4% HNO_3 酒精溶液腐蚀）；
d—显微镜下的中心疏松周围的正常组织（4% HNO_3 酒精溶液腐蚀）

（2）中心疏松一般出现在钢锭头部和中部，未氧化的缺陷可以通过轧制减小以至消除；

（3）纵向断口上呈轻微夹层（图7-9*b*）；

（4）显微镜下可以看到中心疏松处珠光体增多（图7-9*c*），而正常组织是铁素体多于珠光体（图7-9*d*）。这说明中心疏松处含碳量增多。

成因：

（1）钢水凝固时体积收缩引起的组织疏松及钢锭中心最后凝固造成的气体析出和杂质聚集；

（2）钢种的含碳量越高，中心疏松越严重；

（3）钢水温度高、气体含量多，容易产生中心疏松。

判定及处理方法：

（1）中心疏松超过标准规定者分段判定；

（2）中心疏松经轧制能够焊合，因此可以用改轧小规格产品的方法进行处理。

533. 一般疏松的特征及成因是什么，如何判定和处理？

特征：

（1）横向低倍试片上呈分散的小孔隙和小黑点，孔隙多呈不规则的多边形或圆形，分布在除了边沿部分以外的整个断面上（图7-10*a*）；

（2）硫印检验证明，一般疏松处的含硫量较高，呈黄色的小质点，与低倍组织是一致的，多在钢锭上部出现；

（3）纵向断口试片上呈条状组织（图7-10*b*）；

（4）显微镜下可以看到一般疏松处除有非金属夹杂物外片状珠光体显著增多。这说明该处较正常组织含碳量高（图7-10*c*）。

成因：

（1）钢中气体及夹杂聚集和钢的偏析；

（2）钢水过热及脱氧不良。

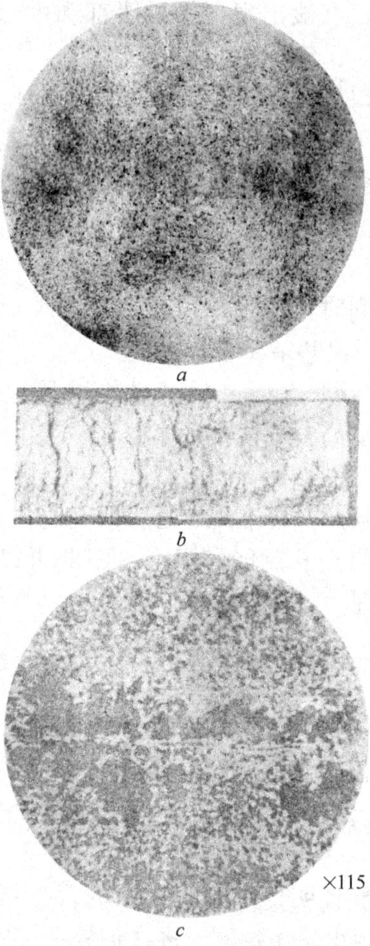

图 7-10　一般疏松

a—轧件横向低倍上的一般疏松；*b*—断口试片上的条状组织；
c—在显微镜下一般疏松处的夹杂物及片状珠光体组织
（4% HNO_3 酒精溶液腐蚀）

判定和处理方法：

（1）超过标准规定级别者，可以将相当于保温帽处的钢材切掉，重新组批检查低倍组织，合格后仍可交货；

（2）改轧小规格钢材，靠增大压缩比的办法使疏松焊合。

534. 方形偏析的特征及成因是什么，如何判定和处理？

特征：

（1）在横向低倍试片上呈现腐蚀较深的、由密集的暗色小点组成的偏析带，多为方框形，因其形状与锭模形状有关所以也叫锭型偏析，经热加工，偏析带形状可能变得不规则；

（2）由于沸腾钢含有大量气体和杂质，其方框形偏析内部形成明显的黑色偏析区（图 7-11*a*）；

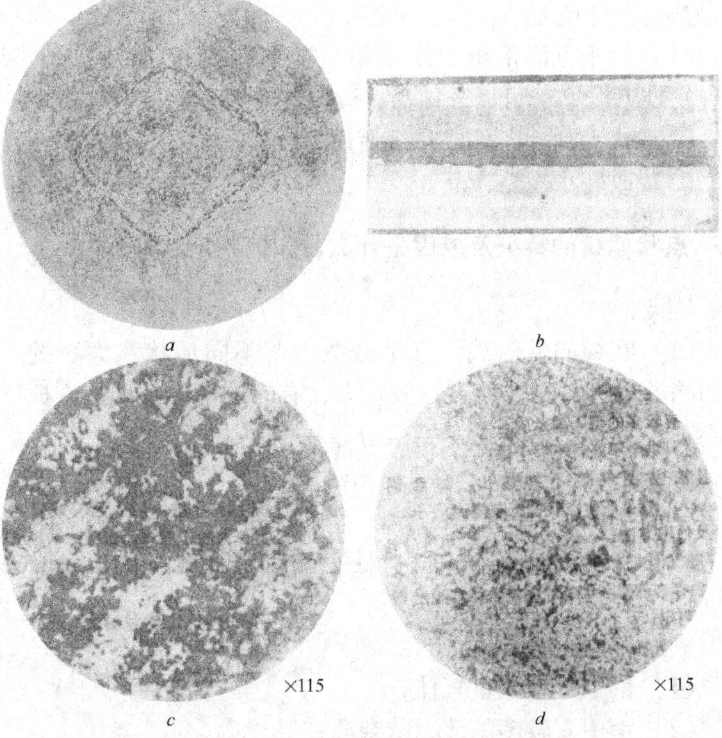

图 7-11 方形偏析

a—横向低倍的方形偏析；*b*—方形偏析处的纵向断口；*c*—在显微镜下方形偏析处的带状组织（4% HNO_3 酒精溶液腐蚀）；*d*—正火后方形偏析处的显微组织（4% HNO_3 酒精溶液腐蚀）

（3）纵向断面与正常组织的断口相比无明显区别，呈小条状（图 7-11*b*）；

（4）显微镜下呈显著的带状组织，碳、硫、磷及其他杂质含量较高（图 7-11*c*），经过正火的带有方形偏析的试片虽然在低倍试片上仍有方框形偏析，但显微镜下的带状组织消除（图 7-11*d*）。

成因：

（1）钢锭重量大，结晶时间长或浇注温度高造成钢锭结晶过程中成分偏析；

（2）钢中气体多，硫、磷杂质多造成钢锭结晶后杂质聚集。

判定及处理方法：

（1）由于方形偏析出现在相当于钢锭头部的钢材上，因此检查发现不合格后可以分锭盘、分段复验判定；

（2）改判其他条件或降级使用；

（3）改轧小规格产品。

535. 点状偏析的特征及成因是什么，如何判定和处理？

特征：

（1）在横向低倍试片上呈分散的，不同形状和大小的，稍微凹陷的暗色斑点，斑点一般较大，有时亦呈十字形、方框形或同心圆点状（图 7-12*a*），通常分布在钢锭中上部；

（2）纵向断口试片上呈现木纹状即点状沿压延方向延伸的暗色条带（图 7-12*b*）；

（3）在显微镜下点状偏析处有硫化物和硅酸盐非金属夹杂物（图 7-12*c*）。

成因：

（1）钢中存在大量气体；

（2）钢中有较多的硫、磷杂质；

（3）原材料烘烤不好，不够干燥；

（4）钢液黏稠气体不易逸出，如含铝合金结构钢（38CrMoAlA）容易产生点状偏析缺陷。

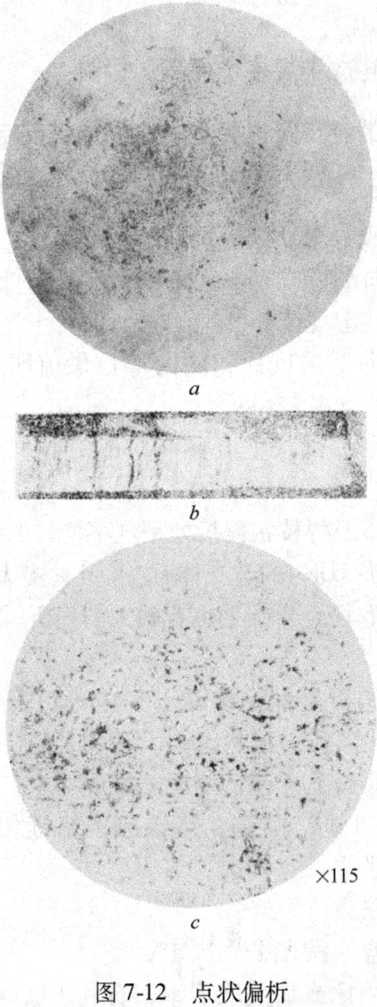

图 7-12 点状偏析

a—45 钢横向低倍试片上的点状偏析；*b*—缺陷处的木纹状断口；
c—显微镜下点状偏析处的硫化物和硅酸盐夹杂物
（4% HNO_3 酒精溶液腐蚀）

判定及处理方法：

（1）伴随气泡产生的点状偏析应当判废；

（2）单独存在的点状偏析，按技术标准规定判定，超过规定级别者应分段判定；

（3）可以改轧成小规格产品重新检验。

536. 树枝状偏析的特征及成因是什么，如何判定和处理？

特征：

（1）在纵向低倍试片上，晶干呈灰白色，晶间呈暗灰色，晶干常与纤维方向平行或有一定角度；在横向低倍试片上表现出树枝状组织，无一定规律；

（2）在与纵向低倍试片相同的部位做硫印试验可以看到在树枝状偏析处晶间含硫较高；

（3）在纵向断口试片上（图7-13*a*），树枝状偏析处与相邻部位无明显区别；

（4）在显微镜下树枝状偏析处呈现不均匀的组织，即非金属夹杂物和较多的分布不均匀的珠光体，这说明树枝状偏析不但有化学成分和杂质的偏析，而且含碳量也有较大的偏析（图7-13*b*）。

成因：

（1）树枝状偏析是钢锭结晶过程中不可避免的，只要钢液成分不均，就可能形成树枝状组织。特别是当浇注温度高及冷却速度缓慢时，更助长了树枝状偏析的发展；

（2）低碳、中碳铬镍钨、铬镍钼、铬锰钼钢中的铬、镍、锰在结晶时偏析严重。

判定及处理方法：

（1）允许按盘、按段分别判定；

（2）增大压缩比或加大压下率，有利于破碎树枝状组织；

（3）长时间的高温扩散退火，可使成分偏析减小，但不能消除原有低倍试片上的树枝状组织特征。

537. 皮下气泡的特征及成因是什么，如何判定和处理？

特征：

a

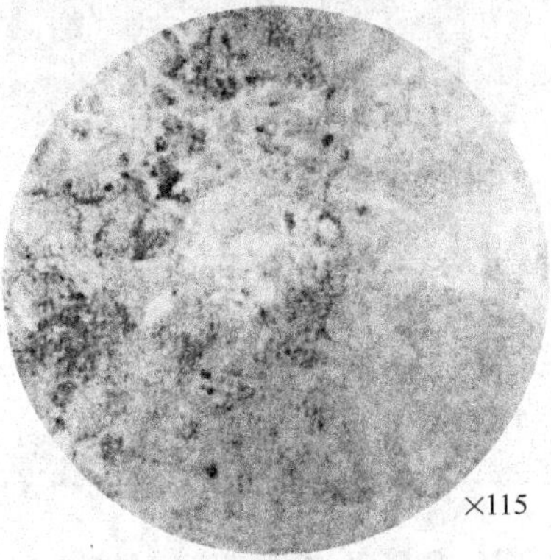

×115

b

图 7-13 树枝状偏析

a—纵向断口的树枝状偏析；*b*—显微镜下的树枝状偏析，

4% HNO_3 酒精溶液腐蚀

(1) 从横向低倍试片上看，皮下气泡仅在试片边沿存在，呈现垂直于表面的或放射状的细裂纹，有些暴露在表面形成深度不大的裂纹，有些潜伏在皮下，在试片的表皮呈现成簇的、垂直于表皮的细长裂缝（图 7-14*a*）；

(2) 纵向断口上呈现白色亮线和条状组织（图 7-14*b*）；

(3) 在显微镜下看，皮下气泡处脱碳现象严重（图 7-14*c*）。

成因：

(1) 低温快速浇注；

(2) 钢锭模质量和表面光洁度不好；

(3) 钢锭模涂油不均，油料质量不好；

(4) 浇注系统干燥不良，浇注翻皮以及钢液中含有过量气体。

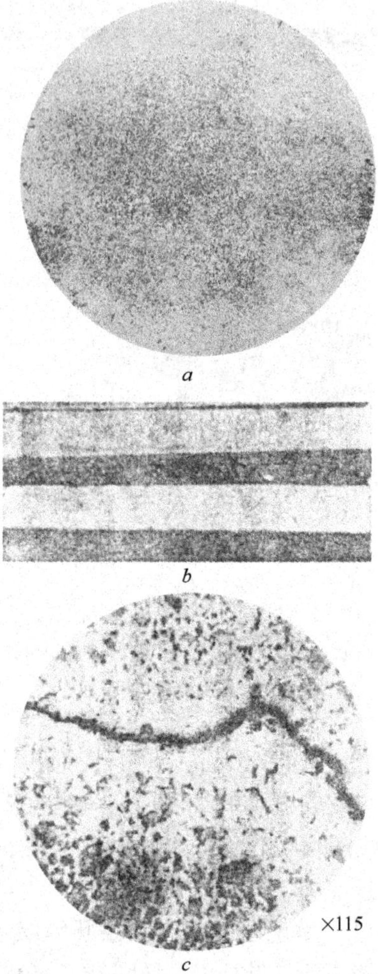

图 7-14　皮下气泡

a—低倍试片上的皮下气泡；*b*—皮下气泡处的纵向断口；
c—显微镜下的皮下气泡（HNO_3 酒精溶液腐蚀）

判定及处理方法：

（1）皮下气泡暴露在钢材（坯）表面上即成气泡裂纹，不超过允许清理深度的气泡裂纹可以进行表面清理，气泡裂纹超过允许清理深度时即使数量很少，若留在钢中，也会在使用中造成事故，所以这种钢材应当报废；

（2）允许按锭盘分选组批，复验后判定；

（3）大规格产品可以改轧成小规格的冷加工用材。

538. 镇静钢内部气孔的特征及成因是什么，如何判定和处理？

特征：

（1）在横向低倍试片上呈放射形的裂缝缺陷，裂缝的数量、长短、宽度都不固定（图 7-15*a*），其形状有直的、弯的，无一定分布规律；

（2）在纵向断口上，沿纤维方向有非结晶构造的颜色不同的细条纹夹层（图 7-15*b*）；

（3）在显微镜下看，内部气孔处有硫化物和硅酸盐非金属夹杂物及裂纹（图 7-15*c*、*d*）；

（4）有些内部气孔在低倍试片上呈蜂窝状，称作蜂窝气孔，有时分布在试片的边缘处，但到钢材（坯）表面的距离均较大。

成因：

（1）原材料不干燥，冶炼操作不良使钢中进入大量水分；

（2）脱氧控制得不好，镇静钢脱氧不良。

判定及处理方法：

（1）内部气泡往往伴随点状出现在钢锭的头部，是不允许有的缺陷，有内部气泡的钢材应报废；

（2）可以分段判定。

539. 翻皮的特征及成因是什么，如何判定和处理？

特征：

（1）在横向低倍试片上呈亮白色或暗黑色的弯曲细长带，形状不规则，一般出现在试片的边缘处，也有的出现在内部

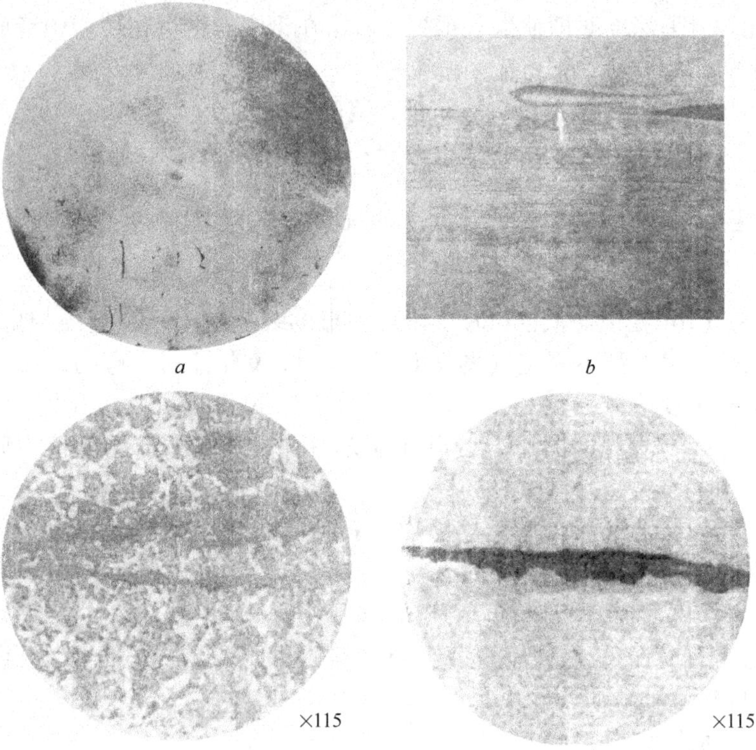

图 7-15　内部气孔

a—横向低倍试片上的内部气孔缺陷；*b*—纵向断口试片上的内部气孔缺陷；*c*—显微镜下的内部气孔缺陷（4% HNO_3 酒精溶液腐蚀）；*d*—内部气孔处的点状硅酸盐夹杂物（4% HNO_3 酒精溶液腐蚀）

（图 7-16*a*），在翻皮附近有些分散的点状夹杂和孔隙；

（2）纵向断口有气孔和夹层（图 7-16*b*）；

（3）在显微镜下翻皮与正常组织交接处的组织细而含碳低，翻皮处的片状珠光体增多，并有严重的非金属夹杂（图 7-16*c*）。

成因：

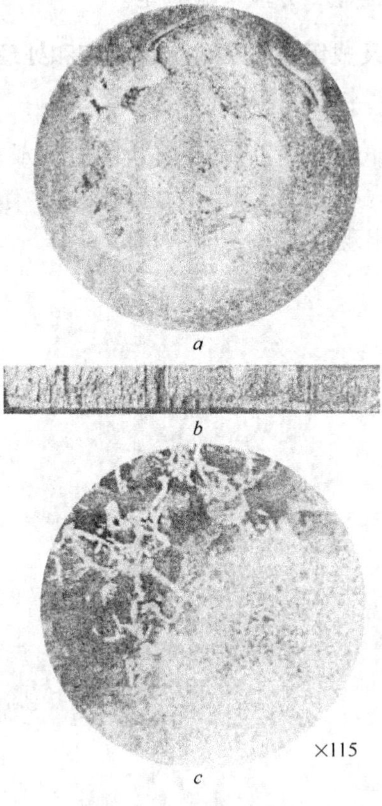

图 7-16　翻皮

a—低倍试片上的翻皮缺陷；*b*—纵向断口上的翻皮缺陷；
c—翻皮处的显微组织（4% HNO_3 酒精溶液腐蚀）

（1）浇注过程注温低或注速快使钢水表面氧化膜翻入钢液中；

（2）涂油不良，模壁不光滑，阻碍钢水上升，易使液面结膜局部破裂造成翻皮；

判定及处理方法：

（1）出现在钢材上的翻皮缺陷没有一定的规律，经复验仍不合格者即行报废；

（2）允许按锭盘、分段检验判定。

540. 钛壳的特征及成因是什么，如何判定和处理？

特征：

（1）在横向低倍试片上呈现簇状的空隙或孔洞，形状不规则，空隙和孔洞内一般用肉眼看不见夹杂物；有时分布在钢材表层附近，也有时出现在内部（图 7-17*a*）；

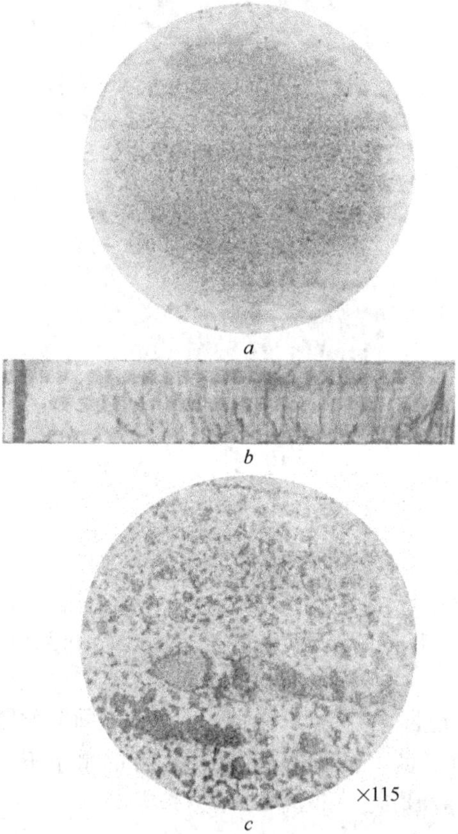

图 7-17　钛壳

a—低倍试片上的皮下钛夹杂；*b*—纵向断口上的钛夹杂；*c*—显微镜下的钛夹杂（4% HNO_3 酒精溶液腐蚀）

（2）在纵向断口试片上呈气泡和夹层（图 7-17*b*）；

（3）在显微镜下看，有严重的非金属夹杂物 TiN、TiO_2，在夹杂物周围碳含量较低（图 7-17*c*）。

成因：

（1）浇注过程中钢液表面与空气接触，钛氧化形成 TiO_2，钢中固有的氮也与钛化合成 TiN，当钢液温度低、黏度大时，夹杂物不能浮出，形成钛夹杂；

（2）浇注速度慢，容易在钢锭头部产生。

判定与处理方法：

（1）这种缺陷不允许存在，严重者报废，轻微者改轧小规格钢材；

（2）可以分盘分段复验判定。

541. 金属夹杂的特征及成因是什么，如何判定和处理？

特征：

（1）在横向低倍试片上可以看到带有金属光泽的、与原钢组织不同的金属（图 7-18*a* 为圆钢低倍试片照片的四分之一）；

（2）多在钢锭尾部出现；

（3）纵向断口上呈现条状组织（图 7-18*b*）；

（4）在显微镜下看，金属夹杂处与原组织呈两种不同的组织（图 7-18*c*）。

成因：

（1）冶炼温度低废钢未熔化；

（2）出钢槽、钢包中有残钢；

（3）钢瘤落入模中；

（4）钢锭铁牌、吊环落入模内；

（5）其他合金偶然进入钢中。

判定及处理方法：

（1）允许分锭盘、分锭、分段复验判定；

（2）难以分清者判废或改作次要用途。

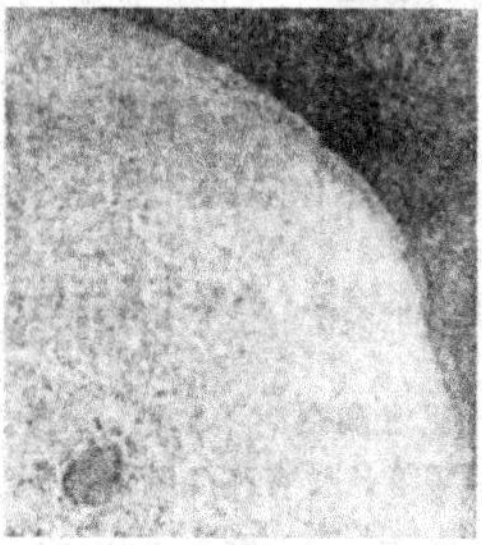

a

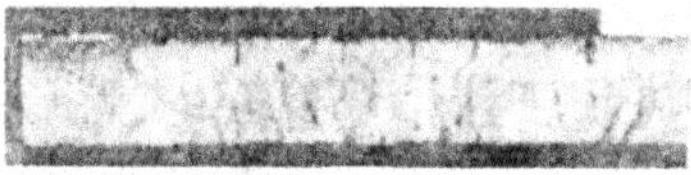

b

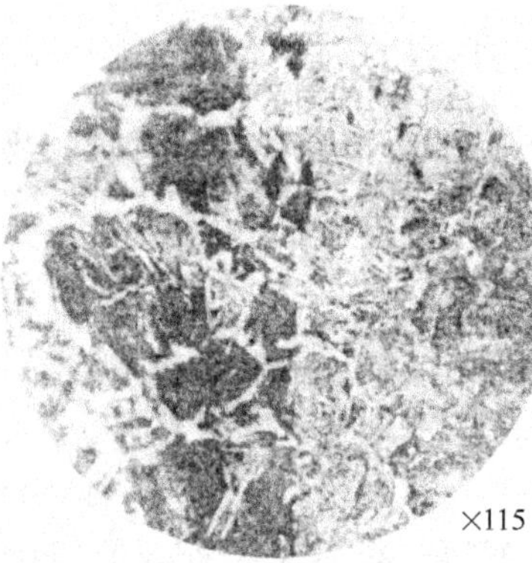

c

图 7-18　金属夹杂

a—横向低倍试片上的金属夹杂物；*b*—纵向断口试片上的金属夹杂物；
c—显微镜下的金属夹杂组织（4% HNO_3 酒精溶液腐蚀）

542. 内部过烧的特征及成因是什么，如何判定和处理？

特征：

（1）横向低倍试片的中心呈严重的夹杂偏析，并有不规则的裂纹；在钢坯的中间区沿着偏析带断裂（图 7-19*a*）；

（2）一般情况多产生在钢锭的中上部；

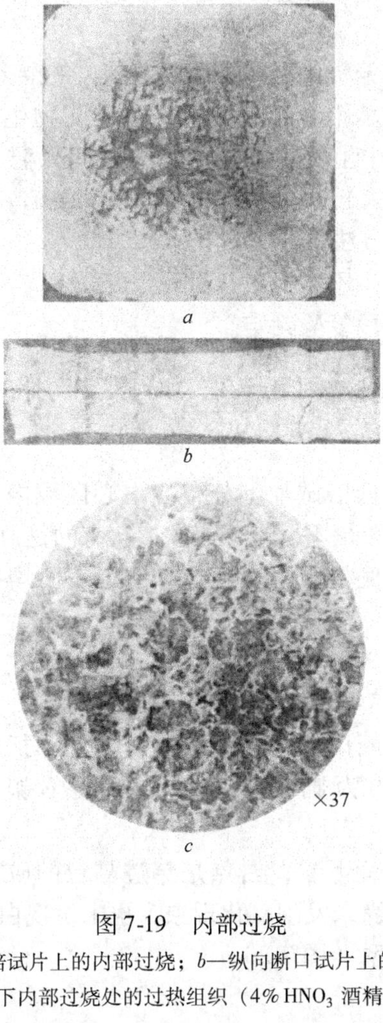

图 7-19　内部过烧

a—横向低倍试片上的内部过烧；*b*—纵向断口试片上的内部过烧；

c—显微镜下内部过烧处的过热组织（4% HNO_3 酒精溶液腐蚀）

（3）纵向断口呈现石状断口（图 7-19*b*）；

（4）在显微镜下看，有粗大晶粒，呈过热组织，并且在晶粒边界处有小裂纹（图 7-19*c*）。

成因：

（1）过共析钢其熔点较低，高温下奥氏体晶粒边界处的夹杂氧化；

（2）在方形偏析区金属组织不致密，夹杂多容易过烧；

（3）滚动轴承钢在结晶时有共晶碳化物生成，高碳低熔点夹杂富集在钢锭中上部，在高温下长时间保温（消除碳化物液析的高温扩散退火）造成内部过烧的特殊缺陷。

判定及处理方法：

（1）一旦发生不可挽救，只可报废；

（2）允许分段复验判定。

543. 白点的特征及成因是什么，如何判定和处理？

特征：

（1）在横向低倍试片上分布在中心区域内呈细小而长短不等的弯曲裂纹。数量不固定，裂纹形状有的是放射状，有的无定向，有的沿方形偏析区呈方框形，但距表面均有一定距离（图7-20*a*、*c*）；

（2）纵向低倍试片上的白点呈锯齿形发纹，并与轧制方向成一定角度（图7-20*d*）；

（3）在纵向断口上，白点的形成条件和折断面不同，其形状也不同，有的为圆形，有的为椭圆形银色斑点或裂口（图7-20*b*）；

（4）在显微镜下看，白点是穿过晶粒的应力裂纹即穿晶断裂，在裂纹的边缘未发现氧化现象，也未发现白点与钢中的夹杂物有任何直接关系（图7-20*e*）。

成因：

（1）产生白点缺陷的内在原因是钢中含氢；

（2）产生白点缺陷的外部原因是钢的冷却速度过快使氢气不能充分逸出；

（3）当钢在某一温度范围内冷却较快时，固溶体中析出过饱和的氢原子向附近空隙中挤并合成氢分子产生巨大压力，并与

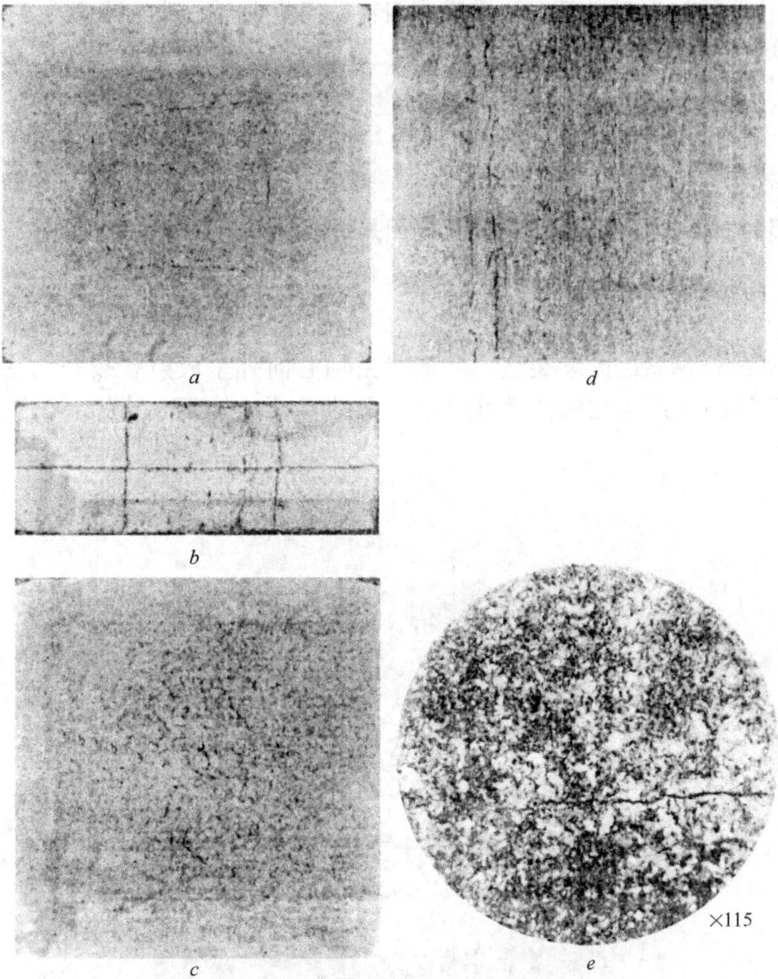

图 7-20　白点

a—横向低倍试片上沿方框形偏析处裂开的白点（20CrMnTi）；*b*—与 *a* 对应处的纵向断口上的白点；*c*—横向低倍试片上常见的白点；*d*—纵向低倍试片上的白点（GCr15）；*e*—显微镜下的白点（4% HNO_3 酒精溶液腐蚀）

钢冷却和相变时产生的局部内应力及其他原因形成的应力相叠加，使钢材（坯）内部产生细裂缝；

（4）马氏体钢、半马氏体钢容易产生白点；珠光体钢次之；奥氏体钢及铁素体钢不产生白点。

判定及处理方法：

白点对钢的危害很大，是不允许有的缺陷。一旦发生不能用轧制方法焊合。

544. 轴心晶间裂纹的特征及成因是什么，如何判定和处理？

特征：

（1）横向低倍试片的轴心位置有沿晶粒间界裂开的一种形如蜘蛛网状的断续裂缝，严重时由轴心向外呈放射状裂开（图7-21*a*），产生在树枝状组织较严重的铬镍结构钢及铬镍不锈钢

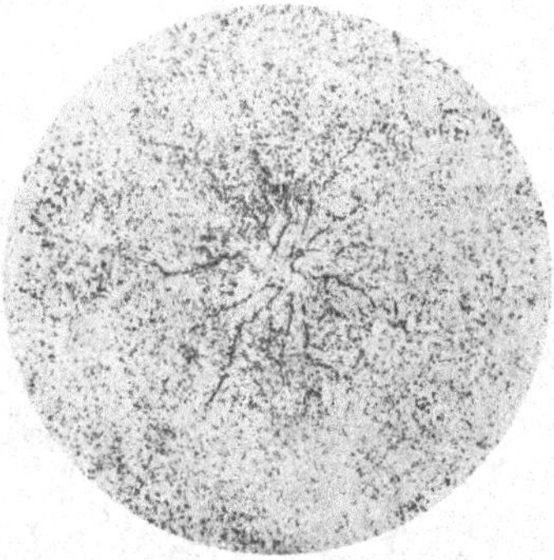

a

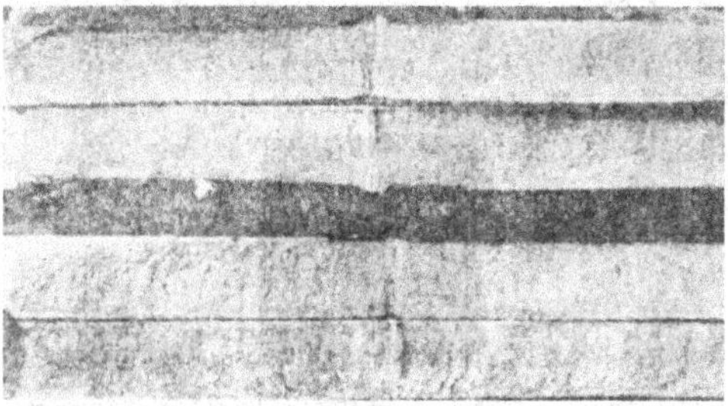

b

图7-21 轴心晶间裂纹

a—横向低倍试片上的轴心晶间裂纹；

b—纵向断口试片上的晶间裂纹（18Cr2Ni4WA）

中，多出现在钢锭的中上部；

（2）纵向断口呈宽窄不一的非结晶构造的较光滑的条带，有时有夹渣或夹杂颗粒（图 7-21*b*）；

（3）在显微镜下看晶间裂纹处的夹杂物一般不严重，个别情况下夹杂物级别较高。

成因：

（1）主要是钢锭在冷却和结晶过程中体积收缩，轴心区产生热应力和组织应力；

（2）钢锭凝固时，因树枝状晶轴间化学成分不同，所以其临界转变点也不同，因发生相变有先有后，必然在钢锭内产生内应力，在较大内应力作用下，树枝晶与树枝晶之间形成晶间裂纹。当钢中气体含量较多时，晶间裂纹更容易发生和扩展。

判定及处理方法：

（1）允许按盘、按段分别判定；

（2）增大压缩比和压下率，可以使钢锭中心的晶间裂纹得到焊合；

（3）晶间裂纹在断口上的严重程度以其对钢的横向力学性能的影响程度来判定。在不影响钢的横向力学性能的各项指标的前提下，允许有轻微的轴心晶间裂纹存在。

545. 什么是矫直裂纹？

钢材是在各种矫直设备上经过弹性变形和部分塑性变形得到矫直的。因此，矫直设备需要对钢材施加一定的压力使钢材发生变形。矫直后钢材中有一定的附加应力。

当钢材在缓冷或热处理后进行矫直时，矫直对钢材质量没有什么影响，一般不会发生裂纹。但是，如果钢材的精整工艺流程不合理，钢材未经热处理就矫直，则容易产生矫直裂纹。图 7-22 为 9SiCr 钢材热轧后未经热处理在斜辊式矫直机上矫直产生的螺旋形矫直裂纹。

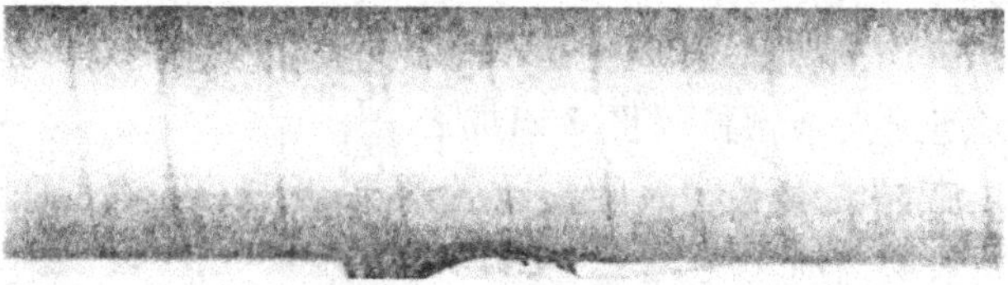

a

b

图 7-22 矫直裂纹

a—纵向表面螺旋形矫直裂纹；*b*—裂纹处的横向断口

546. 内部裂纹的特征及成因是什么，如何判定和处理？

特征：

（1）在横向低倍试片上呈弯曲裂纹或直裂纹，有些裂纹像“鸡爪形”及“人字形”（图 7-23*a*）；

（2）在横向断口上呈凹凸不平的“鸡爪形”或“人字形”裂纹，裂纹侧壁一般比较清洁，有时也有氧化现象（图 7-23*b*）；

（3）在显微镜下看，有的裂纹有脱碳现象，有的没有脱碳现象；

（4）内部裂纹常出现在马氏体、莱氏体及具有两相组织的高合金钢中，如 4Cr13、W18Cr4V、Cr17Ni2 等。

成因：

（1）钢锭在凝固时由于各层收缩不同以及受其他因素作用

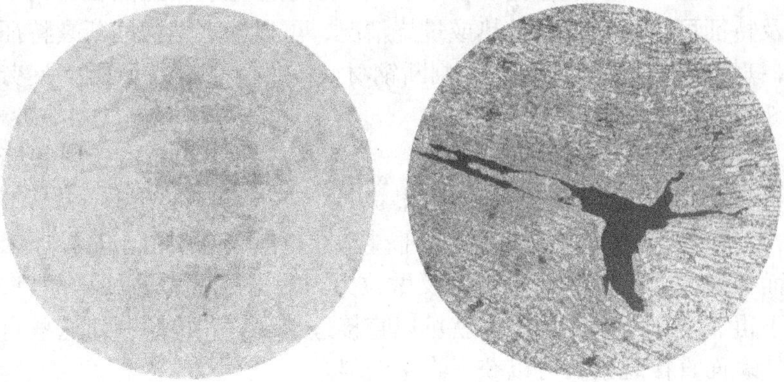

a　　　　　　　　　　b

图 7-23 内部裂纹

a—横向低倍试片上的内部裂纹；*b*—横向断口上的内部裂纹

（如冷却速度过快）产生很大的内应力，当应力超过钢的强度时产生裂纹；

（2）热轧时，钢锭加热速度太快，各层膨胀不同会产生很大的内应力，当应力超过钢的强度时，产生裂纹；

（3）轧制温度低、变形抗力大、加热不均匀都使得变形不均匀，从而造成内裂；

（4）钢锭模设计不合理，锥度太小造成二次缩管，引起内裂。

判定及处理方法：

（1）内裂的危害性极大，它破坏了金属的连续性，一旦发生内裂即应报废；

（2）这种缺陷通过再轧制一般不能得到焊合。

547. 断口检验能够发现哪些成品钢材缺陷？

断口检验是判定钢材质量的方法之一。断口试片可与横向低倍组织对应检查钢材的缺陷。断口可直接显示出钢中的白点、夹杂、气泡、内裂、缩孔残余等缺陷。通过鉴定断口上晶粒的大小及特征可以确定钢材过热或过烧情况，可以确定钢材的断裂特征（韧性断裂和脆性断裂）并判断钢材（零件）的断裂原因（疲劳断裂和应力断裂）等。

断口的种类有：韧性断口、脆性断口、瓷状断口、层状断口、萘状断口、石状断口、石墨状断口等。

在使用过程中破损的零、部件和在生产制造中由于某种原因而导致破损的工件断口，以及做拉力、冲击等试验的试样断口，不再需要任何制备加工，就可以直接进行观察和检验，对这些自然表面直接观察，可以获得直接资料。

根据钢材种类及检验要求不同，断口检验试样在折断前要先经过不同方式的热处理，按照热处理方式不同，断口可分为淬火断口、退火断口及调质断口等。

548. 什么叫纤维状断口？什么叫结晶状断口？

当钢材纵向折断时，在断裂之前发生显著塑性变形的断口叫纤维状断口，纤维状断口呈暗灰色，是无光泽和无结晶颗粒的均匀组织。因其一般断裂形态是晶内韧性断裂，故又称韧性断口（图 7-24），属于正常断口。

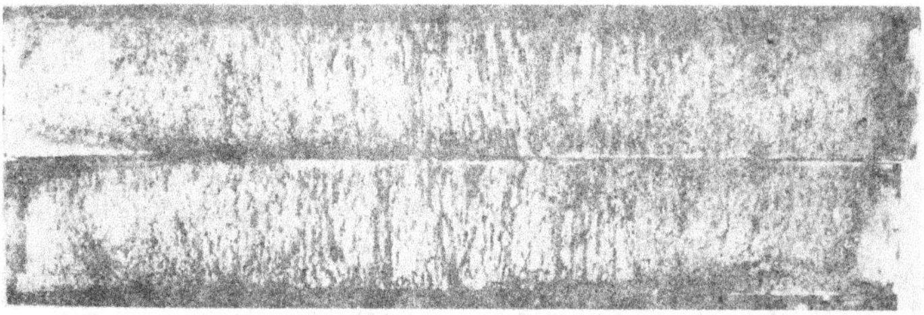

图 7-24　纤维状断口

钢材在没发生显著变形之前断裂形成的断口叫结晶状断口，断口呈亮灰色是有光泽的结晶颗粒组织（图 7-25），这种断口的断裂形态多为穿晶脆性断裂，故又称脆性断口，属于正常断口。

图 7-25　结晶状断口

一般具有珠光体组织的热轧或退火钢是这种断口。

549. 什么叫萘状断口？

萘状断口是一种脆性穿晶断裂粗晶断口，断口上呈现具有反射能力的光亮点，类似萘晶（犹如打碎的樟脑球）的颗粒，有弱金属光泽，有时又呈光亮小片。图 7-26 为高速工具钢的萘状断口。

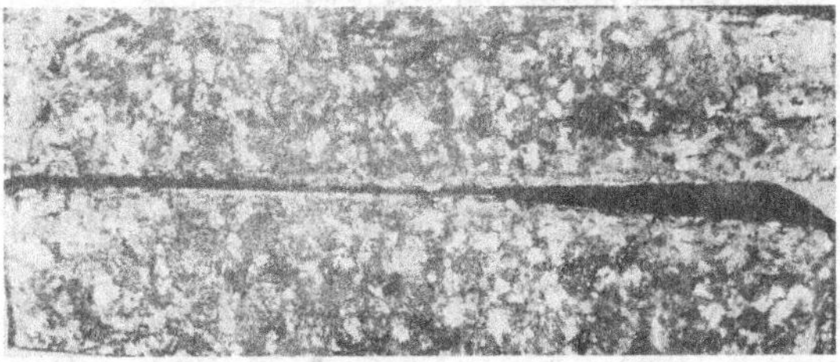

图 7-26　萘状断口（脆性折断）

结构钢和高速工具钢断口上都能出现萘状。结构钢的萘状断口是过热断口，可以通过热处理的方法消除。高速工具钢的萘状断口不是过热断口，它是在正常淬火温度和一般的加热速度下重复淬火形成的。在重复淬火时，若要避免萘状断口产生应在淬火前进行 840℃ 以上的完全退火。

550. 什么叫石状断口？

石状断口是一种粗晶粒的、沿晶面断裂的脆性晶间断口，无金属光泽，类似有棱角的砂石粒堆砌在一起。断口覆膜的电子显微镜观察，晶界上析出硫化物夹杂（图 7-27）。石状断口是结构钢严重过热或过烧造成的，用一般的热处理方法不能消除。低碳铬镍结构钢 18Cr2Ni4WA 的石状断口必须经过变形量不小于 60% 的压力加工，才能消除。石状断口是一种不允许有的缺陷。

图 7-27　石状断口（碳素工具钢在 1300℃水淬）

551. 什么叫瓷状断口（调质断口的纤维组织）？

经过正确淬火或淬火后低温回火的共析、过共析成分的合金钢和某些合金结构钢的断口，呈亮灰色、致密、有绸缎光泽，类似细瓷碎片的断口称瓷状断口，又称干纤维状断口（图 7-28）。

图 7-28　瓷状断口

瓷状断口对滚动轴承钢、碳素工具钢等淬火后低温回火的钢均属正常断口，对于淬火后中温或高温回火的钢，则属于热处理工艺不当的断口。

552. 什么叫层状断口？

在纵向断口上，沿热加工方向呈现凸凹不平的、无金属光泽的非结晶构造条带的断口叫层状断口。由于层状断口的形成原因不同，其特征各不相同，有的呈现木纹结构，有的呈现平滑的台阶状，有的呈现致密的、比基体色浅的灰白色条带，有的像腐烂的木柴片沿纵向断开，有的呈现长短不一粗细不同的断续光亮线条。因而不能用一个笼统的层状断口作为判断标准。层状使钢的横向力学性能，特别是延伸率和断面收缩率严重下降。产生层状的主要原因是钢锭结晶过程中夹杂物在晶界上沉积，在热加工时沉积在晶界上的夹杂物沿加工方向伸长，使晶界变得脆弱。

553. 撕痕状层状断口的特征及成因是什么？

撕痕状层状断口是，在调质状态下钢的纵向断口上有平行于热加工方向的比基体色浅的灰白色致密而光滑的片状，其分布无规律，像撕裂的条带一样深入金属内部，严重时布满整个断口（图 7-29）。具有这种断口的钢在纵向低倍试片上检验枝晶偏析比较严重，高倍检验带状组织较为严重。18Cr2Ni4WA 钢是容易产生这类缺陷的典型钢种。

图 7-29　撕痕状的层状断口

形成原因主要是在冶炼过程中，脱氧用的铝量太多，使钢中残余铝量增加而形成。多出现在铬镍结构钢中，一般在钢锭头部较尾部严重。

当压缩比为 9 时$\left(\frac{540 \times 540}{180 \times 180}=9\right)$，钢材上有如图 7-29 所示的撕痕状层状断口；当压缩比约为 30 时（产品规格为 ϕ110mm），撕痕状断口基本消除。

554. 木纹状的层状断口的特征及成因是什么？它对轧材性能有什么影响？

木纹状的层状断口简称木纹状断口，这种断口在纵向断口上，沿加工方向有凸凹不平的、无金属光泽的条带，在凸凹不平处常伴随有长短不同的白亮线（见图 7-30），就像腐烂了的木柴片沿纵向断开一样。微观特征为穿晶断裂，层断处一般含有氧化物夹杂。

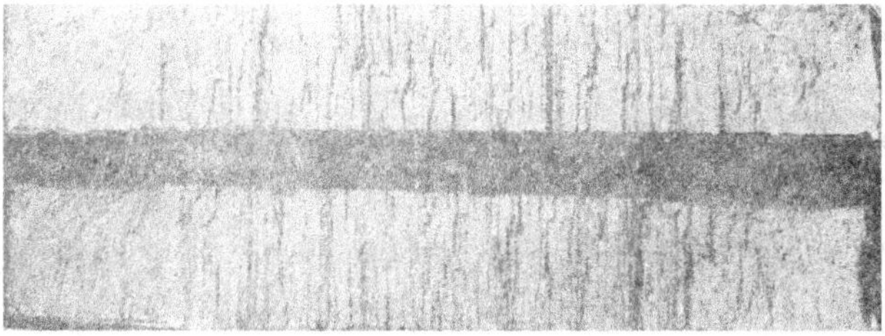

图 7-30　木纹状的层状断口

形成木纹状断口的主要原因是偏析和夹杂物含量多，在热加工后夹杂物被拉长，部分地破坏了金属的连续性，断裂过程中当基体还在塑性变形时，夹杂物却早已发生脆性断裂，使得金属断口上呈现出层次结构的特征。

木纹状断口对纵向力学性能没有多大影响，对横向力学性能中的强度指标影响也不明显，但却使横向的塑性与韧性指标降低。有轻微木纹状断口的钢材对力学性能影响不大，可以使用；而有严重木纹状断口的钢材，显著地降低横向塑性与韧性指标，应当报废或改轧小规格产品重新组批检验。

555. 台状的层状断口的特征及成因是什么？它对轧材性能有什么影响？

台状的层状断口简称台状断口，在纵向断口上，沿加工方向有比基本颜色稍浅，宽窄不同较为平滑的条带结构，有的平行于断口平面，有的与平面形成一定角度的台阶（图 7-31）。这种缺陷在钢锭的头部及中部出现的几率较高，一般分布在轴心区和偏析区内。38CrMoAlA 钢常出现这种缺陷。

图 7-31　台状的层状断口

严重的不均匀分布的非金属夹杂物（主要是铝酸盐），经轧制沿加工方向呈链状分布，与树枝偏析和疏松一起造成钢材横向力学性能降低。当钢材纵向破断时，首先在可塑性最低的部位发生断裂因而形成台状断口。

台状断口对纵向力学性能影响不明显，对横向力学性能中的强度指标影响也不大，而塑性和韧性稍有降低。因此大部分有台状断口的钢材可以使用。

将有台状断口缺陷的钢材改轧成小规格钢材，可以改善台状断口，当压缩比大到一定程度时，这种缺陷可以完全消除。

556. 夹层状断口的特征及成因是什么？它对轧材性能有什么影响？

夹层状断口的特征是，在纵向断口的轴心区域，呈现出宽窄不同的、非结晶构造的较光滑的条带（图 7-32）；在横向低倍试片上，一般可见到晶间裂纹。这种夹层状断口出现在相当于钢锭头部和中部的钢材上，多发生在树枝状组织比较严重的铬镍

图 7-32　夹层状断口

钢中。

夹层状断口的形成原因及处理办法与晶间裂纹相同。夹层状断口对横向力学性能有如下影响：

当夹层状断口轻微时，在横向低倍试片上看不出有晶间裂纹，用超声波探伤也没有伤波表现，此时横向的断面收缩率和韧性指标稍有降低；严重的夹层状断口，破坏了金属的连续性，使钢的横向力学性能显著恶化。夹层状断口是不允许有的缺陷。

557. 钢的显微组织检验能够发现成品钢材的哪些缺陷？

钢的显微组织检验也称高倍检验或金相组织检验，主要用来鉴别钢的冶金质量和热加工、热处理工艺是否符合产品标准的质量要求。对金相组织缺陷的鉴定和分析以及日常检验所积累的数据和经验可为制定和改进轧制、热处理工艺提供依据。

显微检验是利用各种金相显微镜以不同的放大倍率来观察钢材的显微组织状况。检验在试样上进行，试样是经过仔细研磨、抛光、浸蚀（或不浸蚀）制成的。钢的脱碳层深度、各种非金属夹杂物、碳化物不均匀度、带状碳化物、碳化物液析、网状碳化物、魏氏组织、带状组织、球化组织、奥氏体钢的 α 相和钢的晶粒度等都用高倍检验鉴别。

此外，高倍检验还用于检查钢的显微组织（奥氏体、铁素体、渗碳体、珠光体等）。

高倍检验的项目、内容不同，其具体检验方法也不同。轧钢车间应按标准要求切取试样供检验使用。

558. 什么叫脱碳缺陷？什么叫脱碳层深度？

加热造成的脱碳保留到钢材上就称之为脱碳缺陷。钢材表面脱碳层厚度称为脱碳层深度。

标准规定了脱碳层为全脱碳层和总脱碳层（全脱碳层＋部分脱碳层）。部分脱碳层中碳量部分失去，又叫过渡层（图7-33）。

某些特殊用途钢，如滚动轴承钢、工具钢和弹簧钢等，会因脱碳而降低表面硬度，从而降低其耐磨性、切削性和弹性等，所以要控制脱碳层。脱碳层深度必须符合有关技术标准规定。

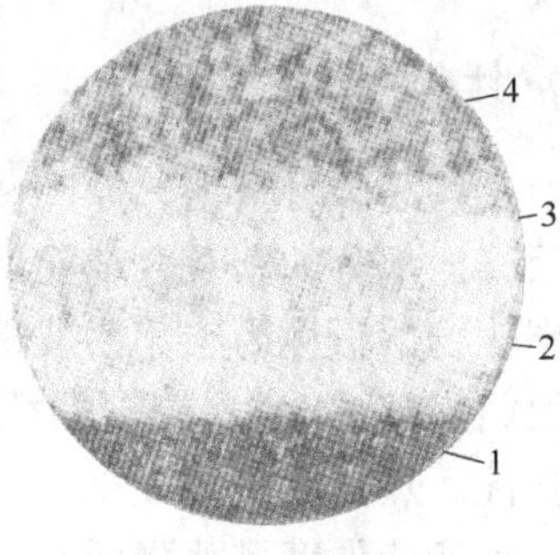

图7-33　全脱碳层
1—视场外；2—全脱碳层；3—全脱碳层到基体组织的过渡层；4—未脱碳的基体组织

559. 什么是非金属夹杂物缺陷？

非金属夹杂是钢中夹杂物的一种，它不是金属，而是由氧化物、硫化物等组成的。

非金属夹杂物是由钢在冶炼、浇注过程中的物理化学反应和炉渣、耐火材料侵蚀剥落进入钢中形成的。常见的非金属夹杂物有以下几种：

（1）氧化物。常见的 Al_2O_3 是脆性夹杂物，热轧时不变形而成为沿轧制方向分布的短线状颗粒带。

（2）硫化物。常见的硫化物有 FeS、MnS、（MnS · FeS）等。MnS 是塑性夹杂物，热轧时沿轧制方向延伸。而熔点较低的硫化物 FeS 与 FeO 的共晶体热轧时导致钢产生热脆。

（3）硅酸盐。钢中常见的各种复杂硅酸盐夹杂物都属于塑性夹杂物，热轧时沿轧制方向延伸，一般外形不规则，较粗糙。

（4）氮化物。如 TiN 等，热轧时不变形。

非金属夹杂物破坏钢基体的连续性，对钢的力学性能有极大的影响，如非金属夹杂物能引起应力集中，导致疲劳断裂。当钢内夹杂多，分布又不均匀时，钢的延展性、韧性、焊接性以及耐腐蚀性都大大降低。如果钢内有网状硫化物就造成热脆，因此，非金属夹杂物的多少是评价钢质的重要指标之一。

560. 什么叫碳化物液析？

某些高碳合金钢，如高碳铬轴承钢，由液态向固态转变时，最后凝固部分的碳及合金元素富集而产生亚稳定共晶莱氏体，这种碳化物偏析称为碳化物液析，也就是一次碳化物。碳化物液析（莱氏体钢除外）属于碳偏析缺陷。一次碳化物具有很高的硬度和脆性，热轧后破碎成小块，沿轧制方向分布，使轴承零件的耐磨性和疲劳强度显著降低，并容易产生淬火裂纹。

钢锭或钢坯经过充分地高温扩散退火，可以改善或消除碳化物液析，因此轧前加热应当增加高温带的停留时间。

561. 什么叫带状碳化物？

高碳铬轴承钢钢锭冷却时形成的结晶偏析，在热轧变形时延伸而成的碳化物富集带，叫带状碳化物，呈颗粒状，经热轧后沿流线分布。

钢锭的碳化物偏析越严重，其未经扩散退火的热轧材中带状碳化物颗粒越大、分布越密集。锭型越大、浇注温度越高，钢锭中碳化物偏析就越严重。热轧前钢锭经过长时间的高温扩散退火（1150℃以上较长时间的加热），带状碳化物可以得到改善，但不能完全消除。严重的带状碳化物会造成轴承等零件在淬火、回火后硬度和组织不均匀等缺陷。

562. 什么叫网状碳化物？

过共析碳素钢、合工钢、高碳铬轴承钢等钢材在轧后冷却过程中，在 $Ac_m \sim Ar_1$ 温度范围内，浓度过高的碳以碳化物形式沿奥氏体晶粒边界析出，包围着奥氏体晶粒，在显微镜下呈现网状，叫网状碳化物。

钢的成分、终轧温度和冷却速度不同，网状碳化物的网络粗细及连续程度也不同。终轧温度越高、轧后的冷却速度越慢，网状碳化物的析出越严重。

网状碳化物增加钢的脆性，使钢的冲击韧性降低并缩短轧件的使用寿命。

网状碳化物的消除方法是尽量降低钢的偏析程度,加快奥氏体在 $Ac_m \sim Ar_1$ 之间的冷却速度,采取较低的终轧温度。网状碳化物可用正火的办法消除。球化退火也能使网状碳化物有所改善。

563. 什么叫碳化物不均匀度?

高速钢及莱氏体型合工钢（Cr12MoV 等）钢锭冷凝过程中，由于实际冷却速度有限，当温度继续下降时，钢液发生共晶反应形成鱼骨状莱氏体，在钢中呈网状分布，这样形成的碳化物不均匀分布，即是通常所说的碳化物不均匀度。

严重的碳化物不均匀会引起轧件在热处理时产生裂纹。因此莱氏体类钢的成品钢材要求检查碳化物不均匀度。

通常锭型、浇注温度、浇注速度及冷却速度等因素影响钢的原始状态碳化物的不均匀分布程度。热加工的变形程度和压缩比可以改变碳化物的分布情况并使大块的共晶碳化物破碎变成小粒。

轧制高速钢等莱氏体型钢材的特殊工艺制度，一方面要保证表面质量合格，另一方面要保证碳化物的不均匀度合格。

564. 什么叫魏氏组织?

亚共析钢因为过热而形成粗晶粒的奥氏体，在一定的过冷条件下，除了在原来奥氏体晶粒边界上析出块状的铁素体外，还有从晶界向晶粒内部生长的铁素体，称之为魏氏组织铁素体。这种铁素体是体心立方晶格，与原来的奥氏体有着一定的结晶位向关系。这些在晶粒中出现的互成一定角度或彼此平行的铁素体，即称作亚共析钢的魏氏组织。过热的亚共析钢在较快的冷却速度下易产生魏氏组织。

严重的魏氏组织使钢的冲击韧性、断面收缩率下降，使钢变脆。魏氏组织可用完全退火的方法消除。

565. 什么叫带状组织？

在热轧低碳结构钢材的显微组织中，人们把平行轧制方向成层状分布的铁素体和珠光体条带组织，通称为带状组织。

在轧后冷却过程中，铁素体在枝晶偏析和延伸的非金属夹杂条带中优先形成，所以铁素体和珠光体成层状分布。

带状组织使钢的力学性能呈各向异性，并降低钢的冲击韧性和断面收缩率，例如20CrMnTi等低碳结构钢的带状组织如果严重，就会降低零件的塑性、韧性，并且使零件在热处理时容易产生变形。

566. 什么叫奥氏体钢中的α相？

0Cr18Ni9、1Cr18Ni9、1Cr18Ni9Ti等铬镍奥氏体型不锈钢，在实际生产的冷却速度下呈奥氏体单相组织。但假若钢中铁素体形成元素（铬、钛、硅等）的含量在上限、结晶偏析较严重，那么在冷却速度很慢的条件下，钢中可能出现部分α相。

由于热加工时铁素体相与奥氏体相的塑性不同，轧件内部产生较大的应力，当轧制钢板或穿管时，轧件会发生局部撕裂，所以有的技术标准规定，必须控制板坯及管坯中的α相含量。

五、钢材的各种检验方法和内容

567. 为什么要规定钢材的取样部位？各类钢材怎样取样？

钢坯固有的各种铸造缺陷，造成钢材各部位的性能不完全相同。热轧工艺制度不同的钢材各部位质量的影响也不同，为了反映钢材质量的实际水平，确保使用单位复验合格率，在相应标准中规定了钢材取样部位。

在一般情况下，随着压缩比的增加，钢材各部位的质量逐渐均匀，因此对小规格钢材（小于等于 30mm）不做取样部位规定。对大规格钢材，取样部位需要专门规定。

一般生产优质钢、合金钢的轧钢车间，当在线切断时，同时切取有代表意义的、一定数量及规格的试样，由管理部门及检验单位按照标准要求进行试样分配和制备。表 7-11 为一般合金钢轧钢车间的取样规定示例。取样具体规定应符合各种钢材的产品标准要求。

568. 钢材的成品尺寸、外形检验包括哪些内容？

钢材的尺寸、外形检验内容有：

（1）检查钢材断面尺寸是否超出相应标准规定的偏差（包括方钢的脱方、圆钢的不圆度）；

（2）检查钢材长度是否符合相应标准规定的交货长度；

（3）检查钢材外形是否有明显的弯曲（镰刀弯或波浪弯等）；

（4）测量钢材的弯曲度和总弯曲度。

569. 钢材常用的检验项目有哪些？

钢材的钢种、形状和用途各不相同，检验的内容、要求和检验方法也各不相同，但无论哪种钢材，其检验项目一般主要包括以下内容：

（1）化学成分：主要指碳、合金及杂质的含量；

（2）外形尺寸：指截面尺寸是否超出相应标准偏差及允许偏差等；

（3）表面缺陷：指折叠、结疤、麻点、裂纹、压入氧化铁皮、拉裂、气泡、凸包、压痕、发纹、刮伤、离层、毛刺、龟裂、

表 7-11　钢材取样规定示例

标　准	钢种	取样数量［每炉/批］																	
		化学成分	尺寸	表面	拉伸试验	冲击或顶锻	低倍或断口	碳化物	显微组织	夹杂物	晶粒度	退火硬度	淬火硬度	脱碳	淬透性	塔形	磁性或超声	火花	晶间腐蚀
GB/T 699—1999	碳结	1	逐根	逐根	2	各 2	2		2	2	1	3		2		2			
GB/T 3077—1999	合结	1	逐根	逐根	2	各 2	2		2	2	1	3		3	1	2	超声 2		
GB/T 1298—2008	碳工	1	逐支	逐支			2	2				3	2	3	3				
GB/T 1299—2000	合工	1	逐支	逐支			2	2				3	2	3			1		
GB/T 1222—2007	弹簧	1	逐支	逐支	2		低倍 2 断口 2		2	2	1	3		2	1		超声 2		
GB/T 9943—2008	高速工具钢	1	逐支	逐支			低倍 2 断口 2	2		2	1	3	2	3					
GB/T 1220—2007	不锈钢	1	逐根	逐根	各 2	冲击 2	2			2	1	2				2	超声 2		2
GB/T 1221—2007	耐热钢	1	逐根	逐根	2	顶锻 2	2			2	1	2				2	超声 2		
GB/T 8731—2008	易切钢	1	逐根	逐根	条钢 1 盘条、钢丝 2 钢板带钢 1	冲击 2	1			2		3		2		1			
GB/T 3078—2008	冷拉结构钢	1	逐支	逐支	2	各 2	低倍 2 断口 2		2	2	1	3		2	1		超声逐支		
GB/T 3086—2008	不锈轴承钢	1	逐支	逐支	2	顶锻 1	低倍 2 断口 3			6		3		5		2		逐支	

耳子、辊印、勒伤等；

（4）内部缺陷：一般指缩孔、气孔、疏松、偏析、反偏析、夹层、冷隔、分层、白点、白斑、翻皮、非金属夹杂、晶粒粗大、混晶、带状组织、网状组织、魏氏组织、过热组织、过烧组织、内裂等；

（5）产品性能检验：主要有力学性能、物理性能和工艺性能，力学性能一般包括抗拉强度、屈服强度，断面收缩率，伸长率，及冲击性能等；

（6）金属组织检验：主要有低倍组织检验、高倍组织检验和电镜显微组织检验，以及X射线衍射和电子探针分析等。高倍检验，主要有以下几点：表面脱碳的深度和程度、表面轧制缺陷的长度和深度、缩孔、碳及硫的中心偏析、铁素体分布状态、珠光体分布状态，其他显微组织缺陷等，以及晶粒度、表面粗糙度和夹杂物含量等。

根据不同的产品将要按照产品标准和双方协议或合同及相关的要求进行检验。

570. 什么叫尺寸超差？什么叫厚薄不均？什么叫形状不正？

尺寸超差是轧件尺寸超出标准规定的允许偏差。其中包括大于规定尺寸的上限和小于规定尺寸的下限。

厚薄不均是指钢材在横截面及纵断面上各部位厚度不等的现象。钢管上的厚薄不均叫做壁厚不均。实际上一根轧件的厚度不可能处处相等。为了控制这种不均匀性，有的标准规定了截面的三点差、同板差，钢管标准则规定了壁厚不均的允许范围。

轧材横截面几何形状不正，这种缺陷按轧材品种不同，名目繁多，如方钢脱方、扁钢脱矩、六角钢六边不等、重轨不对称、工字钢腿斜、槽钢塌角、角钢顶角大或小等。广义地说，弯曲、扭转、波浪、缺肉等都属于形状不正。

571. 什么叫不圆度？什么叫公称尺寸和实际尺寸？什么叫公差？

圆形截面轧材，如圆钢、圆形钢管同一截面上出现两个直径不等的现象叫不圆度。不圆度以同截面上最大最小直径之差表示。

公称尺寸是指标准中规定的名义尺寸，它是生产过程中希望得到的理想尺寸。生产中实际得到的尺寸叫做实际尺寸，钢材的实际尺寸往往大于或小于公称尺寸。

由于钢材的实际尺寸难以达到公称尺寸，所以标准中规定实际尺寸与公称尺寸之间有一允许差值，叫做公差。差值为负值叫负偏差，为正值叫正偏差。

572. 什么叫交货长度？

钢材交货长度，在现行标准中有如下规定：

（1）通常长度。又称不定长度。凡钢材长度在标准规定范围内而且无固定长度的，都称为通常长度。例如优质型钢的通常长度为2～6m。

（2）定尺长度。钢材长度按订货要求切成固定长度的叫定尺长度。例如钢轨定尺长度规定为12.5m、25m。定尺钢材还规定长度允许正偏差值。

（3）倍尺长度。将钢材长度切成等于订货长度的整倍数，称为倍尺长度。例如单倍尺长度为1000mm，则其双倍尺为2000mm，三倍尺长度为3000mm等。同样标准或技术条件也应规定倍尺长度的正偏差及切割余量。

（4）短尺，凡长度小于标准中通常长度下限但不小于最小允许长度者，称为短尺长度。

此外，齐尺长度，是通常长度的发展，要求每捆中钢材长度相同，允许有一定偏差。我国的出口钢材，多以齐尺长度交货。

573. 什么叫镰刀弯？什么叫波浪弯？什么叫瓢曲度？什么叫不平度？

镰刀弯又称侧弯。在生产矩形或接近矩形截面钢材（如钢板、带钢和扁钢）时，若截面厚度不均，则厚侧弯曲成凹曲线，薄侧形成相对应的凸曲线，这种弯曲叫做镰刀弯，以凹曲线的高度（mm）表示其弯曲程度。

波浪弯也叫波浪度，在钢板或钢带标准中有规定，在个别型钢标准中也有要求。波浪度是指沿长度或宽度上出现高低起伏的弯曲，形如波浪，通常在全长或全宽上有几个浪峰的缺陷。测量方法是将钢板或钢带以自由状态放在检查平面上，以1m 直尺或用测量弯曲度的专用直尺靠量。

瓢曲度是指在钢板或钢带长度和宽度方向同时出现波浪，板面呈瓢形或船形的缺陷。瓢曲度也是将钢板或带钢自由地（不施外力）放在检查平台上测量。

不平度是指在钢板或钢带平面上出现的凸起或凹下，通常包括瓢曲度和波浪度。其测量方法是将钢板自由地放在平台上，除钢板的自身重量外，不施加任何压力，用米尺测量钢板与平台之间的最大距离。

574. 什么叫弯曲、弯曲度、局部弯曲度和总弯曲度？

弯曲是轧件在长度或宽度方向不平直，呈曲线状的总称。如果把它的不平直程度用数字表示出来，就叫做弯曲度。标准把弯曲度分为两种：一种是局部弯曲度，大部分标准规定用一米直尺或专用测弯曲度直尺靠量；另一种是总弯曲度，指长度方向的全长弯曲值，以最大波高（mm）表示，然后换算成总长度（以 m 计）的百分数，例如钢材长度为5m，最大波高为50mm，则总弯曲度为0.5%。

575. 什么叫宏观检查？什么叫酸蚀低倍检验？什么叫硫印试验？

用肉眼或不大于十倍的放大镜来检查金属表面或断面以确定其宏观组织和缺陷的检验为宏观检验，通常也叫做低倍检验。宏观检验包括酸浸、断口、硫印和塔形检验等。

将制备好的试样，用酸液浸蚀，以显示其宏观组织和缺陷的方法叫做酸蚀低倍检验。根据腐蚀所用酸液的温度不同，可分为热酸蚀和冷酸蚀试验。钢材的不均匀性及缺陷之所以能在酸蚀后被显示出来，是因为基体与缺陷被酸液浸蚀的速度与程度不同。酸蚀低倍检验是检查和评定钢材（坯）及钢件质量常用的方法，通常取横向试样，有特殊要求时也可取纵向试样。

一般轧材的酸蚀低倍检验用盐酸浸蚀，酸浸温度为65～80℃；酸液成分一般为50%盐酸（相对密度为1.19）水溶液；大工件也有用冷酸蚀法检验的。

利用硫酸与钢中所含硫化物发生作用放出硫化氢气体，硫化氢与印相纸上银盐反应生成棕褐色的硫化物沉淀来检查钢中硫，并间接检验其他元素的偏析及分布的方法叫做硫印试验。

576. 什么叫塔形检验？

钢材表面及内部沿轧制方向出现的细小裂纹叫发纹。这种发纹，长短不一，有的短至几毫米，有的长达几十毫米。发纹大部分在钢材表皮下不深的地方，但也有出现在钢材内部的。

发纹是钢中夹杂、气孔等缺陷轧制延伸形成的。发纹使钢材的力学性能，特别是疲劳强度严重恶化。因此，制造重要机器零件用的钢材，一般必须做发纹检验，而且对发纹的条数、长度和分布情况都有严格的限制。

直径16～150mm的钢材，按标准车成三个不同直径的阶梯形试样，每个阶梯长度为50mm，表面粗糙度不大于1.6μm。然后用酸浸低倍的酸蚀方法或磁力探伤法检验发纹，这种方法简称塔形检验。

577. 什么叫磁力探伤和超声波探伤？

在轧钢生产中，磁力探伤用来检查铁磁性金属的表面或皮下存在的缺陷，如裂纹、缩孔残余、气孔和夹杂等，也用于塔形检验。

将试件置于探伤机的强大磁场内，使其磁化，然后将氧化铁粉与汽油或酒精混合的悬浊液涂抹在待查的试件表面上，此时，氧化铁粉便积聚在那些表面或皮下有缺陷的地方，以显示其缺陷大小、分布状况及数量。这种方法适用于成品钢材的直接检验，不破坏产品，被称作无损探伤，在合金钢生产中经常使用。

近年来正在发展用超声波探伤检验低倍缺陷，用这种方法可直接检查钢材的内部缺陷，例如检验锅炉管、钻探管等。

有些合金钢厂用超声波探伤法检查大锻件的内部质量，也有的用它检查钢锭、钢坯中的轴心晶间裂纹和钢坯、钢材中的其他缺陷。

578. 如何检查钢的力学性能?

为了合理地使用钢材并评定它的质量，各技术标准中都有对钢材进行力学性能检验的规定。力学性能，即指钢材受外力作用时反映出来的各种指标，包括抗拉强度、屈服强度、伸长率、断面收缩率和冲击韧性等，此外还有硬度指标。

这些力学性能的检验是把钢材上切取的试样（取样部位见图 7-34 规定），制成一定的尺寸，然后放在材料试验机上测定的。

棒材（方、圆、扁），当尺寸小于或等于 25mm 时，可以保留轧制的表面层，不必进行加工，直接进行拉伸。当尺寸大于 25mm 小于或等于 60mm 时，试样的轴线应与钢材的轴线重合。当尺寸大于 60mm 时，试样的中心线应通过钢材直径或对角线的 1/4 处切取（图 7-34*a*、*b*）。

对于钢板，一般取样都沿垂直轧制方向取样，根据需要也可选取其他方向切取；当扁钢厚度大于 25mm 时，沿轧制方向在距其边缘为宽度的 1/3 处切取（图 7-34*c*、*d*）试样。试样应制成尽可能大的圆棒。

工字钢、丁字钢、槽钢的试样，沿其轧制方向从腰部高度的 1/3 处切取（图 7-34*e*、*f*、*g*）必须制成板状试样。

角钢及 Z 型钢的试样从其一个腿部边缘的 1/3 处切取（图

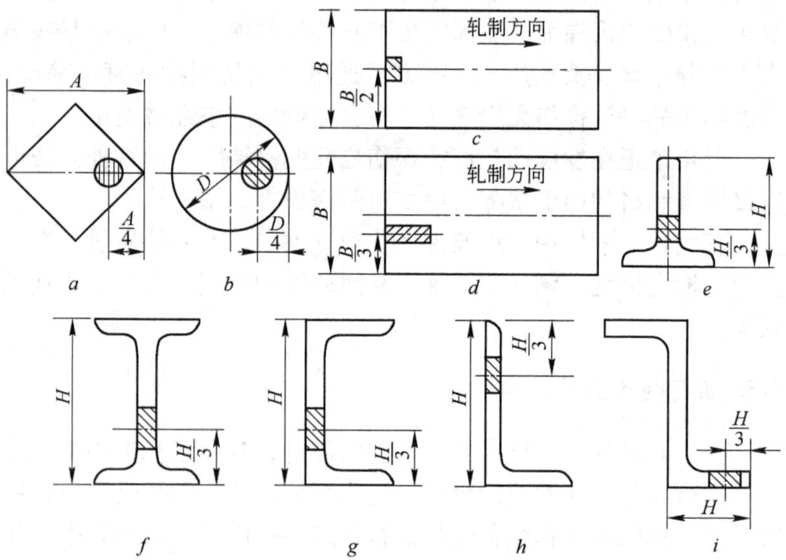

图 7-34　不同钢材的力学性能试验的取样部位

a—方钢；*b*—圆钢；*c*—钢板；*d*—扁钢；*e*—丁字钢；

f—工字钢；*g*—槽钢；*h*—角钢；*i*—Z 型钢

7-34*h*、*i*)。

一些特殊用途钢材试样的切取，可根据有关技术条件之规定执行。

579. 什么叫强度指标和塑性指标？什么叫冷弯变形指标？

金属材料在外力作用下，抵抗变形和断裂的能力叫强度。强度指标包括比例极限（弹性极限)，屈服强度、抗拉强度等。

金属材料在受力破坏前可以经受永久变形的性能，称为塑性。塑性指标通常用伸长率和断面收缩率表示。伸长率或断面收缩率百分数愈大，则塑性愈好；反之，则塑性愈差。

冷弯是材料承受弯曲变形能力的指标，它间接反映钢材的塑性，常用于板材检验。通常，试样的宽度等于厚度的 2 倍，弯曲直径为厚度的1～5倍，当弯到180°时，检查试样弯曲处外侧。如果没有裂纹或分层缺陷，即为冷弯变形合格。

580. 钢材表面质量清理的质量标准有哪些？

钢材的用途不同，其表面清理的质量要求也不同。为了现场工人操作方便，将常用的钢材表面缺陷的检查及清理规定摘编成表7-12。

581. 如何确定钢的抗拉强度？

试样在拉断前能承受的最大负荷除以原横截面面积得到的应力，称为抗拉强度，也叫抗张强度或强度极限。它表示金属材料在拉力作用下抵抗破坏的最大能力。抗拉强度以 σ_b 表示，计算公式为：

$$\sigma_b = \frac{P_b}{S_0} \tag{7-8}$$

式中　σ_b——抗拉强度，MPa；

P_b——拉断前的最大载荷，N；

S_0——试样的原横截面面积，mm^2。

钢的抗拉强度大小，取决于钢的化学成分。下边介绍计算热轧碳素结构钢抗拉强度的经验公式：

$$\sigma_b = 279.3 + 6.86C + 0.0588Mn + 7.35P + 1.96Si + K_{硬化} \tag{7-9}$$

式中　C，Si，Mn，P——钢中各相应的化学成分含量，以0.01%作为1计算；

$K_{硬化}$——取决于轧制情况及成品尺寸的数值，如无冷加工硬化现象而且尺寸不大，可以略去不计。

［**例题**］　轧制直径为12mm的Q235-A·F圆钢，其抗拉强度为多少？

表 7-12 钢材表面缺陷检查清理规定示例

标准	钢种	压力加工用钢						切削加工用钢		
		不允许存在的缺陷	钢材尺寸/mm	清理深度/mm	允许存在的缺陷深度	计算方法	清理宽深比	钢材尺寸/mm	允许存在的缺陷深度/mm	计算方法
GB/T 699—1999	碳结	裂纹、结疤、折叠、夹杂	<80 80~140 >140~200 >200	≤1/2 公差 ≤公差 ≤5% ≤6%	≤1/2 公差之个别划痕、压痕、麻点及≤0.2mm 小裂纹	从实际尺寸算起	≥5	<100 ≥100	≤负偏差 ≤公差	从公称尺寸算起
GB/T 3077—1999	合结	裂纹、结疤、折叠、夹杂	<80 ≥80~140 ≥140~200 >200	≤1/2 公差 ≤1 或 1/2 公差 ≤5% 或 3% ≤6% 或 3%	≤1/2 公差之个别划痕、压痕、麻点及≤0.2mm 小裂纹	从实际尺寸算起	≥5	<100 ≥100	≤负偏差 ≤公差或负偏差	从公称尺寸算起
GB/T 1298—2008	碳工	裂纹、结疤、折叠、夹杂	<80 80~140 >140	≤1/2 公差 ≤公差 ≤4%	≤1/2 公差轻微缺陷	从实际尺寸算起	≥5	<100 ≥100	≤1/2 公差 ≤公差	从公称尺寸算起
GB/T 1299—2000	合工	裂缝、结疤、折叠、夹杂	<80 80~140 >140	≤1/2 公差 ≤公差 ≤5%	≤1/2 公差轻微缺陷	从实际尺寸算起	≥5	<80 ≥80	≤1/2 公差 ≤公差	从公称尺寸算起

续表 7-12

标　准	钢种	压力加工用钢						切削加工用钢		
		不允许存在的缺陷	钢材尺寸/mm	清理深度/mm	允许存在的缺陷深度	计算方法	清理宽深比	钢材尺寸/mm	允许存在的缺陷深度/mm	计算方法
GB/T 1222—2007	弹簧	裂纹、结疤、折叠、夹杂、压入的氧化铁皮、分层	全部	≤负偏差	≤1/2 公差细小划痕、压痕	从实际尺寸算起	≥5			
GB/T 9943—2008	高速工具钢	裂纹、结疤、折叠、夹杂	<80 80～250	≤1/2 公差 ≤公差	≤1/2 公差轻微缺陷	从实际尺寸算起	≥5	<80 80～250	≤1/2 公差 ≤公差	从公称尺寸算起
GB/T 1220—2007	不锈钢	裂纹、结疤、折叠、夹杂	≤80 >80～140 >140～200 >200～250	≤1/2 公差 ≤公差 ≤5% ≤6%	≤1/2 公差个别细小划痕、压痕、麻点及≤0.2mm 的小裂纹	从实际尺寸算起	≥5	<100 ≥100	≤负偏差 ≤公差	从公称尺寸算起
GB/T 1221—2007	耐热钢	裂纹、结疤、折叠、夹杂	≤80 80～140 >140～200 >200～250	≤1/2 公差 ≤公差 ≤5% ≤6%	≤1/2 公差个别细小划痕、压痕、麻点及≤0.2mm 的小裂纹	从实际尺寸算起	≥5	<100 ≥100	≤负偏差 ≤公差	从公称尺寸算起
GB/T 8731—2008	易切钢	裂纹、结疤、折叠、夹杂	<80 80～140 >140～200 >200	≤1/2 公差 ≤公差 ≤5% ≤6%	≤1/2 公差个别细小划痕、压痕、麻点及≤0.2mm 的小裂纹	从实际尺寸算起	≥5	<100 ≥100	≤负偏差 ≤公差	从公称尺寸算起

解：Q235-A · F 钢的化学成分为 C 0.20%、Mn 0.5%、Si 0.05%、P 0.045%。

$$\begin{aligned}\sigma_b &= 279.3 + 6.86C + 0.0588Mn + 7.35P + 1.96Si + K_{硬化} \\ &= 279.3 + 6.86 \times 20 + 0.0588 \times 50 + 7.35 \times 4.5 + \\ &\quad 1.96 \times 5 + K_{硬化} \\ &= 279.3 + 137.2 + 2.94 + 33.08 + 0.98 + K_{硬化} \\ &= 453.5 + K_{硬化}\end{aligned}$$

$K_{硬化}$值忽略不计。

所以 $\sigma_b = 453.5\text{MPa}$，与 GB 700—88 标准中规定的该产品 $\sigma_b = 375 \sim 500\text{MPa}$ 相符。

582. 如何确定钢的屈服点和屈服强度？

钢材在拉伸试验过程中，随着拉伸载荷的不断增加，试样的弹性变形量也不断加大。当拉伸载荷不再增加或有所降低，而试样变形量突然增加时，好像屈服于载荷而自行伸长一样，这种现象称为屈服现象。引起屈服现象的应力称为屈服点，可按下列公式计算：

$$\sigma_s = \frac{P_s}{S_0} \tag{7-10}$$

式中　σ_s——屈服点，MPa；

P_s——屈服载荷，N；

S_0——试样原横截面积，mm^2。

屈服点的出现，象征着试样由弹性变形转变为塑性变形。因为当施加的外力达到或超过金属材料的屈服点时，如果将外力消除，试样的长度虽有部分恢复，但再也不能回复到原来的长度了，亦即有一部分变形（伸长）被永久地保留下来。

含碳量较高、合金含量较多和淬火回火钢的屈服现象不明显，其屈服载荷难以在试验机上读出。这时就把引起试样标距部分发生一定残余伸长量的载荷，规定为试样的屈服载荷，试样此时所承受的应力称为规定残余伸长应力。一般把标距内的残余伸长量定为拉伸试样原标距长度的0.2%，故规定残余伸长应力常用$\sigma_{r0.2}$表示。其计算公式为：

$$\sigma_{r0.2} = \frac{P_{0.2}}{S_0} \tag{7-11}$$

式中　$\sigma_{r0.2}$——规定残余伸长应力，MPa；

$P_{0.2}$——残余伸长量为0.2%时的载荷，N；

S_0——试样原横截面积，mm^2。

对要求较严格的产品，也有的把残余变形量为0.05%和0.1%的应力规定为规定残余伸长应力，以$\sigma_{r0.05}$、$\sigma_{r0.1}$表示。

在GB 228—2008标准中，规定$\sigma_{r0.2}$表示规定残余伸长率为0.2%时的应力，在无屈服点时可以代替σ_s。

583. 如何确定钢的断面收缩率？

试样拉断处横截面面积的缩减量与原横截面面积的百分比，称为断面收缩率，计算公式为：

$$\psi = \frac{S_0 - S_{断}}{S_0} \times 100\% \tag{7-12}$$

式中　ψ——断面收缩率，%；

S_0——原横截面面积，mm^2；

$S_{断}$——断裂处的横截面面积，mm^2。

拉断处截面面积的测量方法是：

（1）圆形试样，一般用精确到1/50mm的游标卡尺，测量断裂处最细部分的直径，以此来计算断后面积。如断裂面为椭圆形，应测出最大与最小两个直径，取其算术平均值进行计算。

（2）板状试样，断裂处面积以该处的最大宽度乘最小厚度计算。

584. 如何确定钢的伸长率？

试样拉断后，其标距部分增加的长度与原标距长度的百分比，称为伸长率，计算公式为：

$$\delta = \frac{L_{标1} - L_{标0}}{L_{标0}} \times 100\% \tag{7-13}$$

式中　δ——伸长率，%；

$L_{标1}$——拉断后标距部分的长度，mm；

$L_{标0}$——试样原标距长度，mm。

长试样（$L_{标0} = 11.3\sqrt{S_0}$，而对圆试样可简化为 $L_{标0} = 10d_0$）的伸长率用 δ_{10} 表示。短试样（$L_{标0} = 5.65\sqrt{S_0}$，对圆试样可简化为 $L_{标0} = 5d_0$）的伸长率用 δ_5 表示。

585. 如何确定钢的冲击韧性？

冲击韧性是将规定尺寸和形状的标准试样，放在冲击试验机的支座上，然后将扬起到具有规定位置的重锤释放，将试样折断，击断试样所消耗的总功 A_K（计量单位为 J）。此功称为冲击功。国家标准规定，做冲击功的标准试样为10mm×10mm×55mm，并且试样中间带“U”形刻槽，或“V”形刻槽。

承受冲击的钢结构，如桥梁、船壳等，由于冲击力的作用可能发生突然的脆性破坏，所以必须检查钢材承受冲击的能力——冲击功。

586. 钢的强度与硬度有什么关系？

钢材抵抗硬物体压入的能力，称为硬度。根据试验的方法不同硬度有布氏硬度（HB）、洛氏硬度（HR）、维氏硬度（HV）、肖氏硬度（HS）等不同表示方法。

硬度的测定方法简便易行，而钢的抗拉强度与硬度之间在一定条件下存在一定的关系，$\sigma_b=(0.33\sim0.36)\mathrm{HB}$，一般硬度越高强度也越高，所以可以通过测定钢的硬度粗略地换算出钢的抗拉强度。表7-13、表7-14 分别列出了部分碳钢和合金钢以及低碳钢钢种的硬度与强度换算值。

587. 常用的工艺性能试验方法有哪些？

金属工艺性能试验的目的是检验金属材料具有的再加工性能。常用的工艺性能试验有：可焊性试验，用于检验结构钢是否满足焊接的要求；淬透性试验，用于检验碳素工具钢的淬透层深度等。

常见的工艺性能试验还有冷、热弯曲试验、线材扭转试验、冷（热）顶锻试验、钢管液压试验、钢管扩口试验、钢管缩口试验、钢管压扁试验等。

各种工艺性能试验方法在有关标准中有具体规定，这里不做介绍。

588. 怎样使用游标卡尺测量钢材尺寸？

卡钳用来测量钢坯的边长、大型钢材的直径或边长，其测量精确度为0.5～0.25mm；用游标卡尺测量钢材尺寸，其精确度可达0.1mm，甚至0.02～0.01mm。

游标卡尺也叫卡尺，它由一个钢制主刻度尺和一个钢制游动刻度卡尺构成，由一个固定在主尺上的固定卡足和另一个游动卡足组成测量端，如图7-35 所示。

固定卡足2 固定在钢制主尺1 的端部，有同样卡足4 的游动滑块可以在主尺上自由移动。用螺丝5 可将带卡足的滑块3 固定在主尺1 的任何位置上。滑块3 有一窗孔6，从这里可以看到主尺上面的刻度，窗孔斜面上有刻度，称滑块3 为游标尺。

表 7-13　碳钢及合金钢硬度与强度换算值（GB/T 1172—1999）

硬度								抗拉强度 σ_b/N·mm^{-2}								
洛氏		表面洛氏			维氏	布氏（$F/D^2=30$）		碳钢	铬钢	铬钒钢	铬镍钢	铬钼钢	铬镍钼钢	铬锰硅钢	超高强度钢	不锈钢
HRC	HRA	HR15N	HR30N	HR45N	HV	HBS	HBW									
20.0	60.2	68.8	40.7	19.2	226	225		774	742	736	782	747		781		740
20.5	60.4	69.0	41.2	19.8	228	227		784	751	744	787	753		788		749
21.0	60.7	69.3	41.7	20.4	230	229		793	760	753	792	760		794		758
21.5	61.0	69.5	42.2	21.0	233	232		803	769	761	797	767		801		767
22.0	61.2	69.8	42.6	21.5	235	234		813	779	770	803	774		809		777
22.5	61.5	70.0	43.1	22.1	238	237		823	788	779	809	781		816		786
23.0	61.7	70.3	43.6	22.7	241	240		833	798	788	815	789		824		796
23.5	62.0	70.6	44.0	23.3	244	242		843	808	797	822	797		832		806
24.0	62.2	70.8	44.5	23.9	247	245		854	818	807	829	805		840		816
24.5	62.5	71.1	45.0	24.5	250	248		864	828	816	836	813		848		826
25.0	62.8	71.4	45.5	25.1	253	251		875	838	826	843	822		856		837
25.5	63.0	71.6	45.9	25.7	256	254		886	848	837	851	831	850	865		847
26.0	63.3	71.9	46.4	26.3	259	257		897	859	847	859	840	859	874		858
26.5	63.5	72.2	46.9	26.9	262	260		908	870	858	867	850	869	883		868

续表 7-13

硬度								抗拉强度 σ_b/N·mm^{-2}								
洛氏		表面洛氏			维氏	布氏（$F/D^2=30$）		碳钢	铬钢	铬钒钢	铬镍钢	铬钼钢	铬镍钼钢	铬锰硅钢	超高强度钢	不锈钢
HRC	HRA	HR15N	HR30N	HR45N	HV	HBS	HBW									
27.0	63.8	72.4	47.3	27.5	266	263		919	880	869	876	860	879	893		879
27.5	64.0	72.7	47.8	28.1	269	266		930	891	880	885	870	890	902		890
28.0	64.3	73.0	48.3	28.7	273	269		942	902	892	894	880	901	912		901
28.5	64.6	73.3	48.7	29.3	276	273		954	914	903	904	891	912	922		913
29.0	64.8	73.5	49.2	29.9	280	276		965	925	915	914	902	923	933		924
29.5	65.1	73.8	49.7	30.5	284	280		977	937	928	924	913	935	943		936
30.0	65.3	74.1	50.2	31.1	288	283		989	948	940	935	924	947	954		947
30.5	65.6	74.4	50.6	31.7	292	287		1002	960	959	946	936	959	965		959
31.0	65.8	74.7	51.1	32.3	296	291		1014	972	966	957	948	972	977		971
31.5	66.1	74.9	51.6	32.9	300	294		1027	984	980	969	961	985	989		983
32.0	66.4	75.2	52.0	33.5	304	298		1039	996	993	981	974	999	1001		996
32.5	66.6	75.5	52.5	34.1	308	302		1052	1009	1007	994	987	1012	1013		1008
33.0	66.9	75.8	53.0	34.7	313	306		1065	1022	1022	1007	1001	1027	1026		1021
33.5	67.1	76.1	53.4	35.3	317	310		1078	1034	1036	1020	1015	1041	1039		1034

续表 7-13

硬度								抗拉强度 σ_b/N·mm^{-2}								
洛氏		表面洛氏			维氏	布氏（$F/D^2=30$）		碳钢	铬钢	铬钒钢	铬镍钢	铬钼钢	铬镍钼钢	铬锰硅钢	超高强度钢	不锈钢
HRC	HRA	HR15N	HR30N	HR45N	HV	HBS	HBW									
34.0	67.4	76.4	53.9	35.9	321	314		1092	1048	1051	1034	1029	1056	1052		1047
34.5	67.7	76.7	54.4	36.5	326	318		1105	1061	1067	1048	1043	1071	1066		1060
35.0	67.9	77.0	54.8	37.0	331	323		1119	1074	1082	1063	1058	1087	1079		1074
35.5	68.2	77.2	55.3	37.6	335	327		1133	1088	1098	1078	1074	1103	1094		1087
36.0	68.4	77.5	55.8	38.2	340	332		1147	1102	1114	1093	1090	1119	1108		1101
36.5	68.7	77.8	56.2	38.8	345	336		1162	1116	1131	1109	1106	1136	1123		1116
37.0	69.0	78.1	56.7	39.4	350	341		1177	1131	1148	1125	1122	1153	1139		1130
37.5	69.2	78.4	57.2	40.0	355	345		1192	1146	1165	1142	1139	1171	1155		1145
38.0	69.5	78.7	57.6	40.6	360	350		1207	1161	1183	1159	1157	1189	1171		1161
38.5	69.7	79.0	58.1	41.2	365	355		1222	1176	1201	1177	1174	1207	1187	1170	1176
39.0	70.0	79.3	58.6	41.8	371	360		1238	1192	1219	1195	1192	1226	1204	1195	1193
39.5	70.3	79.6	59.0	42.4	376	365		1254	1208	1238	1214	1211	1245	1222	1219	1209
45.0	73.2	82.9	64.1	48.9	441	424	428	1459	1420	1469	1451	1444	1487	1445	1473	1429
45.5	73.4	83.2	64.6	49.5	448	430	435	1481	1444	1493	1476	1468	1512	1469	1496	1453

续表 7-13

硬度								抗拉强度 σ_b/N·mm^{-2}								
洛氏		表面洛氏			维氏	布氏（$F/D^2=30$）		碳钢	铬钢	铬钒钢	铬镍钢	铬钼钢	铬镍钼钢	铬锰硅钢	超高强度钢	不锈钢
HRC	HRA	HR15N	HR30N	HR45N	HV	HBS	HBW									
46.0	73.7	83.5	65.0	50.1	454	436	441	1503	1468	1517	1502	1492	1537	1493	1520	1479
46.5	73.9	83.7	65.5	50.7	461	442	448	1526	1493	1541	1527	1517	1563	1517	1544	1505
47.0	74.2	84.0	65.9	51.2	468	449	455	1550	1519	1566	1554	1542	1589	1543	1569	1533
47.5	74.5	84.3	66.4	51.8	475		463	1575	1546	1591	1581	1568	1616	1569	1594	1562
48.0	74.7	84.6	66.8	52.4	482		470	1600	1574	1617	1608	1595	1643	1595	1620	1592
48.5	75.0	84.9	67.3	53.0	489		478	1626	1603	1643	1636	1622	1671	1623	1646	1623
49.0	75.3	85.2	67.7	53.6	497		486	1653	1633	1670	1665	1649	1699	1651	1674	1655
49.5	75.5	85.5	68.2	54.2	504		494	1681	1665	1697	1695	1677	1728	1679	1702	1689
50.0	75.8	85.7	68.6	54.7	512		502	1710	1698	1724	1724	1706	1758	1709	1731	1725
50.5	76.1	86.0	69.1	55.3	520		510		1732	1752	1755	1735	1788	1739	1761	
51.0	76.3	86.3	69.5	55.9	527		518		1768	1780	1786	1764	1819	1770	1792	
51.5	76.6	86.6	70.0	56.5	535		527		1806	1809	1818	1794	1850	1081	1824	
52.0	76.9	86.8	70.4	57.1	544		535		1845	1839	1850	1825	1881	1834	1857	
52.5	77.1	87.1	70.9	57.6	552		544			1869	1883	1856	1914	1867	1892	

续表 7-13

硬度								抗拉强度 σ_b/N·mm^{-2}								
洛氏		表面洛氏			维氏	布氏 ($F/D^2=30$)		碳钢	铬钢	铬钒钢	铬镍钢	铬钼钢	铬镍钼钢	铬锰硅钢	超高强度钢	不锈钢
HRC	HRA	HR15N	HR30N	HR45N	HV	HBS	HBW									
53.0	77.4	87.4	71.3	58.2	561		552			1899	1917	1888	1947	1901	1929	
53.5	77.7	87.6	71.8	58.8	569		561			1930	1951			1936	1966	
54.0	77.9	87.9	72.2	59.4	578		569			1961	1986			1971	2006	
54.5	78.2	88.1	72.6	59.9	587		577			1993	2022			2008	2047	
55.0	78.5	88.4	73.1	60.5	596		585			2026	2058				2045	2090
55.5	78.7	88.6	73.5	61.1	606		593									2135
56.0	79.0	88.9	73.9	61.7	615		601									2181
56.5	79.3	89.1	74.4	62.2	625		608									2230
57.0	79.5	89.4	74.8	62.8	635		616									2281
57.5	79.8	89.6	75.2	63.4	645		622									2334
58.0	80.1	89.8	75.6	63.9	655		628									2390
58.5	80.3	90.0	76.1	64.5	666		634									2448
59.0	80.6	90.2	76.5	65.1	676		639									2509
59.5	80.9	90.4	76.9	65.6	687		643									2572

续表 7-13

硬度								抗拉强度 σ_b/N·mm^{-2}								
洛氏		表面洛氏			维氏	布氏（$F/D^2=30$）		碳钢	铬钢	铬钒钢	铬镍钢	铬钼钢	铬镍钼钢	铬锰硅钢	超高强度钢	不锈钢
HRC	HRA	HR15N	HR30N	HR45N	HV	HBS	HBW									
60.0	81.2	77.0	90.6	77.3	698		647									2639
60.5	81.4	77.2	90.8	77.7	710		650									
61.0	81.7	77.5	91.0	78.1	721											
61.5	82.0	77.8	91.2	78.6	733											
62.0	82.2	78.1	91.4	79.0	745											
62.5	82.5	78.4	91.5	79.4	757											
63.0	82.8	78.7	91.7	79.8	770											
63.5	83.1	79.0	91.8	80.2	782											
64.0	83.3	79.3	91.9	80.6	795											
64.5	83.6	79.6	92.1	81.0	809											
65.0	83.9	92.2	81.3	71.7	822											
65.5	84.1				836											
66.0	84.4				850											
66.5	84.7				865											
67.0	85.0				879											
67.5	85.2				894											
68.0	85.5				909											

表 7-14 低碳钢硬度与强度换算值（GB/T 1172—1999）

硬度 洛氏 HRB	表面洛氏 HR15T	表面洛氏 HR30T	表面洛氏 HR45T	维氏 HV	布氏 HBS $F/D^2=10$	布氏 HBS $F/D^2=30$	抗拉强度 σ_b /N·mm^{-2}
60.0	80.4	56.1	30.4	105	102		375
60.5	80.5	56.4	30.9	105	102		377
61.0	80.7	56.7	31.4	106	103		379
61.5	80.8	57.1	31.9	107	103		381
62.0	80.9	57.4	32.4	108	104		382
62.5	81.1	57.7	32.9	108	104		384
63.0	81.2	58.0	33.5	109	105		386
63.5	81.4	58.3	34.0	110	105		388
64.0	81.5	58.7	34.5	110	106		390
64.5	81.6	59.0	35.0	111	106		393
65.0	81.8	59.3	35.5	112	107		395
65.5	81.9	59.6	36.1	113	107		397
66.0	82.1	59.9	36.6	114	108		399
66.5	82.2	60.3	37.1	115	108		402
67.0	82.3	60.6	37.6	115	109		404
67.5	82.5	60.9	38.1	116	110		407
68.0	82.6	61.2	38.6	117	110		409
68.5	82.7	61.5	39.2	118	111		412
69.0	82.9	61.9	39.7	119	112		415
69.5	83.0	62.2	40.2	120	112		418
70.0	83.2	62.5	40.7	121	113		421
70.5	83.3	62.8	41.2	122	114		424
71.0	83.4	63.1	41.7	123	115		427
71.5	83.6	63.5	42.3	124	115		430
72.0	83.7	63.8	42.8	125	116		
72.5	83.9	64.1	43.3	126	117		437
73.0	84.0	64.4	43.8	128	118		440
73.5	84.1	64.7	44.3	129	119		444
74.0	84.3	65.1	44.8	130	120		447

续表 7-14

硬度							抗拉强度 σ_b /N·mm^{-2}	硬度							抗拉强度 σ_b /N·mm^{-2}
洛氏	表面洛氏			维氏	布氏			洛氏	表面洛氏			维氏	布氏		
HRB	HR15T	HR30T	HR45T	HV	HBS $F/D^2=10$	HBS $F/D^2=30$		HRB	HR15T	HR30T	HR45T	HV	HBS $F/D^2=10$	HBS $F/D^2=30$	
74.5	84.4	65.4	45.4	131	121		451	81.0	86.2	69.5	52.1	149	136		508
75.0	84.5	65.7	45.9	132	122		455	81.5	86.3	69.8	52.6	151	137		513
75.5	84.7	66.0	46.4	134	123		459	82.0	86.5	70.2	53.1	152	138		518
76.0	84.8	66.3	46.9	135	124		463	82.5	86.6	70.5	53.6	154	140		523
76.5	85.0	66.6	47.4	136	125		467	83.0	86.8	70.8	54.1	156		152	529
77.0	85.1	67.0	47.9	138	126		471	83.5	86.9	71.1	54.7	157		154	534
77.5	85.2	67.3	48.5	139	127		475	84.0	87.0	71.4	55.2	159		155	540
78.0	85.4	67.6	49.0	140	128		480	84.5	87.2	71.8	55.7	161		156	546
78.5	85.5	67.9	49.5	142	129		484	85.0	87.3	72.1	56.2	163		158	551
79.0	85.7	68.2	50.0	143	130		489	85.5	87.5	72.4	56.7	165		159	557
79.5	85.8	68.6	50.5	145	132		493	86.0	87.6	72.7	57.2	166		161	563
80.0	85.9	68.9	51.0	146	133		498	86.5	87.7	73.0	57.8	168		163	570
80.5	86.1	69.2	51.6	148	134		503	87.0	87.9	73.4	58.3	170		164	576

续表 7-14

硬度							抗拉强度 σ_b /N·mm^{-2}	硬度							抗拉强度 σ_b /N·mm^{-2}
洛氏	表面洛氏			维氏	布氏			洛氏	表面洛氏			维氏	布氏		
HRB	HR15T	HR30T	HR45T	HV	HBS $F/D^2=10$	HBS $F/D^2=30$		HRB	HR15T	HR30T	HR45T	HV	HBS $F/D^2=10$	HBS $F/D^2=30$	
87.5	88.0	73.7	58.8	172		166	582	94.0	89.8	77.8	65.5	201		195	678
88.0	88.1	74.0	59.3	174		168	589	94.5	89.9	78.2	66.0	203		197	686
88.5	88.3	74.3	59.8	176		170	596								
89.0	88.4	74.6	60.3	178		172	603	95.0	90.1	78.5	66.5	206		200	695
89.5	88.6	75.0	60.9	180		174	609	95.5	90.2	78.8	67.1	208		203	703
								96.0	90.4	79.1	67.6	211		206	712
90.0	88.7	75.3	61.4	183		176	617	96.5	90.5	79.4	68.1	214		209	721
90.5	88.8	75.6	61.9	185		178	624	97.0	90.6	79.8	68.6	216		212	730
91.0	89.0	75.9	62.4	187		180	631	97.5	90.8	80.1	69.1	219		215	739
91.5	89.1	76.2	62.9	189		182	639	98.0	90.9	80.4	69.6	222		218	749
92.0	89.3	76.6	63.4	191		184	646	98.5	91.1	80.7	70.2	225		222	758
92.5	89.4	76.9	64.0	194		187	654	99.0	91.2	81.0	70.7	227		226	768
93.0	89.5	77.2	64.5	196		189	662	99.5	91.3	81.4	71.2	230		229	778
93.5	89.7	77.5	65.0	199		192	670	100.0	91.5	81.7	71.7	233		232	788

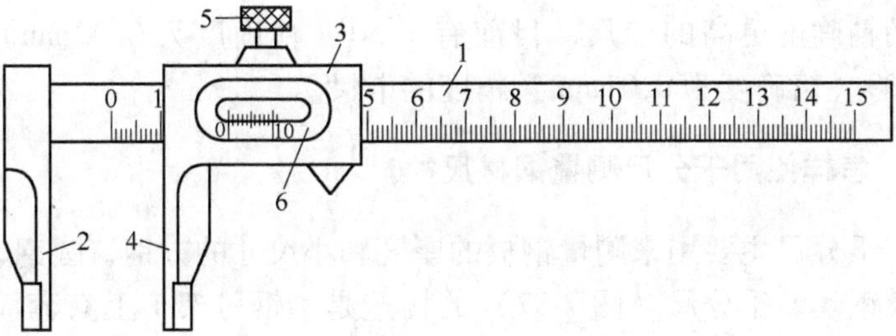

图 7-35　游标卡尺

1—主尺；2—固定卡足；3—游标尺；4—游动卡足；5—锁紧螺丝；6—窗孔

游标尺的刻度是这样的：主尺上的 9 个刻度即 9mm，在游标尺上分成 10 等分。可见，游标尺的每一刻度为 0.9mm。主尺上的每一刻度与游标尺上每一刻度的差数为 1 - 0.9 = 0.1mm。将卡尺的两个卡足紧紧相接，则主尺的零度与游标尺的零度相合，而主尺上第 9 个刻度与游标尺的第 10 个刻度相合（图 7-36*a*）。当我们用卡尺的两个卡足将钢材夹紧时，假若游标尺的零度在主尺的 12 与 13 之间（图 7-36*b*），那么我们测量的钢材边长为 12mm 多一些，再看游标尺的哪个刻度同主尺上的刻度相重合。若主尺的第一个刻度与游标尺的第 4 个刻度相合，那么 mm 整数后的小数为 0.1 × 4 = 0.4mm。因此，所测方钢的边长为 12 + 0.4 = 12.4mm。

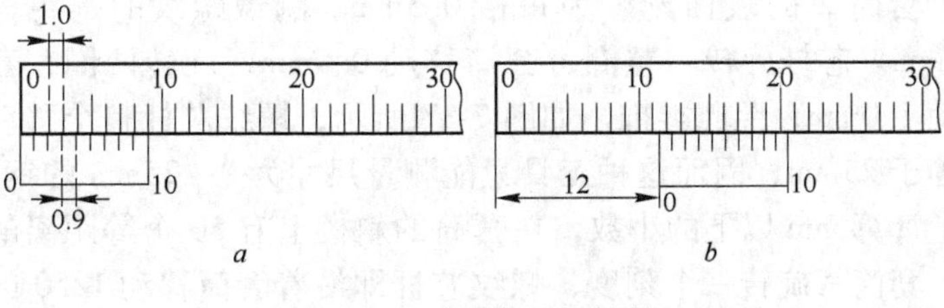

图 7-36　游标卡尺的刻度

a—主尺与游标尺为零位；*b*—测量位置

游标卡尺的测量精确度一般为0.1mm，更精确的测量，需使用精确度更高的卡尺，目前有1/50（精确度为0.02mm）和1/100（精确度为0.01mm）精度的卡尺。

589. 怎样使用千分尺测量钢材尺寸？

千分尺主要用来测量钢板的厚度和小尺寸的方钢、圆钢、扁钢及钢丝。千分尺（图7-37）的构造是：钢弓架1上有套筒2，套筒2内刻有测微螺纹，芯杆3可在其中旋转，芯杆上也有测微螺纹。芯杆3装着带滚花的拧头5。芯杆3的一端是平滑的并经过淬火，另一端有与芯杆一同旋转的套筒4。拧头5用来使螺纹芯杆在套筒内移动。弓架上有顶头6，并装有紧压环7，以便固定螺纹芯杆。

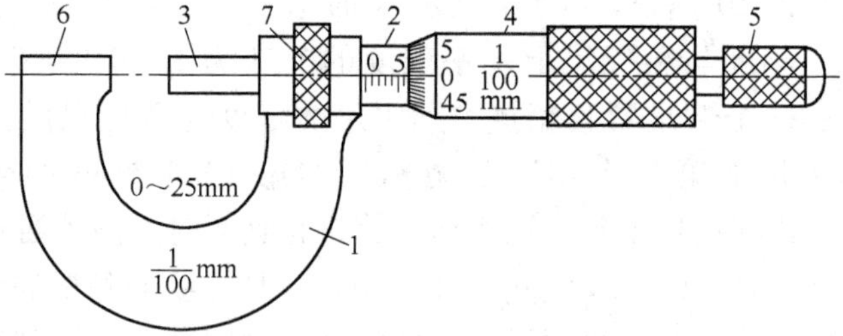

图7-37　千分尺
1—钢弓架；2—套筒；3—芯杆；4—旋转套筒；
5—拧头；6—弓架顶头；7—紧压环

套筒2的表面刻度为每格0.5mm。测微螺纹的螺距等于0.5mm。芯杆旋转一整圈，套筒移动0.5mm，旋转两圈，套筒移动1.0mm，照此类推。如图7-37所示，螺纹芯杆整个移动距离等于25mm，因而这种工具只能测量尺寸为0～25mm的钢材。为了计算mm以下的小数，在套筒的斜棱上有50个等距离的刻度，套筒每旋转一个刻度，螺纹芯杆即沿着套筒移动1/50的螺距，即$\frac{1}{50}\times0.5=0.01$mm。也就是套筒每旋转一个刻度，芯杆移动 0.01mm，即套筒一个刻度的计数为 0.01mm。

测量方法是，先将钢材放在顶头 6 与芯杆 3 之间，然后用套筒 4 粗拧芯杆，再用滚花拧头拧紧芯杆 3，此后从套筒上读出刻度整数（每刻度 0.5mm），从套筒的斜棱上读出小于 0.5mm 的数值。例如在测量圆钢直径时，我们从套筒 2 上读到 15.5mm，且套筒上的第 28 个刻度与套筒上的纵线相合，故圆钢的直径为 15.5 + 0.28 = 15.78mm。

按测量范围分类，千分尺有 0 ~ 25mm 的、25 ~ 50mm 的、50 ~ 75mm 的、75 ~ 100mm 的等。

590. 怎样使用测量弯曲度的直尺？

钢材的弯曲度用直尺测量，这种直尺长 1m，镶在同样长度并带有提携把柄的钢块上，中部装有测量弯曲度的圆钢杆（图 7-38），圆杆的高度等于允许的弯曲度。

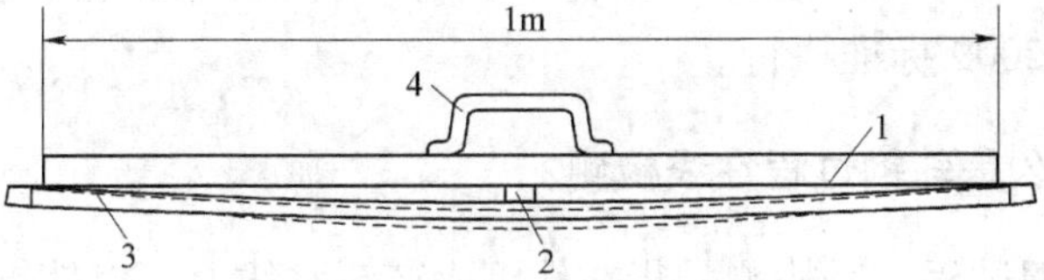

图 7-38 测量钢材弯曲度的直尺

1—尺身钢块；2—圆钢杆；3—被测钢材；4—提携把柄

弯曲度的测量方法如下：在可以看出弯曲度的钢材处放上直尺，假若圆杆抵住钢材后，直尺的两端并未与钢材接触（图中实线部分），则弯曲度在标准公差范围以内；假若直尺两端已接触钢材而圆钢杆尚未接触钢材（图中虚线部分），则说明弯曲度超出了标准允许的数值。钢材的实际弯曲度以最大的弯曲垂度表示，即直尺与钢材弯曲处之间的最大距离。

591. 怎样检查出厂钢材的硬度？

以热轧状态或以退火状态供货的优质钢材，其用途为冷切削加工、冷顶锻和冷拔时，需要在出厂前检查布氏硬度，检验数量不少于每批钢材支数的 2%，并保证不少于 3 个。检验结果应符合相应的技术标准。

钢材的布氏硬度试验是，用一定直径的钢球，以规定负荷压入试验金属表面，经规定时间后卸除负荷，测量试样表面的压痕直径，计算出布氏硬度值。其计算公式为：

$$HB = 0.102\frac{2F}{\pi D(D - \sqrt{D^2 - d^2})} \tag{7-14}$$

式中 HB——布氏硬度值；

F——通过钢球加在试样表面上的负荷，即试验力，N；

D——钢球直径，mm；

d——压痕直径，mm。

一般情况下，钢材的布氏硬度检验是用 10mm 直径的钢球，在 29.42kN（3000 公斤）负荷下保持 10s。其他注意事项按 GB 231.1—2009 标准执行。

592. 什么是轧钢过程在线检测?

轧钢过程在线检测是指在轧钢生产流水线上，对轧钢工艺参数、轧件尺寸和内外部质量等进行的连续测量。依靠这些连续检测信号和数学模型，对轧机调整、对轧件温度调整，实现全面的计算机自动控制。

现代轧机的自动化、高速化和连续化要求对轧钢过程进行在线检测，而现代化的检测仪器又使轧钢过程在线检测成为可能。例如，一般横列式线材轧机，轧制速度低，卷重轻，因此通常在轧后对线材外径进行手工检查，若有差别，则对轧机进行人工或电动调整，以调整和控制下一根线材的直径。而高速线材轧机，轧制速度快（高达 130m/s），卷重大（重达 2t），因此必须采用热态连续在线测径方法，以调整和控制同一根线材外径全长都在公差之内，而现代化检测仪器如激光测径仪、电视测量仪等都可完成在线检测。

轧钢过程在线检测一般可实现轧钢工艺参数，轧件尺寸及内外质量的检测。例如板带连轧机的轧制力、板带厚度、板凸度、板宽、板温度、辊缝等的在线检测。其中连轧板带宽度是一个重要的轧件尺寸。过去由于检测仪表的限制，采用接触式人工测量，精度低、反应时间长，劳动条件也很恶劣，特别是热轧钢板，温度高，散热面积大，测量工作十分困难。现在成功地使用了光电测宽仪，它通过光学系统非接触、连续地测量运动着的带钢的宽度和带钢对于工作辊的横向位置，并指示和记录其偏差值，同时向计算机送出测量信号。又如现代高速线材轧机，采用数字测速装置、自动测径仪、活套检测器、测压元件等自动检测各轧制参数，并采用直接数字控制计算机控制生产过程。

过去轧件或产品表面质量检查一般采用目测，而内部质量只能用破坏性的方法检测，而目前为便于及时发现和消除缺陷，在生产流程线上采用各种无损探伤方法，如射线探伤、超声波探伤、磁力探伤等，直接检查轧件的内外缺陷，基本实现了轧件或产品检查的机械化和自动化。

六、成品的包装与堆放

593. 钢材怎样包装？

钢材要根据国家标准规定及订货合同要求进行包装，在一般情况下包装内容有（合同中特殊要求例外）：

（1）直径或厚度小于30mm的型钢及厚度小于4mm的薄板，应成捆交货。每捆应是同一批号的，每捆至少要挂两个标牌，标牌应注明制造厂名称、钢号、炉（罐）号、规格等。

（2）直径或厚度等于、大于30mm的钢材可以成捆交货，也可以不成捆交货。成捆的钢材，每捆至少挂两个标牌，钢材上可不打钢印。不挂标牌的成捆钢材应在每捆最上面的一支钢材或一张钢板上打钢印或写明标志。不成捆供货的钢材必须在每支钢材或每张钢板上打钢印标记。

（3）钢材包装后（或不成捆供货的）都要按有关标准规定进行涂色。

（4）成捆交货的钢材，每捆应以铁丝在不少于两处的地方捆扎结实。

（5）每捆重量，用人工装卸时不得超过 80kg，用机械装卸时不得超过 5t。经需方同意后，用人工装卸的可以每捆不超过 130kg，用机械装卸的可以每捆不超过 10t。

594. 钢材为什么要有标志？怎样打标记？

为了便于区分和使用，各种钢材应有标志，即打钢印。

钢印应打在钢材的端面或距离钢材端部 100mm 的钢材表面上。内容包括钢种、炉号、罐号、锭号、段号等。对直径或边长大于 40mm 的钢材钢印可打在端面上，对直径或边长小于 40mm 的钢材钢印可打在端面上，或打在铁牌上，把铁牌捆挂在钢材上。

595. 钢材怎样堆放？

堆放钢材的仓库，可分为在制品仓库与成品仓库。在制品包括待精整的钢材，精整中的钢材，精整后等待理化检验结果的钢材和未按订货合同生产的计划外钢材。

在制品钢材的堆放方法有：

（1）同一个炉号（普碳钢可用批号）的钢材应堆放在一起，以便整炉钢材或整批钢材能同时精整，而不打乱钢材的加工工艺过程，此外还可以防止混号和丢失。

（2）同一订货合同的钢材应放在一起，以便按合同组织生产。

成品钢材的堆放方法有：

（1）不分钢种而按钢材断面分别堆放；

（2）不分钢材断面而按钢种分别堆放；

（3）按订货合同堆放；

（4）按钢材的炉号（批号）堆放。

由于种种原因，上述堆放方法，都不是单独使用的，而是根据生产的具体情况，相互配合使用的。

从安全生产角度出发，钢材堆放还应注意下列事项：

（1）堆放钢材时，必须使钢材的标志端朝向一侧，以便找出所需的钢材。

（2）堆放高度应合乎安全技术规程规定的要求，堆放位置应距离铁路或公路2m以上，各堆之间必须留出不窄于1m的通道。

（3）堆放钢材必须有垫铁或料架，以防钢材堆下沉和歪斜。

596. 如何确定中间仓库和成品仓库的面积?

当车间生产品种较多，钢材的精整工序（例如缓冷、热处理、等待检验和清理以及探伤等工序）各不相同时，就不必按照小时产量与轧机平衡的原则配备精整设备。为了减少精整设备的数量，需要设置中间仓库缓冲或解决轧机和这些设备产量之间的不平衡。因此，在产品非连续作业的情况下，常设中间仓库。

为确定中间仓库的面积，首先应确定钢材生产的精整周期，可用下式求得：

$$\begin{aligned}T_{\text{精周}} = &(T_{\text{缓冷}1} + T_{\text{精整}1} + T_{\text{检验}1})K_{\text{重检}1} + \\ &(T_{\text{缓冷}2} + T_{\text{精整}2} + T_{\text{检验}2})K_{\text{重检}2} + \cdots + \\ &(T_{\text{缓冷}x} + T_{\text{精整}x} + T_{\text{检验}x})K_{\text{重检}x}\end{aligned} \tag{7-15}$$

式中　$T_{\text{精周}}$——精整周期，即钢材终轧到精整完毕的时间，d；

$T_{\text{缓冷}1}$，$T_{\text{缓冷}2}$，…，$T_{\text{缓冷}x}$——各种钢材缓冷需要的时间，d；

$T_{\text{精整}1}$，$T_{\text{精整}2}$，…，$T_{\text{精整}x}$——各种钢材精整需要的时间，d；

$T_{检验1}$，$T_{检验2}$，…，$T_{检验x}$——各种钢材检验需要的时间，d；
$K_{重检1}$，$K_{重检2}$，…，$K_{重检x}$——各种钢材重检需要的时间，d。

在知道每日产量之后，便可求出中间仓库应堆放的数量：

$$G_{中库} = A_d T_{周转} K_{周转} \tag{7-16}$$

式中 $G_{中库}$——中间仓库钢材堆放量，t；
A_d——轧机日产量，t/d；
$T_{周转}$——生产周转时间，d；
$K_{周转}$——各种精整设备与轧机产量的不平衡系数。

因此，确定了单位面积的堆放重量（一般为 2～2.5t/m²）之后，便可按下式求得中间仓库面积：

$$S_{中库} = \frac{G_{中库}}{g} \tag{7-17}$$

式中 $S_{中库}$——中间仓库面积，m²；
g——平均单位面积堆放重量，t/m²。

把式 7-15、式 7-16 代入式 7-17 则得：

$$S_{中库} = \frac{K_{周转}A_d}{g}[(T_{缓冷1} + T_{精整1} + T_{检验1})K_{重检1} + (T_{缓冷2} + T_{精整2} + T_{检验2})K_{重检2} + \cdots + (T_{缓冷2} + T_{精整2} + T_{检验x})K_{重检x}] \tag{7-18}$$

成品仓库主要用于堆放成品钢材。但一般轧钢车间都把钢材表面质量及断面尺寸的检查和验收，以及包装等放在成品库进行。因此，在确定成品仓库面积时除考虑成品的堆放外，还应考虑上述操作需要的场地。

成品钢材的堆放方法与高度以及单位面积负荷决定于钢材的形状及安全要求（见表 7-15）。计算成品仓库面积的公式和坯料仓库一样，其存放天数，一般为 10～15 天。

表 7-15　钢材的堆放方法及单位面积负荷

钢材种类	堆放方法	堆放高度/m	单位面积负荷 /t·m^{-2}
盘　条	堆在垫木上	1.5	1.45
直径小于 ϕ20mm 的散装圆钢	放入钩环中	1.2	1.90
直径小于 ϕ20mm 的散装圆钢	格架中	2.2	3.60
直径为 ϕ20～50mm 的圆钢	钩环中	1.2	4.2
直径为 ϕ20～50mm 的圆钢	格架中	2.2	5.3
直径为 ϕ50～100mm 的圆钢	垫木格架中	2.0	5.8
直径为 ϕ100～200mm 的圆钢	格架中	2.0	7.5
边长为 20mm 以下散装方钢	格架中	2.2	3.6
边长为 50～100mm 的方钢	垫木上	2.0	8.0
宽 150～200mm 的扁钢	垫木上	2.0	6.0
槽　钢	垫木上	1.0	3.3
工字钢	垫木上	1.0	2.8
厚钢板	垫木上	3.0	13.5
薄钢板	垫木上	2.0	9.0
钢　管	格架中	1.2	2.0

第八章　轧钢机技术经济指标

一、各类材料消耗

597. 轧钢车间有哪些技术经济指标?

表示轧钢车间各种设备、原材料、燃料、动力以及劳动力、资金等利用程度的指标，称之为技术经济指标。这些指标反映企业的生产技术水平和生产管理制度的执行情况，是鉴定轧钢生产工艺是否先进合理的重要标准，是评定车间各项工作优劣的主要依据。通过对同一类型不同车间的技术经济指标的对比，可以分析产生差距的原因，找出改进生产提高指标的途径。因此，研究与分析技术经济指标也是研究分析轧钢车间工作情况的重要方法之一。对促进轧钢生产发展有重要意义。

轧钢生产的技术经济指标包括：综合技术经济指标，各项材料消耗指标，车间劳动定员及车间费用消耗等。其中产品的产量、质量、作业率、各项材料及劳动力消耗等指标是人们分析研究的主要内容。

轧钢生产中的主要原材料及动力消耗有：金属、燃料、电力、轧辊、水、油、压缩空气、氧气、蒸汽和耐火材料等。由于生产条件不同，或者由于技术操作水平和生产管理水平不同，不同车间的消耗指标会有很大的差异；就是同一车间在不同时期，各种指标也可能因某种原因而发生变化。因此，经常掌握和研究各类产品的各种消耗指标，才能了解和改进生产。

598. 什么叫金属消耗，怎样考核与计算?

金属消耗是轧钢生产中最重要的消耗，通常它占成本的一半以上。降低金属消耗对节约金属、降低产品成本有重要意义。金属消耗指标通常以金属消耗系数表示，它的含义是生产1t合格钢材需要的钢锭、钢坯量。其计算公式如下：

$$k_{金} = \frac{G}{Q_{合}} \tag{8-1}$$

式中　$k_{金}$——金属消耗系数；

G——钢锭、钢坯重量，t；

$Q_{合}$——合格钢材重量，t。

轧钢生产中的金属消耗包括烧损、切头、切尾、切边、清理表面损耗（酸洗损耗等）、轧废以及其他损失（如混号、取样、钢轨铣头和钻孔等）。

烧损与加热时间、加热温度、炉气气氛、钢的化学成分等因素有关。实践证明，加热温度越高，在高温下停留时间越长，炉内氧化气氛越强，金属的烧损就越多。

影响切头、切尾、切边损失的因素有：钢材品种、坯料种类及坯料尺寸精确度等。在成品钢材中，钢板需要切边，钢管常因壁厚不均等增加切除长度，所以它们的切损量都大于型钢。型钢切损量一般不大于5%，而钢板、钢管的切损量可达10%。

表面清理损耗主要与钢种、清理方法以及对成品钢材的要求有关，例如同一种钢坯用砂轮研磨清理的损耗为1%，而用火焰清理的损耗可达2%～3%。

通常，在同样条件下，生产优质合金钢材的金属消耗比生产普通钢材的金属消耗高。

各轧钢企业的金属消耗系数，因其产品品种、生产工艺、技术操作、管理水平等不同而不同。各类轧钢车间的金属消耗系数如表8-1所示。

表8-1　各类轧钢车间的金属消耗系数

车间名称	初轧		钢坯连轧	大、中型	小型	中厚板	热轧带钢	140无缝管
	普碳钢	合金钢						
金属消耗系数	1.02～1.10	1.05～1.37	1.03	1.03～1.10	1.02～1.10	1.19～1.33	1.02～1.18	1.11～1.22

599. 什么叫电能消耗，怎样考核与计算?

轧制1t合格产品需要的电量叫电能消耗，其计量单位为kW · h/t。电耗的计算公式如下：

$$w_{电} = \frac{w_{电总}}{Q_{合}} \tag{8-2}$$

式中 $w_{电}$——单位产品的电能消耗，kW · h/t;

$w_{电总}$——轧钢生产过程的全部用电量，kW · h;

$Q_{合}$——轧制合格产品的数量，t。

轧钢车间耗用的电量主要用于驱动主电机、车间内各类辅助设备。电能消耗的高低主要取决于生产的钢材品种、轧制道次的多少、轧制温度的高低、车间辅助机械的多少、机械化及自动化程度的高低等因素。在同样的设备条件下，轧制道次愈多，总延伸系数愈大，电能消耗就愈高。轧制钢板比轧制型钢与钢管电能消耗高。轧制合金钢比轧制碳钢电能消耗高。初轧生产与其他钢材生产相比，因其终轧温度较高，机时产量大，而且车间的辅助设备也较少，所以其电能消耗较低。各类轧机的电能消耗列于表8-2。

表 8-2 各类轧机的电能消耗

轧机名称	电能消耗/kW · h · t^{-1}
1150 方坯初轧机	20
1150 板坯初轧机	36
800×3 轨梁轧机	46
650×3 开坯及中型轧机	57
630×1/500×3 中型轧机	37.20
580×4 中型轧机	43.74
300 连续式小型轧机	45
连续式线材轧机	100～120
复二重式线材轧机	90～100

续表 8-2

轧机名称	电能消耗/kW·h·t^{-1}
2800×2 中板轧机	75
1700 热连轧机	79
1700 冷连轧机	240
140 无缝管机组	138
100 无缝管机组	170

600. 什么叫水耗，怎样考核与计算？

轧钢车间的用水按用途可分为生产用水、生活用水、劳动保护（防暑降温）用水。这三项用水中后两项用水量不大。生产用水主要用于加热炉冷却，轧钢机冷却及冲氧化铁皮，轧制过程及轧后轧件温度控制，酸洗及清洗，热剪或热锯的冷却，其他用水（如主电机、润滑站）等。

轧钢车间的耗水量在技术经济指标中常用的表示方法有两种：一种以生产每吨合格钢材耗用的水量（m^3/t）表示，其计算公式为：

$$w_{水} = \frac{w_{水总}}{Q_{合}} \tag{8-3}$$

式中　$w_{水}$——单位重量产品的水耗，m^3/t；

$w_{水总}$——总水消耗量，m^3；

$Q_{合}$——轧制合格钢材的产量，t。

因为轧钢车间的产量随着产品断面、轧制道次的变化而变化，但轧机在单位时间内的耗水量是相同的，所以这种方法算出的耗水量，不能反映生产用水的全面情况；另一种以单位时间内的耗水量（m^3/h）表示。因为 $1m^3$ 水的重量为 1t，所以水的消耗量又可以用 t/h 作为计量单位。

轧钢车间在向有关单位提出车间水耗量的同时，还应提出对水质、水温和水压的要求及供水方法等，以便满足生产需求。

随着科技的发展和节能减排工作的推进，轧钢车间的水循环率已达到98%以上，吨钢水耗已降到了5t以下。

601. 什么叫燃料消耗，怎样考核与计算？

轧钢车间的燃料消耗主要用于坯料的加热或预热。常用燃料有煤气、煤、煤粉、油、天然气等。把生产1t合格产品消耗的燃料叫做单位燃料消耗。由于燃料种类不同，其发热值也不同，所以用燃料实物量计算出来的燃料消耗没有可比性。为了便于比较和考核，通常把燃料消耗折合成发热值为29.3MJ/kg的标准燃料消耗量，以kg（标准煤）/t为单位进行考核，其计算公式为：

$$w_{燃} = \frac{w_{燃总}}{Q_{合}} \tag{8-4}$$

式中　$w_{燃}$——单位产品的标煤消耗量，kg/t；

$w_{燃总}$——标煤消耗总量，kg；

$Q_{合}$——轧制合格钢材的产量，t。

折算标煤的方法是以燃料的理论发热量（一般指低值发热量）与标煤的发热量（29.3MJ/kg）进行比较，例如某厂用重油做燃料，1kg重油的发热值为41.86MJ，如果，折合标煤则为：

$$\frac{41.86}{29.3} = 1.43\text{kg}$$

也就是说，耗用1kg重油相当于耗用1.43kg标煤。

钢材的燃料消耗取决于加热时间、加热制度、加热炉的结构、产量、坯料的断面尺寸、钢种、坯料的入炉温度等。初轧生产若采用热坯装炉可以大量节省燃料。连续式加热炉的产量越高，燃料消耗越低。

602. 什么叫润滑油的消耗，怎样考核与计算?

生产1t合格钢材（坯）所消耗的润滑油，叫做轧钢车间的单位产品润滑油耗，以kg/t为计算单位。计算式为：

$$w_{油} = \frac{w_{油总}}{Q_{合}} \tag{8-5}$$

式中 $w_{油}$——单位重量产品的润滑油耗量，kg/t；

$w_{油总}$——总润滑油消耗量，kg；

$Q_{合}$——轧制合格钢材的产量，t。

润滑油消耗包括：设备及工艺润滑油（液体、固体）的消耗，轧机液压平衡以及油膜轴承等所耗用的总油量。一些轧钢车间的润滑油消耗情况如表8-3所示。

表8-3 一些轧钢车间的润滑油消耗

车 间 名 称	润滑油消耗/kg·t^{-1}
开坯车间	0.1
大型车间	0.2
大型合金钢车间	0.3
中型车间	0.2
连续小型车间	0.1
厚板车间	1.2
热带连轧车间	0.12

603. 什么叫轧辊消耗，怎样考核与计算?

轧辊是轧机的主要工艺备件，其消耗量取决于轧辊每车削一次所能轧出的钢材数量和一对轧辊可能车削的次数。生产1t合格的轧制产品耗用的轧辊重量叫轧辊消耗量，也叫辊耗，以kg/t为计算单位。辊耗的计算公式为：

$$w_{辊} = \frac{w_{辊总}}{Q_{合}} \tag{8-6}$$

式中 $w_{辊}$——单位成品的轧辊消耗，kg/t；

$w_{辊总}$——耗用的轧辊总量，kg；

$Q_{合}$——轧制合格产品的数量，t。

耗用轧辊总量的计算方法有两种：

（1）按当月报废的轧辊计算；

（2）将轧辊按产品数量分摊计算，可根据轧机具体情况确定。

影响轧辊消耗的因素很多，例如轧制产品的种类、形状、钢种、变形的均匀性、轧制温度的高低，以及轧辊材质、轧辊的使用与维护、轧辊重车次数等。

近几年随着轧机产量的提高，轧辊材质的改善、制造方法的改进、热处理工艺的革新以及轧辊焊补技术的进步，轧辊使用寿命日益延长。轧制钢材数量越多，轧辊消耗量就越低。

各类轧钢车间的轧辊消耗指标见表8-4。

表 8-4 各类轧机的轧辊消耗

轧机名称	主要产品	轧辊材质	单位消耗 /kg · t^{-1}
轨梁轧机	钢轨、轨梁	锻钢、铸钢	1.0~3.0
大、中型轧机	大、中型型钢	铸钢、球墨铸铁	1.0~3.0
小型、线材轧机	小型、线材	铸钢、冷硬铸铁	0.2~1.0
中板轧机	中 板	冷硬铸铁、球墨铸铁	2.0~2.5
叠轧薄板轧机	薄 板	冷硬铸铁	2.0~2.5
半连续钢板轧机	热轧板	锻钢、铸钢、球墨铸铁	2.5~3.0
1700 冷连轧机	冷轧板	锻 钢	1.9

604. 什么叫蒸汽消耗，怎样考核与计算?

蒸汽在轧钢车间主要用于：冲刷煤气管道，冬季润滑油的保温，酸洗工段酸洗溶液及水洗槽的加热，薄板轧机轧辊的冷却，烧重油时的重油雾化等。

生产1t合格产品所耗用的蒸汽量叫单位产品的蒸汽消耗，其计算公式为：

$$w_{汽} = \frac{w_{汽总}}{Q_{合}} \tag{8-7}$$

式中　$w_{汽}$——蒸汽的单位消耗，kg/t；

$w_{汽总}$——蒸汽的消耗总量，kg；

$Q_{合}$——轧制的合格产品数量，t。

轧钢车间使用蒸汽的温度一般为150℃，压力根据使用条件确定，用于吹掉薄板表面氧化铁皮（连轧）的蒸汽压力为1568kPa；用于清除轨梁表面氧化铁皮的蒸汽压力为882kPa；其他用途的蒸汽压力均为392～588kPa。根据不同需要蒸汽的供应方法有连续供应、定期供应及间断供应三种。如冬季油库加热用的蒸汽就需要连续供应。无论用哪种方式供汽，蒸汽消耗均按t/h计算。

605. 什么叫氧气消耗，怎样考核与计算?

轧钢车间消耗的氧气主要是用于切割废品、清理坯料表面以及检修设备等。各轧钢车间的具体情况不同所消耗的氧气数量也不相同。生产1t合格轧钢产品耗用的氧气叫做单位产品的氧气消耗。其计算公式为：

$$w_{氧} = \frac{w_{氧总}}{Q_{合}} \tag{8-8}$$

式中　$w_{氧}$——单位产品的氧气消耗，m^3/t；

$w_{氧总}$——消耗的氧气总量，m^3；

$Q_{合}$——轧制合格钢材的产量，t。

现将一些轧钢车间的氧气消耗情况介绍如下：

车间名称	氧气消耗/$m^3 \cdot t^{-1}$
开坯车间	< 0.2
大型车间	< 0.2
中型车间	< 0.1
中型合金钢车间	< 0.1

606. 什么叫压缩空气消耗，怎样考核与计算？

轧钢车间的压缩空气主要用作动力如加热炉炉门升降、穿孔机及轧管机的送料气缸、风铲清理、冷却（电机及润滑系统）、吹刷设备等。压缩空气的消耗不完全代表轧钢车间的技术管理水平，因为使用压缩空气的设备种类和数量各不相同。

生产 1t 合格产品耗用的压缩空气量叫做单位产品的压缩空气消耗量，其计算公式为：

$$w_{气} = \frac{w_{气总}}{Q_{合}} \tag{8-9}$$

式中 $w_{气}$——单位产品的压缩空气消耗量，m^3/t；

$w_{气总}$——压缩空气的总耗用量，m^3；

$Q_{合}$——合格产品产量，t。

压缩空气的压力一般应保持在 392 ~ 588kPa。计算各设备所用压缩空气量用 m^3/min 表示。

607. 什么叫耐火材料消耗，怎样考核与计算？

轧钢车间的耐火材料消耗取决于各种加热炉的种类、大小和数量；加热制度；操作技术的熟练程度；检修计划（加热炉小修一次需要更换耐火材料总量的 10% ~20%，大修一次需要更换耐火材料总量的 70% ~80% 等。

生产 1t 合格产品耗用的耐火材料叫做单位产品的耐火材料消耗，以 kg/t 为计量单位。计算公式为：

$$w_{耐火} = \frac{w_{耐总}}{Q_{合}} \tag{8-10}$$

式中　$w_{耐火}$——单位产品耐火材料的消耗量，kg/t；

$w_{耐总}$——耗用的耐火材料总量，kg；

$Q_{合}$——合格产品的产量，t。

加热设备名称	耐火材料消耗/kg · t^{-1}
轨梁车间加热炉	0.6
小型合金钢车间加热	1.8
连续式小型车间加热炉	0.4
高速线材车间加热炉	0.4
薄板车间加热炉	0.6
薄板车间热处理炉	0.4
热轧无缝管车间加热炉	0.9

608. 什么叫综合能耗？

生产1t合格轧钢产品，除了直接消耗一定数量的一次能源（燃料、电）之外，还间接消耗了一定数量的二次能源，例如1t蒸汽是由100～120kg标准煤生产出来的，1m^{3}氧气需耗用1.5 kW · h电能，1m^{3}压缩空气需耗用6kW · h电能，而1kW · h电能折算成12.3MJ的热能，相当于0.42kg的标准煤。因此，计算每吨合格产品消耗的全部能量，称作综合能耗。计算公式为：

$$w_{综} = \frac{w_{综总} - w_{商}}{Q_{合}} \tag{8-11}$$

式中　$w_{综}$——单位产品的综合能耗，kg(标准煤)/t；

$w_{综总}$——一次能源总量，kg(标准煤)；

$w_{商}$——商品能源(包括外销燃料、电、氧气、蒸汽)，kg；

$Q_{合}$——合格产品总量，t。

或

$$w_{综} = w_{燃} + w_{电} \tag{8-12}$$

式中　$w_{燃}$——单位产品的燃料消耗，kg(标准煤)；

$w_{电}$——单位产品的电能消耗，kg(标准煤)。

二、作业率

609. 什么叫轧钢机的日历作业率?

任何一个轧机或机组，在实际上都要有一定的停轧时间，如处理故障时间、定期检修时间、交接班时间、换辊时间等，不可能全年连续不断地工作。这样就使轧机的实际工作时间小于日历时间。实际工作时间是指轧机实际运转时间，其中包括轧试轧料时间和生产过程中轧机空转时间。以实际工作时间为分子，以日历时间减去计划大修时间为分母求得的百分数叫做轧机的日历作业率，即

$$轧钢机日历作业率 = \frac{实际生产作业时间(h)}{日历时间(h) - 计划大修时间(h)} \times 100\% \tag{8-13}$$

计划大修时间一年规定6～9天。在各种不同类型的轧机上，由于操作技术水平和生产管理水平不同，日历作业率相差是很大的。

轧钢机日历作业率是国家考核轧钢企业的日历时间利用程度的指标。由上式不难看出，轧钢机的日历作业率越高，轧钢机的年产量就越高。

610. 什么叫轧钢机的有效作业率?

各企业的轧钢工作制度不同，有节日、假日不休息的连续工作制和节假日休息的间断工作制。在作业班次上也有三班工作制、两班工作制和一班工作制之分。按日历作业率考核不能充分说明轧机的有效作业情况。为了便于分析研究轧钢机的生产效率，企业内部一般都用轧机有效作业率考核轧机实际生产作业水平。

实际工作时间占计划作业时间的百分比叫轧机的有效作业率：

$$\text{轧机有效作业率} = \frac{\text{实际生产作业时间(h)}}{\text{计划工作时间(h)}} \times 100\% \tag{8-14}$$

国内各类轧机设计的标准作业率和年工作时数如表8-5所示。实际计划作业时间根据企业的轧制工作制度、作业班次、计划检修时间、计划换辊时间、交接班时间及其他具体情况确定。

表8-5　各类轧机的作业率和年工作小时量

轧钢机类型	日作业率/%	年工作时数/h
轨梁轧机	72～74	6300～6500
中小型轧机	72～77	6300～6800
高速线材轧机	74	6500
中板轧机	74～76	6500～6700
钢管轧机	73～74	6400～6500

611. 什么是日历作业时间？什么是计划工作时间？什么是实际工作时间？

日历作业时间是指日历上全年、全季或全日的小时数。平均的全年日历作业时间为：

$$24 \times 365 = 8760\text{h}$$

平均季日历作业时间为8760/4＝2190h，平均月日历作业时间为8760/12＝730h。

如前所述，任何一轧机或机组，实际上都不可能做到全年连续不断地工作，一定有计划大修、定期中小修、换辊及交接班等停机时间。对实行连续工作制度的轧机，其计划工作时间可用下式计算：

$$T_{计划} = (365 - T_{大修} - T_{中小修} - T_{换})(24 - T_{接}) \tag{8-15}$$

式中 $T_{计划}$——全年计划工作时间，h；

365——全年天数，d；

$T_{大修}$——年计划大修时间，d；

$T_{中小修}$——年计划定期中小修时间，d；

$T_{换}$——年计划换辊时间，d；

$T_{接}$——每天规定的接班时间，h/d；

24—— 一天的小时数，h/d。

对于实行非连续工作制度的轧机，年计划工作时间则用下式计算：

$$T_{计划} = (365 - T_{大修} - T_{中小修} - T_{换} - T_{节})(24 - T_{接}) \tag{8-16}$$

式中 $T_{节}$——每年国家规定的节假日天数，d。

上述 $T_{计划}$ 为轧机一年最大可能的工作小时数，但实际上由于技术上的原因或者生产管理上的原因，如设备发生事故、断辊、非计划换辊、待热、待料、停电等，往往造成轧机非计划停工。上述原因造成的时间损失很难准确计算，通常用时间利用系数表示。这样，轧机一年实际工作时间往往小于年计划工作时间，二者之间的关系如下式：

$$T_{实际} = T_{计划}K_{有效} \tag{8-17}$$

式中 $T_{实际}$——全年实际工作时间，h；

$K_{有效}$——轧机的时间利用系数，即轧机有效作业率，$K_{有效}$一般为0.79～0.95。

612. 如何提高轧机作业率？

分析式8-15可知，增加轧机的工作时间是提高轧机作业率的有效途径。其具体方法为：

（1）减少设备的检修时间，如加强维护延长轧机与各机组的零件寿命；在保证设备能够安全运转的情况下，减少检修的次数；在检修时，实行成套更换零件的检修方法，缩短检修时间等；

(2) 减少换辊时间，如提高轧辊使用寿命；提高生产的专业化程度，正确拟定生产计划，减少换辊次数；做好换辊准备工作，改善换辊工作的劳动组织以缩短换辊时间等；

(3) 减少与消除机械设备、电气设备事故、减少操作事故时间；

(4) 间断工作制改为连续工作制，适当减少交接班时间，增加轧机工作时间；

(5) 加强生产管理与技术管理，减少与消除待热、待料时间。

三、成材率及合格率

613. 什么叫成材率，如何计算？

成材率是指用1t原料能够轧制出的合格成品重量的百分数，反映了生产过程中金属的收得情况。其计算公式为：

$$b = \frac{G - G_{损失}}{G} \times 100\%$$

$$= \frac{Q_{合}}{G} \times 100\% = \frac{1}{k_{金}} \times 100\% \qquad (8\text{-}18)$$

式中　b——成材率，%；

G——原料重量，t；

$G_{损失}$——各种原因造成的金属损失量，t；

$Q_{合}$——合格产品重量，t；

$k_{金}$——金属消耗系数。

由式8-18可以看出，成材率越高，轧机产量越高，而影响成材率的主要因素是生产过程中造成的各种金属损失，因此提高成材率的途径就是减少这种损失。

由于各个轧钢企业用的原料和轧制的产品不同，如有的轧钢车间以钢锭为原料经过中间开坯，轧制成材；有的车间以钢锭为原料直接轧制成材；有的车间以钢坯为原料轧制成品钢材；还有少数车间则是用钢材作原料，加工成各种成品钢材的，所以用一种计算方法说明不了企业的技术水平和生产管理水平。轧钢车间的成材率必须根据车间的具体情况确定。

614. 什么是理论成材率，如何计算?

钢材在使用中，大都以尺寸计算，按照理论质量交易，在轧钢生产中就出现了理论成材率。理论成材率是用产品的理论质量进行计算得到的成材率，在计算理论成材率时，将合格成品的实际质量用理论质量代替，得到的成材率叫理论成材率。因为每种产品都有质量偏差，当合格产品的质量负偏差大于轧制损耗时，会出现理论成材率大于100%的情况。

理论成材率是反映轧钢生产过程中金属收得情况的重要指标。理论成材率越高，表明用1t原料轧制出合格产品的数量（件数或个数）越多；理论成材率低，则表明用1t原料轧制出合格产品的数量（件数或个数）少。因此理论成材率的概念是用1t原料能够轧制出合格成品的理论质量的百分数来表示的，其计算公式为：

$$b = \frac{Q_{合}}{G} \times 100\%$$

式中 b——成材率，%；

$Q_{合}$——合格产品的理论质量，t；

G——原料质量，t。

理论成材率与理论金属消耗成倒数关系，它们的关系式为：

$$b = \frac{1}{K_{金}} \times 100\%$$

式中 $K_{金}$——理论金属消耗系数，当理论成材率大于100%时，理论金属消耗系数会小于1。

615. 什么叫锭→材综合成材率，如何计算？

由钢锭开坯后再轧制成材的（有的企业还要连续经过冷拔或冷轧）以及由钢锭不经开坯直接轧制成材的企业，国家按锭→材综合成材率考核企业的金属收得情况。

所谓锭→材综合成材率就是1t合格的钢锭能够生产出来的合格钢材重量的百分数，其计算公式为

$$锭\rightarrow材综合成材率=\frac{合格钢材重量}{耗用的合格钢锭重量}\times100\% \tag{8-19}$$

或

$$锭\rightarrow材综合成材率=锭\rightarrow坯的成坯率\times坯\rightarrow材的成材率$$

合格钢锭消耗量是指用于生产钢材的钢锭数量，其中包括用于轧钢开坯、锻锤开坯以及轧或锻直接成材的钢锭数量，但不包括处理不合格的钢锭数量以及判定属于炼钢责任造成的轧制废品和退货废品消耗的钢锭数量。

616. 什么叫锭→商品坯成坯率？

用钢锭轧制商品钢坯的企业，国家按锭→坯的成坯率指标考核企业。当用外来坯轧制成半成品坯外供时，应加填外来坯→商品坯成坯率指标进行考核。

锭→商品坯成坯率是表示耗用1t钢锭能够轧成合格的商品钢坯的重量百分数，其计算公式为

$$锭\rightarrow商品钢坯成坯率=\frac{合格商品钢坯重量}{耗用的合格钢锭重量}\times100\% \tag{8-20}$$

商品钢坯是开坯机生产的毛坯，供另一轧钢企业生产钢材用，不能包括在钢材产量中。

617. 什么叫外来坯→材成材率，如何计算?

用外企业的半成品钢坯（也叫商品钢坯）轧制成材的，及用外企业的半成品钢坯经本企业重新开坯后再轧制成材的企业，国家按外来坯→材成材率考核企业的金属收得情况。

外来坯→材成材率是指用1t购进钢坯生产出来的合格成品钢材的重量百分数，其计算公式为

$$外来坯\rightarrow材成材率=\frac{合格钢材重量}{耗用外来钢坯重量}\times100\% \quad (8\text{-}21)$$

耗用的外来商品钢坯不包括因质量异议退回供货单位的钢坯。

618. 什么叫外来重复材→材成材率，怎样计算?

用外企业的成品钢材作原料继续加工成材的（包括冷拔、冷轧成材的）企业，国家用外来重复材→材成材率作为考核企业金属收得情况的指标。

外来重复材→材成材率是指用1t购进钢材生产出来的合格成品钢材的重量百分数，其计算公式为

$$外来重复材\rightarrow材成材率=\frac{合格成品钢材重量}{耗用外来重复材重量}\times100\% \quad (8\text{-}22)$$

外来重复材不包括因质量异议退回制造厂的重复材。

619. 什么叫合格率，如何计算?

合格的轧制产品数量（钢材或钢坯）占产品总检验量与中间废品量总和的百分比叫合格率，计算单位是%。计算公式为：

$$合格率=\frac{合格产品数量}{产品总检验量+中间废品量}\times100\% \quad (8\text{-}23)$$

合格产品数量是指本月（季、年）轧制的产品（钢材或钢坯）经检验（理化检验及表面检验）合格后的入库数量。

中间废品是指加热、轧制、中间热处理过程中烧坏、轧废以及生产过程中的掉队而未进行成品检验的一切废品。

轧制产品送至检验台上的总量叫总检验量，它包括合格品及检验废品，不包括判定责任属于炼钢车间的轧后废品。

如果发生用户退货，要从发生当月的合格量中减去退货量，然后计算当月的合格率。

四、轧钢机生产能力的计算

620. 如何计算轧钢机小时产量?

轧钢机产量是衡量轧机技术经济效果的主要指标。单位时间内的产量称为轧钢机的生产率。分别以（h）、班（8h）、日（d）、年（a）为时间单位进行计算。其中小时产量为轧机常用的生产率指标。

计算轧钢机小时产量可用下式：

$$A = \frac{3600}{T}G \tag{8-24}$$

式中 A——轧机小时产量，t/h；

3600——1h 的秒数，s/h；

T——轧机节奏，即在机组中每轧出一根轧件所需要的时间，s；

G——原料重量，t。

上式计算的轧机产量为理论小时产量，即在技术上轧钢机应该达到的最高小时产量。实际上轧机可能达到的小时产量总是小于理论小时产量，可用下式计算：

$$A = \frac{3600}{T}GK_{轧机} \tag{8-25}$$

式中 $K_{轧机}$——轧钢机利用系数。

在计算轧钢机小时产量中，除初轧机外，一般成品轧机都是按生产的合格成品的数量来计算的，因此轧机实际小时产量计算用下式：

$$A = \frac{3600}{T} G K_{轧机} b_{材} \tag{8-26}$$

式中 $b_{材}$——成材率，%。

上式计算的轧机产量为某一项产品的小时产量，也称为单品种小时产量。

分析式8-26可知，影响轧机小时产量的因素有：轧机节奏、原料重量、成材率和轧机利用系数。

621. 如何通过提高原料重量提高轧机生产率？

由式8-26可知，原料的重量 G 愈大，则轧机的小时产量愈高。但是情况并不都是如此，有时会因为原料重量增加导致轧制节奏增长，而使轧机小时产量下降。产量的变化、轧制节奏的变化与原料重量的变化之间有如下关系：

$$\Delta A = \frac{\Delta G - \Delta T_{G}}{1 + \Delta T_{G}} \times 100\% \tag{8-27}$$

式中 ΔA——生产率的变化率，%；

ΔG——原料重量的变化率，%，

$$\Delta G = \frac{变化后的原料重量 - 原有的原料重量}{原有的原料重量}$$

ΔT_{G}——原料重量变化引起的轧制节奏变化率，%，

$$\Delta T_{G} = \frac{原料重量变动后的轧制节奏 - 原料重量变动前的轧制节奏}{原料重量变动后的轧制节奏}。$$

由式8-27可见，当 ΔG 大于 ΔT_{G} 时 ΔA 为正值，说明轧机的小时产量增加；若 ΔG 小于 ΔT_{G}，则 ΔA 为负值，说明轧机的小时产量下降。

实际生产中增加原料重量有三种方法：

（1）增加原料断面尺寸，这种方法使纯轧制时间增加、轧制道次增多，间隙时间增大。只有在不增加轧制道次的条件下增大原料断面，才会使生产率提高。因此这种方法适合在轧辊强度及主电机能力尚未充分发挥的情况下使用。

（2）增加原料长度，这样轧制道次和间隙时间不变，通过增加纯轧时间使轧机产量提高。但是增加轧件长度使轧件的头尾温度差增大。

（3）原料的断面与长度同时增加。

622. 如何通过提高成材率提高轧机生产率？

由式 8-26 可知，成材率越高小时产量越大。由式 8-1 和式 8-18 可知，影响金属消耗的各种因素都是影响成材率的因素（烧损、切损、清理损失、轧废等）。如何提高成材率是我们在轧钢生产中值得认真分析研究的课题。目前世界各国也都在提高成材率上做了大量工作。提高成材率，也就是降低金属消耗系数，需要通过分析轧钢生产中的各种金属损失，寻找降低金属消耗的途径。各轧钢车间都编制有金属平衡表。金属平衡表的形式如表 8-6 所示。

表 8-6　金属平衡表

钢材种类	规格	产量/t（日、月、季、年）		损失/%					成材率/%	金属消耗系数	原料需要量/t
				烧损	切损	轧废	清理	酸洗			

对于金属平衡表中的各项损失，有关人员应经常进行逐项分析并提出改进的具体技术措施，例如研究加热操作技术以降低金属的烧损；加强生产管理以减少并挽救热轧废品；改进机械设备，合理选择原料减少切损等。

623. 如何通过缩短轧制节奏提高轧机生产率？

从开始轧制第一根钢到开始轧制第二根钢的间隔时间叫做轧

制节奏。轧制方式不同，轧制节奏也不同。轧制方式主要取决于轧机类型，形式及其布置形式，并与原料和产品规格、轧制速度、轧钢设备的机械化自动化程度等因素有关。轧制节奏应按下述两种情况分别计算：

（1）无交叉的轧制，即前一根轧件轧制终了再开始轧制下一根轧件，在轧机上保持只轧制一根轧件。例如单机架二辊式轧机、三辊劳特式轧机和四辊可逆式轧机等。其轧制节奏的计算公式为

$$T = \Sigma T_{轧} + \Sigma T_{间} + \Delta T \tag{8-28}$$

式中 T——轧制节奏，s；

$\Sigma T_{轧}$——各道次的纯轧时间之和，s；

$\Sigma T_{间}$——各道次间的间隙时间之和，s；

ΔT——前后两轧件之间的间隔时间，s。

（2）有交叉的轧制，即前一根轧件尚未轧完就开始轧制后一根轧件，轧机同时轧制两根以上的轧件。两根以上的轧件同时通过的时间称为交叉时间。交叉轧制的轧制节奏用下式计算：

$$T = \Sigma T_{轧} + \Sigma T_{间} - T_{交} \tag{8-29}$$

式中 $T_{交}$——交叉时间，s。

由式 8-29 可知，缩短轧制节奏的办法是缩短纯轧制时间和间隙时间，增加交叉时间。交叉时间愈长，轧制节奏 T 愈短，相应地轧机小时产量就愈高。

624. 什么叫轧机利用系数？

理论轧制节奏与实际轧制节奏之比值称为轧机利用系数。它表示轧钢操作技术水平和熟练程度的高低。轧机利用系数越高（即越接近 1），轧机的实际小时产量与理论小时产量就越接近，轧机的利用情况亦越好。反之，轧机的利用情况就不好。轧机利用系数的计算公式为：

$$K_{轧机} = \frac{T_{理}}{T_{实}} \times 100\% \tag{8-30}$$

式中　$K_{轧机}$——轧机利用系数,%;

$T_{理}$——理论计算的轧制节奏，s;

$T_{实}$——实际的轧制节奏，s。

$K_{轧机}$值很难用理论计算方法求出，通常推荐使用如下数值：

开坯机　$K_{轧机}=0.85\sim0.90$

成品轧机　$K_{轧机}=0.80\sim0.85$

625. 如何计算轧机的平均生产率?

一般情况下，每套轧机都生产多种产品。产品不同，产量也不同。为了分析和考核轧机工作水平，需要根据各个品种的机时产量及其在总产量中所占比例计算出轧机的平均机时产量，即平均生产率。

在一定时间（日、月、季、年）内，轧制不同产品的总产量与所花费的生产时间的比值叫做该时间内的轧机平均生产率。轧机平均生产率的计算方法有以下两种：

（1）按轧制产品品种的百分数计算：

$$A_{平}=\frac{100}{\frac{a_1}{A_1}+\frac{a_2}{A_2}+\frac{a_3}{A_3}+\cdots+\frac{a_n}{A_x}} \tag{8-31}$$

式中　$A_{平}$——轧机平均生产率，t/h;

$a_1, a_2, a_3, \cdots, a_x$——各相应品种产量占总产量的重量百分数,%;

$A_1, A_2, A_3, \cdots, A_x$——生产各相应品种的轧机生产率，t/h。

（2）按劳动量换算系数计算：

生产标准产品的轧机生产率与生产某种产品的轧机生产率之比值，称为某种产品的劳动换算系数。劳动换算系数$K_{换}$为：

$$K_{换}=\frac{A_{标}}{A_x} \tag{8-32}$$

式中　$A_{标}$——生产标准产品的轧机生产率，t/h;

A_x——生产某种产品的轧机生产率，t/h。

标准产品可根据使用需要确定。当选择设备负荷率时，常采用工艺过程比较简单而实际小时产量最高的产品作为标准产品。编制计划一般以占年产量百分数最大的产品作为标准产品。当计算劳动工资时，确定标准产品的方法可从上述方法中任选一种。计算轧机平均生产率的公式为：

$$A_{平} = \frac{100}{\frac{a_1}{A_{标}}K_{换1} + \frac{a_2}{A_{标}}K_{换2} + \cdots + \frac{a_x}{A_{标}}K_{换x}} \tag{8-33}$$

式中　$K_{换1}$，$K_{换2}$，…，$K_{换x}$——生产各种产品的劳动换算系数。

626. 怎样计算轧机的年产量？

轧钢车间年产量是指一年内车间各种产品的综合年产量，以综合小时产量为基础进行计算。计算公式如下：

$$A_{年} = A_{平}\,T_{计划}K_{有效} \tag{8-34}$$

式中　$A_{年}$——轧机年产量，t/a；

$A_{平}$——平均小时产量，t/h；

$T_{计划}$——轧机一年计划工作的小时数，h/a；

$K_{有效}$——时间利用系数，即有效作业率。

$T_{计划}$为轧机一年实际上可能工作的小时数，但实际上在此时间内由于技术上的原因或者由于生产管理上的原因，会造成非计划的停工。由这种原因造成的时间损失很难进行准确的计算，通常就用时间利用系数$K_{有效}$表示。根据生产实践经验，$K_{有效}$可在下列范围内选取：

初轧机	$K_{计划} = 0.9 \sim 0.92$
成品轧机	$K_{有效} = 0.8 \sim 0.9$

五、劳动生产率

627. 什么叫劳动生产率？

劳动者在一定时间里平均每人生产合格产品的数量叫劳动生

产率。劳动生产率的高低反映了劳动者在一定时间里生产产品的多少。劳动生产率高表示了劳动者在该时间内向社会提供的物质财富多，反之，劳动生产率低，即向社会提供的物质财富少。

劳动生产率的高低与劳动者的技术水平、劳动工具的先进程度有关，因此，劳动生产率是考核和反映劳动效果的重要指标。

劳动生产率有实物劳动生产率和产值劳动生产率之分。

628. 什么叫全员劳动生产率？

全员劳动生产率也叫全员实物劳动生产率。它是企业平均每个职工在一定时间里生产的产品实物量。计算公式为：

$$\text{全员劳动生产率} = \frac{\text{考核时间内总合格产品产量(t)}}{\text{考核时间内全部职工人数(人)}} \tag{8-35}$$

全部职工包括固定职工、临时职工、计划外用工（例如副业工）。

629. 什么叫工人实物劳动生产率？什么叫工人产值劳动生产率？

工人实物劳动生产率就是企业内部平均每个生产工人（包括学徒工），在一定时间内生产的产品实物量。计算公式为：

$$\text{工人实物劳动生产率} = \frac{\text{考核时间内合格产品产量(t)}}{\text{考核时间内工人总人数(人)}} \tag{8-36}$$

式中，工人总人数为固定工人、临时工人、计划外工人的总和。

工人产值劳动生产率就是生产工人在一定时间里生产的合格产品总产值，计算公式为：

$$\text{工人产值劳动生产率} = \frac{\text{考核时间内合格产品总产值(元)}}{\text{考核时间内工人总人数(人)}} \tag{8-37}$$

式中，工人总数也是固定工人、临时工人、计划外用工、学徒工的总和。

六、产品的营销

630. 怎样快速判定钢材牌号？

为了区分和使用，可以在钢材上涂色或打钢印。

钢印打在钢材的断面或距离钢材端部100mm的钢材表面上。内容包括钢种、炉号、罐号、锭号、段号等。对直径或边长大于40mm的钢材钢印可打在端面上，对直径或边长小于40mm的钢材钢印可打在端面上，或打在铁牌上，把铁牌捆在钢材上。

钢材的涂色是用有色铅油涂在钢材一端端面或端部表面上，成捆交货的钢材应把色油涂在该捆同一端面上，盘条应把色油涂在盘卷的外侧。

631. 怎样抓住产销一体化的核心？

根据现代管理理念，建立以市场为导向、合同为主轴的生产和销售整合管理，利用信息技术使钢铁企业的生产活动与企业销售管理、质量设计、生产管理、质量控制和财务管理等经营活动有效集成，形成了钢铁企业的订单执行系统，即产销一体化系统。目标是实现订单工作流中的物流、资金流和信息流的同步，优化、合理利用企业内部资源，消耗最低的生产成本获得最大的利润。

产销一体化就是从客户订单、原材料采购、产品的质量设计、生产制造、制造过程中的质量判定、制造过程中的成本核算以及部分生产制造过程中的装备状况的管理，到产品出厂、发运、销售等一系列生产经营过程组成为一整套自动化系统。

产销一体化系统抓住关键业务，信息化与流程管理科学化有机结合，以市场为导向，贯彻以客户为中心的思想，打通销售、质量、生产、财务、存货和发运的关键管理流程，把客户订单自动转换为生产计划、作业指令、质量保证书、发运单，提高交货期和交货准时率，从而全面提高企业的市场响应速度和应变能力。

第九章　安全、环保与节能

一、安　全

632. 什么是安全和安全生产？

安全，是指人的身心免受外界（不利）因素影响的存在状态（包括健康状况）及其保障条件。

安全生产是指在生产过程中消除或控制危险及有害因素，保障人身安全健康，保证设备完好无损及生产顺利进行。在安全生产中，消除危害人身安全和健康的因素，保障员工安全、健康、舒适地工作，称之为人身安全；消除损坏设备、产品等的危险因素，保证生产正常进行，称之为设备安全。

633. 什么是劳动保护？

劳动保护是，为了保护劳动者在劳动、生产过程中的安全、健康，在改善劳动条件、预防工伤事故及职业病，实现劳逸结合和女职工的特殊保护等方面所采取的各种组织措施和技术措施的总称。

634. 什么是职业安全卫生？

职业安全卫生（国内也称劳动安全卫生），通常是指影响作业场所内所有员工，包括临时工、合同工、外来人员和其他人员安全与健康的条件和因素。

635. 车间主任、副主任的安全生产职责是什么？

车间主任对本车间安全生产全面负责，副主任对分管业务范围内的安全工作负责，其职责是：

（1）保证国家安全生产法规和企业规章制度在本车间贯彻执行，把安全生产工作列入议事日程；

（2）组织制订并实施车间安全生产管理规定，安全技术操作规程和安全技术措施计划；

（3）搞好本车间职工的安全教育和安全技术考核工作；

（4）组织全车间安全检查，落实隐患整改，保证生产设备、安全装备、消防设施、防护器材和急救器具等处于完好状态，并教育职工加强维护，正确使用；

（5）及时报告本车间发生的事故，注意保护现场；

（6）对班组安全员实行业务指导，建立车间安全管理网，配备合格的安全技术人员，充分发挥车间和班组安全人员的作用。

636. 工段长、班组长的安全生产职责是什么？

工段长、班组长的安全生产职责主要有以下几点：

（1）贯彻执行企业和车间对安全生产的规定和要求，全面负责本工段（班组）的安全生产；

（2）组织班组职工学习并贯彻执行企业、车间各项安全生产规章制度和安全技术操作规程，教育职工遵纪守法，制止违章行为，协助领导落实各项安全措施；

（3）组织并参加安全活动，坚持做到班前强调安全、班中检查安全、班后总结安全；

（4）负责对新工人（包括实习、代培人员）进行岗位安全教育；

（5）负责班组安全检查，发现不安全因素及时组织力量消除，并报告上级；发生事故立即报告，并组织抢救，保护好现场，做好详细记录；协助事故调查、分析，落实防范措施。

637. 班组安全员的职责是什么？

班组安全员的职责是：

（1）班组安全员一般由副班（组）长兼任，协助班组长做好本班组安全工作，受车间安全员的业务指导，协助班组长做好班前安全布置、班中安全检查、班后安全总结；

（2）组织开展本班组各种安全活动，认真做好安全活动记事，提出改进安全工作的意见和建议；

（3）对新工人进行岗位安全教育；

（4）严格执行有关安全生产的各项规章制度，有权制止违章作业，并及时报告；

（5）检查督促班组人员合理配备防护用品和消防器材；

（6）发生事故后要及时了解情况，保护事故现场并及时报告。

638. 员工的安全职责是什么？

员工的安全职责为：

（1）认真学习并严格遵守各项规章制度，不违章工作，并阻止他人违章作业；

（2）精心操作，做好各项记录，交接班的同时必须交接安全生产情况。交班要为接班创造安全生产的良好条件；

（3）正确分析、判断和处理各种事故隐患，把事故消灭在萌芽状态，发生事故，要果断正确处理，及时如实地向上级报告，严格保护现场，并作详细记录；

（4）按时认真进行巡回检查，发现异常情况，及时处理和报告；

（5）加强设备维护，保持作业现场整洁，搞好文明生产；

（6）上岗必须按规定着装，妥善保管、正确使用各种防护用品和消防器材；

（7）积极参加各种安全活动；

（8）有权拒绝违章指挥。

639. 什么是生产安全事故？

生产安全事故是指生产经营单位在生产经营活动（包括与

生产经营有关的活动）中，突然发生的伤害人身安全和健康或者损坏设备设施或者造成经济损失，导致原生产经营活动暂时中止或永远中止的意外事件。

640. 什么是企业职工伤亡事故，按伤害程度如何分类？

企业职工伤亡事故为：生产经营单位的从业人员在生产经营活动中或与生产经营活动相关的活动中，突然发生的造成人体组织受到伤害或人体的某些器官失去正常机能，导致负伤机体暂时或长期地丧失劳动能力，甚至终止生命的事故。

事故发生后，根据事故给受伤者带来的伤害程度及其劳动能力丧失的程度可将事故分为轻伤、重伤和死亡三种类型：

（1）轻伤事故：指损失工作日低于105d的失能伤害（受伤者暂时不能从事原岗位工作）的事故。

（2）重伤事故：指造成职工肢体残缺或视觉、听觉等器官受到严重损伤，一般能导致人体功能障碍长期存在的，或损失工作日等于和超过105d（小于6000d），劳动能力有重大损失的失能伤害事故。

（3）死亡事故：指事故发生后当即死亡（或急性中毒死亡）或负伤后在30d内死亡的事故。死亡的损失工作日为6000d。

641. 什么是事故应急救援预案，应急救援预案的内容是什么？

事故应急救援预案是指为了加强对重大事故的处理能力，防止事故的扩大，使事故损失降到最低限度，而根据实际情况对预计可能发生的重大事故，所预先制定的事故应急救援对策。

事故应急救援预案应该更具有实质性，需要充分考虑每一个重大危险及它们之间可能发生的相互作用，包括下述内容：

（1）评估潜在事故危险的性质、规模及紧急状态发生时的可能作用；

（2）制定与外部机构联系的计划，其中包括与紧急救援服务机构的联系；

（3）设施内外报警和通讯联络的步骤；

（4）特别是任命现场事件的管理者和现场主要管理者，并确定他们的义务和责任，

（5）应急控制中心的地点和组织；

（6）在紧急状态中现场工人的行为，包括撤离步骤；

（7）在紧急状态下，场外工人和其他人的行为。

642. 工伤认定的条件及范围是什么？

我国《工伤保险条例》列举的认定为工伤的10种情形是：

（1）在工作时间和工作场所内，因工作原因受到事故伤害的；

（2）工作时间前后在工作场所内，从事与工作有关的预备性或者收尾性工作受到事故伤害的；

（3）在工作时间和工作场所内，因履行工作职责受到伤害或者发生事故下落不明的；

（4）患职业病的；

（5）因公外出期间，由于工作原因受到伤害或者发生事故下落不明的；

（6）在上下班途中，受到机动车事故伤害的；

（7）在工作时间和工作岗位，突发疾病死亡或者在48h之内经抢救无效死亡的；

（8）在抢险救灾等维护国家利益、公共利益活动中受到伤害的；

（9）职工原在军队服役，因战、因公负伤致残，已取得革命伤残军人证，到用人单位后旧伤复发的；

（10）法律、行政法规规定应当认定为工伤的其他情形。

职工有下列情形之一的，不得认定为工伤或者视同工伤：

（1）因犯罪或者违反治安管理伤亡的；

（2）醉酒导致伤亡的；

（3）自残或者自杀的。

643. 什么是机械产生的危害?

由机械产生的危害是指在使用机械过程中，可能对人的身心健康造成损伤或危害的根源和状态，它主要有两类：一类是机械危害，其主要形式有夹挤、碾压、剪切、切割、缠绕或卷入、戳扎或刺伤、摩擦或磨损、飞出物打击、高压流体喷射、碰撞或跌落等；另一类是非机械危害，包括电器危害、噪声危害、振动危害、温度危害、材料或物质产生的危害、未履行安全人机学原则而产生的危害等。

644. 实现机械加工安全的途径有哪些?

（1）对工作位置的安全要求如下：

1）机械加工设备的工作位置应安全可靠，并保证操作人员的头、手、臂、腿、脚有合乎心理和生理要求的足够活动空间；

2）机械加工设备的工作面高度应符合人机工程学原理。坐姿工作面高度应在700~850mm之间；立姿或立-坐姿的工作面高度应在800~1000mm之间；

3）机械设备应优先采用便于调节的工作椅，以增加操作员的舒适性并便于操作；

4）机械设备的工作位置应保证操作人员的安全，平台和通道必须防滑，必要时设置踏板和栏杆；

5）机械设备应设有安全电压的局部照明装置。

（2）作业中采取的安全措施有：

1）个人防护用品的使用。个人防护用品是保护劳动者在机器的使用过程中的人身安全与健康所必备的一种防御性装备，在意外事故发生时对避免伤害或减轻伤害程度能起到一定的作用。

2）对加工区的要求。指被加工工件放置在机械加工的区域。凡加工区易发生伤害事故的设备，均应采取有效的防护措施。防护措施应保证设备在工作状态下防止操作人员的身体任意部分进入危险区，或进入危险区时保证设备不能运转（行）或须知紧急制动。

3）机械加工设备应单独或同时采用下列防护措施：完全固定、半固定密闭罩；机械或电气的屏障；机械或电气的连锁装置；自动或半自动出料装置；手限制器、手脱开装置；机械或电气的双手脱开装置；自动或手动紧急停车装置；限制导致危险行程、给料或进给装置；防止误动作或误操作装置，警告或警报装置。

（3）作业中加强安全管理。包括人员的安全教育和培训；建立安全规章制度；对设备（特别是重大危险设备）的安全监察等。

（4）维修中应能保证人员的安全。为了避免或减少维修伤害事故，应在控制系统设置维修操作模式；从检修和维修角度，在结构设计上考虑内部零件的可接近性；必要时，应随设备提供专用检查、维修工具或装置；在较笨重的零部件上，还应考虑方便吊装的设计。

645. 职业危害因素分哪几类?

生产过程中的职业危害因素，按其性质可分为以下三类，轧钢一般生产主要涉及前两类，但随着职业健康安全体系的深入贯彻各类均受到了全面重视。

（1）化学因素：工业毒气；生产性粉尘，煤尘、石棉尘，有机性粉尘。

（2）物理因素：异常气象条件，如高温、高湿、低温、高气压、低气压；电离辐射；非电离辐射；噪声；振动。

（3）生物因素：炭疽杆菌、霉菌、布氏杆菌、森林脑炎、病毒、有机粉尘中的真菌、真菌孢子、细菌等。

646. 轧钢生产中的职业危害因素有哪些?

（1）生产性粉尘。主要是金属性等无机粉尘和动植物人工有机粉尘的混合粉尘，对人的肺影响很大。

（2）生产性噪声。损害人的听觉器官，长时间在噪声作用下，听觉器官的敏感性下降，由听觉适应到听觉疲劳，最后导致职业性耳聋，同时对全身其他器官功能也有不同程度的影响。

（3）生产振动。生产过程中的生产设备、工具产生的振动称为生产性振动。振动病是在生产劳动中长期受外界振动的影响而引起的职业性疾病。

（4）非电离辐射。包括射频辐射，红外线，紫外线和激光。射频辐射中的高频电磁场场强较大时，短期接触可引起体温变化，或出现以中枢神经系统和植物系统功能紊乱以及心血管系统的变化。红外线引起的白内障是长期受到炉火或加热红外线辐射而引起的职业病，为红外线所致晶状体损伤。一般紫外线会引起电光性眼炎，强烈的紫外线辐射作用会引起皮炎等。激光对健康的影响主要是它的热效应和光化学效应造成的机械性损伤。

（5）作业场的高温强热辐射。工作地点气温30℃以上、相对湿度80%以上的作业或工作地点气温高于夏季室外气温2℃以上，均属高温、强热辐射作业。在高温作业环境中，机体散热机制发生障碍，易发生中暑。

（6）作业场所照明不良。照明不良使视功能降低和产生不适感，从而使观察对象模糊不清；容易造成近视疾患，光线微弱，还会影响周边视力，使视野变小；照明不当，难以估准物体的相对位置，引起工作失误；照明太低，识别物体的时间长，效率低。

647. 电流对人体的伤害形式有哪几种？

触电是电流对人体的伤害。电流对人体的伤害可分为局部电击伤害（也称为电伤）和全身性电击伤害（也称为电击）。

（1）局部电击伤害是指在电流或电弧的作用下，人体部分组织的完整性明显地遭到损伤。有代表性的局部电击伤害有：电灼伤、电标志、机械损伤、电光眼。

（2）全身性电击伤俗称电击，电击是电流流经人体内部，破坏人的心脏、神经系统、肺部正常工作造成的伤害。绝大部分的触电死亡事故都是电击造成的。通常所说的触电事故基本上是指电击而言。

648. 防止触电的安全技术措施有哪些？

为防止触电危险或避免电器灾害事故所采取的技术措施，可分为两种：直接措施，包括绝缘法，屏蔽法，安全距离法，安全电压法；间接防护技术措施，包括 TN 系统防护法，漏电保护法，加强绝缘法，电器隔离法，不导电环境法，等电位环境法，提示性措施法。

649. 触电后的表现是怎样的？

（1）局部烧伤：高压电或闪电击中的烧伤面积大，伤口深，多呈干性伤面。

（2）全身表现：轻型触电病人，在瞬间接触低电压、小电流电源的情况下发生。表现为精神紧张，脸色苍白，表情呆滞，呼吸、心跳加快。一些敏感的人常会发生休克，倒在地上，对周围的环境失去反应。这种休克并非电流所致，故多能很快恢复，客观检查一般多不见明显的阳性体征。

重型触电者，常很快陷入严重状态。开始呼吸增快变浅，心跳加快，出现心律失常、频繁的期前收缩、室性心动过速至心室纤维性颤动。一旦发生心室纤颤，持续数分钟，心脏停搏而致死亡。

650. 触电抢救原则是什么？

（1）根据触电时的具体环境和情况，采用安全检查、快速、有效的方法，使病人不再受到电流危害，脱离电源。

1）关闭电源开关：在关闭电源开关后，再将保险盒打开，总电闸挑开，以求安全。

2）斩断电路：在无法找到开关等情况下可应用此法。必须注意，要用装有绝缘把柄的器材斩断电路，确保抢救人员的自身安全。

3）挑开电线：当触及垂下或斩断的电线并触电，应用绝缘器材将电线挑开。注意抢救人的自身安全。

（2）尽快检查病人情况，如呼吸心跳已不规则，或刚停止，或发生心室纤颤，应立即在现场进行早期心脏除颤，以及口对口吹气，胸外心脏按压的心肺复苏抢救。

651. 在生产过程中烧（烫）伤如何处理？

关键是尽快用冷水冲洗。通过烧伤的深度和面积判断烧伤程度，如果是重度烧伤则应尽快到医院诊治。

（1）防止患者休克，特别是电击灼伤。

（2）去掉不在受伤部位的任何紧身衣物和首饰。

（3）尽快用冷水冲洗。不要急于脱衣服，以最快的速度用大量冷水冲洗患部，直到患部不再感到疼痛和灼热，通常要冲洗10～15min左右；大面积灼伤时，尽快进行冷敷（例如直接用水管冲、用干净的床单浸冷水进行冷敷），同时呼叫救护；天气不太冷的话可以将身体浸到浴盆。

注意：面部烧伤有引起呼吸道烧伤的危险，必须迅速送往综合性医院；不能硬把烧伤部位的衣物脱下来，强行脱衣有可能伤害到皮肤组织。

（4）冷水冲洗后，用干净的纱布或软布轻轻包好，并用衣物夹等物固定，然后去医院接受治疗。

（5）将被烧伤的腿抬高，以保持血液平稳流动。

（6）尽量不要挤破水疱，以免引发传染或延长伤口愈合时间；如果水疱已经破了，什么也不要涂，立即去医院。

（7）不要采用民间疗法，必须接受正规治疗。

652. 安全帽、安全网的安全要求是什么？

（1）安全帽：由帽壳、帽衬、下颏带、吸汗带、通风孔等组成。它是人体头部防冲击伤害的主要产品，属于从业人员个人劳动防护用品范畴。

1）产品应有检验合格证，其质量应符合《安全帽》（GB 2811—81）的规定。

2）佩戴安全帽时，必须系紧下颏带，调紧帽箍。配件缺损的安全帽应及时更换。

3）超过使用期限的安全帽应作报废处理，常用的塑料安全帽使用期一般不宜超过两年半。

（2）安全网：是用来防止人、物坠落，或用来避免、减轻坠落及物击伤害的网具。根据功能，其产品可分为三类，即平网、立网、密目式安全立网。

每张安全网都应牢固地附上安全鉴定证和检验合格证。旧安全网再次使用前，应经检验合格，方可使用。

二、环　　保

653. 什么是生态工业？

生态工业是指依据经济生态学原理，运用各种先进的科学技术，建立起来的对自然资源充分合理利用和对生态环境无污染或减少污染的一种现代工业生产形式。简单地说，就是能够实现社会经济可持续发展的绿色工业。20 世纪 80 年代初，国际上开始提出生态工业的概念，目前国内发展循环经济（其本质等同于生态经济）的钢铁企业越来越多。

654. 什么是零排放？

所谓“零排放”是指无限地减少污染物和能源排放，直至为零的活动，即利用清洁生产及生态产业等技术，实现对自然资源的完全循环利用，从而不给大气、水体和土壤遗留任何废弃物。所以零排放，一方面要控制生产过程中的废弃物排放直至减少到零；另一方面，要将那些不得已排放出的废弃物资源化，最终实现不可再生资源的可持续利用。例如在轧钢生产过程中余热的利用，废水处理再利用，氧化铁皮作为烧结料再利用，废油的回收集中处理再利用，轧钢污泥处理等都属于减少污染物的活动。

655. 轧钢车间三废主要有哪些?

轧钢车间三废指的是轧钢生产中产生的废气、废水、废渣。

废气：如二氧化碳、二硫化碳、硫化氢、氟化物、氮氧化物、氯、氯化氢、一氧化碳、硫酸（雾）、铅、汞、铍化物、烟尘及生产性粉尘。

废水：如浊环水、酸洗水等。

废渣：如氧化铁皮。它是一种自然资源，要想方设法利用，以开辟新的原料来源，减少对环境的污染。

656. 轧钢生产中废气治理主要有哪些内容?

轧钢废气产生的环节，主要在钢锭和钢坯的加热过程中炉内燃烧时产生的大量废气。因此，需要对烟尘进行处理。红热钢坯轧制过程产生大量氧化铁屑、水蒸气，需要经排气罩收集加以处理，一般常采用湿法净化处理。冷轧中冷却、润滑轧辊和轧件产生的乳化液废气经排气罩收集加以处理，也采用湿法净化处理。

657. 轧钢生产中废水治理主要有哪些内容?

轧钢废水可分为热轧废水和冷轧废水两种。热轧废水的特点是含有大量的氧化铁皮和油，温度较高，且水量大，经沉淀、机械除油、过滤、冷却等物理方法处理后，可循环利用，通称轧钢厂的浊环系统。冷轧废水种类繁多。以含油（包括乳化液）、含酸、含碱和含铬（重金属离子）为主，要分流处理并注意有效成分的利用和回收。此外，细颗粒含油氧化铁皮的浓缩、脱水处理等也是主要的治理内容。

658. 轧钢生产中废渣治理主要有哪些内容？

轧钢废渣主要为钢锭及钢坯在轧制过程中表面氧化层脱落而产生的铁屑，俗称轧钢皮、氧化铁皮。场地及加热炉内氧化铁皮一般定期清扫回收，浊环系统一般采用抓渣，含氧化铁污泥采用低温蒸馏回收。

659. 如何选择热轧厂废水处理方案？

热轧厂废水主要来自轧机、轧辊及辊道冷却以及冲洗水，冲铁皮、方坯及板坯的冷却水，以及火焰清理机除尘废水。在确定热轧厂废水处理方案时，应根据用户对水质要求的不同，分别采取粗处理和精处理两种不同的浊环水系统。常用的浊环水系统有一次沉淀系统，二次沉淀系统，二次沉淀冷却系统，二次旋流压力过滤系统和旋流压力冷却系统等。热轧浊环水系统应在满足工艺对水质、水温、水压的要求及环境保护的前提下，根据一次投资运行费用及占地面积等因素进行选择。

660. 冷轧废水处理与回收应注意哪些问题？

冷轧废水水量与产品品种和工艺关系密切，主要包括三种废水：含油及乳化液废水、酸碱废水、含铬等重金属废水。冷轧废水中污染物种类多，成分复杂，而且水量成分变化均较大，这给废水处理带来很大的不便。治理冷轧废水必须注意以下几点：

（1）必须掌握废水的种类、水质、水量、成分和排放制度，特别是废水的化学成分；

（2）不同种类、浓度的废水，根据情况要用专门的管道送入相应的处理构筑物，含重金属的废水在治理前不允许与其他废水混合，这有利于降低治理难度，减少运行费用并提高治理效率；

（3）对间断排出的废水可通过调节池来实现连续操作，以减少处理构筑物的能力；

（4）冷轧废水治理包括油、乳化液分离，氧化，还原，中和，混凝，沉淀，污泥浓缩，脱水等单元操作，冷轧废水治理主要是化学处理；

（5）应充分考虑对冷轧废水中各种有效成分的利用，例如利用酸洗废液和酸洗漂洗水中的酸碱和盐类，对乳化液进行破乳等。

总之，冷轧废水处理应解决两大问题，首先是应根据废水种类和性质，分别进行有用物质回收，如酸洗废液再生回用与回收氧化铁，废铬酸等回收利用等，在此基础上再进行废水的分类处理，这是目前处理工艺发展的方向。

661. 热轧除尘通常有几种方法，哪种方法更经济？

热轧除尘通常采用通风除尘和喷雾除尘两种方法。通风除尘采用烟罩收集，通过烟道将粉尘输送到后面的除尘器进行除尘。喷雾除尘是通过喷水雾，降低烟尘的温度，增加颗粒尺寸和比重进行除尘。

目前，国内外大量采用喷雾除尘，该方法仅需要水源和少量设备，而且只需在有粉尘的情况下开动，不像通风除尘那样不间断地开动，而热轧粉尘本身具有瞬时、集中的特点，所以采用喷雾除尘更经济。

662. 带钢热轧除尘选用什么样的喷嘴，需要哪些配套设备？

带钢热轧生产过程中主要在板坯除鳞和高速轧制时产生粉尘。

对于除鳞产生的粉尘，其颗粒大、速度快，伴随着除鳞操作发生。通常需要在除鳞点前后增加挡水链条和反喷水来防止其喷溅。反喷水的喷嘴需选用打击力度大，流量适中的扇形水喷嘴。

热轧生产中最主要是需要抑制和消除高速轧制时产生的氧化

铁皮粉尘。首先需抑制粉尘产生，需在轧机出口带钢上下面布置一排扇形喷嘴，其喷射方向对着带钢和轧辊的夹缝。其次在粉尘扩散的上升通道，使用锥形喷嘴在粉尘上升通道上捕获粉尘。

除喷嘴外，还需要水泵保证稳定的水源供应；需要调压阀保持压力的稳定；需要电磁阀随时开关喷嘴，保持与带钢生产同步。

663. 棒线型材轧机如何选用除尘喷嘴?

棒线型材轧机产生粉尘的特点是：发生点多，发生时间短，氧化铁皮粉尘量少等。

另外这类轧机的轧辊形状不一，轧件与轧辊间的缝隙很狭小，很难对轧件和轧辊的接触面进行喷雾抑尘。所以主要需对已产生的氧化铁皮粉尘进行处理。

需选用雾化颗粒小的单流体或双流体喷嘴，在粉尘产生的上方形成一道或多道水雾喷淋面，对粉尘进行捕获。

三、节　　能

664. 轧钢厂的主要节能技术有哪些?

当前轧钢生产中普及应用的节能技术主要有高温热送、节能型加热炉、低温轧制、工艺优化、热轧工艺润滑、在线热处理等。正在推广应用的节能技术主要有直接轧制、无头轧制等。随着先进节能技术的推广应用，国内轧钢工序吨钢能耗指标将会大幅度降低。

665. 为什么连铸坯热送热装能够降低生产成本?

连铸坯的热送热装工艺可大幅度降低生产成本，根本原因就是连铸坯热送热装或直接轧制充分利用了连铸坯的物理热。由通常的冷装变为热装，连铸坯热装温度每提高 100℃，可节约能耗

5%～10%，因此可有效降低成本（见表9-1）。有数据表明：将传统的冷装工艺所需轧制生产费用视为100%，当热装率达80%，生产费用下降6%；当直接轧制率为60%、冷装率为40%时，生产费用下降10%；当直接轧制率为60%，冷装、热装率各为20%时，生产费用下降11%。

表9-1　钢坯热装每提高100℃，节能量节能率的增量

热装温度/℃	100	200	300	400	500	600	700	800	900	1000	1100	1200
节能量/$MJ \cdot t^{-1}$	49.91	57.03	60.15	62.83	70.85	76.19	106.49	115.41	70.85	69.96	69.07	68.17
节能率/%	3.55	4.05	4.28	4.47	5.04	5.42	7.57	8.20	5.04	4.97	4.91	4.85

666. 加热炉节能的主要途径及方法有哪些？

加热炉节能的主要途径及方法有：

（1）预热燃烧空气与燃气，如采用蓄热式加热炉；

（2）余热利用，如采用汽化冷却和余热锅炉；

（3）降低排烟温度；

（4）减少炉墙表面热损失；

（5）强化传热，如在换热管里插入扭曲片；

（6）提高燃料的燃烧效率，主要在于燃烧器燃烧的组织。

667. 为什么说加热炉节能的重点是废气热量的回收？

加热炉热量的收入和支出是相等的，减少热量的支出，就可以减少供入的热量。加热炉的热支出项包括钢坯有效吸热、冷却水热损失、炉体散热损失、门孔辐射热损失、向炉外逸气热损失、燃料不完全燃烧热损失等。在热支出项目中，通常钢坯有效吸热占35%～45%，冷却水热损失占7%～20%，出炉烟气热损失占30%～40%，这三项是最主要的热支出项。钢坯有效吸热是一定的，而且在钢坯装炉、出炉温度一定的条件下是不能改变的。由于炉底水管（或步进梁）采取了双层包扎等比较完善的隔热措施，因此冷却水热损失一般降到了10%以下，但继续降低的幅度有限。炉底水管还可以采用汽化冷却方式，产生的蒸汽可供采暖、浴室等使用，压力较高的还可以用作工厂动力源。这样，冷却水损失也得到了有效利用。而对于出炉烟气余热，以往通过安装在烟道中的换热器预热助燃空气加以回收利用，但是从换热器排出的烟气温度仍有500～600℃，烟气余热回收不充分，烟气热损失占的比例仍然最大。因此，加热炉节能的重点是更充分地回收烟气余热。

668. 如何实现加热炉的节能管理？

（1）推行全新的节能思想，实行均衡生产，均衡操作；

（2）加强日常的跑、冒、滴、漏检查，提高职工的整体节能意识，培养职工的节能自觉性和责任心；

（3）精心操作，严格管理，组织好加热炉晋等升级管理；

（4）加强炉窑监测，开展炉窑热诊断，定期对加热炉进行热平衡测试，评价加热炉利用状况，改进热工操作，制定节能规划。

669. 轧钢生产中工艺润滑的环保、节能作用是什么？

轧钢生产中采用工艺润滑可促进轧制生产的节能与环保，主要体现在以下几个方面：

（1）降低轧制过程力能消耗。吨能耗可降低5%～10%。

（2）减少金属损失。轧制工艺润滑不仅能够提高轧辊使用寿命，而且可以减少热轧过程中氧化铁皮的生成，进而降低金属损耗15%～20%，相当于节约金属消耗1kg/t。同时，使轧制产品表面质量提高，表面缺陷率降低30%～50%，提高成材率0.5%～1.0%。

（3）节水。热轧过程中氧化铁皮的减少使得循环冷却水的利用率进一步提高，同时使高压水除鳞用水减少。而冷轧时，由于能够有效地减少轧制变形区的摩擦，使得轧辊表面温升减少，轧辊冷却水用量也随之减少。

（4）酸液使用减少。热轧氧化铁皮的减少，酸洗速度可提高10% ~40%，使得酸洗过程中酸液消耗降低10% ~20%，同时也降低了酸洗对空气的污染。

670. 轧钢厂对电机系统节能有什么新要求?

主要有以下四方面的要求：

（1）更新淘汰低效电动机及高耗电设备。推广高效节能电动机，稀土永磁电动机，高效风机、泵、压缩机，高效传动系统等。

（2）提高电机系统效率。推广变频调速、永磁调速等先进电机调速技术，改善风机、泵类电机系统调节方式，逐步淘汰闸板、阀门等机械节流调节方式。

（3）被拖动装置控制和设备改造。以先进的电力电子技术传动方式改造传统的机械传动方式，逐步采用交流调速取代直流调速。

（4）优化电机系统的运行和控制。推广软启动装置、无功补偿装置、计算机自动控制系统等，通过过程控制合理配置能量，实现系统经济运行。

671. 无功补偿有什么节能作用?

无功补偿可解决电网的无功容量不足，提高电网的功率因数，可降低电网的电损，使之安全运行。

对于终端用户，有无功补偿设施，可提高设备的利用率，减少设备容量，降低线损，节电降低成本。进行无功补偿可以实现节电3% ~10%。

672. 轧机传动采用交流调速改造直流调速有什么好处?

交流同步电机的效率比直流电机提高2% ~3%，以某钢厂1150初轧机改造为例，原直流传动2 ×4500kW，功率消耗2 ×

343kW，消耗冷却水 $2\times110m^3/h$；而采用交流传动，电机容量增大到 $2\times5000kW$，功率消耗仅 $2\times186.7kW$，减少功率损耗 46%，冷却水消耗为 $2\times59m^3/h$，仅为原直流电机的 54%，采用交流传动后，每吨钢电耗节约 15% 以上，而产量则提高 30% 以上。

附　　录

附表1　本书的主要物理量和计量单位

物理量		计量单位		
量的名称	符号	单位名称	符号	单位之间的换算式
[平面] 角	α、β、θ	度 [角] 分 [角] 秒	° ′ ″	1° = 60′ = 3600″ 1′ = 60″
长度、距离 宽度 高度、厚度 半径 直径	L、l B、b H、h R、r D、d	米 毫米 微米 纳[诺]米	m mm μm nm	$1m = 10^3 mm$ $= 10^6 \mu m$ $= 10^9 nm$ $1m = 10^8$ Å（埃） $1nm = 10^{-1}$ Å
面　积	S	平方米 平方毫米	m^2 mm^2	$1m^2 = 10^6 mm^2$
体积、容积	V	立方米 升	m^3 L(l)	$1m^3 = 10^3 L$ $1L = 1dm^3$ $= 10^{-3} m^3$
质量、重量	G、g	千克（公斤） 吨	kg t	$1t = 10^3 kg$
质量浓度	ρ	千克每升	kg/L	1kg/L = 100g/L
时间、周期 时间间隔 持续时间	T	秒 分 [小] 时 天 [日]	s min h d	1min = 60s 1h = 60min = 3600s 1d = 24h = 86400s
速度 （线速度）	v	米每秒	m/s	
旋转速度 （转速）	n	转每秒 转每分	r/s r/min	

续附表1

物理量		计量单位		
量的名称	符号	单位名称	符号	单位之间的换算式
密度	γ	千克每立方米 吨每立方米 千克每升	kg/m^3 t/m^3 kg/L	$1t/m^3=10^3kg/m^3=1g/cm^3$ $1kg/L=1kg/dm^3=1g/cm^3$ $1kg/L=1t/m^3$
力	P、F	牛［顿］	N	1N =（1/9.80665）kgf（千克力）
力矩、转矩	M	牛［顿］米 焦［耳］	N·m J	1J = 1N·m
压力 正应力 切应力 （剪应力）	p σ τ	帕［斯卡］ 牛［顿］ 每平方毫米	Pa N/mm^2	$1Pa=1N/m^2$ $1N/mm^2=1MPa$ 1MPa =（1/0.098）at （工程大气压）
功 热量	w、A_k Q	焦［耳］	J	1J = 1N·m =（1/4.1868）cal（卡）
功率	N	瓦［特］	W	1W = 1J/s =（1/735.499） ［米制］马力
温度	t	摄氏度	℃	
导热系数	λ	瓦［特］每米开［尔文］	W/(m·K)	1W/(m·K) =（1/1.163） 千卡/米·时·℃ =（1/418.68） 卡/厘米·秒·℃
热容量	C	焦［耳］每米开［尔文］	J/(m·K)	1J/(m·K) =（1/4186.8） 千卡/米·℃

附表2　常用钢号加热和冷却时的临界点及退火后的硬度要求

钢　号	临界点/℃					硬度 HB① 不大于
	Ac_1	Ac_3	A_{cm}	Ar_3	Ar_1	
10	724	876		850	682	—
15	735	863		840	685	—
20	735	855		835	680	—
25	735	840		824	680	—
30	732	813		796	677	—
35	724	802		774	680	—
40	724	790		760	680	187
45	724	780		751	682	197
50	725	760		720	690	207
55	727	774		755	690	217
60	727	766		743	690	229
65	727	752		730	696	229
70	730	743		727	693	229
75	725	735			690	241
80	725				690	241
85	723	737		695	690	255
15Mn	735	863		840	685	—
20Mn	735	854		835	682	—
30Mn	734	812		796	675	187
35Mn						197
40Mn	726	790		768	689	207
45Mn						217
50Mn	720	760			660	217
60Mn	727	765		741	689	229
65Mn	726	765		741	689	229

续附表 2

钢　号	临界点/℃					硬度 HB① 不大于
	Ac_1	Ac_3	A_{cm}	Ar_3	Ar_1	
70Mn	721	740			670	229
10Mn2	720	830		710	620	179
15Mn2						179
20Mn2	725	840		740	610	187
30Mn2	718	804		727	627	207
35Mn2	713	793		710	680	207
40Mn2	713	766		704	627	217
45Mn2	715	770		720	640	217
50Mn2	710	760		680	596	229
27SiMn		880		750		217
35SiMn	750	830			645	229
42SiMn	750	830			640	229
20MnV						187
25Mn2V		840				207
42Mn2V	725	770				217
15Cr	735	870			720	179
20Cr	766	838		799	702	179
30Cr	740	815			670	187
40Cr	743	782		730	693	207
45Cr	721	771		693	660	217
50Cr	721	771		692	660	229
38CrSi	763	810		755	680	255
40CrSi	755	850				255
15CrMn	750	845				179
20CrMn	765	838		798	700	187
40CrMn						229
20CrMnSi	755	840			690	207
25CrMnSi	750	835			680	217

续附表 2

钢　号	临界点/℃					硬度 HB① 不大于
	Ac_1	Ac_3	A_{cm}	Ar_3	Ar_1	
30CrMnSi	760	830		705	670	229
35CrMnSi	760	830		705	670	229
20CrV	768	840		704	702	197
40CrV	755	790		745	700	241
45CrV	755	790		745	700	255
50CrV	752	788		746	688	255
20CrMnTi	740	825		730	650	217
30CrMnTi	765	790		740	660	229
16Mo	735	875 ~ 900		830	610	179
12CrMo	720	880		790	695	179
15CrMo	745	845				179
20CrMo	743	818		746	504	197
30CrMo	757	807		763	693	229
35CrMo	755	800		750	695	225
42CrMo	730	780				217
15CrMnMo	710	830		740	620	197
20CrMnMo	710	830		740	620	217
40CrMnMo	735	780			680	217
12CrMoV						241
12Cr1MoV	820	945				179
24CrMoV	790	840		790	680	255
25Cr2MoV	760	840		760 ~ 780	680 ~ 690	241
25Cr2Mo1V	780	870		790	700	241
35CrMoV	755	835			600	241
15CrMnSiMoV	732	805		748	380	269
12CrMnSiMoV	773	910				269
38CrMoAl	800	940			730	229
18Cr3MoWV						229

续附表 2

钢　号	临界点/℃					硬度 HB① 不大于
	Ac_1	Ac_3	A_{cm}	Ar_3	Ar_1	
20Cr3MoWV						229
20Cr2Mn2MoA	761	828		735	655	—
20Cr2Mn2SiMoA	274	835		700	615	—
30SiMnMoVA	725	845			320 ~ 310	—
35SiMnMoVA	720	823		510	372	—
37SiMnMoWVA	722	836		510	351	—
20Cr2Ni	733	804		790	666	179
40CrNi	731	769		702	660	241
12Cr2Ni2	732	794		763	671	207
12CrNi3	715	830			670	217
12Cr2Ni4	720	780		660	575	269
20Cr2Ni4	720	780		660	575	269
18Cr2Ni4W	700	810			350	269
40CrNiMo	732	774		469		269
20Mn2B	730	853		736	613	187
20MnTiB	720	843		795	625	187
20MnVB	720	840		770	635	149 ~ 179
20Si2MnVB	726	866		779	699	207
20Mn2TiB	715	843		795	625	—
40MnVB	730	774		681	639	207
40MnWB	736	771				—
40B	730	790		727	690	207
45B	725	770		720	690	217
40MnB		770				217
20MnMoB	738	850		750	693	147 ~ 163
45MnB						170 ~ 228
20CrMnMoVB	715	850		780	675	163 ~ 197
55Si2Mn	775	840				—

续附表 2

钢　号	临界点/℃					硬度 HB① 不大于
	Ac_1	Ac_3	A_{cm}	Ar_3	Ar_1	
60Si2Mn	755	810		770	700	—
42SiMn	735	820				—
50CrMn	750	775				—
50CrMnV	750	787		745	686	—
GCr6	725 ~ 750				690 ~ 710	207 ~ 170
GCr9	730	887		721	690	207 ~ 170
GCr9SiMn	738	775		724	700	217 ~ 179
GCr15	745	900			700	207 ~ 170
GCr15SiMn	770	872			708	217 ~ 179
T7	730	770			700	187
T8	730				700	187
T9	730				700	192
T10	730		800		700	197
T11	730		810		700	207
T12	730		820		700	207
T13	730		830		700	217
9Mn2						229①
9Mn2V	736			688	652	229①
MnCrWV						223①
SiMn	760		865		708	229 ~ 187②
5SiMnMoV	746	788				217①
6SiCr	745	770			710	229①
9SiCr	770		870		730	241 ~ 197②
Cr2	745		900		700	229 ~ 179②
Cr	730		887	721	690	229 ~ 179②
Cr06	725 ~ 750				690 ~ 710	241 ~ 187②
9Cr2	745		860		700	217 ~ 179
8Cr3	770	960			700	255 ~ 207

续附表 2

钢　号	临界点/℃					硬度 HB①
	Ac_1	Ac_3	A_{cm}	Ar_3	Ar_1	不大于
7Cr3	770	950			730	229 ~ 187
Cr12	800				760	269 ~ 217
CrMn	740		980		700	241 ~ 197
5CrMnMo	710	760			650	241 ~ 197
Cr6WV	815				625	235②
CrW5	760				725	285 ~ 229
3Cr2W8V	820 ~ 830		1100		790	255 ~ 207
CrWMn	750		940		710	255 ~ 207
9CrWMn	750		900		710	241 ~ 197
4CrW2Si	770				735	217 ~ 179
5CrW2Si	770				725	255 ~ 207
6CrW2Si	770				725	285 ~ 229
Cr12MoV	810	1200			760	255 ~ 207
8CrV	740				700	207 ~ 170
5CrWMn	750	820			710	217 ~ 179
5CrNiMo	710	770			680	241 ~ 197
W	740		820		710	229 ~ 187
V						217 ~ 197
W12Cr4V4Mo	830 ~ 870					262
W18Cr4V	820		1330		760	255 ~ 207
W9Cr4V2	810				760	255 ~ 207
W9Cr4V						255 ~ 207
1Cr13	730	850		820	700	121 ~ 187
2Cr13	820	950			780	126 ~ 197
3Cr13	820				780	131 ~ 207
4Cr13	820	1100				143 ~ 229
9Cr18	830				810	255
4Cr9Si2	900	970		870	810	—
4Cr10Si2Mo	850	950		845	700	—

①当试验力单位用牛顿（N）时，布氏硬度 $= 0.102 \times \dfrac{2F}{\pi D(D - \sqrt{D^2 - d^2})}$，详见 GB/T 231—2002；

②为参考。

附表3　各种硬度值对照

布氏硬度 HB[1]	洛氏硬度 HRA	洛氏硬度 HRB	洛氏硬度 HRC	维氏硬度 HV	肖氏硬度 HS
	85.6		68.0	940	97
	85.3		67.5	920	96
	85.0		67.0	900	95
767	84.7		66.4	880	93
757	84.4		65.9	860	92
745	84.1		65.3	840	91
733	83.8		64.7	820	90
722	83.4		64.0	800	88
710	83.0		63.3	780	87
698	82.6		62.5	760	86
684	82.2		61.8	740	
682	82.2		61.7	737	84
670	81.8		61.0	720	83
656	81.3		60.1	700	
653	81.2		60.0	697	81
647	81.1		59.7	690	
638	80.8		59.2	680	80
630	80.6		58.8	670	
627	80.5		58.7	667	
620	80.3		58.3	660	79
601	79.8		57.3	640	77
578	79.1		56.0	615	75
	78.8		55.6	607	
555	78.4		54.7	591	73
	78.0		54.0	579	

续附表 3

布氏硬度 HB①	洛氏硬度			维氏硬度 HV	肖氏硬度 HS
	HRA	HRB	HRC		
534	77.8		53.5	569	71
	77.1		52.5	553	
514	76.9		52.1	547	70
	76.7		51.6	539	
	76.4		51.1	530	
495	76.3		51.0	528	68
	75.9		50.3	516	
477	75.6		49.6	508	66
	75.1		48.8	495	
461	74.9		48.5	491	65
	74.3		47.2	474	
444	74.2		47.1	472	63
429	73.4		45.7	455	61
415	72.8		44.5	440	59
401	72.0		43.1	425	58
388	71.4		41.8	410	56
375	70.6		40.4	396	54
363	70.0		39.1	383	52
352	69.3		37.9	372	51
341	68.7		36.6	360	50
331	68.1		35.5	350	48
321	67.5		34.3	339	47
311	66.9		33.1	328	46
302	66.3		32.1	319	45
293	65.7		30.9	309	43
285	65.3		29.9	301	
277	64.6		28.8	292	41
269	64.1		27.6	284	40

续附表 3

布氏硬度 HB①	洛氏硬度			维氏硬度 HV	肖氏硬度 HS
	HRA	HRB	HRC		
262	63.6		26.6	276	39
255	63.0		25.4	269	38
248	62.5		24.2	261	37
241	61.8	100.0	22.8	253	36
235	61.4	99.0	21.7	247	35
229	60.8	98.2	20.5	241	34
223		97.3		234	
217		96.4		228	33
212		95.5		222	
207		94.6		218	32
201		93.8		212	31
197		92.8		207	30
192		91.9		202	29
187		90.7		196	
183		90.0		192	28
179		89.0		188	27
174		87.8		182	
170		86.8		178	26
167		86.0		175	
163		85.0		171	25
156		82.9		163	
149		80.8		156	23
143		78.7		150	22
137		76.4		143	21
131		74.0		137	
126		72.0		132	20
121		69.8		127	19
116		67.6		122	18
111		65.7		117	15

①当试验力单位用牛顿（N）时，布氏硬度 $= 0.102 \times \dfrac{2F}{\pi D(D - \sqrt{D^2 - d^2})}$，详见 GB/T 231—2002。

附表 4　部分合金钢密度表

钢　种	主要成分		密度/kg · m^{-3}
铬　钢	0.07% C	0.22% Cr	7777
	0.14% C	0.57% Cr	7759
	0.21% C	1.51% Cr	7740
	0.77% C	5.19% Cr	97712
	0.16% C	13.00% Cr	7751
	0.27% C	11.13% Cr	7675
	0.10% C	12% ~14% Cr	7730
	0.2% ~0.45% C	12% ~14% Cr	7730
镍　钢	0.19% C	3.82% Ni	7777
	0.16% C	24.5% Ni	7810
	0.14% C	29.1% Ni	8054
铬镍钢	7% ~12% Cr	16% ~20% Ni	7860
钨　钢	0.21% C	1.41% W	7863
	0.46% C	8.33% W	8109
	0.78% C	16.18% W	8602
	0.72% C，17.15% W，4.96% Ni，0.88% V		8690
铬硅钢	0.44% C，9.04% Cr，2.67% Si		7620
锰　钢	0.25% ~1.10% C	0.8% ~2.0% Mn	7865
	0.9% ~1.3% C	10% ~14% Mn	7975
铝　钢	0.20% C	0.61% Al	7781
	0.21% C	2.62% Al	7624

附表5　含碳量不同的碳钢比内能（J/kg）

温度/℃	含碳量/%										
	0.090	0.234	0.300	0.540	0.610	0.795	0.920	0.944	1.235	1.410	1.575
100	46.5	46.5	46.9	47.3	47.7	48.1	50.2	48.5	49.4	48.5	50.2
200	95.4	95.8	95.8	95.8	96.3	96.7	100.4	99.2	100	98.8	100.9
300	148.1	149.8	150.7	151.5	152.8	154.4	155.7	154.4	154.8	154.4	159.8
400	205.0	205.9	206.3	208.8	209.7	210.0	213.4	210.9	213.0	210.5	213.9
500	265.3	266.6	267.4	268.3	269.0	271.2	275.8	272.0	274.1	272.0	276.6
600	339.0	339.8	340.7	343.2	343.6	344.4	349.4	346.1	347.4	345.3	351.1
700	418.9	419.3	420.6	422.7	419.3	424.4	427.3	422.7	427.7	425.2	431.1
800	531.5	542.4	550.3	547.4	542.0	549.9	549.9	431.1	548.2	431.1	553.7
900	629.0	631.1	627.8	619.8	616.5	610.6	602.6	604.7	602.6	605.6	613.5
1000	704.3	701.4	698.5	688.9	686.3	678.8	653.3	670.4	660.8	672.9	669.6
1100	780.5	772.1	767.4	760.4	757.1	749.1	724.4	740.7	732.0	744.5	719.8
1200	850.0	844.1	841.2	831.1	828.6	820.7	791.0	803.9	795.2	812.7	782.6
1250	885.1	879.7	877.2	868.4	865.9	855.8	824.4	841.2	832.8	849.1	817.3

附表6　部分合金钢的平均比热容

钢　种	温度范围/℃	比热容/J·(kg·K)$^{-1}$
熟　铁	0～250	460～502
碳素钢（含C1.5%）	17～100	448
碳素钢（含C1.5%）	17～680	578
含Ni 10%的钢	30～250	495
含Ni 20%的钢	30～250	499
含Ni 40%的钢	30～250	517
含Ni 60%的钢	30～250	502
奥氏体钢	0	502
钨　钢	20	439
不锈钢V2A	0	494
不锈钢（含C 1.09%，Cr 9.50%）	0	505
耐热钢（含Cr 25%～30%，C 0.1%～0.3%）	18～200	628
耐热钢（含Cr 25%～30%，C 0.1%～0.3%）	18～600	691
变压器钢（含Si 40%）	0～100	452
变压器钢（含Si 40%）	0～700	629
变压器钢（含Si 40%）	0～1300	715